高等职业教育"十四五"系列教材

高等职业教育土建类专业"互联网+"数字化创新教材

土木工程检测技术（上册）

杨俊池　刘永翔　主　编

李晓琛　程俭廷
温伟标　李庆臻　副主编

徐凯燕　李炎清　主　审

中国建筑工业出版社

图书在版编目（CIP）数据

土木工程检测技术. 上册 / 杨俊池，刘永翔主编；
李晓琛等副主编. — 北京：中国建筑工业出版社，
2023.11（2025.6重印）
高等职业教育"十四五"系列教材　高等职业教育土
建类专业"互联网＋"数字化创新教材
ISBN 978-7-112-29210-3

Ⅰ. ①土… Ⅱ. ①杨… ②刘… ③李… Ⅲ. ①土木工
程-工程结构-检测-高等职业教育-教材 Ⅳ.
①TU317

中国国家版本馆 CIP 数据核字（2023）第 184642 号

本书内容全面，贴近实战，关注目前土木工程最新检测技术成果，具有较强的工程实用性、针对性和可操作性。全书分上下册，共 19 章。上册为建筑分册，内容包括绪论、试验检测相关法律法规制度、试验检测数据处理、仪器设备与量测技术、地基基础检测技术、混凝土结构及构件检测、砌体结构工程现场检测、钢结构检测技术、建筑节能工程检测、基坑监测技术、高支模实时监测技术。

本书基于目前最新规范标准进行编写，邀请广东省各大检测企业行业专家与校内有经验的教师，校企合作共同编写，具有较强的土木工程检测行业特色。

本书可作为高等职业教育土建类专业教材，同时也可作为应用型高校本科土木工程试验检测专业人员的培训及参考用书。

为方便教学，作者自制课件资源，索取方式为：

1. 邮箱：jckj@cabp.com.cn；2. 电话：（010）58337285；3. 建工书院：http://edu.cabplink.com。

责任编辑：王予芊
责任校对：张　颖

高等职业教育"十四五"系列教材
高等职业教育土建类专业"互联网＋"数字化创新教材
土木工程检测技术（上册）
杨俊池　刘永翔　主　编
李晓琛　程俭廷
温伟标　李庆臻　副主编
徐凯燕　李炎清　主　审

*

中国建筑工业出版社出版、发行（北京海淀三里河路 9 号）
各地新华书店、建筑书店经销
北京鸿文瀚海文化传媒有限公司制版
河北鹏润印刷有限公司印刷

*

开本：787 毫米×1092 毫米　1/16　印张：20　字数：495 千字
2023 年 11 月第一版　　2025 年 6 月第三次印刷
定价：**59.00** 元（赠教师课件）
ISBN 978-7-112-29210-3
（41769）

教材编审委员会

前　言

习近平总书记在党的二十大报告中明确提出，要加快构建以国内大循环为主体、国内国际双循环相互促进的新发展格局。在党的二十大精神和国家双循环新发展格局的引领下，我国经济高速、持续发展，建筑业也保持迅猛的发展势头，作为传统的土建行业仍然焕发着蓬勃生机，建设速度与规模位居世界前列。与此同时，大量的土木建筑进入老化期，既有土建结构的检测、健康监测、评价及养护已成土木建筑建设的重要组成部分。

为了确保新建工程的施工质量和既有建筑结构的安全使用，土建行业对工程质量检测工作提出了更高的要求，作为"工程质量卫士"的试验检测肩负着"质量强国"的历史使命。另外，随着新技术、新材料、新工艺"三新"的快速发展，新的测试技术手段不断更新，自动化、智能化、智慧化、无人化、无损化、标准化已成为工程质量检测的发展趋势。大量的基础设施建设过程中积累了很多宝贵的工程试验检测经验，也取得了很多专业技术标志性成果，如测试技术手段、方法等，需要及时加以总结推广和应用。

为此，我们邀请了广东省各大检测企业行业专家与校内有经验的专业教师，根据多年的土木工程试验检测实践、资质评审、技术咨询和专业教学经验，校企合作，共同编写了本教材，旨在总结土木工程试验检测实践经验，为广大职业院校师生和检测行业技术人员提供一本全面、实用、贴近实战的专业教材和参考指南，以期为我国土木工程的质量控制方面发挥一定的积极作用。

教材分上下册，上册共 11 章。本教材由广东交通职业技术学院杨俊池、刘永翔担任主编，并负责统稿。本教材编审委员会特邀广东交通职业技术学院土木工程学院院长徐凯燕教授（博士）、广州市道路研究院有限公司董事长李炎清高级工程师担任本教材主审，两位专家认真细致地审核了全书，并提出了许多宝贵的修改意见和建议，在此特向二位专家深表谢意！本教材具体编写分工如下：

第一章　绪论由广东交通职业技术学院杨俊池编写；

第二章　试验检测相关法律法规制度由佛山市盛方达建设工程检测有限公司王江鸿编写；

第三章　试验检测数据处理由广东交通职业技术学院曾卫平编写；

第四章　仪器设备与量测技术由广东交通职业技术学院曾卫平编写；

第五章　地基基础检测技术由佛山市公路桥梁工程监测站有限公司刘永翔编写；

第六章　混凝土结构及构件检测由广东盛翔交通工程检测有限公司何惟煌编写；

第七章　砌体结构工程现场检测由广东交通职业技术学院李庆臻编写；

第八章　钢结构检测技术由佛山市公路桥梁工程监测站有限公司彭永胜编写；

第九章　建筑节能工程检测由广东省建筑科学研究院集团股份有限公司唐辉强、

钟源、杜文淳编写；

第十章　基坑监测技术由广东省建筑科学研究院集团股份有限公司赖仁纯编写；

第十一章　高支模实时监测技术由广东省有色工业建筑质量检测站有限公司林超群；广东惠和工程检测有限公司危强编写。

本教材的编写得到了各编写单位领导、专家、老师及广大同行的大力支持，广东和立土木工程有限公司陈运辉、广东交大检测有限公司李世豪、广东交通职业技术学院刘伟等专家、老师提供了一些宝贵的素材和建议，再次特别致谢。

由于本教材涉及的专业领域、内容甚多，加之编者知识水平所限，教材中不妥之处在所难免，恳请广大同行专家及读者批评指正。另外，教材编写过程中，有些参考引用的内容由于难以溯源，在此一并感谢原作者。未能一一标注出处，敬请谅解。

目 录

第一章　绪论 ⋯⋯⋯⋯⋯⋯⋯⋯⋯⋯⋯⋯⋯⋯⋯⋯⋯⋯⋯⋯⋯ 001
第一节　试验检测的基本概念及工程意义 ⋯⋯⋯⋯⋯⋯⋯⋯⋯ 002
第二节　试验检测技术概述及其发展趋势 ⋯⋯⋯⋯⋯⋯⋯⋯⋯ 003
第三节　试验检测的主要工作内容及一般流程 ⋯⋯⋯⋯⋯⋯⋯ 005
第四节　试验检测人员的知识能力及职业素养 ⋯⋯⋯⋯⋯⋯⋯ 008
思考题 ⋯⋯⋯⋯⋯⋯⋯⋯⋯⋯⋯⋯⋯⋯⋯⋯⋯⋯⋯⋯⋯⋯⋯⋯ 009

第二章　试验检测相关法律法规制度 ⋯⋯⋯⋯⋯⋯⋯⋯⋯⋯⋯ 010
第一节　概述 ⋯⋯⋯⋯⋯⋯⋯⋯⋯⋯⋯⋯⋯⋯⋯⋯⋯⋯⋯⋯⋯ 011
第二节　试验检测常见法律法规 ⋯⋯⋯⋯⋯⋯⋯⋯⋯⋯⋯⋯⋯ 012
第三节　行业监管制度 ⋯⋯⋯⋯⋯⋯⋯⋯⋯⋯⋯⋯⋯⋯⋯⋯⋯ 019
第四节　检验检测机构管理体系 ⋯⋯⋯⋯⋯⋯⋯⋯⋯⋯⋯⋯⋯ 030
思考题 ⋯⋯⋯⋯⋯⋯⋯⋯⋯⋯⋯⋯⋯⋯⋯⋯⋯⋯⋯⋯⋯⋯⋯⋯ 035

第三章　试验检测数据处理 ⋯⋯⋯⋯⋯⋯⋯⋯⋯⋯⋯⋯⋯⋯⋯ 036
第一节　试验检测数据统计的基本知识 ⋯⋯⋯⋯⋯⋯⋯⋯⋯⋯ 038
第二节　数值的修约 ⋯⋯⋯⋯⋯⋯⋯⋯⋯⋯⋯⋯⋯⋯⋯⋯⋯⋯ 040
第三节　试验检测数据的特征量计算 ⋯⋯⋯⋯⋯⋯⋯⋯⋯⋯⋯ 041
第四节　试验检测可疑数据的取舍 ⋯⋯⋯⋯⋯⋯⋯⋯⋯⋯⋯⋯ 043
第五节　工程质量检验与评定 ⋯⋯⋯⋯⋯⋯⋯⋯⋯⋯⋯⋯⋯⋯ 046
思考题 ⋯⋯⋯⋯⋯⋯⋯⋯⋯⋯⋯⋯⋯⋯⋯⋯⋯⋯⋯⋯⋯⋯⋯⋯ 050

第四章　仪器设备与量测技术 ⋯⋯⋯⋯⋯⋯⋯⋯⋯⋯⋯⋯⋯⋯ 051
第一节　概述 ⋯⋯⋯⋯⋯⋯⋯⋯⋯⋯⋯⋯⋯⋯⋯⋯⋯⋯⋯⋯⋯ 053
第二节　仪器设备的选购 ⋯⋯⋯⋯⋯⋯⋯⋯⋯⋯⋯⋯⋯⋯⋯⋯ 053
第三节　仪器设备的校准检定 ⋯⋯⋯⋯⋯⋯⋯⋯⋯⋯⋯⋯⋯⋯ 054
第四节　应变测试仪器与量测技术 ⋯⋯⋯⋯⋯⋯⋯⋯⋯⋯⋯⋯ 055
第五节　变形测试仪器与量测技术 ⋯⋯⋯⋯⋯⋯⋯⋯⋯⋯⋯⋯ 059
第六节　振动测试仪器与量测技术 ⋯⋯⋯⋯⋯⋯⋯⋯⋯⋯⋯⋯ 065
第七节　其他物理参数测试仪器与量测技术 ⋯⋯⋯⋯⋯⋯⋯⋯ 068
思考题 ⋯⋯⋯⋯⋯⋯⋯⋯⋯⋯⋯⋯⋯⋯⋯⋯⋯⋯⋯⋯⋯⋯⋯⋯ 068

第五章　地基基础检测技术 ……………………………………………… 069

第一节　概述 ……………………………………………………………… 070

第二节　平板载荷试验 …………………………………………………… 075

第三节　圆锥动力触探试验 ……………………………………………… 082

第四节　标准贯入试验 …………………………………………………… 086

第五节　静力触探试验 …………………………………………………… 091

第六节　十字板剪切试验 ………………………………………………… 091

第七节　单桩静载试验 …………………………………………………… 091

第八节　基桩钻芯法检测 ………………………………………………… 105

第九节　基桩低应变法检测 ……………………………………………… 112

第十节　基桩高应变法检测 ……………………………………………… 123

第十一节　基桩声波透射法检测 ………………………………………… 133

第十二节　基桩自平衡法静载试验 ……………………………………… 146

思考题 ……………………………………………………………………… 146

第六章　混凝土结构及构件检测 ………………………………………… 148

第一节　概述 ……………………………………………………………… 149

第二节　混凝土强度检测 ………………………………………………… 150

第三节　混凝土碳化状况检测 …………………………………………… 165

第四节　混凝土中钢筋保护层厚度和钢筋间距检测 …………………… 167

第五节　钢筋锈蚀电位检测 ……………………………………………… 167

第六节　混凝土电阻率检测 ……………………………………………… 171

第七节　混凝土氯离子含量检测 ………………………………………… 173

第八节　混凝土缺损检测 ………………………………………………… 177

第七章　砌体结构工程现场检测 ………………………………………… 178

第一节　概述 ……………………………………………………………… 179

第二节　回弹法检测烧结砖的抗压强度 ………………………………… 183

第三节　扁顶法检测砌体抗压强度 ……………………………………… 187

第四节　原位双剪法测定砌体通缝抗剪强度 …………………………… 192

第五节　筒压法检测砌筑砂浆强度 ……………………………………… 195

第六节　回弹法检测砌筑砂浆强度 ……………………………………… 198

第七节　原位轴压法现场推断砌体抗压强度 …………………………… 200

思考题 ……………………………………………………………………… 200

第八章　钢结构检测技术 ………………………………………………… 201

第一节　焊缝目视法检测 ………………………………………………… 202

第二节　焊缝磁粉法检测 ………………………………………………… 203

第三节　焊缝渗透法检测 ………………………………………………… 205

第四节　焊缝超声波法检测 ……………………………………………… 207

第五节　焊缝超声相控阵检测 ··· 210

第六节　焊缝超声衍射时差法检测 ··· 215

第七节　焊缝射线法检测 ··· 220

第八节　高强螺栓终拧扭矩检测 ··· 222

第九节　高强螺栓轴力超声法检测 ··· 223

第十节　钢材厚度超声波法检测 ··· 224

第十一节　涂层厚度磁性法检测 ··· 226

第十二节　涂层附着力拉开法检测 ··· 227

思考题 ··· 228

第九章　建筑节能工程检测 ·· 230

第一节　概述 ··· 231

第二节　保温隔热材料导热系数节能检测 ··· 233

第三节　外墙、屋面传热系数检测 ··· 235

第四节　门窗保温性能检测 ·· 237

第五节　风机盘管热工性能试验室检测 ·· 240

第六节　围护结构实体外墙节能构造钻芯法检测 ······························· 240

第七节　门窗幕墙玻璃节能性能检测 ··· 243

第八节　设备系统节能性能检测 ··· 245

思考题 ··· 265

第十章　基坑监测技术 ·· 266

第一节　概述 ··· 267

第二节　水平位移监测 ··· 270

第三节　竖向位移监测 ··· 273

第四节　深层水平位移监测 ·· 276

第五节　支撑轴力监测 ··· 278

第六节　锚索（杆）内力测试 ··· 281

第七节　地下水位监测 ··· 282

第八节　裂缝监测 ··· 283

第九节　巡视检查 ··· 284

第十节　数据处理及信息反馈 ··· 284

第十一节　自动化基坑监测 ·· 286

第十二节　基坑监测常见问题及注意事项 ··· 286

思考题 ··· 288

第十一章　高支模实时监测技术 ·· 289

第一节　概述 ··· 290

第二节　沉降监测 ··· 292

第三节　水平位移监测 ··· 294

第四节　倾斜监测 ………………………………………………………… 297

第五节　立杆轴力监测 …………………………………………………… 299

第六节　高支模支撑体系坍塌破坏的主要几种模式 …………………… 301

第七节　监测报警 ………………………………………………………… 303

第八节　监测周期与频率 ………………………………………………… 303

第九节　监测系统 ………………………………………………………… 304

第十节　巡视检查 ………………………………………………………… 304

第十一节　监测结果及常见问题 ………………………………………… 306

思考题 ……………………………………………………………………… 307

参考文献 ………………………………………………………………… 308

第一章

绪论

知识目标

1. 熟悉试验检测的基本概念；
2. 了解试验检测在土木工程中的作用、意义及其发展历程；
3. 熟悉试验检测的发展趋势及其工作内容；
4. 掌握试验检测人员应具备的基本能力及职业素养。

能力目标

1. 理解试验检测的基本概念、工程意义、工作内容及其发展趋势；
2. 通过本章学习，明确作为一名试验检测人员应具备的基本能力及职业素养。

素质目标

培养学生质量强国，工匠精神，认真严谨，实事求是，精益求精的意识和态度。

思维导图

```
                                              ┌─ 试验检测的基本概念
                       试验检测的基本概念及工程意义 ─┼─ 试验检测的工程意义
                      │                       └─ 试验检测的基本任务
                      │
                      │                       ┌─ 试验检测的基本分类
                       试验检测技术概述及其发展趋势 ─┼─ 试验检测技术的发展现状
           绪论 ──────┤                       └─ 试验检测的发展趋势
                      │
                      │                       ┌─ 试验检测主要工作内容
                       试验检测的主要工作内容及一般流程 ─┤
                      │                       └─ 试验检测的一般工作流程
                      │
                      │                       ┌─ 试验检测人员的知识结构
                       试验检测人员的知识能力及职业素养 ─┤
                                              └─ 试验检测人员的职业素养
```

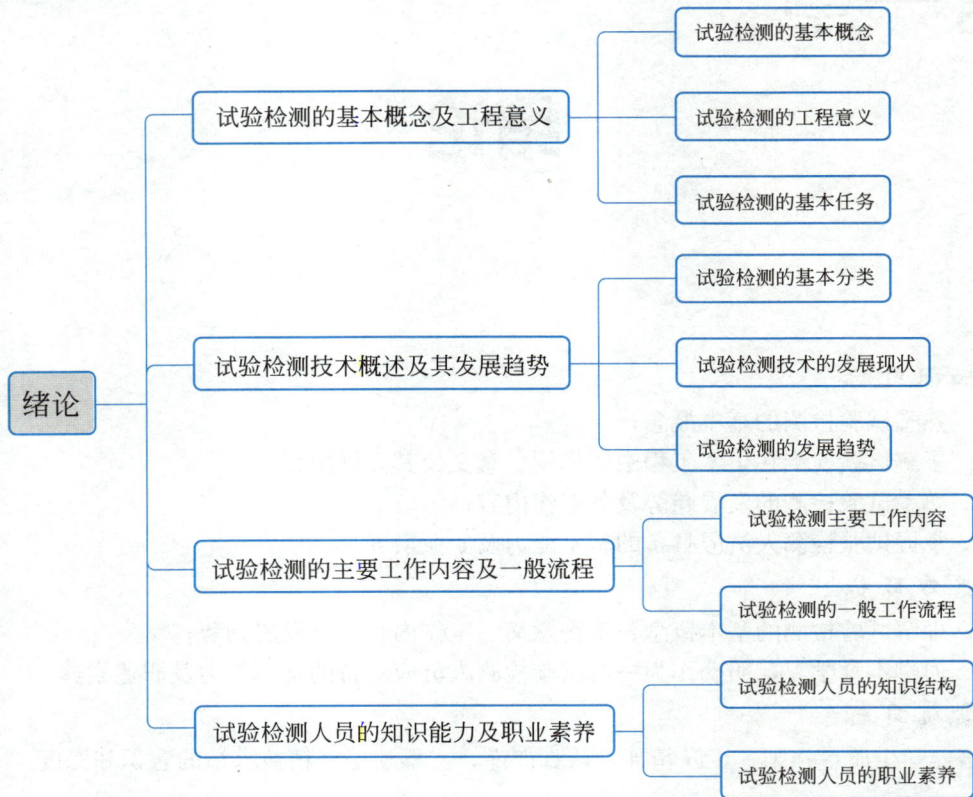

第一节　试验检测的基本概念及工程意义

1. 试验检测的基本概念

（1）试验：试验是未知结果，为了解某物的性能或某事的结果而进行的尝试性活动。

（2）实验：从事某种活动或进行某种操作来检验某种假设或科学理论。即检验一个理论或证实一种假设而进行的一系列操作或活动，一般结果（含理论、假设）是已知的。

（3）检测：用指定的方法检验测试某种物体（气、液、固体）指定的技术性能指标（一般仅输出数据，不作合格判定）。

（4）检验：对被检查项目的特征和性能进行检查、检测、试验等，并将结果与标准规定的要求进行比较，以判定其是否符合所进行的活动。

2. 试验检测的工程意义

试验检测是保证土木工程质量的一种有效手段，也是工程质量管理中的一个重要组成部分。在施工技术管理、施工质量控制、交（竣）工验收评定等环节发挥了不可替代的重要作用，被誉为"工程质量卫士"。它在土木工程中的作用及意义主要体现在以下几个方面：

（1）便于就地取材，降低工程造价。通过试验检测确定各种原材料（如水泥、砂石、钢筋等）是否满足土木工程施工技术规定的要求。

（2）有利于推广"三新"（新技术、新工艺、新材料）应用。通过试验检测手段以鉴别其可行性、适用性、先进性及有效性，从而为土木工程施工积累经验，推动施工技术进步，对提高"三控"（质量、进度、费用控制）将起到积极的作用。

（3）有利于合理控制、科学评价土木工程施工质量。试验检测作为一种有效的方法和手段，在土木工程项目的原材料选择、施工过程质量控制、交竣工验收评定等方面均发挥了不可替代的积极作用。

（4）合理评价既有工程建筑物的技术性能，为维修加固提供科学决策依据。

总之，试验检测在土木工程项目实施过程中，对提高工程施工质量、加快工程进度、降低工程造价、推动技术进步以及保证工程安全、延缓工程使用寿命等方面起到非常重要的作用，意义重大。

3. 试验检测的基本任务

随着质量强国、交通强国的不断深入，试验检测技术日益受到人们的关注和重视。新建、改建及既有工程结构物的养护加固等项目越来越多、体量大、任务艰巨。试验检测基本任务主要包括以下几个方面：

（1）确定工程设计参数，检验材料或结构的性能参数，确定新建结构的承载能力。

（2）研究结构或构件的受力行为，总结结构或构件受力行为的一般规律。

（3）评估既有结构的使用性能、承载能力与可靠性，为既有结构维护加固、改建、管理提供科学的决策依据。

第二节　试验检测技术概述及其发展趋势

1. 试验检测的基本分类

（1）按试验的目的与要求分类

按照试验的目的与要求分类，试验检测可分为科学研究性试验和生产鉴定性试验两大类。科学研究性试验的目的主要是建立或验证工程结构设计计算理论或经验公式，一般把对结构或构件的主要影响因素作为试验参数，通过建立结构模型、利用特定的加载装置进行试验。生产鉴定性试验通常也称试验检测，直接服务于生产实践，一般以原型结构作为试验对象进行非破坏性试验，确定材料的性能、结构的实际承载能力、使用性能和使用条件，检验工程设计及施工质量。

（2）按试验对结构产生的后果分类

按试验对结构产生的后果分类，试验检测可分为破坏性试验和非破坏性试验。破坏性试验是指只有将受检验样品破坏后才能进行试验，或者在试验过程中受检样品被破坏或消耗的试验。进行破坏性试验后被检样品完全丧失了原有的使用价值，如钢筋拉伸试验。非破坏性试验是指试验时样品不受到破坏，或虽然有损耗但对产品质量不发生实质性影响的试验。而破坏性试验后，受检样品的完整性遭到破坏，不再具有原来的使用功能。如寿命试验、强度试验等往往是破坏性试验。无损检测属于非破坏性试验范畴，是今后的发展方向和趋势。

（3）根据试验荷载作用的性质分类

根据试验荷载作用的性质分类，试验检测一般可分为静荷载试验和动荷载试验。所谓静载试验是将静止的荷载作用在结构上指定位置，从而测试其结构的静力位移、静力应变、裂缝宽度及分布形态等参量的试验项目，由此推断结构在荷载作用下的工作性能及使用能力。动载试验是利用某种激振方法激起结构的振动，测定结构的固有频率、阻尼比、振型、加速度及位移响应等参量的试验项目，从而判断结构的整体刚度和动力性能。静载试验与动载试验虽然在试验目的、测试内容等方面有差异，是两种不同性质的试验，但对于全面分析掌握土木工程结构的工作性能是同样重要的，必须引起重视。

（4）根据试验持续时间长短分类

根据试验持续时间长短分类，试验检测一般可分为短期试验和长期试验。对于鉴定性生产试验与一般的科学研究试验大多采用短期试验方法，对于必须进行长期监测的试验对象，如混凝土结构的收缩与徐变性能、结构风致振动等可采用长期试验方法。

综上所述，在选择试验方法时，应结合具体的试验目的及试验周期，选用一种或多种试验手段来测试土木结构的设计施工质量或使用性能。在工程实践中，应从具体问题出发，综合考虑各种因素，尽量降低试验费用。一般能用模型代替的就不用大尺度原型试验；通过非破坏性试验可以达到试验目的，尽量不做破坏性试验。这是试验检测方法选择的基本原则。

2. 试验检测技术的发展现状

中华人民共和国成立以来，我国土木工程试验检测技术经历了从无到有、从粗放到精细、从人工操作到智能化、从破损检测到无损检测的发展历程，试验检测的技术手段、方法也日益发展，种类繁多，很多新的测试技术已经成功应用到土木工程建设中。如智能机器人、图像识别技术、无损检测技术等。

习近平总书记在党的二十大报告中明确提出，要加快构建以国内大循环为主体、国内国际双循环相互促进的新发展格局。在党的二十大精神和国家双循环新发展格局的引领下，我国正在推动高质量发展，加快建设质量强国、交通强国。目前，我国经济高速持续发展，建筑业也保持迅猛的发展势头，试验检测技术也得到了长足的进步和发展，各行各业检验检测机构如雨后春笋，不断涌现，呈现勃勃生机，行业发展良好。据《中国市场监管报》2020年度全国检验检测行业统计数据可知，截至2020年底，我国各类检验检测机构总数已达48919家，营业收入3585.92亿元，从业人员141.19万人，出具各类检验检测报告5.67亿份。截至2021年底，全国检验检测机构数量已突破5万家，营业收入超过4000亿元，年均机构数量增长超过10%，营业收入增长超过12%，我国成为全球增长速度最快、最具潜力的检验检测市场。我国"十四五"规划纲要中特别强调要加强产业基础能力建设，健全产业基础支撑体系，在重点领域布局一批国家制造业创新中心，完善国家质量基础设施，建设生产应用示范平台和标准计量、认证认可、检验检测、试验验证等产业技术基础公共服务平台，完善技术、工艺等工业基础数据库，其中就包括试验检测。另外，试验检测行业也列入了国家战略性新兴产业重点产品和服务指导目录中，成为建筑业中的"朝阳行业"。

3. 试验检测的发展趋势

随着科学技术的发展，对土木工程试验检测的要求越来越高，传统的试验检测方法虽满足了土木工程施工应用、科研的基本需求，但多数方法都是定性的，难以进行实时测试。目前物联网、大数据、人工智能、计算机网络技术及新材料、新技术、新工艺的迅猛发展，必然会对工程结构提出了精确化、智能化、网络化等要求，此时传统的检测方法已经无法满足土木工程技术发展的要求，由此产生了一些新的检测技术和方法。如智能检测机器人、光纤光栅传感技术、无损检测技术等为土木工程材料、结构的检测提供了新的测试方法。

可以预见，自动化、智能化、智慧化、无损化、无人化、标准化、专业化、精细化将是今后试验检测技术发展的方向和趋势。

第三节 试验检测的主要工作内容及一般流程

1. 试验检测的主要工作内容

土木工程试验检测涉及专业范围广、种类多，工作内容也多。一般来说，试验检测依据相应的规范规程及标准，采用专门的仪器设备，按照既定的试验检测方案，对原材料、特定的工程结构进行测试、分析与评价。其主要工作内容有以下几方面：

（1）土木工程材料试验

土木工程材料种类多，涉及试验参数有几千个，主要包括水泥、石灰、集料、水、钢材、木材、装饰材料、节能材料、高分子聚合物材料、沥青、水泥混凝土、砂浆、沥青混合料、无机结合料稳定材料等。在土木工程建设过程中，必须对各种材料进行物理、化学、力学性能指标以及配合比、混合料各类性能进行试验，以便就地取材，合理选用各种材料，保证工程施工质量。

（2）道路工程检测

道路工程主要包括路基、路面及附属设施等，其试验检测项目也比较多，除了原材料试验，还包括压实度、回弹弯沉、平整度、厚度、几何尺寸、CBR、回弹模量、抗滑性能、渗水系数、路况评定等试验检测项目。

（3）桥涵工程检测

桥梁工程主要包括上部结构、下部结构及附属设施等，其试验检测项目主要包括地基基础试验检测、桥梁技术状况评定、桥梁荷载试验、桥梁承载能力检测评定、桥梁健康监测技术、锚下有效预应力检测、孔道摩阻损失检测、注浆密实度检测、支座检测等。

（4）隧道工程检测

隧道工程检测项目主要有超前支护与围岩施工质量检测、开挖质量检测、初期支护施工质量检测、防排水材料及施工质量检测、衬砌混凝土施工质量检测、隧道施工检测、隧道检查与技术状况评定等。

（5）交通工程检测

交通工程检测项目有交通标志检测、路面标线涂料检测、波形梁钢护栏检测、突起路标检测、隔离栅检测、防眩板检测、轮廓标检测、安装施工质量检测以及机电工程方面的检测等。

（6）无损检测

无损检测就是指在检查机械材料内部不损害或不影响被检测对象使用性能，不伤害被检测对象内部组织的前提下，利用材料内部结构异常或缺陷存在引起的热、声、光、电、磁等反应的变化，以物理或化学方法为手段，借助现代化的技术和设备器材。对试件内部及表面的结构、状态及缺陷的类型、数量、形状、性质、位置、尺寸、分布及其变化进行检查和测试的方法。无损检测技术主要有射线检验（RT）、超声检测（UT）、磁粉检测（MT）和液体渗透检测（PT）四种。其他无损检测方法有涡流检测（ECT）、声发射检测（AE）、热像/红外检测（TIR）、泄漏试验（LT）、交流场测量技术（ACFMT）、漏磁检验（MFL）、远场测试检测方法（RFT）、超声波衍射时差法（TOFD）等。

（7）地基基础检测

地基基础检测项目主要有平板载荷试验、静力触探试验、十字板剪切试验、圆锥动力触探试验、标准贯入试验、基桩静载试验、基桩钻芯检测、基桩低应变检测、基桩高应变检测、基桩超声波检测、基桩自平衡法静载试验等。

（8）混凝土结构构件检测

混凝土结构构件检测主要包括混凝土强度检测、混凝土碳化状况检测、钢筋位置保护层厚度和钢筋间距检测、钢筋锈蚀电位检测、混凝土电阻率检测、混凝土氯离子含量检测、混凝土缺陷检测、有效预应力和压浆质量检测等。

（9）砌体结构检测

砌体结构检测项目主要有烧结普通砖、烧结多孔砖的砌体抗压和抗剪试验、原位轴压法现场推断砌体抗压强度、扁顶法实测砌体抗压强度、原位单砖双剪法测定砌体通缝抗剪强度、筒压法检测砌筑砂浆强度、回弹法检测砌筑砂浆强度等。

（10）钢结构检测

钢结构检测项目原材料（钢材、连接材料如高强度螺栓及连接副、焊钉、涂装材料）试验、焊接工艺评定、焊缝外观检测、焊缝无损检测、拼接检测、涂层检测、动力特性检测等。

（11）建筑节能检测

建筑节能检测项目主要有保温隔热材料节能检测、外墙与屋面传热系数检测、围护结构实体外墙节能构造钻芯检测、门窗幕墙玻璃节能性能检测、门窗保温性能检测、设备系统节能性能检测、风机盘管试验室检测、太阳能热水系统热性能检测、太阳能热水设备试验室检测、太阳能光伏系统检测等。

（12）基坑、边坡、软基及高支模检测

基坑监测项目包括水平位移、竖向位移监测；深层水平位移监测；围护墙内力、立柱内力及土压力、空隙水压力监测；支撑轴力、锚杆轴力监测；地下水位、地表竖向位移、分层竖向位移、坑底隆起监测；裂缝监测；巡视检查；自动化基坑监测等。

边坡工程监测主要有变形监测、应力监测、地下水监测、自动化边坡监测等。软土地基监测项目主要有位移监测、测斜监测、沉降板监测、土体分层沉降监测等。

高支模实时监测主要监测项目有沉降、水平位移、倾斜、轴力等。

（13）检测新技术

检测新技术项目主要包括锚杆、锚索检测；高支模检测；结构抗震试验；结构施工监测；结构长期监测与健康诊断；风洞试验；机器人在土木工程检测中的应用；装配式建筑检测；建筑智能化检测等。

2. 试验检测的一般工作流程

试验检测一般工作流程如下：

（1）接受样品或委托检测，填写委托单或委托检测合同；

（2）样品流转管理，派发试验检测工作；

（3）编写试验检测方案；

（4）试验检测过程中，填写试验原始记录，仪器使用记录及环境控制记录；

（5）试验检测完毕，由原始记录出具试验报告、签字、盖章，归档；

（6）根据试验检测结果，填写试验检测台账，完善台账相关信息；

（7）留样，不合格品须填写不合格品台账。

试验检测一般工作流程如图 1-1 所示。

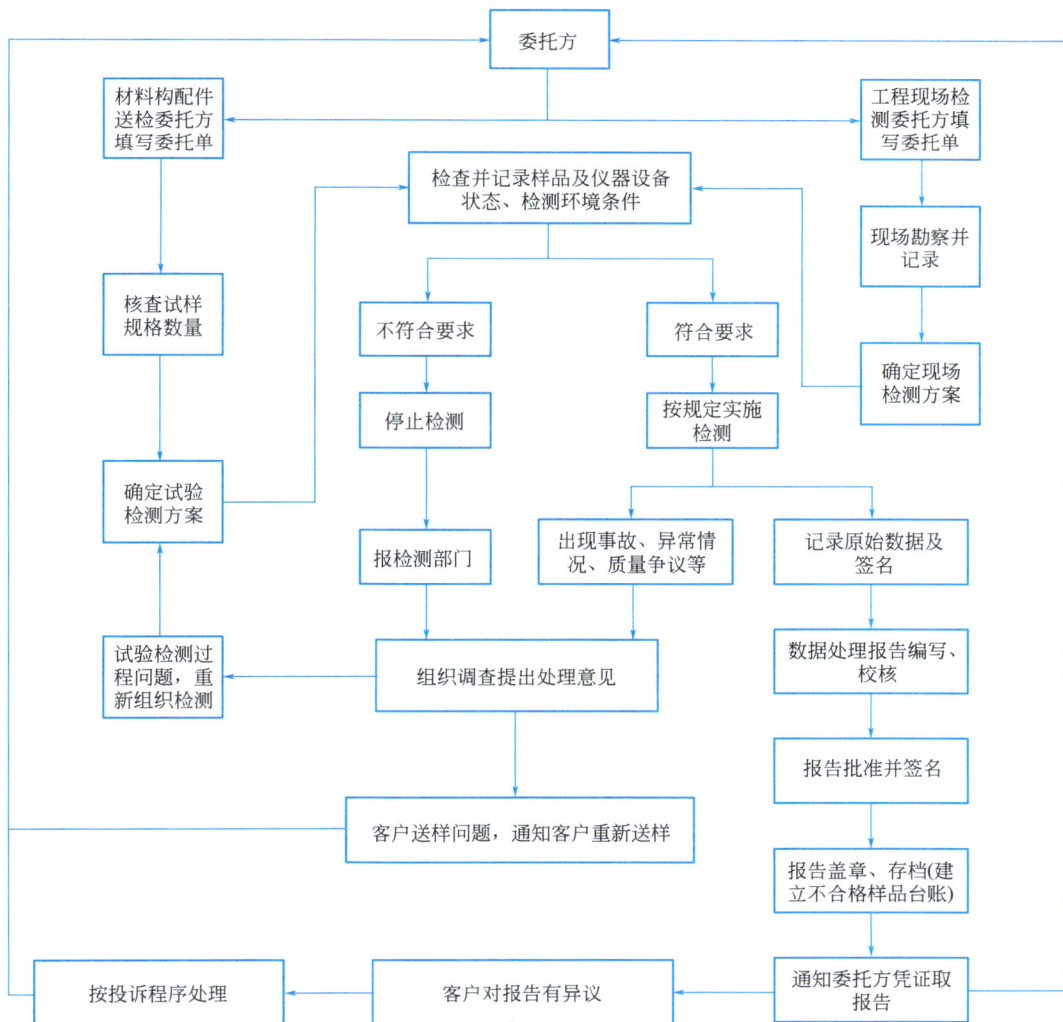

图 1-1　试验检测一般工作流程

第四节　试验检测人员的知识能力及职业素养

1. 试验检测人员的知识架构

试验检测理论涉及专业面广，如数理化、土建、力学、材料、岩土、测绘、机电、通信等诸多专业及学科，在土木工程建设过程中，勘察、设计、施工、养护、管理等方面也关系密切，是一门专业性、应用性非常强的跨专业领域综合学科。因此，对土木工程试验检测来讲，要求很高，除了熟悉掌握以上试验检测专业知识，还得拓展相关专业领域知识，如计量学、统计学及法律法规文件等，要求知识面广、综合素质比较高。

2. 试验检测人员的职业素养

试验检测人员除了具备较全面的专业理论知识如试验检测基本理论、测试操作技能、相关基础知识外，在实际工作中，还要熟悉设计文件、施工技术规范、试验检测规程，学以致用。另外，试验检测关系到工程质量控制与把关，还要求试验检测人员具备良好的职业操守和职业道德，作为试验检测专业技术人员，最基本的职业道德是敬业爱岗、诚实守信、规范操作、保证质量，不造假数据、不出假证明、不做假鉴定、不做假报告。

《建设工程质量检测管理办法》（中华人民共和国住房和城乡建设部令第57号）：

第十四条　从事建设工程质量检测活动，应当遵守相关法律、法规和标准，相关人员应当具备相应的建设工程质量检测知识和专业能力。

第二十二条　检测机构应当建立建设工程过程数据和结果数据、检测影像资料及检测报告记录与留存制度，对检测数据和检测报告的真实性、准确性负责。

第二十三条　任何单位和个人不得明示或者暗示检测机构出具虚假检测报告，不得篡改或者伪造检测报告。

第三十条　检测机构不得有下列行为：

（一）超出资质许可范围从事建设工程质量检测活动；

（二）转包或者违法分包建设工程质量检测业务；

（三）涂改、倒卖、出租、出借或者以其他形式非法转让资质证书；

（四）违反工程建设强制性标准进行检测；

（五）使用不能满足所开展建设工程质量检测活动要求的检测人员或者仪器设备；

（六）出具虚假的检测数据或者检测报告。

第三十一条　检测人员不得有下列行为：

（一）同时受聘于两家或者两家以上检测机构；

（二）违反工程建设强制性标准进行检测；

（三）出具虚假的检测数据；

（四）违反工程建设强制性标准进行结论判定或者出具虚假判定结论。

《公路水运工程试验检测管理办法》（中华人民共和国交通运输部令2023年第9号）：

第二十八条　检测机构和检测人员应当独立开展检测工作，不受任何干扰和影响，保证检测数据客观、公正、准确。

第三十九条　检测人员不得同时在两家或者两家以上检测机构从事检测活动，不得借工作之便推销建设材料、构配件和设备。

《检验检测机构监督管理办法》（国家市场监督管理总局令第 39 号）：

第六条　检验检测机构及其人员从事检验检测活动应当遵守法律、行政法规、部门规章的规定，遵循客观独立、公平公正、诚实信用原则，恪守职业道德，承担社会责任。检验检测机构及其人员应当独立于其出具的检验检测报告所涉及的利益相关方，不受任何可能干扰其技术判断的因素影响，保证其出具的检验检测报告真实、客观、准确、完整。

第七条　从事检验检测活动的人员，不得同时在两个以上检验检测机构从业。检验检测授权签字人应当符合相关技术能力要求。法律、行政法规对检验检测人员或者授权签字人的执业资格或者禁止从业另有规定的，依照其规定。

随着试验检测手段的不断丰富和完善，对试验检测人员提出了越来越高的要求，特别是现场检测，环境较复杂，涉及交叉作业，影响因素较多，因此，要求试验检测人员具备坚实的理论基础、丰富的实践经验和灵活的现场综合应变能力。

思考题

1. 检验与检测；试验与实验之间有何区别？
2. 简述土木工程检测技术的发展方向与趋势。
3. 简述试验检测的一般工作流程。
4. 如何成为一名合格的试验检测专业技术人员？

第二章

试验检测相关法律法规制度

知识目标

1. 了解试验检测工作常见法律法规的基本规定，了解信用管理、安全管理的要求；

2. 熟悉计量基准器具、计量标准器具和计量检定的基本规定，熟悉试验检测管理办法的基本规定，熟悉检测机构能力规定及工地试验室和现场检测管理要求，熟悉《检测和校准实验能力的通用要求》GB/T 27025—2019 的内容及要求，熟悉管理体系文件的内容及编制要求；

3. 掌握国家法定计量单位、标准的分类等相关规定，掌握检测机构专业、类别、等级的组成，掌握管理体系的组成。

能力目标

1. 正确理解并应用试验检测活动涉及的法律法规，熟悉标准、计量方面的知识，能正确地使用国家法定计量单位，会根据检测内容选择正确的标准、有效的仪器设备按照试验检测流程开展检测工作。

2. 正确理解并应用检测机构能力规定及工地试验室和现场检测管理要求、《检测和校准实验能力的通用要求》GB/T 27025—2019 的内容及要求，学会编制管理体系文件并正确应用。

素质目标

培养学生遵纪守法，科学严谨，做事基于规则，知法守法。

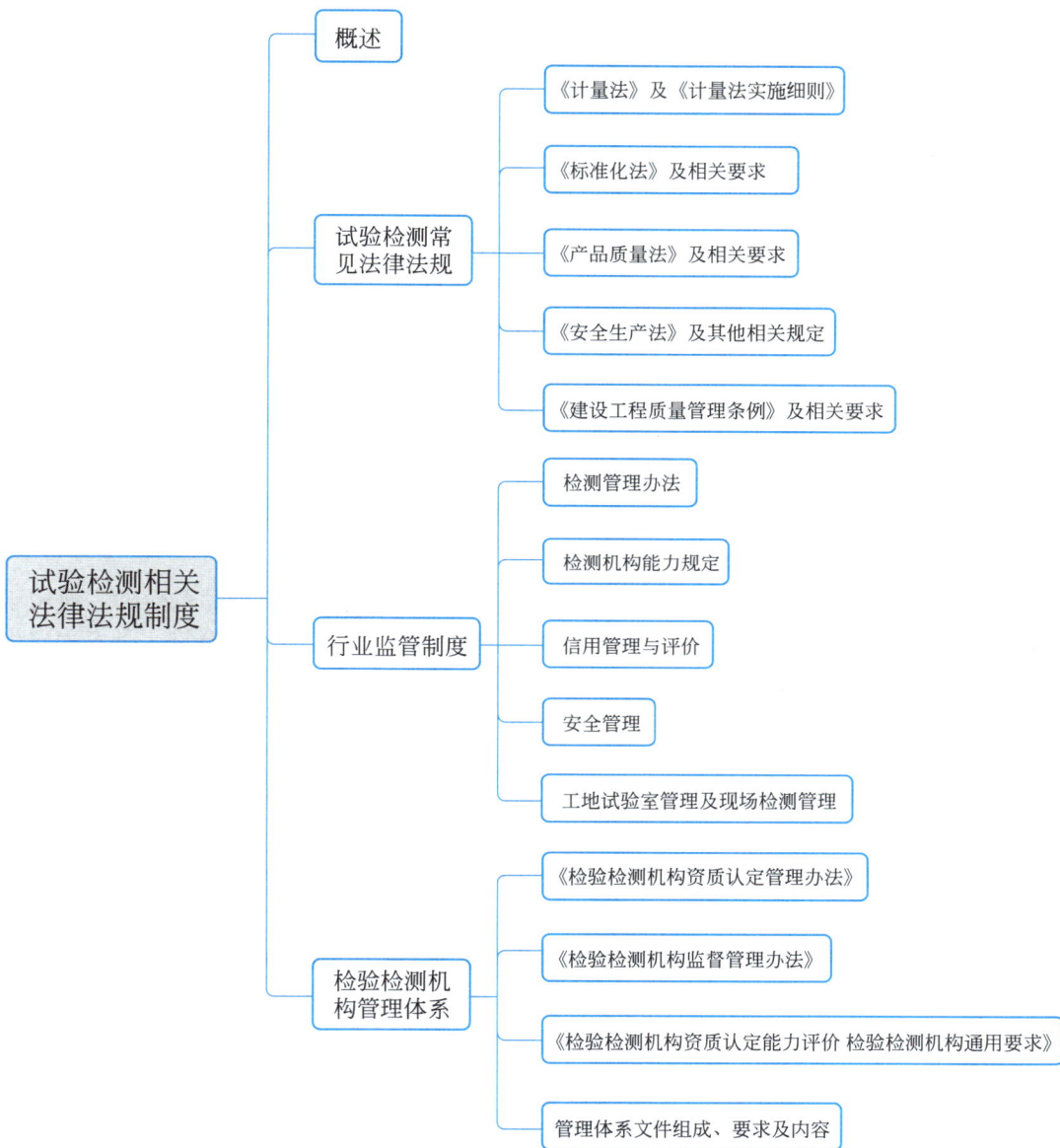

思维导图

```
                          ┌── 概述

                          │                      ┌── 《计量法》及《计量法实施细则》
                          │                      │
                          │                      ├── 《标准化法》及相关要求
                          │                      │
                          │        试验检测常     ├── 《产品质量法》及相关要求
                          ├────── 见法律法规 ─────┤
                          │                      ├── 《安全生产法》及其他相关规定
                          │                      │
                          │                      └── 《建设工程质量管理条例》及相关要求

                          │                      ┌── 检测管理办法
   试验检测相关           │                      │
   法律法规制度 ──────────┤                      ├── 检测机构能力规定
                          │                      │
                          │        行业监管制度 ─┼── 信用管理与评价
                          │                      │
                          │                      ├── 安全管理
                          │                      │
                          │                      └── 工地试验室管理及现场检测管理

                          │                      ┌── 《检验检测机构资质认定管理办法》
                          │                      │
                          │        检验检测机     ├── 《检验检测机构监督管理办法》
                          └────── 构管理体系 ─────┤
                                                 ├── 《检验检测机构资质认定能力评价 检验检测机构通用要求》
                                                 │
                                                 └── 管理体系文件组成、要求及内容
```

第一节　概述

　　检验检测机构，是指依法成立，依据相关标准或者技术规范，利用仪器设备、环境设施等技术条件和专业技能，对产品或者法律法规规定的特定对象进行检验检测的专业技术组织。检验检测机构的定义，明确了其技术活动的核心就是利用仪器设备，对产品或特定对象进行检验检测并提供客观准确数据。检验检测数据准确与否，与仪器设备、使用方法、环境条件等有直接的关系。

在党的二十大精神的指引下，我国坚持全面依法治国，推进法治中国建设。全面加强基础设施建设，为高质量发展提供坚强支撑。我国的法治建设已取得了很大成就，法律法规不断完善。在检验检测机构资质认定法律法规方面，对《中华人民共和国计量法》（以下简称《计量法》）进行了进一步修改完善；对《中华人民共和国计量法实施细则》（以下简称《计量法实施细则》）进行了第四次修订。《计量法》明确规定在中华人民共和国境内，建立计量基准器具、计量标准器具，进行计量检定，制造、修理、销售、使用计量器具，必须遵守本法。《计量法实施细则》在规范计量单位使用以及计量器具准确，维护机构或个人的合法权益等方面发挥了重要作用。《计量法》及《计量法实施细则》的颁布实施，对加强我国计量监督管理，保障国家计量单位的统一和量值的准确可靠，促进国家生产、贸易和科学技术的发展起到极为重要的作用。

为确保检验检测数据的客观准确，应加强检验检测工作的标准化管理。《中华人民共和国标准化法》（以下简称《标准化法》）是为了加强标准化工作，提升产品和服务质量，促进科学技术进步，保障人身健康和生命财产安全，维护国家安全、生态环境安全以及提高经济社会发展水平，是我国标准化工作制定的一部基本法律。

对土木工程建设中大量使用的材料、制品、构件和设备等属于产品范畴的，适用于《中华人民共和国产品质量法》（以下简称《产品质量法》），产品质量合格，是工程建设必须遵守的红线，是检验检测机构及人员肩负的责任和使命。

国家重视安全生产工作，为加强安全生产工作，防止和减少生产安全事故，保障人民群众生命和财产安全，促进经济社会持续健康发展，国家制定了《中华人民共和国安全生产法》（以下简称《安全生产法》）。为加强建设工程安全生产监督管理，在《安全生产法》的基础上，制定了《建设工程安全生产管理条例》。

土木工程试验检测是检验检测人员依据相应的国家或行业规范标准，选择符合要求的仪器设备，对产品或特定对象的使用性能进行检测。为保障检验检测数据的准确可靠，除所使用的仪器设备应进行检定/校准，选择的规范标准正确，操作符合规范要求外，还需依据国家的相关法律法规和行业管理要求对检验检测机构进行管理。

第二节　试验检测常见法律法规

1. 《计量法》及《计量法实施细则》

《计量法》由总则、计量基准器具、计量标准器具和计量检定、计量器具管理、计量监督、法律责任和附则共六章三十四条组成。《计量法实施细则》由总则、计量基准器具和计量标准器具、计量检定、计量器具的制造和修理、计量器具的销售和使用、计量监督、产品质量检验机构的计量认证、计量调解和仲裁检定、费用、法律责任、附则共十一章六十条组成。

（1）名称术语

1）计量器具

计量器具是指能用以直接或间接测出被测对象量值的装置、仪器仪表、量具和用于统一量值的标准物质。计量器具不仅是监督管理的主要对象，而且是计量部门提供计量保证的技术基础。

计量器具按结构特点可以分为量具、计量仪器仪表、计量装置。按计量学用途分类，计量器具也可以分为计量基准器具、计量标准器具及工作计量器具。按技术性能及用途计量器具可分为计量基准、计量标准和工作计量器具。按等级分类可分为 A 类、B 类和 C 类。

2）计量检定

计量检定是指为评定计量器具的计量性能，确定其是否合格所进行的全部工作。包括检验和加封盖印等。它是进行量值传递的重要形式，是保证量值准确一致的重要措施。

计量检定按照管理环节的不同，可以分为周期检定、出厂检定、修后检定、进口检定及仲裁检定。计量器具按照管理性质的不同，可以分为强制检定和非强制检定。

（2）相关规定及要求

1）法定计量单位制度

国家实行法定计量单位制度。国际单位制计量单位和国家选定的其他计量单位，为国家法定计量单位。国家法定计量单位的名称、符号由国务院公布。因特殊需要采用非法定计量单位的管理办法，由国务院计量行政部门另行制定。

国家法定计量单位由国际单位制单位和国家选定的非国际单位制单位组成。国际单位制是我国法定计量单位的主体，国际单位制如有变化，我国法定计量单位也将随之变化。国际单位制是我国法定计量单位的基础，一切属于国际单位制的单位都是我国的法定计量单位。

国际单位制的内容包括国际单位制（SI）的构成体系、SI 单位、SI 词头、SI 单位的十进倍数单位的构成以及它们的使用规则。

国际单位制的单位包括 SI 单位以及 SI 单位的十进制倍数单位。

① SI 单位，包括 SI 基本单位、SI 辅助单位、SI 导出单位。

SI 基本单位一共包括 7 个基本量，基本量和相应基本单位的名称和符号见表 2-1。

基本量和相应基本单位的名称和符号　　　　　　　　　　　　　　　　表 2-1

量的名称	单位名称	单位符号
长度	米	m
质量	千克(公斤)	kg
时间	秒	s
电流	安培	A
热力学温度	开尔文	K
物质的量	摩尔	mol
发光强度	坎德拉	cd

　　SI 辅助单位包含弧度（rad）和球面度（sr）两个 SI 单位。它们既可以作为基本单位使用，又可以作为导出单位使用。原则上说，它们是无量纲的导出单位，但从实际出发不列为 SI 导出单位。使用上根据需要，既可以用弧度或球面度，也可以用"1"。

　　SI 导出单位，导出单位是用基本单位和（或）辅助单位以代数形式所表示的单位。这种单位符号中的乘和除使用数学符号。如速度的 SI 单位为米每秒（m/s），角速度的 SI 单位为弧度每秒（rad/s），属于这种形式的单位称为组合单位。

　　② SI 单位的倍数单位，如 10^6，词头名称为"兆"，词头符号用"M"表示。词头用于构成 SI 单位的倍数单位，但不得单独使用。

　　③ 可以国际单位制单位并用的其他单位，我国法定计量单位如表示时间的分钟（min）、小时（h）、天（d），表示质量的吨（t）等，由于使用十分广泛而且需要，可与 SI 并用。

　　2）计量基准器具、计量标准器具和计量检定

　　国务院计量行政部门负责建立各种计量基准器具，作为统一全国量值的最高依据。县级以上地方人民政府计量行政部门根据本地区的需要，建立社会公用计量标准器具，经上级人民政府计量行政部门主持考核合格后使用。

　　国务院有关主管部门和省、自治区、直辖市人民政府有关主管部门，对于社会公用计量标准不能适应某部门专业特点的特殊需要的，可以建立本部门使用的计量标准器具。企业、事业单位根据需要，可以建立本单位使用的计量标准器具。无论是部门还是单位使用的计量标准器具，须经地方人民政府计量行政部门负责组织法定计量检定机构或授权的有关技术机构进行考核合格后使用。

　　县级以上人民政府计量行政部门对社会公用计量标准器具，部门和企业、事业单位使用的最高计量标准器具以及用于贸易结算、安全防护、医疗卫生、环境监测方面的列入强制检定目录的工作计量器具，实行强制检定。未按照规定申请检定或者检定不合格的，不得使用。对非强制检定的计量器具，使用单位应当自行定期检定或者送其他计量检定机构检定。实行强制检定的工作计量器具的目录和管理办法，由国务院计量行政主管部门制定。

　　计量检定必须按照国家计量检定系统表进行。国家计量检定系统表是指从计量基准到各等级的计量标准直至工作计量器具的检定程序所作的技术规定，由文字和框图构成。计量检定必须执行计量检定规程，即对计量器具的计量性能、检定项目、检定条件、检定方法、检定周期以及检定数据处理等所作的技术规定。

　　国家计量检定规程由国务院计量行政部门制定，在全国范围内施行。没有国家计量检定规程的，国务院有关主管部门、地方可制定部门、地方计量检定规程，在本部门内、行政区域内施行。部门和地方计量检定规程须向国务院计量行政部门备案。

　　3）计量器具管理和计量监督

　　县级以上地方人民政府计量行政部门对当地销售的计量器具实施监督检查。凡没有产品合格印、证标志的计量器具不得销售。检验检测机构购买仪器设备验收时，应核对所购买的计量器具是否满足法律法规规定。

　　为社会提供公正数据的产品质量检验机构，必须经省级以上人民政府计量行政部门对其计量检定、测试的能力和可靠性考核合格。认证的内容包括：

① 计量检定测试设备的性能；

② 计量检定、测试设备的工作环境和人员的操作技能；

③ 保证量值统一、准确的措施及检测数据公正可靠的管理制度。

按照《计量法》及其实施细则的规定，试验检测机构作为为社会提供公正数据的第三方机构，为了保证数据的可靠，量值必须溯源到国家计量基准，以保证国家单位量值的统一；同时规定，计量认证在省级以上的计量行政部门考核合格，才有资格为社会提供公正数据，未取得计量认证合格证书的产品质量检验机构，不得开展产品质量检验工作。

任何单位和个人不准在工作岗位上使用无检定合格印、证或者超过检定周期或者经检定不合格的计量器具。属于强制检定范围的计量器具，未按规定申请检定和属于非强制检定范围的计量器具未自行定期检定或者送其他计量检定机构定期检定的以及经检定不合格继续使用的，责令其停止使用，可并处罚款。

2. 《标准化法》及相关要求

《标准化法》是为了加强标准化工作，提升产品和服务质量，促进科学技术进步，保障人身健康和生命财产安全，维护国家安全、生态环境安全，提高经济社会发展水平，制定的法律。《标准化法》对标准分类、制定的有效性、标准的实施与监督等方面作了明确规定。试验检测活动应正确选择标准，保障试验检测工作质量。

（1）名称术语

1）标准

《标准化法》对标准（含标准样品）定义为指农业、工业、服务业以及社会事业等领域需要统一的技术要求。

标准是为了在一定的范围内获得最佳秩序，经协商一致并由公认机构批准，共同使用的或重复使用的一种规范性文件。标准以科学、技术和经验的综合成果为基础。

2）标准样品

标准样品是实物标准，指保证标准在不同时间和空间实施结果一致性的参照物，具有均匀性、稳定性、准确性和溯源性。标准样品是实施文字标准的重要技术基础，是标准化工作中不可或缺的组成部分。

3）标准化

标准化指为了在既定范围内获得最佳秩序，促进共同利益，对现实问题或潜在问题确立共同使用和重复使用的条款以及编制、发布和应用文件的活动。标准化以制定、发布和实施标准达到统一，确立条款并共同遵循，来实现最佳效益。

标准与标准化的关系是：标准是标准化的结果，标准化是标准的过程。

（2）相关规定及要求

1）标准的分类

标准包括国家标准、行业标准、地方标准和团体标准、企业标准。国家标准分为强制性标准、推荐性标准，强制性标准仅有国家标准一级。推荐性标准包括推荐性国家标准、行业标准和地方标准。强制性标准必须执行，国家鼓励采用推荐性标准。

国家标准、行业标准和地方标准属于政府主导制定的标准，团体标准、企业标准属于市场主体自行制定的标准。

强制性标准必须执行，不符合强制性标准的产品、服务，不得生产、销售、进口或者提供。违反强制性标准的，依法承担相应的法律责任。推荐性标准，国家鼓励采用，即企业自愿采用推荐性标准。当出现下列情况时，推荐性标准必须执行：

① 推荐性标准被相关法律、法规、规章引用，则该推荐性标准具有相应的强制约束力，应当按照法律、法规、规章的相关规定予以实施。

② 推荐性标准被企业在产品包装、说明书或者标准信息公共服务平台上进行了自我声明公开的，企业必须执行该推荐性标准。企业生产的产品与明示标准不一致的，承担相应的法律责任。

③ 推荐性标准被合同双方作为产品或服务交付的质量依据的，该推荐性标准对合同双方具有约束力，双方必须执行该推荐性标准，并承担相应的法律责任。

2）标准的制定和实施

① 强制性国家标准

强制性国家标准制定程序包括项目提出、立项、组织起草、征求意见、技术审查、对外通报、编号、批准发布等。

国务院有关行政主管部门负责向国务院标准化行政主管部门提出强制性国家标准制定项目，国务院标准化行政主管部门评估审查后，对符合要求的项目予以立项。省级地方政府标准化行政主管部门、社会团体、企业事业组织以及公民也可以向国务院标准化行政主管部门提出立项建议，国务院标准化行政主管部门会同国务院有关行政主管部门决定是否立项。

国务院有关行政主管部门负责强制性国家标准的组织起草、征求意见、技术审查。国务院标准化行政主管部门负责强制性国家标准等的统一编号。国务院批准发布或授权批准发布强制性国家标准。强制性国家标准的代号为"GB"。

② 推荐性国家标准

对满足基础通用、与强制性国家标准配套、对各有关行业起引领作用等需要的技术要求，可以制定推荐性国家标准。推荐性国家标准由国务院标准化行政主管部门负责立项、组织起草、审查、编号、批准发布等工作。推荐性国家标准的代号为"GB/T"。

③ 行业标准

对没有推荐性国家标准、需要在全国某个行业范围内统一的技术要求，可以制定行业标准。行业标准由国务院有关行政主管部门制定，负责行业标准的立项、组织起草、审查、编号、批准发布等工作，报国务院标准化行政主管部门备案。需要注意的是，不是所有的国务院部门都可以制定行业标准，国务院有关部门是否可以制定行业标准、行业标准的具体领域、行业标准的代号均须经过国务院标准化行政主管部门批准。不同的行业标准代号，由不同的国务院行政主管部门管理，例如交通（JT）、建工（JGJ）、铁路（TB）等，国家目前由 42 个国务院行政主管部门管理 67 个行业标准代号。

④ 地方标准

为满足地方自然条件、风俗习惯等特殊技术要求，可以制定地方标准。地方标准由省级人民政府标准化行政主管部门制定。设区的市级人民政府标准化行政主管部门经所在地省级人民政府标准化行政主管部门批准，可以根据本行政区域的特殊需要，制定本行政区域的地方标准。

地方标准由省级人民政府标准化行政主管部门报国务院标准化行政主管部门备案，由国务院标准化行政主管部门通报国务院有关行政主管部门。

地方标准的制定包括地方标准的立项、组织起草、审查、编号、批准发布等工作。地方标准冠以"DB"代号。

⑤ 团体标准和企业标准

国家鼓励学会、协会、商会、联合会、产业技术联盟等社会团体协调相关市场主体共同制定满足市场和创新需要的团体标准，由本团体成员约定采用或者按照本团体的规定供社会自愿采用。

企业可以根据需要自行制定企业标准，或者与其他企业联合制定企业标准。

⑥ 标准之间的关系

强制性国家标准所规定的技术要求是全社会应遵守的底线要求，推荐性国家标准、行业标准、地方标准、团体标准、企业标准的技术要求不得低于强制性国家标准的相关技术要求。

国家鼓励社会团体、企业制定高于推荐性标准相关技术要求的团体标准、企业标准。

3.《产品质量法》及相关要求

为了加强对产品质量的监督管理，提高产品质量水平，明确产品质量责任，保护消费者的合法权益，维护社会经济秩序，国家制定《产品质量法》。规定在中华人民共和国境内从事产品生产、销售活动，必须遵守本法。

土木工程部分适用于《产品质量法》的规定。如工程中使用的建筑材料、建筑构配件和设备等用于销售的工程建设材料，适用于《产品质量法》，如钢筋、水泥、外加剂等适用《产品质量法》，产品质量应当检验合格。如 2021 年央视"3.15 晚会"曝光的"瘦身"钢筋，反映了在工程建设中应加强对进场原材料产品质量的监督管理。而建设的公路、桥梁、隧道、码头等永久性设施，不是用于销售的产品，不适用《产品质量法》。

依据《产品质量法》第五十条的规定，在产品中掺杂、掺假，以假乱真，以次充好，或者以不合格产品冒充合格产品的，责令停止生产、销售，没收违法生产、销售的产品，并处违法生产、销售产品货值金额百分之五十以上三倍以下的罚款；有违法所得的，并处没收违法所得；情节严重的，吊销营业执照；构成犯罪的，依法追究刑事责任。

依据《产品质量法》第五十七条规定，产品质量检验机构、认证机构伪造检验结果或者出具虚假证明的，责令改正，对单位处五万元以上十万元以下的罚款，对直接负责的主管人员和其他直接责任人员处一万元以上五万元以下的罚款；有违法所得的，并处没收违法所得；情节严重的，取消其检验资格、认证资格；构成犯罪的，依法追究刑事责任。

产品质量检验机构、认证机构出具的检验结果或者证明不实，造成损失的，应当承担相应的赔偿责任；造成重大损失的，撤销其检验资格、认证资格。

4.《安全生产法》及其他相关规定

为了加强安全生产工作，防止和减少生产安全事故，保障人民群众生命和财产安全，促进经济社会持续健康发展，国家制定《安全生产法》。

安全生产工作应当以人为本，坚持安全发展，坚持安全第一、预防为主、综合治理的方针，强化和落实生产经营单位的主体责任，建立生产经营单位负责、职工参与、政府监管、行业自律和社会监督的机制。

生产经营单位的主要负责人是本单位安全生产第一责任人，对本单位的安全生产工作全面负责。其他责任人对职责范围内的安全生产工作负责。生产经营单位应当具备本法和有关法律、行政法规和国家标准或者行业标准规定的安全生产条件；不具备安全生产条件的，不得从事生产经营活动。

生产经营单位应当对从业人员进行安全生产教育和培训，保证从业人员具备必要的安全生产知识，熟悉有关的安全生产规章制度和安全操作规程，掌握本岗位的安全操作技能，了解事故应急处理措施，知悉自身在安全生产方面的权利和义务。未经安全生产教育和培训合格的从业人员，不得上岗作业。

生产经营单位采用新工艺、新技术、新材料或者使用新设备，必须了解、掌握其安全技术特性，采取有效的安全防护措施，并对从业人员进行专门的安全生产教育和培训。生产经营单位的从业人员有权了解其作业场所和工作岗位存在的危险因素、防范措施及事故应急措施，有权对本单位的安全生产工作提出建议。从业人员发现直接危及人身安全的紧急情况时，有权停止作业或者在采取可能的应急措施后撤离作业场所。

从业人员在作业过程中，应当严格遵守本单位的安全生产规章制度和操作规程，服从管理，正确佩戴和使用劳动防护用品。从业人员应当接受安全生产教育和培训，掌握本职工作所需的安全生产知识，提高安全生产技能，增强事故预防和应急处理能力。

5. 《建设工程质量管理条例》及相关要求

《建设工程质量管理条例》自 2000 年 1 月 30 日发布起施行。2017 年、2019 年分别对部分条款进行了两次修改。

（1）名称术语

1）建设工程

建设工程包括土木工程、建筑工程、线路管道和设备安装工程及装修工程。

2）土木工程

土木工程，是建造各类土地工程设施的科学技术的统称。指除房屋建筑以外，为新建、改建或扩建各类工程的建筑物、构筑物和相关配套设施等所进行的勘察、规划、设计、施工、安装和维护等各项技术工作及其完成的工程实体。交通工程属于土木工程的范畴。

（2）相关规定及要求

1）适用范围

《建设工程质量管理条例》规定，从事建设工程的新建、扩建、改建等有关活动及实施对建设工程质量监督管理的，必须遵守本条例。

建设单位、勘察单位、设计单位、施工单位、工程监理单位依法对建设工程质量负责。县级以上人民政府建设行政主管部门和其他有关部门应当加强对建设工程质量的监督管理。

从事建设工程活动，必须严格执行基本建设程序，坚持先勘察、后设计、再施工的原则。

2）质量责任和义务

建设工程竣工验收应当具备下列条件，建设工程经验收合格的，方可交付使用：

① 完成建设工程设计和合同约定的各项内容；

② 有完整的技术档案和施工管理资料；

③ 有工程使用的主要建筑材料、建筑构配件和设备的进场试验报告；

④ 有勘察、设计、施工、工程监理等单位分别签署的质量合格文件；

⑤ 有施工单位签署的工程保修书。

条例明确规定，施工单位必须按照工程设计要求、施工技术标准和合同约定，对建筑材料、建筑构配件、设备和商品混凝土进行检验，检验应当有书面记录和专人签字；未经检验或者检验不合格的，不得使用。

施工单位必须建立、健全施工质量的检验制度，严格工序管理，做好隐蔽工程的质量检查和记录。隐蔽工程在隐蔽前，施工单位应当通知建设单位和建设工程质量监督机构。

对涉及结构安全的试块、试件以及有关材料，应当在建设单位或者工程监理单位监督下现场取样，并送具有相应资质等级的质量检测单位进行检测。

监理工程师应当按照工程监理规范的要求，采取旁站、巡视和平行检验等形式，对建设工程实施监理。

第三节　行业监管制度

试验检测是控制和保障工程质量、安全的必要手段。科学准确的试验检测数据是评判工程质量的重要依据。控制和保障工程质量和安全，也是各类工程行业主管部门和参建各方的广泛共识和普遍做法。

本节内容主要从建设工程和公路水运工程行业对于试验检测工作的相关监管制度作简单介绍。

1. 检测管理办法

（1）《公路水运工程质量检测管理办法》

2005 年，交通部（现交通运输部）出台了《公路水运工程试验检测管理办法》（交通部令 2005 年第 12 号），并于 2016 年、2019 年两次局部修订，建立了检测机构等级评定制度，系统规范了检测活动。2022 年 1 月，国务院办公厅发布《关于全面实行行政许可事项清单管理》的通知（国办发〔2022〕2 号）将"公路水运工程质量检测机构资质审批"明确为行政许可事项。为全面规范这一许可事项的实施，进一步健全事前、事中、事后全链条监管制度，交通运输部决定废止旧规章，制定并公布了《公路水运工程质量检测管理办法》（交通运输部令 2023 年第 9 号，以下简称《本办法》），自 2023 年 10 月 1 日起施行。

《本办法》由总则、检测机构资质管理、检测活动管理、监督管理、法律责任、附则六部分组成，明确公路水运工程质量检测机构、质量检测活动及监督管理，适用《本办法》。

1）总则

公路水运工程质量检测，是指按照本办法规定取得公路水运工程质量检测机构资质的公路水运工程质量检测机构，根据国家有关法律、法规的规定，依据工程建设技术标准、规范、规程，对公路水运工程所用材料、构件、工程制品、工程实体等进行的质量检测活动。

公路水运工程质量检测活动应当遵循科学、客观、严谨、公正的原则。

交通运输部负责全国公路水运工程质量检测活动的监督管理。县级以上地方人民政府交通运输主管部门按照职责负责本行政区域内公路水运工程质量检测活动的监督管理。

2）检测机构资质管理

检测机构从事公路水运工程质量检测活动，应当按照资质等级对应的许可范围承担相应的质量检测业务。检测机构资质分为公路工程和水运工程两个专业。公路工程专业设甲级、乙级、丙级资质和交通工程专项、桥梁隧道工程专项资质。水运工程专业分为材料类和结构类，材料类设甲级、乙级、丙级资质，结构类设甲级、乙级资质。

申请公路工程甲级、交通工程专项，水运工程材料类甲级、结构类甲级检测机构资质的，向交通运输部提交申请。申请公路工程乙级和丙级、桥梁隧道工程专项，水运工程材料类乙级和丙级、结构类乙级检测机构资质的，向注册地的省级人民政府交通运输主管部门提交申请。申请人可以同时申请不同专业、不同等级的检测机构资质。

申请人通过公路水运工程质量检测管理信息系统提交申请资料，许可机关受理申请并组织开展专家技术评审，专家技术评审包括书面审查和现场核查两个阶段。许可机构应当自受理申请之日起 20 个工作日内作出是否准予行政许可的决定。

许可机关准予行政许可的，应当向申请人颁发检测机构资质证书，检测机构资质证书由正本和副本组成，分为纸质证书和电子证书，证书全国通用，具有同等效力。检测机构资质证书有效期 5 年，有效期满拟继续从事质量检测业务的，检测机构应当提前 90 个工作日向许可机关提出资质延续申请。

3）检测活动管理

取得资质的检测机构应当根据需要设立公路水运工程质量检测工地试验室。工地试验室是检测机构设置在公路水运工程施工现场，提供设备、派驻人员，承担相应质量检测业务的临时工作场所。

检测机构在同一公路水运工程项目标段中不得同时接受建设、监理、施工等多方的质量检测委托。检测机构依据合同承担公路水运工程质量检测业务，不得转包、违规分包。在检测过程中发现检测项目不合格且涉及工程主体结构安全的，检测机构应当及时向负有工程建设项目质量监督管理责任的交通运输主管部门报告。

检测机构的技术负责人和质量负责人应当由公路水运工程试验检测师担任，质量检测报告应当由公路水运工程试验检测师审核、签发。

检测人员不得同时在两家或者两家以上检测机构从事检测活动，不得借工作之便推销建设材料、构配件和设备。检测机构资质证书不得转让、出租。

4）监督管理

县级以上人民政府交通运输主管部门应当加强对质量检测工作的监督检查，及时纠正、查处违反本办法的行为。

交通运输部、省级人民政府交通运输主管部门应当组织比对试验，验证检测机构的能力，比对试验情况录入公路水运工程质量检测管理信息系统。

任何单位和个人都有权向交通运输主管部门投诉或者举报违法违规的质量检测行为。

交通运输部建立健全质量检测信用管理制度。质量检测信用管理实行统一领导，分级负责，向社会公开。

5）法律责任

检测机构隐瞒有关情况或者提供虚假材料申请资质的，许可机关不予受理或者不予行政许可，并给予警告；检测机构1年内不得再次申请该资质。检测机构以欺骗、贿赂等不正当手段取得资质证书的，由许可机关予以撤销；检测机构3年内不得再次申请该资质；构成犯罪的，依法追究刑事责任。

检测机构、检测人员、交通运输主管部门工作人员违反本办法规定的，根据违法行为及性质，处以责令改正、警告、通报批评、罚款；构成犯罪的，依法追究刑事责任。

6）附则

检测机构资质等级条件、专家技术评审工作程序由交通运输部另行制定。检测机构资质证书由许可机关按照交通运输部规定的统一格式制作。

（2）《建设工程质量检测管理办法》

为加强对建设工程质量检测的管理，住房和城乡建设部在2022年12月29日公布了《建设工程质量检测管理办法》（住房和城乡建设部令第57号），自2023年3月1日起施行。明确从事建设工程质量检测相关活动及其监督管理，适用本办法。

本办法所称建设工程质量检测，是指在新建、扩建、改建房屋建筑和市政基础设施工程活动中，建设工程质量检测机构（以下简称检测机构）接受委托，依据国家有关法律、法规和标准，对建设工程涉及结构安全、主要使用功能的检测项目，进入施工现场的建筑材料、建筑构配件、设备以及工程实体质量等进行的检测。

检测机构应当按照本办法取得建设工程质量检测机构资质，并在资质许可的范围内从事建设工程质量检测活动。未取得相应资质证书的，不得承担本办法规定的建设工程质量检测业务。

国务院住房和城乡建设主管部门负责对全国建设工程质量检测活动的监督管理。县级以上地方人民政府住房和城乡建设主管部门负责对本行政区域内建设工程质量检测活动的监督管理，可以委托所属的建设工程质量监督机构具体实施。

1）检测机构资质管理

检测机构资质分为综合类资质、专项类资质。检测机构资质标准和业务范围，由国务院住房和城乡建设主管部门制定。

申请检测机构资质的单位应当是具有独立法人资格的企业、事业单位，或者依法设立的合伙企业，并具备相应的人员、仪器设备、检测场所、质量保证体系等条件。

申请检测机构资质应当向登记地所在省、自治区、直辖市人民政府住房和城乡建设主管部门提出，并提交相关材料。资质许可机关受理申请后，应当进行材料审查和专家评审，在20个工作日内完成审查并作出书面决定。对符合资质标准的，自作出决定之日起10个工作日内颁发检测机构资质证书，并报国务院住房和城乡建设主管部门备案。专家评审时间不计算在资质许可期限内。

检测机构资质证书实行电子证照，资质证书有效期为5年。

2）检测活动管理

从事建设工程质量检测活动，应当遵守相关法律、法规和标准，相关人员应当具备相应的建设工程质量检测知识和专业能力。

委托方应当委托具有相应资质的检测机构开展建设工程质量检测业务。检测机构应当按照法律、法规和标准进行建设工程质量检测，并出具检测报告。

建设单位委托检测机构开展建设工程质量检测活动的，建设单位或者监理单位应当对建设工程质量检测活动实施见证。见证人员应当制作见证记录，记录取样、制样、标识、封志、送检以及现场检测等情况，并签字确认。建设单位委托检测机构开展建设工程质量检测活动的，施工人员应当在建设单位或者监理单位的见证人员监督下现场取样。

现场检测或者检测试样送检时，应当由检测内容提供单位、送检单位等填写委托单。委托单应当由送检人员、见证人员等签字确认。检测机构接收检测试样时，应当对试样状况、标识、封志等符合性进行检查，确认无误后方可进行检测。

检测报告经检测人员、审核人员、检测机构法定代表人或者其授权的签字人等签署，并加盖检测专用章后方可生效。检测报告中应当包括检测项目代表数量（批次）、检测依据、检测场所地址、检测数据、检测结果、见证人员单位及姓名等相关信息。非建设单位委托的检测机构出具的检测报告不得作为工程质量验收资料。

检测机构应当建立建设工程过程数据和结果数据、检测影像资料及检测报告记录与留存制度，对检测数据和检测报告的真实性、准确性负责。

任何单位和个人不得明示或者暗示检测机构出具虚假检测报告，不得篡改或者伪造检测报告。

检测机构跨省、自治区、直辖市承担检测业务的，应当向建设工程所在地的省、自治区、直辖市人民政府住房和城乡建设主管部门备案。

检测机构在承担检测业务所在地的人员、仪器设备、检测场所、质量保证体系等应当满足开展相应建设工程质量检测活动的要求。

3）监督管理

县级以上人民政府住房和城乡建设主管部门应当对检测机构实行动态监管，通过"双随机、一公开"等方式开展监督检查。

县级以上地方人民政府住房和城乡建设主管部门应当依法将建设工程质量检测活动相关单位和人员受到的行政处罚等信息予以公开，建立信用管理制度，实行守信激励和失信惩戒。

4）法律责任

违反本办法规定，未取得相应资质、资质证书已过有效期或者超出资质许可范围从事建设工程质量检测活动的，其检测报告无效，由县级以上地方人民政府住房和城乡建设主管部门处 5 万元以上 10 万元以下罚款；造成危害后果的，处 10 万元以上 20 万元以下罚款；构成犯罪的，依法追究刑事责任。

对检测机构、建设、施工、监理等单位违反本办法的相关规定，县级以上地方人民政府住房和城乡建设主管部门可根据违反的行为，采取责令改正、警告、罚款等方式进行处罚，构成犯罪的，依法追究其刑事责任。

2. 检测机构能力规定

（1）公路水运工程

2017 年 8 月 2 日，《交通运输部关于公布〈公路水运工程试验检测机构等级标准〉及〈公路水运工程试验检测机构等级评定及换证复核工作程序〉的通知》（交安监发〔2017〕113 号），2018 年 5 月 1 日实施《公路水运工程试验检测等级管理要求》JT/T 1181—

2018，规定了公路水运工程试验检测等级管理的要求，包括基本规定、试验检测分类及代码、公路水运工程试验检测机构等级标准和等级评定及换证复核工作程序的应用说明以及检测机构运行通用要求。该标准适用于公路水运工程试验检测机构建设与管理、等级评定、换证复核、检查评价等工作，其他有关检验检测工作可参考使用。

根据《公路水运工程质量检测管理办法》（交通运输部令 2023 年第 9 号）第五十七条规定，检测机构资质等级条件、专家技术评审工作程序由交通运输部另行制定。因新的等级标准尚未出台，本书对于公路水运工程检测机构能力规定按交安监发〔2017〕113 号和 JT/T 1181—2018 的相关要求进行介绍。

1）公路水运工程试验检测机构等级标准中对人员配置、检测环境的规定

① 公路工程质量检测机构等级人员配置、检测环境要求见表 2-2。

公路工程质量检测机构等级人员配置、检测环境要求　　　　表 2-2

项目	综合甲级	综合乙级	综合丙级	交通工程专项	桥梁隧道工程专项
持证试验检测人员证书总人数	≥50 人	≥23 人	≥9 人	≥28 人	≥30 人
持试验检测师证书人数	≥20 人	≥8 人	≥4 人	≥13 人	≥15 人
持试验检测师证书专业配置	道路工程≥10 人；桥梁隧道工程≥7 人；交通工程≥3 人	道路工程≥6 人；桥梁隧道工程≥2 人	道路工程≥3 人；桥梁隧道工程≥1 人	交通工程≥13 人	道路工程≥3 人；桥梁隧道工程≥12 人
相关专业高级职称（持试验检测师证书）人数及专业配置	≥12 人；其中道路工程≥6 人；桥梁隧道工程≥5 人；交通工程≥1 人	≥3 人；其中道路工程≥2 人；桥梁隧道工程≥1 人	—	≥8 人；其中交通工程≥8 人	≥8 人；其中道路工程≥1 人；桥梁隧道工程≥7 人
技术负责人	1. 相关专业高级职称；2. 持试验检测师证书；3. 8 年以上试验检测工作经历	1. 相关专业高级职称；2. 持试验检测师证书；3. 5 年以上试验检测工作经历	1. 相关专业中级职称；2. 持试验检测师证书；3. 5 年以上试验检测工作经历	1. 相关专业高级职称；2. 持交通工程试验检测师证书；3. 8 年以上试验检测工作经历	1. 相关专业高级职称；2. 持桥梁隧道工程试验检测师证书；3. 8 年以上试验检测工作经历
质量负责人	1. 相关专业高级职称；2. 持试验检测师证书；3. 8 年以上试验检测工作经历	1. 相关专业高级职称；2. 持试验检测师证书；3. 5 年以上试验检测工作经历	1. 相关专业中级职称；2. 持试验检测师证书；3. 5 年以上试验检测工作经历	1. 相关专业高级职称；2. 持试验检测师证书；3. 8 年以上试验检测工作经历	1. 相关专业高级职称；2. 持试验检测师证书；3. 8 年以上试验检测工作经历

续表

项目	综合甲级	综合乙级	综合丙级	交通工程专项	桥梁隧道工程专项
试验检测用房使用面积（不含办公面积）(m²)	≥1300	≥700	≥400	≥900	≥900
	试验检测环境应满足所开展检测参数要求，布局合理、干净整洁				

注：1. 表中黑体字为强制性要求，一项不满足视为不通过。非黑体字为非强制性要求，不满足按扣分处理。
2. 试验检测人员证书名称及专业遵循国家设立的公路水运工程试验检测专业技术人员职业资格制度相关规定。

② 水运工程质量检测机构等级人员配置、检测环境要求见表 2-3。

水运工程质量检测机构等级人员配置、检测环境要求　　　　　　表 2-3

项目	材料甲级	材料乙级	材料丙级	结构（地基）甲级	结构（地基）乙级
持证试验检测人员证书总人数	≥26人	≥11人	≥7人	≥22人	≥9人
持试验检测师证书人数	≥10人	≥8人	≥4人	≥13人	≥15人
持试验检测师证书专业配置	水运材料≥10人	水运材料≥4人	水运材料≥2人	水运结构与地基≥8人	水运结构与地基≥3人
相关专业高级职称（持试验检测师证书）人数及专业配置	≥5人；其中水运材料≥5人	≥2人；其中水运材料≥2人	—	≥4人；其中水运结构与地基≥4人	≥1；其中水运结构与地基≥1人
技术负责人	1. 相关专业高级职称； 2. 持水运材料试验检测师证书； 3. 8年以上试验检测工作经历	1. 相关专业高级职称； 2. 持水运材料试验检测师证书； 3. 5年以上试验检测工作经历	1. 相关专业中级职称； 2. 持水运材料试验检测师证书； 3. 5年以上试验检测工作经历	1. 相关专业高级职称； 2. 持水运结构与地基试验检测师证书； 3. 8年以上试验检测工作经历	1. 相关专业高级职称； 2. 持水运结构与地基试验检测师证书； 3. 5年以上试验检测工作经历
质量负责人	1. 相关专业高级职称； 2. 持试验检测师证书； 3. 8年以上试验检测工作经历	1. 相关专业高级职称； 2. 持试验检测师证书； 3. 5年以上试验检测工作经历	1. 相关专业中级职称； 2. 持试验检测师证书； 3. 5年以上试验检测工作经历	1. 相关专业高级职称； 2. 持试验检测师证书； 3. 8年以上试验检测工作经历	1. 相关专业高级职称； 2. 持试验检测师证书； 3. 5年以上试验检测工作经历
试验检测用房使用面积（不含办公面积）(m²)	≥900	≥600	≥200	≥500	≥200
	试验检测环境应满足所开展检测参数要求，布局合理、干净整洁				

注：1. 表中黑体字为强制性要求，一项不满足视为不通过。非黑体字为非强制性要求，不满足按扣分处理。
2. 试验检测人员证书名称及专业遵循国家设立的公路水运工程试验检测专业技术人员职业资格制度相关规定。

2）试验检测能力和主要仪器设备的规定

《公路水运工程试验检测机构等级标准》规定试验检测能力由试验检测的专业、领域、项目及参数 4 个层次表示。

《公路水运工程试验检测等级管理要求》JT/T 1181—2018 中规定试验检测专业分为公路和水运工程，分别用 GL 和 SY 代码表示。

公路水运工程试验检测领域包括工程材料与制品、工程实体与结构、工程环境及其他，对应的代码分别为 Q、P、Z。

《公路水运工程试验检测机构等级标准》中参数的设置是根据公路工程质量检验评定标准和水运工程强制性标准来进行的，基本覆盖了标准中的关键性指标和参数。将参数分为必选参数、可选参数，对应仪器设备分为必选设备和非可选设备。黑体字标注的强制参数和设备属于必须满足的条件，而任意一项不满足视为不通过；非强制参数和设备，可由检测机构结合实际需要选择性配置。可选参数申请数量应不低于本等级可选参数总数量的60%，非强制参数申请介于总量的 60%～80%时，评审时采取扣分制，在评审时每缺 1 台（套）扣 0.5 分，只有申请参数大于或等于总量的 80%时，评审不扣分。

公路水运工程各等级对应的试验检测能力参数和仪器设备配置数量汇总见表 2-4。

试验检测能力参数及仪器设备配置数量汇总表　　　　　　表 2-4

专业类别	等级	检测项目总数量（个）	检测参数总数量（个）	必选参数数量（个）	可选参数数量（个）	仪器设备（台）	
						必选设备	可选设备
公路工程	综合甲级	25	536	393	143	431	166
	综合乙级	16	195	112	83	194	110
	综合丙级	12	105	66	39	123	53
	交通工程专项	7	909	784	99	360	70
	桥梁隧道工程专项	14	207	157	50	156	38
水运工程	材料甲级	19	280	218	62	274	55
	材料乙级	12	116	84	32	123	34
	材料丙级	7	53	40	13	60	10
	结构（地基）甲级	6	79	44	35	81	56
	结构（地基）乙级	6	36	25	11	64	12

（2）建设工程

为贯彻落实《建设工程质量检测管理办法》，进一步加强建设工程质量检测机构资质管理，提升检测技术能力，住房和城乡建设部于 2023 年 3 月 31 日发布《住房和城乡建设部关于印发〈建设工程质量检测机构资质标准〉的通知》（建质规〔2023〕1 号），对包括检测机构资历及信誉、主要人员、检测设备及场所、管理水平等内容作了明确规定。

1）检测机构资质

检测机构资质分为综合资质和专项资质二个类别。综合资质是指包括全部专项的检测机构资质；专项资质包括建筑材料及构配件、主体结构及装饰装修、钢结构、地基基础、建筑节能、建筑幕墙、市政工程材料、道路工程、桥梁及地下工程等9个检测机构专项资质。检测机构资质不分等级。

2）综合资质标准

资历及信誉：有独立法人资格的企业、事业单位，或依法设立的合伙企业，且均具有15年以上质量检测经历；具有建筑材料及构配件（或市政工程材料）、主体结构及装饰装修、建筑节能、钢结构、地基基础5个专项资质和其他2个专项资质；具备9个专项资质全部必备检测参数；社会信誉良好，近3年未发生过一般及以上工程质量安全责任事故。

主要人员：技术负责人应具有工程类专业正高级技术职称，质量负责人应具有工程类专业高级及以上技术职称，且均具有8年以上质量检测工作经历；注册结构工程师不少于4名，注册土木工程师（岩土）不少于2名，且均具有2年以上质量检测工作经历；技术人员不少于150人，其中具有3年以上质量检测工作经历的工程类专业中级及以上技术职称人员不少于60人、工程类专业高级及以上技术职称人员不少于30人。

检测设备及场所：配套设备设施满足9个专项资质全部必备检测参数要求，有满足工作需要的固定工作场所及质量检测场所。

3）专项资质标准

资历及信誉：有独立法人资格的企业、事业单位，或依法设立的合伙企业；主体结构及装饰装修、钢结构、地基基础、建筑幕墙、道路工程、桥梁及地下工程等6项专项资质，应当具有3年以上质量检测经历；具备所申请专项资质的全部必备检测参数；社会信誉良好，近3年未发生过一般及以上工程质量安全责任事故。

主要人员：技术负责人应具有工程类专业高级及以上技术职称，质量负责人应具有工程类专业中级及以上技术职称，且均具有5年以上质量检测工作经历。主要人员数量不少于规定要求，见表2-5。

检测设备及场所：配套设备设施满足所申请专项资质的全部必备检测参数要求，有满足工作需要的固定工作场所及质量检测场所。

专项资质主要人员配备及参数汇总表　　　　　　　表 2-5

检测专项	主要人员				检测项目总数量（个）	检测参数总数量（个）	必备参数数量（个）	可选参数数量（个）
	注册人员	技术人员	中级职称	高级职称				
建筑材料及构配件	—	不少于20	不少于4		23	288	69	219
主体结构及装饰装修	不少于1	不少于15	不少于4	不少于2	9	38	5	33
钢结构	不少于1	不少于15	不少于4	不少于2	7	32	9	23
地基基础	不少于1	不少于15	不少于4	不少于2	5	13	6	7
建筑节能	—	不少于20	不少于4	—	13	75	26	49
建筑幕墙	—	不少于15	不少于4	不少于2	3	21	14	7
市政工程材料	—	不少于20	不少于4	不少于2	19	276	117	159
道路工程	—	不少于15	不少于4	不少于2	5	21	8	13
桥梁及地下工程	不少于2	不少于15	不少于4	不少于2	9	112	29	83

3. 信用管理与评价

试验检测是控制和保障工程质量、安全的必要手段，保证检测数据的真实性和结果判断的独立性，是职业道德的体现，也是试验检测人员必须遵循的行为准则。试验检测行业关系到国家和人民生命、财产的安全，其信用状况尤为重要。

（1）公路水运工程

为加强公路水运工程试验检测管理和信用体系建设，增强试验检测机构和人员诚信意识，促进试验检测市场健康有序发展，营造诚信守法的检测市场环境，交通运输部于 2018 年 6 月印发了《公路水运工程试验检测信用评价办法》（交安监发〔2018〕78 号），对公路水运工程试验检测人员、试验检测机构的从业承诺履行情况等诚信行为作了规定。

交通运输部负责公路水运工程试验检测机构和人员信用评价工作的统一管理。负责持有试验检测师资格证书的检测人员和取得公路水运甲级（专项）等级证书并承担高速公路、独立特大桥、长大隧道及大中型水运工程试验、检测及监测业务试验检测机构的信用评价和信用评价结果的发布。交通运输部工程质量监督机构负责信用评价的具体组织实施工作。

省级交通运输主管部门负责在本行政区域内从事公路水运工程试验检测业务的持有助理试验检测师资格证书的检测人员和乙级、丙级试验检测机构信用评价工作的管理。省级交通运输主管部门所属的质量监督机构负责信用评价的具体组织实施工作。

信用评价周期为 1 年，评价的时间段从 1 月 1 日至 12 月 31 日。评价结果定期公示、公布。

1）试验检测机构信用评价

试验检测机构的信用评价实行综合评分制。试验检测机构设立的公路水运工程工地试验室及单独签订合同承担的工程试验、检测及监测等现场试验检测项目的信用评价，是信用评价的组成部分。信用评价基准分为 100 分，分为 AA（信用评分≥95 分，信用好）、A（85 分≤信用评分＜95 分，信用较好）、B（70 分≤信用评分＜85 分，信用一般）、C（60 分≤信用评分＜70 分，信用较差）、D（信用评分＜60 分或直接确定为 D 级，信用差）五个等级。被评定 D 级的试验检测机构直接列入黑名单，并按《公路水运工程试验检测管理办法》等相关规定予以处理。对被直接确定为 D 级的试验检测机构应当及时公布。

2）试验检测人员信用评价

试验检测人员信用评价实行累计扣分制。评价周期内累计扣分分值大于等于 20 分，小于 40 分的试验检测人员信用等级为信用较差；扣分分值大于等于 40 分的试验检测人员信用等级为信用差。连续 2 年信用等级被评为信用较差的试验检测人员，其当年信用等级为信用差。被确定为信用等级差的试验检测人员列入黑名单。

对于出具虚假数据报告造成质量安全事故或质量标准降低的、出借试验检测人员资格证书等行为一次扣 40 分。

（2）建设工程

为贯彻落实《国务院办公厅关于促进建筑业持续健康发展的意见》（国办发〔2017〕19 号），加快推进建筑市场信用体系建设，规范建筑市场秩序，营造公平竞争、诚信守法的市场环境，住房城乡建设部制定了《建筑市场信用管理暂行办法》，并于 2018 年 1 月 1 日生效。本办法所称建筑市场信用管理是指在房屋建筑和市政基础设施工程建设活动中，对建筑市场各方主体信用信息的认定、采集、交换、公开、评价、使用及监督管理。本办法所称建筑市场各方主体是指工程项目的建设单位和从事工程建设活动的勘察、设计、施工、监理等企业以及注册建筑师、勘察设计注册工程师、注册建造师、注册监理工程师等注册执业人员。

为贯彻落实中央关于健全社会信用体系的要求，增强行业信用意识，加强行业自律，规范建筑业企业信用评价工作，推动行业诚信体系建设，中国建筑业协会2018年10月9日发布了《建筑业企业信用评价办法》（建协〔2018〕18号），对建筑业企业信用评价进行了规定，中国建筑业协会工程建设质量监督与检测分会根据该办法的要求，制定了《建筑业企业信用评价办法（检验检测机构信用评价实施细则）》（建协监〔2019〕23号）并于2019年6月5日发布实施，对建设工程质量检测机构信用评价工作明确了详细的规定。

建设工程质量检测机构信用等级分为AAA（信用很好）、AA（信用良好）、A（信用较好）、B（信用一般）、C（信用差）五个等级。

建设工程质量检测机构信用评价内容包括否决项目、基本项目和附加项目。凡发现检测机构存在否决项目中的任何一项给予一票否决，不再进入后续的评审。否决项目包括资质、管理体系、市场自律行为及违反《建设工程质量检测管理办法》行为等。

4. 安全管理

根据《中华人民共和国安全生产法》，相关行业也出台了相应的安全生产管理办法（规定），结合行业实际，有针对性地对安全管理工作提出了相关要求。

（1）《建设工程安全生产管理条例》

《建设工程安全生产管理条例》是根据《中华人民共和国建筑法》《中华人民共和国安全生产法》制定的国家法规，目的是加强建设工程安全生产监督管理，保障人民群众生命和财产安全。由国务院于2003年11月24日发布，自2004年2月1日起施行。本教材仅就该办法中涉及试验检测工作安全要求部分进行介绍。

在中华人民共和国境内从事建设工程的新建、扩建、改建和拆除等有关活动及实施对建设工程安全生产的监督管理，必须遵守本条例。

建设工程安全生产管理，坚持安全第一、预防为主的方针。建设单位、勘察单位、设计单位、施工单位、工程监理单位及其他与建设工程安全生产有关的单位，必须遵守安全生产法律、法规的规定，保证建设工程安全生产，依法承担建设工程安全生产责任。

作业人员应当遵守安全施工的强制性标准、规章制度和操作规程，正确使用安全防护用具、机械设备等。作业人员进入新的岗位或者新的施工现场前，应当接受安全生产教育培训。未经教育培训或者教育培训考核不合格的人员，不得上岗作业。

施工单位在采用新技术、新工艺、新设备、新材料时，应当对作业人员进行相应的安全生产教育培训。

为深入开展工程质量安全提升行动，保证工程质量安全，提高人民群众满意度，推动建筑业高质量发展，住房和城乡建设部于2018年9月发布《住房城乡建设部关于印发工程质量安全手册（试行）的通知》（建质〔2018〕95号），对房屋建筑和市政基础设施工程建设、勘察、设计、施工、监理、检测等单位的行为准则、工程实体质量控制、安全生产现场控制、质量管理资料、安全管理资料等方面作了明确规定。

（2）公路水运工程安全生产监督管理办法

交通运输部 2017 年 8 月 1 日正式实施《公路水运工程安全生产监督管理办法》（交通运输部令 2017 年第 25 号），对公路水运工程的安全生产监督作出了相关规定。本教材仅就该办法中涉及试验检测工作安全要求部分进行介绍。

《公路水运工程安全生产监督管理办法》规定，公路水运工程建设活动的安全生产行为及对其实施监督管理，应当遵守本办法。本办法所称公路水运工程，是指依法审批、核准或者备案的公路、水运基础设施的新建、改建、扩建等建设项目，从业单位是指从事公路、水运工程建设、勘察、设计、施工、监理、试验检测、安全服务等工作的单位。公路水运工程安全生产工作应当以人民为中心，坚持安全第一、预防为主、综合治理的方针，强化和落实从业单位的主体责任，建立从业单位负责、职工参与、政府监管、行业自律和社会监督的机制。

从业单位从事公路水运工程建设活动，应当具备法律、法规、规章和工程建设强制性标准规定的安全生产条件。任何单位和个人不得降低安全生产条件。从业单位应当依法对从业人员进行安全生产教育和培训。未经安全生产教育和培训合格的从业人员，不得上岗作业。

从业单位应当建立健全安全生产责任制，明确各岗位的责任人、责任范围和考核标准等内容。从业单位应当建立相应的机制，加强对安全生产责任制落实情况的监督考核。建设单位对公路水运工程安全生产负管理责任，不得对勘察、设计、监理、施工、设备租赁、材料供应、试验检测、安全服务等单位提出不符合安全生产法律、法规和工程建设强制性标准规定的要求。

依合同承担试验检测或者施工监测的单位应当按照法律、法规、规章、工程建设强制性标准和合同文件开展工作。所提交的试验检测或者施工监测数据应当真实、准确，数据出现异常时应当及时向合同委托方报告。依法设立的为安全生产提供技术、管理服务的机构，依照法律、法规、规章和执业准则，接受从业单位的委托为其安全生产工作提供技术、管理服务。

作业人员应当遵守安全施工的规章制度和操作规程，正确使用安全防护用具、机械设备。发现安全事故隐患或者其他不安全因素，应当向现场专（兼）职安全生产管理人员或者本单位项目负责人报告。作业人员有权了解其作业场所和工作岗位存在的风险因素、防范措施及事故应急措施，有权对施工现场存在的安全问题提出检举和控告，有权拒绝违章指挥和强令冒险作业。

5. 工地试验室管理及现场检测管理

公路水运工程工地试验室是工程质量控制和评判的重要基础数据来源，是工程建设质量保证体系的重要组成部分。工地试验室随建设项目的开工而建立，伴随建设工程的结束而撤销。工地试验室包括业主中心试验室、第三方检测试验室、监理中心试验室、施工单位试验室等。根据《公路水运工程试验检测管理办法》第二十九条规定，取得《等级证书》的检测机构，可设立工地临时试验室，承担相应公路水运工程的试验检测业务，并对其试验检测结果承担责任。

为进一步贯彻《公路水运工程试验检测管理办法》的有关规定，加强工地试验室的监管，规范工程建设现场检测活动，保证工地试验室的检测质量，交通运输部办公厅发布《关于进一步加强公路水运工程工地试验室管理工作的意见》（厅质监字〔2009〕183 号），对设立工地试验室的条件、责任、管理等方面提出了指导意见。为加快推行现代工程管理，提升工程质量、安全管理水平，交通运输部办公厅发布《关于印发工地试验室标准化建设要点的通知》（厅质监字〔2012〕200号）并组织编写《公路工程工地试验室标准化建设指南》，明确工地试验室标准化建设的核心是质量管理精细化、检测工作规范化、硬件建设标准化、数据报告信息化，进一步细化和统一各项标准化建设指标和要求，扎实有效推动了工地试验室的标准化建设。

部分省、直辖市、自治区根据本行政区域实际情况，结合相关规定，也出台了相关工地试验室管理的办法（要求），进一步明确工地试验室试验检测能力标准、能力核验工作指南，对工地试验室类别、试验检测人员配备、检测项目、仪器设备、场地等方面提出了基本要求。

为进一步规范房屋建筑和市政基础设施工程质量检测行为，提升检测工作质量，切实保障工程质量安全，贯彻《建设工程质量检测管理办法》，各省、直辖市、自治区根据本行政区域实际情况，出台了相关加强房屋和市政工程质量检测工作的规定，建立了建设工程检测监管（管理）服务平台（系统），对建设工程质量全过程或现场检测管理工作作了详细的实施规定，强化行业监管，进一步规范工程质量检测要求，进一步健全工程质量检测保障机制和控制体系。

第四节　检验检测机构管理体系

无论是建设工程还是公路水运工程，均要求检测机构有可操作性的管理体系，在等级申请、评审时均会对管理体系的运行情况进行核查。检测机构应结合自身特点，建立与自身检验检测活动相适应的管理体系。

检验检测机构管理体系，是指检验检测机构为建立方针和目标并实现这些目标的体系。包括质量管理体系、行政管理体系和技术管理体系。管理体系的运作包括体系的建立、体系的实施、体系的保持和体系的改进。

检验检测机构管理体系的建立，主要依据《检验检测机构资质认定管理办法》（国家市场监督管理总局令第39号）《检验检测机构资质认定评审准则》及《检验和校准实验室能力的通用要求》GB/T 27025—2019。作为建设工程和公路水运工程的检测机构应结合行业特点建立符合GB/T 27025—2019和行业管理要求的管理体系，并实施管理。

1.《检验检测机构资质认定管理办法》

国家质量监督检验检疫总局（现国家市场监督管理总局）于2006年2月依据相关国家法律发布《实验室和检查机构资质认定管理办法》，将资质认定形式分为计量认证和审查认可。2015年，国家质量监督检验检疫总局对该办法进行了修改，建立了"法律规范、行政监管、认可约束、行业自律、社会监督"相结合的监管体系，发布《检验检测机构资质认定管理办法》（以下简称《办法》），并于2015年8月1日实施。与此同时，国家认监委发布《关于实施检验检测机构资质认定管理办法的若干意见》（国认实〔2015〕49号），对检验检测机构资质认定管理的有关工作提出了具体措施。

随着国家检验检测机构资质认定工作的不断推动以及国家"放管服"改革的深化，国家市场监督管理总局再次对《办法》进行了修改。修改后的《办法》规定，在中华人民共和国境内对检验检测机构实施资质认定，应当遵守本办法。法律、行政法规对检验检测机构资质认定另有规定的，依照其规定。

本办法所称检验检测机构，是指依法成立，依据相关标准或者技术规范，利用仪器设备、环境设施等技术条件和专业技能，对产品或者法律法规规定的特定对象进行检验检测的专业技术组织。所谓资质认定，是指市场监督管理部门依据法律、行政法规规定，对向社会出具具有证明作用的数据、结果的检验检测机构的基本条件和技术能力是否符合法定要求实施的评价许可。

国家市场监督管理总局主管全国检验检测机构资质认定工作，并负责检验检测机构资质认定的统一管理、组织实施、综合协调工作。省级市场监督管理部门负责本行政区域内检验检测机构的资质认定工作。国务院有关部门以及相关行业主管部门依法成立的检验检测机构，其资质认定由市场监管总局负责组织实施；其他检验检测机构的资质认定，由其所在行政区域的省级市场监督管理部门负责组织实施。市场监管总局依据国家有关法律法规和标准、技术规范的规定，制定检验检测机构资质认定基本规范、评审准则以及资质认定证书和标志的式样，并予以公布。

申请资质认定的检验检测机构应当符合以下条件：依法成立并能够承担相应法律责任的法人或者其他组织；具有与其从事检验检测活动相适应的检验检测技术人员和管理人员；具有固定的工作场所，工作环境满足检验检测要求；具备从事检验检测活动所必需的检验检测设备设施；具有并有效运行保证其检验检测活动独立、公正、科学、诚信的管理体系；符合有关法律法规或者标准、技术规范规定的特殊要求。

检验检测机构资质认定程序分为一般程序和告知承诺程序。除法律、行政法规或者国务院规定必须采用一般程序或者告知承诺程序的外，检验检测机构可以自主选择资质认定程序。检验检测机构资质认定推行网上审批，有条件的市场监督管理部门可以颁发资质认定电子证书。

资质认定证书内容包括：发证机关、获证机构名称和地址、检验检测能力范围、有效期限、证书编号、资质认定标志。检验检测机构资质认定标志，由 China Inspection Body and Laboratory Mandatory Approval 的英文缩写 CMA 形成的图案和资质认定证书编号组成。式样如图 2-1 所示。

图 2-1 资质认定标志式样

资质认定证书有效期为 6 年。需要延续资质认定证书有效期的，应当在其有效期届满 3 个月前提出申请。资质认定证书内容包括发证机关、获证机构名称和地址、检验检测能力范围、有效期限、证书编号、资质认定标志。

检验检测机构应当定期审查和完善管理体系，保证其基本条件和技术能力能够持续符合资质认定条件和要求，并确保质量管理措施有效实施。检验检测机构不再符合资质认定条件和要求的，不得向社会出具具有证明作用的检验检测数据和结果。检验检测机构应当在资质认定证书规定的检验检测能力范围内，依据相关标准或者技术规范规定的程序和要求，出具检验检测数据、结果。检验检测机构不得转让、出租、出借资质认定证书或者标志；不得伪造、变造、冒用资质认定证书或者标志；不得使用已经过期或者被撤销、注销的资质认定证书或者标志。向社会出具具有证明作用的检验检测数据、结果的，应当在其检验检测报告上标注资质认定标志。

2.《检验检测机构监督管理办法》

为了加强检验检测机构监督管理工作，规范检验检测机构从业行为，营造公平有序的检验检测市场环境，2021年4月8日，国家市场监督管理总局发布《检验检测机构监督管理办法》（国家市场监督管理总局令第39号）。

国家市场监督管理总局统一负责、综合协调检验检测机构监督管理工作。省级、地（市）、县级市场监督管理部门负责本行政区域内检验检测机构监督管理工作。

检验检测机构及其人员应当对其出具的检验检测报告负责，依法承担民事、行政和刑事法律责任。从事检验检测活动的人员，不得同时在两个以上检验检测机构从业。检验检测授权签字人应当符合相关技术能力要求。

检验检测机构应当在检验检测报告上加盖检验检测机构公章或者检验检测专用章，由授权签字人在其技术能力范围内签发。检验检测机构不得出具不实检验检测报告。检验检测机构出具的检验检测报告存在下列情形之一，并且数据、结果存在错误或者无法复核的，属于不实检验检测报告：

（1）样品的采集、标识、分发、流转、制备、保存、处置不符合标准等规定，存在样品污染、混淆、损毁、性状异常改变等情形的；

（2）使用未经检定或校准的仪器、设备、设施的；

（3）违反国家有关强制性规定的检验检测规程或者方法的；

（4）未按照标准等规定传输、保存原始数据和报告的。

检验检测机构不得出具虚假检验检测报告。检验检测机构出具的检验检测报告存在下列情形之一的，属于虚假检验检测报告：

（1）未经检验检测的；

（2）伪造、变造原始数据、记录，或者未按照标准等规定采用原始数据、记录的；

（3）减少、遗漏或者变更标准等规定的应当检验检测的项目，或者改变关键检验检测条件的；

（4）调换检验检测样品或者改变其原有状态进行检验检测的；

（5）伪造检验检测机构公章或者检验检测专用章，或者伪造授权签字人签名或者签发时间的。

县级以上市场监督管理部门应当依据检验检测机构年度监督检查计划，随机抽取检查对象、随机选派执法检查人员开展监督检查工作。国家市场监督管理总局可以根据工作需要，委托省级市场监督管理部门开展监督检查。省级以上市场监督管理部门可以根据工作需要，定期组织检验检测机构能力验证工作，并公布能力验证结果。

3.《检验检测机构资质认定能力评价 检验检测机构通用要求》

为了保障资质认定科学、规范的实施，为检验检测机构资质行政许可提供依据，国家认证认可监督管理委员会出台了《检验检测机构资质认定能力评价 检验检测机构通用要求》RB/T 214—2017，并于2018年5月1日正式实施，作为资质认定管理办法的配套实施性行业标准，明确了评审的内容和方法。

RB/T 214—2017 明确，检验检测机构在中华人民共和国境内从事向社会出具具有证明作用数据、结果的检验检测活动应取得资质认定。检验检测机构资质认定是一项确保检验检测数据、结果的真实、客观、准确的行政许可制度。本标准是检验检测机构资质认定对检验检测机构能力评价的通用要求，针对各个不同领域的检验检测机构，应参考依据本标准发布的相应领域的补充要求。本标准规定了对检验检测机构进行资质认定能力评价时，在机构、人员、场所环境、设备设施、管理体系方面的通用要求。适用于向社会出具具有证明作用的数据、结果的检验检测机构的资质认定能力评价，也适用于检验检测机构的自我评价。

RB/T 214—2017 中的第四节要求包括 5 方面，即：机构、人员、场所环境、设备设施、管理体系。

明确检验检测机构的管理和技术运作应通过建立健全、持续改进、有效运行的管理体系来实现。检验检测机构应建立并有效实施实现质量方针、目标和履行承诺，保障其检验检测活动独立、公正、科学、诚信的管理体系。检验检测机构管理体系应包括管理体系文件、管理体系文件的控制、记录控制、应对风险和机遇的措施、改进、纠正措施、内部审核和管理评审。

4. 管理体系文件组成、要求及内容

（1）管理体系文件的组成

管理体系文件的构成可分为四部分：质量手册、程序文件、作业指导书、其他质量文件。管理文件从第一层次到第四层次内容逐渐具体、详细，上层文件指导下层，下层文件支持上层，上下层相互支持、衔接，内容要求一致，下层文件是对上层文件的补充和具体化。通常将管理体系的结构用金字塔结构来形象比喻。

第一层次：质量手册，规定管理体系的文件，是管理体系运行的纲领性文件。按通用要求和规定的质量方针、目标，描述质量管理体系要素与职责及途径。

第二层次：程序文件，描述质量管理体系所涉及的各个部门的职能活动。对管理体系运行各项管理活动的目的和范围、职责、程序、文件、记录等进行明确、详细的描述。可简单理解为：为什么做，做什么，谁来做，何时做，何地做。

第三层次：作业指导书，是对有关任务如何实施和记录的详细描述。可以是详细的书面描述、流程图、图表、模型、图样中的技术注释、规范、设备操作手册、图片、录像、检验清单或这些方式的组合。作业指导书应当对使用的任何材料、设备和文件进行描述。

第四层次：其他质量文件，诸如表格、原始记录、报告等。管理体系的建立、运行、保持和改进，都是通过记录的方式体现。

（2）管理体系文件的编写要求

管理体系文件的编写，应结合检验检测机构自身实际，按照 RB/T 214—2017 及其他相关文件的要求，根据机构行业的有关规定，编写适合机构自身特点的质量体系文件。编写时，要注意各层次文件内容清晰、不重复、不矛盾，系统性强，各级支持性文件齐全，保障体系文件适宜性、充分性和运行的有效性，避免大而空，实际运用时具有良好的可操作性，并通过运行不断完善质量管理体系文件，最终实现质量管理的总体目标。

管理体系文件应具有符合性、系统性、协调性、完整性、可操作性、适宜性、简单易懂等特性。

（3）管理体系文件的主要内容

1）质量手册

质量手册是指导检验检测机构实施质量管理的法规性文件，一般由质量负责人和内部审核人员参与编制，由机构管理层进行审核，最终由最高管理者或授权负责人予以批准。

机构根据 RB/T 214—2017 的要求及相关规定，描述与之相适应管理体系的基本文件，提出本机构对过程和活动的管理要求，包括说明机构质量方针、管理体系活动中的政策、管理体系运行涉及人员的职责权限及行为准则和活动的程序。

质量手册包括质量方针声明、检验检测机构描述、人员职责、支持性程序、手册管理等。

① 质量方针应至少包括：管理层对良好职业行为和为客户提供检验检测服务质量的承诺；管理层关于服务标准的声明；管理体系的目的；要求所有与检验检测活动有关的人员熟悉质量文件，并执行相关政策和程序；管理层对遵循本准则及持续改进管理体系的承诺。

② 应明确其组织和管理结构、所在法人单位中的地位以及质量管理、技术运作和支持服务之间的关系。

③ 应明确各岗位的工作内容、职责和权力、与内部其他部门的职务和关系以及各岗位的任职条件。可采用职能分配表将各岗位的关系形象地表达出来，职能分配表和组织机构框图中的岗位设置应一致。

④ 按照管理体系要素，设置相应的支持性程序，明确要素的主管人员、主要负责部门及协办部门。

2）程序文件

程序文件是规定检验检测机构质量活动方法和要求的文件，是质量手册的支持性文件。程序文件为完成管理体系中所有主要活动提供了方法和指导，分配了具体的职责和权限，包括管理、执行、验证活动，对某项活动所规定的途径进行描述。程序文件的编写应注意：

① 符合 RB/T 214—2017 和质量手册的要求，有程序文件描述的要素，应恰当地编制成程序文件。

② 程序文件应结合机构自身的特点，强调程序的可操作性；程序文件应覆盖现场检测、工地试验室检测等领域的特殊要求。

③ 程序文件之间、程序与质量手册之间有清晰关联，与其他管理体系文件协调一致。

对于机构如规章、制度、工程流程等管理文件，在编制程序文件时应综合考虑，结合 RB/T 214—2017 的管理体系要素和质量手册要求，将已有的规章制度融入并系统化，完善补充。常见程序文件应涉及人员、场所、环境、仪器设备、质量控制等方面，也可根据机构自身特点增加如化学试剂、药品、现场检测、工地试验室等管理程序。需要说明的是，并非所有活动都要制订程序文件。程序文件的制订一般遵循如下原则：

① 要求中明确提出要建立程序文件时。

② 活动的内容复杂且涉及的部门较多，该项活动在质量手册中无法表示清楚，必须制订相应的支持性程序文件。

3）作业指导书

作业指导书是规定质量基层活动途径的操作性文件，是检验检测活动的技术作业指导文件，其对象是具体的作业活动。内容包括检测方法、抽样标准和方法（必要时）、测量不确定度评定范围或仪器设备的操作规程、期间核查方法等技术作业文件。

常用的作业指导书通常应包含作业内容、使用的材料、使用的设备、使用的专用工艺装备、作业的质量、技术、判断标准、检验检测方法、记录格式等，对于关键工序应编制详细的作业指导书。作业指导书执行谁使用谁编制、谁管理谁审批的原则，旨在明确工作内容、权责归属、作业流程与执行方法，将专业知识和实践经验写成人人可用、可操作性强的作业文件，供检验检测人员遵照执行。作业指导书应具有具体清晰、易于理解、实际可行、达成共识等特点，达到效果和效率兼顾。

对于检验检测项目或参数已有相关行业标准、规范、试验规程详细说明，具有很强的可操作性的，无须再编制作业指导书，但对于有些内容容易产生理解上的差异或缺少作业指导书可能影响检测和校准结果时，可编制作业指导书对该部分进一步说明。

4）其他质量文件

其他质量文件包括记录、表格、报告、文件等。记录一般分为管理记录和技术记录两大类。管理记录也称质量记录，是指检验检测机构管理体系活动中所产生的记录，主要包括质量监督记录、内部审核记录、外部审核记录、管理评审记录、合同标书审查记录、纠正与预防纠正记录、人员培训考核记录、客户投诉和调查记录、分包方及质量体系在运行过程中产生的其他相关记录；技术记录是指检验检测技术运转过程中形成的记录，包括各类检验检测原始记录及报告、现场抽样记录、仪器设备使用、维护、运行检查及检定校准记录等，是进行检测所得的数据和信息的积累，也是检测是否达到规定的质量或过程所表明的信息。

检验检测机构应建立和保持有关记录的标识、收集、编目、查阅、归档、储存、保管、回收和处理的文件控制程序。

记录出现误记，应遵循记录的更改原则采用杠改法，不得涂改，被更改的原记录内容应清晰可见，更改处应有更改人的签字或盖章。

思考题 🔍

1. 建设工程和公路水运工程检测有什么共同点，表现在哪些方面？
2. 作为一名检测人员，应熟悉检验检测相关的法律法规有哪些？
3. 简述检验检测机构管理体系组成。
4. 如何界定不实报告和虚假报告？
5. 针对某座桥梁制定的定期检测方案，你认为属于管理体系文件哪一层次文件，请说明原因。

第三章

Chapter 03

试验检测数据处理

知识目标

1. 了解质量数据统计的基础知识，掌握检验检测数据的修约规则；
2. 掌握检验检测数据统计特征量的计算方法；
3. 掌握检验检测数据中可疑数据的取舍、统计和计算方法。

能力目标

1. 正确运用数值的修约规则进行数据修约；
2. 检验检测数据的统计特征值的计算能力；
3. 正确进行可疑数据的取舍和统计。

素质目标

科学严谨，实事求是，以数据说话，不造假。

思维导图

试验检测数据处理
- 试验检测数据统计的基本知识
  - 数据统计的总体与样本
  - 抽样检验的意义
  - 抽样检验的条件
- 数值的修约
  - 数据修约的相关知识
  - 质量数据的修约规则
- 试验检测数据的特征量计算
  - 算术平均值
  - 中位数
  - 极差
  - 标准偏差
  - 变异系数
- 试验检测可疑数据的取舍
  - 拉依达法
  - 肖维纳特法
  - 格拉布斯法
- 工程质量检验与评定
  - 公路工程质量检验与等级评定的依据
  - 工程质量检验
  - 工程质量评定

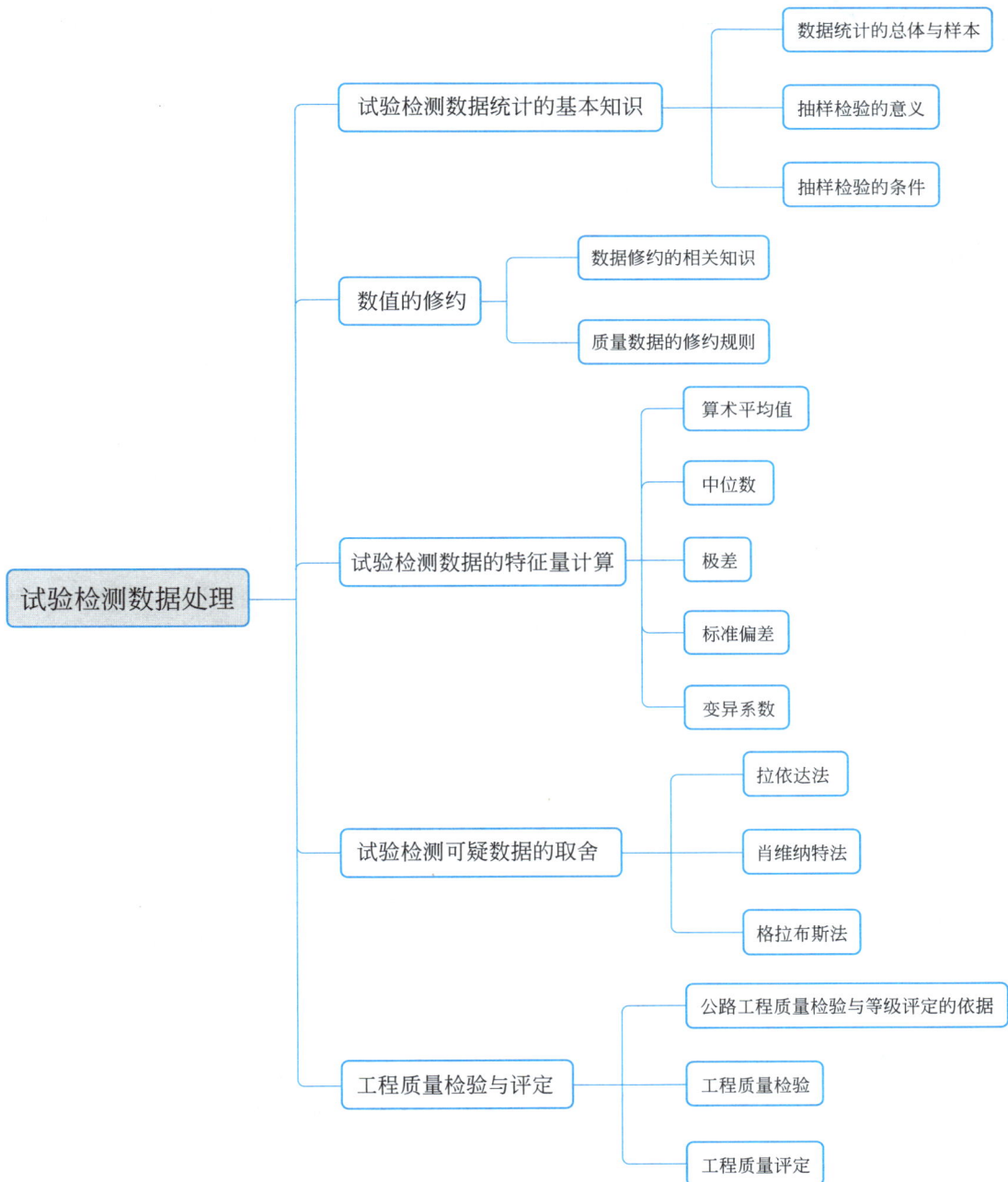

　　工程质量的评价是以试验检测数据为依据的，试验检测采集得到的原始数据类多量大，有时杂乱无章，甚至还有错误。因此，必须对原始数据进行分析处理才能得到可靠的试验检测结果，才能对工程质量进行科学严谨的判断。本章以数理统计与概率论为基础，介绍试验检测数据的处理方法。

试验检测数据统计的基本知识

在学习试验检测数据的处理之前，首先要掌握数据统计相关的基础知识。

1. 数据统计的总体与样本

检验是质量管理工作的重要内容之一，常称质量检验，其主要功能是对产品的合格性进行控制。在工程质量检验中，除重要项目外，大多数采用抽样检验，这就涉及总体与样本的概念。

总体又称母体，是统计分析中所要研究对象的全体，而组成总体的每个单元称为体。从总体中抽取一部分个体就是样本（又称子样），而组成样本的每一个个体，即为样品。

图 3-1　总体与样本的关系

例如，从每一桶沥青中抽取两个试样，一批沥青有 100 桶，抽检了 200 个试样做试验，则这 100 桶沥青称为总体，200 个试样就是样本。200 个试样中的某一个，就是该样本中的一个样品。其关系如图 3-1 所示。

检验的基本意义在于：用某种方法检验物品，将结果与质量判定标准比较，判断出各个物品是"优良品"还是"不良品"，或者与产品"批"的判定标准比较，判断出批是"合格批"还是"不合格批"。从此意义上说，检验分为对"各个产品"的检验和对"批"的检验两种情况。这两种检验过程可分别用图 3-2、图 3-3 表示。

图 3-2　对各个物品的检验过程

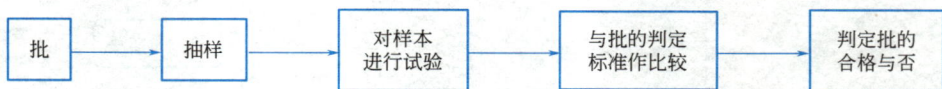

图 3-3　对各批物品的检验过程

2. 抽样检验的意义

在产品检验中，全数检验的应用场合很少，大多数情况下是采取抽样检验。这是因为：

（1）由于无损检验仪器的种类少，性能难以稳定，在不采用无损性检验时，就得采用破坏性检验，而破坏性检验是不可能对全部产品都做检验的。

（2）当检验对象为连续性物体或粉块混合物时（如沥青、水泥等），在一般情况下可能对全体物品的质量特性进行检测试验。

（3）由于产品批的质量往往有所波动，尤其是在产品量大、金额高、检验项目多的场合，采用全数检验实际上做不到，用无损检验也有可能导致由于产品不良频率高而带来重大经济损失。此时，抽样检验则十分必要。

（4）抽样检验由于检验的样本较少，因而可以收集质量信息，提高检验的全面程度和促进产品质量的改善。

3. 抽样检验的条件

抽样检验是从某批产品中抽取较少的样本进行检验，根据试验结果来判定全批产品是合格还是不合格。因此，为使抽样检验对判定质量好坏提供准确的信息，必须注意抽样检验应具备的条件。

（1）明确批的划分

同批产品在原材料、工艺条件、生产时间等方面具备基本相同的条件。例如，抽样检验水泥、沥青等物品的质量特性时，应将相同厂家、相同品种或相同强度等级的产品作为一个批。

（2）必须抽取能代表批的样本

由于抽样检验是以样本检验结果来推断批的好坏，故样本的代表性尤为重要。为使所抽取的样本能成为批的可靠代表，常采用如下方法：

1）单纯随机取样。这是一种完全随机化的取样，它适用于对总体缺乏基本了解的场合。"随机"取样不同于"随便"取样。随机取样是利用随机表或随机数骰子等工具进行的取样，它可以保证总体每个单位出现的概率相同。

2）分层取样。当批量或工序被分为若干层时，可从所有分层中按一定比例取样。例如有两台拌和机同时拌制原材料相同的同强度等级的混凝土，为了检验生产混凝土的质量特性，采用抽样方法时，应注意对两台拌和机分别取样，这样便于了解不同层的产品质量特性，研究各层造成不良品率的原因，如图 3-4 所示。也可将甲、乙样品混合进行试验，了解混合产品的质量特性。

3）两级取样。当物品堆积在一起构成批量时，由许多货箱堆积在一起，按单纯随机取样相当麻烦。此时，可先从若干箱中进行第一级随机取样，挑出部分箱物品，然后再从已挑选出的箱中对物品进行随机取样，如图 3-5 所示。

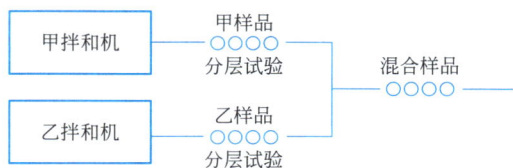

图 3-4　分层取样示例

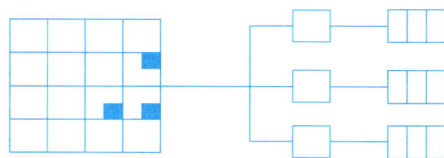

图 3-5　两级取样示意图

4）系统取样。当对总体实行单纯随机抽样有困难时，如连续作业时抽样、产品为连续体时的抽样（如测定公路路基的弯沉值）等，可采用一定间隔进行抽取的抽样方法，称为系统抽样或等距抽样。

（3）要明确检验标准

所谓检验标准，是指对于一批产品中不良品的质量判定标准。如路基压实度小于 93% 的为不合格；基层材料现场抽样的 7d 龄期抗压强度小于 2.0MPa 时为强度不合格等。

（4）要有统一的检测试验方法

产品质量判定标准应与统一的检测试验方法所测定结果相比照，如果试验方法不统一，试验结果偏差很大，容易造成各种误判，抽样检验也就失去了其应有的意义。对于公路工程各种产品，大多数情况为现场加工制作，质量检测也大多在现场进行。因此，确保现场检测方法的统一、加强检测仪器性能的稳定、提高操作人员的技术熟练程度是十分重要的。

第二节 数值的修约

1. 数据修约的相关知识

工程质量控制、评价是以数据为依据，质量控制中常说的"一切用数据说话"，就是要用数据来反映工序质量状况及判断质量效果。

质量数据主要来源于工程建设过程中的各种检验，即材料检验、工序检验、竣工验收检验等，也包括使用过程中的必要检验。只有通过对质量数据的收集、处理、分析，才能达到对生产施工过程的了解、掌握及控制。没有质量数据，就不可能有现代化的、科学的质量控制。

质量数据就其本身的特性来说，可分为计量值数据和计数值数据。

（1）计量值数据

计量值数据是可以连续取值的数据，表现形式是连续型的。如长度、厚度、直径、强度、化学成分等质量特征，一般都是可以用检测工具或仪器等测量（或试验）的，类似这些质量特征的测量数据，一般都带有小数，如长度为 1.15m、1.18m 等。

（2）计数值数据

有些反映质量状况的数据是不能用测量器具来度量的。为了反映或描述属于这类型内容的质量状况，而又必须用数据来表示时，便采用计数的办法，即用1、2、3、…连续地数出个数或次数，凡属于这种性质的数据即为计数值数据。计数值数据的特点是不连续，并只能出现0、1、2等非负的整数，不可能有小数。如不合格品数、不合格的构件数、缺陷的点数等。一般来说，以判断定方法得出的数据和以感觉性检验方法得出的数据大多属于计数值数据。

计数值数据有两种表示方法。一种是直接用计数出来的次数、点数来表示（称 P_n 数据）；一种是把它们（P_n 数据）与总检查次（点）数相比，用百分数表示（P 数据）。P 数据在工程验中是经常使用的，如某分项工程的质量合格率为90%，即表示经检查为合格的点（次）与总检查点（次）数的比值为90%。但也应注意，不是所有的百分数表示的数据都是计数值数据，因为当分子、分母为计量值数据时，则计算出来百分数也应是计量值数据。一般可以这样说，在用百分数表示数据时，当分子、分母为计量值数据时，分数值为计量值数据；当分子、分母为计数值数据时，分数值为计数值数据。

2. 质量数据的修约规则

数据获得后，还涉及数据的处理问题，也就是出现了对规定精确程度范围之外的数字如何取舍的问题。在统计中将常用的数值修约规则归纳为以下几句口诀:"四舍六入五考虑,五后非零则进一,五后为零视奇偶,奇升偶舍要注意,修约一次要到位"。

数值修约规则如下:

(1) 拟舍去的数字中,其最左面的第一位数字小于 5 时,则舍去,留下的数字不变。

例如,将 18.2432 修约只留一位小数时,其拟舍去的数字中最左面的第一位数字是 4,则可舍去,结果为 18.2。

(2) 拟舍去的数字中,其最左面的第一位数字大于 5 时,则进 1,即所留下的末位数字加 1。

例如,将 26.4843 修约只留一位小数时,其拟舍去的数字中最左面的第一位数字是 8,则应进 1,结果为 26.5。

(3) 拟舍去的数字中,其最左面的第一位数字等于 5,而后面的数字并非全部为 0 时,则进 1,即所留下的末位数字加 1。

例如,将 15.0501 修约只留一位小数时,其拟舍去的数字中最左面的第一位数字是 5,5 后面的数字还有 01,故应进 1,结果为 15.1。

(4) 拟舍去的数字中,其最左面的第一位数字等于 5,而后面无数字或全部为 0 时,所保留的数字末位数为奇数(1、3、5、7、9)则进 1,如为偶数(0、2、4、6、8)则舍去。

例如,将下列各数字修约只留一位小数时,其拟舍去的数字中最左面的第一位数字是 5,5 后面无数字,根据所留末位数的奇偶关系,结果为:

15.05→15.0(因为"0"是偶数)

15.15→15.2(因为"1"是奇数)

15.25→15.2(因为"2"是偶数)

15.45→15.4(因为"4"是偶数)

(5) 拟舍去的数字并非单独的一个数字时,不得对该数值连续进行修约,应按拟舍去的数字中最左面的第一位数字的大小,照上述各条一次修约完成。

例如,将 15.4546 修约成整数时,不应按 15.4546→15.455→15.46→15.5→16 进行,而应按 15.4546→15 进行修约。

上述数值修约规则(有时称之为"奇升偶舍法")与以往用的"四舍五入"的方法区别在于:用"四舍五入"法对数值进行修约,从很多修约后的数值中得到的均值偏大,用上述修约规则,进舍的状况具有平衡性,进舍误差也具有平衡性,若干数值经过这种修约后,修约值之和变大的可能性与变小的可能性是一样的。

第三节 试验检测数据的特征量计算

工程质量数据的统计特征量分为两类:一类表示统计数据的差异性,即工程质量的波动性,主要有极差、标准偏差、变异系数等;另一类是表示统计数据的规律性,主要有算术平均值、中位数、加权平均值等。

1. 算术平均值

算术平均值是表示一组数据集中位置最有用的统计特征量，经常用样本的算术平均值来代表总体的平均水平。样本的算术平均值则用 $\overline{x}$ 表示。如果 n 个样本数据为 x_1、$x_2 \cdots x_n$，那么，样本的算术平均值为：

$$\overline{x} = \frac{1}{n}(x_1 + x_2 + \cdots + x_n) = \frac{1}{n}\sum_{i=1}^{n} x_1 \tag{3-1}$$

【例 3-1】 某路段沥青混凝土面层抗滑性能检测，摩擦系数的检测值（共 10 个测点）分别为 58、56、60、53、48、54、50、61、57、55（摆值）。求摩擦系数的算术平均值。

【解】 由式（3-1）可知，摩擦系数的算术平均值为：

$$\overline{F}_B = (58 + 56 + 60 + 53 + 48 + 54 + 50 + 61 + 57 + 55)/10 = 55.2（摆值）$$

2. 中位数

在一组数据 x_1、$x_2 \cdots x_n$ 中，按其大小次序排序，以排在正中间的一个数表示总体的平均水平，称之为中位数，或称中值，用 $\widetilde{x}$ 表示。n 为奇数时，正中间的数只有一个；n 为偶数时，正中间的数有两个，取这两个数的平均值作为中位数，即：

$$\widetilde{x} = \begin{cases} \dfrac{x_{n+1}}{2} & （n \text{ 为奇数}） \\ \dfrac{1}{2}\left(x_{\frac{n}{2}} + x_{\frac{n}{2}+1}\right) & （n \text{ 为偶数}） \end{cases} \tag{3-2}$$

【例 3-2】 检测值同例 3-1，求中位数。

【解】 检测值按大小次序排列为：61、60、58、57、56、55、54、53、50、48（摆值），则中位数为：

$$\widetilde{F}_B = \frac{F_{B(5)} + F_{B(6)}}{2} = \frac{56 + 55}{2} = 55.5（摆值）$$

3. 极差

在一组数据中最大值与最小值之差，称为极差，记作 R：

$$R = x_{\max} - x_{\min} \tag{3-3}$$

【例 3-3】 例 3-1 中的检测数据的极差为：

$$R = F_{B\max} - F_{B\min} = 61 - 48 = 13（摆值）$$

极差没有充分利用数据的信息，但计算十分简单，仅适用于样本容量较小（$n < 10$）的情况。

4. 标准偏差

标准偏差有时也称标准离差、标准差或称均方差，它是衡量样本数据波动性（离散程度）的指标。在质量检验中，总体的标准偏差（σ）一般不易求得。样本的标准偏差 S 按式（3-4）计算：

$$S = \sqrt{\frac{(x_1 - \overline{x})^2 + (x_2 - \overline{x})^2 + \cdots + (x_n - \overline{x})^2}{n-1}} = \sqrt{\frac{\sum\limits_{i=1}^{n}(x_i - \overline{x})^2}{n-1}} \qquad (3\text{-}4)$$

【例 3-4】仍用【例 3-1】的数据，求样本标准偏差 S。

【解】由式（3-4）可知，样本标准偏差为：

$$S = \sqrt{\frac{(x_1 - \overline{x})^2 + (x_2 - \overline{x})^2 + \cdots + (x_n - \overline{x})^2}{n-1}}$$
$$= \sqrt{\frac{(58-55.2)^2 + (56-55.2)^2 + \cdots + (55-55.2)^2}{10-1}}$$
$$= 4.13（摆值）$$

5. 变异系数

标准偏差是反映样本数据的绝对波动状况，当测量较大的量值时，绝对误差一般较大；测量较小的量值时，绝对误差一般较小。因此，用相对波动的大小，即变异系数更能反映样本数据的波动性。

变异系数用 C_V 表示，是标准偏差 S 与算术平均值 $\overline{x}$ 的比值，即：

$$C_V(\%) = \frac{S}{\overline{x}} \times 100 \qquad (3\text{-}5)$$

【例 3-5】若甲路段沥青混凝土面层的摩擦系数算术平均值为 55.2（摆值），标准偏差为 4.13（摆值）；乙路段的摩擦系数算术平均值为 60.8（摆值），标准偏差 4.27（摆值）。则两路段的变异系数为：

甲路段：$C_V = \dfrac{4.13}{55.2} \times 100 = 7.48\%$

乙路段：$C_V = \dfrac{4.27}{60.8} \times 100 = 7.02\%$

从标准偏差看，$S_甲 < S_乙$。但从变异系数分析，$C_{V甲} > C_{V乙}$，说明甲路段的摩擦系数相对波动比乙路段的大，面层抗滑稳定性较差。

第四节　试验检测可疑数据的取舍

工程质量常会发生波动情况。由于质量的波动，会引起质量检测数据的参差不齐，有时还会发现一些明显过大或过小的数据，这些数据为可疑数据。因此，在进行数据分析之前，应用数理统计法判别其真伪，并决定取舍。常用的方法如下：

1. 拉依达法

当试验次数较多时，可简单地用 3 倍标准差（3S）作为确定可疑数据取舍的标准。当某一测量数据（x_i）与其测量结果的算术平均值（$\overline{x}$）之差大于 3 倍标准偏差时，用公式表示为：

$$|x_i - \overline{x}| > 3S \tag{3-6}$$

则该测量数据应舍弃。

由于该方法是以 3 倍标准偏差为判别标准，所以亦称 3 倍标准偏差法，简称 3S 法。

取 3S 的理由是：根据随机变量的正态分布规律，在多次试验中，测量值落在 $\overline{x}-3S$ 与 $\overline{x}+3S$ 之间的概率为 99.73%，出现在此范围之外的概率为 0.27%，也就是在近 400 次试验中才能遇到一次，这种事件为小概率事件，几乎是不可能出现的。因而在实际试验中，一旦出现，就认为该测量数据是不可靠的，应将其舍弃。

另外，当测量值与平均值之差大于 2 倍标准偏差（即 $|x_i - \overline{x}| > 2S$）时，该测量值应保留，但需存疑。如发现试验检测过程中，有可疑的变异时，该测量值则应予舍弃。

【例 3-6】试验室进行同配比的混凝土强度试验，其试验结果为（$n=10$）：25.8、25.4、31.0、25.5、27.0、24.8、25.0、26.0、24.5、23.0（MPa）试用 3S 法判别其取舍。

【解】分析上述 10 个测量数据，$x_{\min}=23.0$MPa 和 $x_{\max}=31.0$MPa 最可疑。故应首先判别 $x_{\min}$ 和 $x_{\max}$。

经计算：$\overline{x}=25.8$MPa，$S=2.1$MPa

因 $|x_{\max} - \overline{x}| = |31.0-25.8| = 5.2MPa<3S=6.3$MPa

$|x_{\min} - \overline{x}| = |23.0-25.8| = 2.8MPa<3S=6.3$MPa

故上述测量数据均不能舍弃。

拉依达法简单方便，不需查表，但要求较宽，当试验检测次数较多或要求不高时可以应用，当试验检测次数较少时（如 $n<10$）在一组测量值中即使混有异常值，也无法舍弃。

2. 肖维纳特法

进行 n 次试验，其测量值服从正态分布，以概率 $1/2n$ 设定一判别范围 $(-K_n \cdot S, K_n \cdot S)$，当偏差（测量值 x_i 与其算术平均值 $\overline{x}$ 之差）超出该范围时，就意味着该测量值 x_i 是可疑的，应予舍弃。因此，肖维纳特法可疑数据舍弃的标准为：

$$\frac{|x_i - \overline{x}|}{S} \geqslant K_n \tag{3-7}$$

式中，K_n——肖维纳特系数，与试验次数 n 有关，见表 3-1。

肖维纳特系数 K_n 表 3-1

n	K_n	n	K_n	n	K_n	n	K_n	n	K_n	n	K_n	n	K_n
3	1.38	8	1.86	13	2.07	18	2.20	23	2.30	50	2.58		
4	1.53	9	1.92	14	2.12	19	2.22	24	2.31	75	2.71		
5	1.65	10	1.96	15	2.13	20	2.24	25	2.33	100	2.81		
6	1.73	11	2.00	16	2.15	21	2.26	30	2.39	200	3.02		
7	1.80	12	2.03	17	2.17	22	2.28	40	2.49	500	3.20		

【例 3-7】试结果同例 3-6，试用肖维纳特法进行判别。

【解】查表 3-1，当 $n=10$ 时 $K_n=1.96$。对于测量值 31.0，则有：

$$\frac{|x_i-\overline{x}|}{S}=\frac{|31.0-25.8|}{2.1}=2.48>K_n=1.96$$

说明测量数据库 31.0 是异常的，应予舍弃。这一结果与拉依达法的结果是不一致的。由此可见，肖维纳特法改善了拉依达法，但从理论上分析，当 $n\rightarrow\infty$，$K_n\rightarrow\infty$，此时所有异常值都无法舍弃。此外，肖维纳特系数与置信水平之间无明确联系，已逐渐被格拉布斯法所代替。

3. 格拉布斯法

格拉布斯法假定测量结果服从正态分布，根据顺统计量来确定可疑数据的取舍。做 n 次重复试验，测得结果为 x_1，$x_2\cdots x_i\cdots x_n$，服从正态分布。

为了检验 $x_i(i=1，2\cdots n)$ 中是否有可疑值，可将 x_i 按其值由小到大顺序重新排成，得：

$$x_{(1)}\leqslant x_{(2)}\leqslant\cdots\leqslant x_n$$

根据顺序统计原则，给出标准化顺序统计量 g：

$$\left.\begin{array}{l}当最小值\ x_{(1)}\ 可疑时，则\quad g_{(1)}=\dfrac{\overline{x}-x_{(1)}}{S}\\[3mm]当最大值\ x_{(n)}\ 可疑时，则\quad g_{(n)}=\dfrac{x_{(n)}-\overline{x}}{S}\end{array}\right\} \tag{3-8}$$

式中，$\overline{x}$——测量值的算术平均值；

S——测量值的标准偏差。

根据格拉布斯统计量的分布，在指定的显著性水平 β（一般 $\beta=0.05$）下，求得判别可疑值的临界值 $g_0(\beta，n)$，格拉布斯法的判别标准为：

$$g\geqslant g_0(\beta，n) \tag{3-9}$$

则可疑值 $x_{(i)}$ 是异常的，应予舍去。其中 $g_0(\beta，n)$ 值列于表 3-2。

格拉布斯系数 $g_0(\beta，n)$　　　　　　表 3-2

n	β		n	β		n	β	
	0.01	0.05		0.01	0.05		0.01	0.05
3	1.15	1.15	13	2.61	2.33	23	2.96	2.62
4	1.49	1.46	14	2.66	2.37	24	2.99	2.64
5	1.75	1.67	15	2.70	2.41	25	3.01	2.66
6	1.94	1.82	16	2.74	2.44	30	3.10	2.74
7	2.10	1.94	17	2.78	2.47	35	3.18	2.81
8	2.22	2.03	18	2.82	2.50	40	3.24	2.87
9	2.32	2.11	19	2.85	2.53	50	3.34	2.96
10	2.41	2.18	20	2.88	2.56	100	3.59	3.17
11	2.48	2.24	21	2.91	2.58			
12	2.55	2.29	22	2.94	2.60			

利用格拉布斯法每次只能舍弃一个可疑值，若有两个以上的可疑数据，应该一个一个

的舍弃，舍弃第一个数据后，检测次数由 n 变为 $n-1$，以此为基础再判别第二个可疑数据是否应舍去。每次均值和均方差要重新计算，再决定取舍。

【例 3-8】试用格拉布斯法判别【例 3-6】测量数据的真伪。

【解】（1）测量数据按从小到大次序排列如下：

23.0，24.5，24.8，25.0，25.4，25.5，25.8，26.0，27.0，31.0

（2）计算数据特征量：

$$\overline{x} = 25.8\text{MPa}，S = 2.1\text{MPa}$$

（3）计算统计量：

$$g_{(1)} = \frac{\overline{x} - x_{(1)}}{S} = \frac{25.8 - 23.0}{2.1} = 1.33$$

$$g_{(10)} = \frac{x_{(10)} - \overline{x}}{S} = \frac{31.0 - 25.8}{2.1} = 2.48$$

由于 $g_{(10)} > g_{(1)}$，首先判别 $x_{(10)} = 31.0$。

（4）选定显著性水平 $\beta = 0.05$，并根据 $\beta = 0.05$ 和 $n = 10$，由表 3-2 查得：

$$g_0(0.05，10) = 2.18$$

（5）判别：

由于 $g_{(10)} = 2.48 > g_0(0.05，10) = 2.18$，所以 $x_{(10)} = 31.0$ 为异常值，应予舍弃。这一结论与肖维纳特法结论是一致的。

仿照上述方法继续对余下的 9 个数据进行判别，经计算没有异常值。

第五节　工程质量检验与评定

本节以公路工程为例进行说明，其他不赘述。

1. 公路工程质量检验与等级评定的依据

为加强公路工程质量管理，规范公路工程施工质量的检验评定，统一工程质量检验标准和评定标准，保证工程质量，交通运输部制定《公路工程质量检验评定标准 第一册 土建工程》JTG F80/1—2017。该标准适用于各等级公路新建与改建工程施工质量的检验评定。它是公路工程施工质量的最低限值标准，公路工程施工质量检验评定应以此为准。

对特殊地区或采用新材料、新工艺的工程，当检验评定标准中缺乏适宜的技术要求时，可参照相关技术标准或根据实际情况制定相应的质量标准，并报主管部门批准。

施工准备阶段由施工单位将合同段划分为单位工程、分部工程和分项工程，并报监理单位或建设单位审核。

公路工程质量检验评定应按分项工程、分部工程、单位工程逐级进行，并应符合下列规定：

（1）在合同段中，具有独立施工条件和结构功能的工程为单位工程。

（2）在单位工程中，按路段长度、结构部位及施工特点等划分的工程为分部工程。

（3）在分部工程中根据施工工序、工艺或材料等划分的工程为分项工程。

路基、路面和桥涵、隧道以及绿化、声屏障等单位工程中分部和分项的划分内容详见表 3-3～表 3-5。

路基、路面单位工程中分部及分项工程的划分 表 3-3

单位工程	分部工程	分项工程
路基工程（每 10km 或每标段）	路基土石方工程（1～3km 路段）	土方路基,填石路基,软土地基处治,土工合成材料处置层等
	排水工程（1～3km 路段）	管节预制,混凝土排水管施工,检查(雨水)井砌筑,土沟,浆砌水沟,盲沟,跌水,急流槽,水簸箕,排水泵站沉井、沉淀池等
	小桥及符合小桥标准的通道,人行天桥,渡槽（每座）	钢筋加工及安装,砌体,混凝土扩大基础,钻孔灌注桩,混凝土墩、台、墩、台身安装,台背填土,就地浇筑梁、板,预制安装梁、板,就地浇筑拱圈,混凝土桥面板桥面防水层,支座垫石和挡块,支座安装,伸缩装置安装,栏杆安装,混凝土护栏,桥头搭板,砌体坡面护坡,混凝土构件表面防护,桥梁总体等
	通道、涵洞（1～3km 路段）	钢筋加工及安装,涵台,管节预制,管座及涵管安装,波形钢管涵安装,盖板预制,盖板安装,箱涵浇筑,拱涵浇(砌)筑,倒虹吸竖井、集水井砌筑,一字墙和八字墙,涵洞填土,顶进施工的涵洞,砌体坡面防护,涵洞总体等
	防护支挡工程（1～3km 路段）	砌体挡土墙,墙背填土,边坡锚固防护,土钉支护,砌体坡面防护,石笼防护,导流工程等
	大型挡土墙,组合挡土墙（每处）	钢筋加工及安装,砌体挡土墙,悬臂式挡土墙,扶壁式挡土墙,锚杆、锚定板和加筋土挡土墙,墙背填土等
路面工程（每 10km 或每标段）	路面工程（1～3km 路段）	垫层,底基层,基层,面层,路缘石,路肩等

桥涵、隧道单位工程中分部及分项工程的划分 表 3-4

单位工程	分部工程	分项工程
桥梁工程（每座或每合同段）	基础及下部构造（1～3 墩台）	钢筋加工及安装,预应力筋加工和张拉,预应力管道压浆,混凝土扩大基础,钻孔灌注桩,挖孔桩,沉入桩,灌注桩桩底压浆,地下连续墙,沉井、沉井、钢围堰的混凝土封底,承台等大体积混凝土结构,砌体,混凝土墩、台、墩台身安装,支座垫石和挡块,拱桥组合桥台,台背填土等
	上部构造预制和安装（1～3 跨）	钢筋加工及安装,预应力筋加工和张拉,预应力管道压浆,预制安装梁、板,悬臂施工梁,顶推施工梁,转体施工梁,拱圈节段预制,拱的安装,转体施工拱,中下承式拱吊杆和柔性系杆,刚性系杆,钢梁制作,钢梁安装,钢梁防护等
	上部构造现场浇筑（1～3 跨）	钢筋加工及安装,预应力筋加工和张拉,预应力管道压浆,就地浇筑梁、板,悬臂施工梁,就地浇筑拱圈,劲性骨架混凝土拱,钢管混凝土拱,中下承式拱吊杆和柔性系杆,刚性系杆等
	桥面系、附属工程及桥梁总体	钢筋加工及安装,混凝土桥面板桥面防水层,钢桥面板上防水粘结层,混凝土桥面板桥面铺装,钢桥面板上沥青混凝土铺装,支座安装,伸缩装置安装,人行道铺设,栏杆安装,混凝土护栏,钢桥上钢护栏安装,桥头搭板,混凝土小型构件预制,砌体坡面护坡,混凝土构件表面防护,桥梁总体等
	防护工程	砌体坡面护坡,护岸,导流工程等
	引道工程	见路基工程、路面工程的分项工程

单位工程	分部工程	分项工程
隧道工程（每座或每合同段）	总体及装饰装修（每座或每合同段）	隧道总体、装饰装修工程
	洞口工程（每个洞口）	洞口边仰坡防护、洞门和翼墙的浇（砌）筑、截水沟、洞口排水沟、明洞浇筑、明洞防水层、明洞回填
	洞身开挖（100 延米）	洞身开挖
	洞身衬砌（100 延米）	喷射混凝土、锚杆、钢筋网、钢架、仰拱、仰拱回填、衬砌钢筋、混凝土衬砌、超前锚杆、超前小导管、管棚
	防排水（100 延米）	防水层、止水带、排水
	路面（1～3km 路段）	基层、面层
	辅助通道（1～3km 路段）	洞身开挖、喷射混凝土、锚杆、钢筋网、钢架、仰拱、仰拱回填、衬砌钢筋、混凝土衬砌、超前锚杆、超前小导管、管棚、防水层、止水带、排水

绿化、声屏障、交通安全设施、机电工程分部及分项工程的划分　　　　表 3-5

单位工程	分部工程	分项工程
绿化工程（每合同段）	分隔带绿地、边坡绿地、护坡道绿地、碎落台绿地、平台绿地（每 2km 路段）互通式立体交叉区与环岛绿地、管理养护设施区绿地、服务设施区绿地、取（弃）土场绿地（每处）	绿地整理、树木栽植，草坪、草本地被及花卉种植，喷播绿化
声障屏工程（每合同段）	声障屏工程（每处）	砌块体声屏障、金属结构声屏障、复合结构声屏障
交通安全设施（每 20km 或每标段）	标志、标线、突起路标、轮廓标（5～10km 路段）	标志、标线、突起路标、轮廓标
	护栏（5～10km 路段）	波形梁护栏、缆索护栏、混凝土护栏、中央分隔带开口护栏
	防眩设施、隔离栅、防落物网（5～10km 路段）	防眩板、防眩网、隔离栅、防落物网等
	里程碑和百米桩（5km 路段）	里程碑、百米桩
	避险车道（每处）	避险车道
交通机电工程	其分部、分项工程划分见《公路工程质量检验评定标准 第二册 机电工程》JTG 2182—2020	
附属设施	管理中心、服务器、房屋建筑、收费站、养护工区等设施	按其专业工程质量检验评定标准评定

2. 工程质量检验

施工单位应在各分项工程完成后，按《公路工程质量检验评定标准 第一册 土建工程》JTG F80/1—2017 所列要求、实测项目和外观鉴定进行自检，按"分项工程量检验评定表"及相关施工技术规范提交真实、完整的自检资料，对工程质量进行自我评定。工程监理单位应按规定要求对工程质量进行独立抽检，对施工单位检评资料进行签认，对工程质量进行评定。建设单位根据对工程质量的检查及平时掌握的情况，对工程监理单位所做的工程质量评分级等级进行审定。

公路工程质量检验评分以分项工程为单元，采用合格率法进行评定。分项工程完成后，应根据 JTG F80/1—2017 进行检验，对工程质量进行评定。隐蔽工程在隐蔽前应检查合格。分部工程、单位工程完工后，应汇总评定所属分项工程、分部工程质量资料，检查外观质量，对工程质量进行评定。

分项工程应按基本要求、实测项目、外观质量和质量保证资料等检验项目分别检查。

分项工程质量应在所使用的原材料、半成品、成品及施工控制要点等符合基本要求的规定，无外观质量限制缺陷且质量保证资料真实齐全时，方可进行检验评定。

（1）基本要求检查应符合下列规定：

① 分项工程应对所列基本要求逐项检查，经检查不符合规定时，不得进行工程质量的检验评定。

② 分项工程所用的各种原材料的品种、规格、质量及混合料配合比和半成品、成品应符合有关技术标准规定并满足设计要求。

施工单位外购的原材料、半成品和成品进场后应进行抽查复验，检验结果应由监理单位或建设单位进行审核。

（2）实测项目检验应符合下列规定：

① 对检测项目按规定的检查方法和频率进行随机抽样检验并计算合格率。

② 本标准规定的检查方法为标准方法，采用其他高效检测方法应经比对确认。

③ 本标准中以路段长度规定的检查频率为双车道路段的最低检查频率，对多车道应按车道数与双车道之比相应增加检查数量。

④ 按下式计算检查项目合格率：

$$检查项目合格率（\%）=\frac{检查合格的点（组）数}{该检查的全部检查点（组）数}\times 100 \tag{3-10}$$

（3）检查项目合格判定应符合下列内容：

① 分项工程中对结构安全、耐久性和主要使用功能起决定性作用的检查项目，为关键项目，以"△"加以标识。关键项目的合格率应不低于 95%（机电工程为 100%），否则该检查项目为不合格。

② 分项工程中除关键项目以外的检查项目为一般项目。一般项目的合格率应不低于80%，否则该检查项目为不合格。

③ 有规定极值的检查项目，任一单个检测值不应突破规定极值，否则该检查项目为不合格。

（4）外观质量应进行全面检查，并满足规定要求，对于明显的外观缺陷，施工单位应采取措施进行整修或返工处理后再进行评定，否则该检验项目为不合格。

（5）工程应有真实、准确、齐全、完整的施工原始记录、试验检测数据、质量检验结果等质量保证资料。质量保证资料应包括下列内容：

① 所用原材料、半成品和成品质量检验结果。

② 材料配合比、拌和加工控制检验和试验数据。

③ 地基处理、隐蔽工程施工记录和桥梁、隧道施工监控资料。

④ 质量控制指标的试验记录和质量检验汇总图标。

⑤ 施工过程中遇到非正常情况记录及其对工程质量影响分析评价资料。

⑥ 施工过程中如发生质量事故，经处理补救后达到设计要求的认可证明文件等。

（6）检验项目评为不合格的，应进行整修或返工处理直至合格。

3. 工程质量评定

工程质量等级应分为合格与不合格。

分项工程、分部工程、单位工程质量评定应有符合 JTG F80/1—2017 规定的资料。

（1）分项工程质量评定合格应符合下列规定：

① 检验记录应完整。

② 实测项目应合格。

③ 外观质量应满足要求。

（2）分部工程质量评定合格应符合下列要求：

① 评定资料应完整。

② 所含分项工程及实测项目应合格。

③ 外观质量应满足要求。

（3）单位工程质量评定合格应符合下列规定：

① 评定资料应完整。

② 所含分部工程应合格。

③ 外观质量应满足要求。

1.
【例3-9】

评定为不合格的分项工程、分部工程，经返工、加固、补强或调测，满足设计要求后，可重新进行检验评定。

所含单位工程合格，该合同段评定为合格；所含合同段合格，该建设项目评定为合格。

思考题

1. 何谓总体、样本？

2. 质量数据的统计特征量有哪些？

3. 随机抽样检查的方法有哪几种？

4. 请对以下数据进行修约：

15.3528（保留两位小数）；125.555（保留整数）；15.3528（保留一位小数）；19.9998（保留两位小数）；10.0500001（保留一位小数）；16.6875（保留三位小数）；10.35（保留一位小数）。

5. 某路段沥青混凝土面层抗滑性能检测，摩擦系数的检测值（共10个测点）分别为：55、56、59、60、54、53、52、54、49、53，求摩擦系数的平均值、中位数、极差、标准偏差及变异系数。

6. 某路段二灰碎石基层无侧限抗压强度试验结果（单位：MPa）为 0.792、0.306、0.968、0.804、0.447、0.894、0.702、0.424、0.498、1.075、0.815，请分别用拉依达法、肖维纳特法和格拉布斯法对上述数据进行取舍判别。

7. 简述公路工程质量检验评定方法。

第四章

仪器设备与量测技术

知识目标

1. 了解检测仪器设备的性能指标及使用方法；
2. 掌握土木工程各项量测技术的原理和使用方法。

能力目标

1. 根据检测仪器设备性能指标要求，合理选择并正确使用检测仪器设备；
2. 正确应用土木工程各项量测技术解决工程试验检测实际问题。

素质目标

培养学生创新思维，勇攀高峰，弘扬科学家精神。

思维导图

```
                                        ┌─ 概述
                                        │
                                        │                        ┌─ 检测仪器的分类
                                        ├─ 仪器设备的选购 ───────┼─ 仪器的性能指标
                                        │                        └─ 试验与检测对仪器的要求
                                        │
                                        ├─ 仪器设备的校准检定
                                        │
                                        │                              ┌─ 电阻应变测试技术
                                        │                              ├─ 振弦式应变测试技术
                                        ├─ 应变测试仪器与量测技术 ─────┼─ 光纤光栅应变测试技术
                                        │                              └─ 应变测试技术的比较
                                        │
                                        │                              ┌─ 机械式测试仪器
  仪器设备与量测技术 ──────────────────┤                              ├─ 电测类测试仪器
                                        │                              ├─ 光学测试仪器
                                        ├─ 变形测试仪器与量测技术 ─────┼─ 卫星定位技术——GPS系统
                                        │                              ├─ 其他变形测试技术
                                        │                              └─ 变形测量方法的比较
                                        │
                                        │                              ┌─ 机械惯性式传感器
                                        │                              ├─ 振动电测传感器
                                        ├─ 振动测试仪器与量测技术 ─────┼─ 动位移的测量
                                        │                              └─ 传感器的选用与安装
                                        │
                                        └─ 其他物理参数测试仪器与量测技术
```

仪器设备是土木工程试验与检测的重要工具，工程检测人员应熟悉设备基本性能及测量方法，掌握土木工程各项量测技术的原理和方法，能正确合理选择检测设备，完成试验检测任务。

第一节　概述

土木工程是一门实践性极强的学科，从地基、基础到上部结构的设计施工中，试验与检测起着非常重要的作用。随着建设工程质量、安全与耐久性日益受到重视，地基、基础及上部结构检测的作用也越来越突出。量测技术、仪器设备、测试元件是试验与检测的重要技术保障，量测技术的科学性、准确性直接关系到试验与检测能否达到预期的目的。在土木工程试验与检测中，量测的内容一般包括以下几个方面。

（1）土木工程施工、运营及试验检测过程中作用力及内力的大小，包括荷载作用的大小，水压力、土压力、一些构件的内力、支座反力的大小。

（2）土木工程施工、运营及试验检测过程中构件截面或土体内部各种应力、压力的分布状态及其大小，如建筑结构、桥梁结构的构件某一截面上的应力大小；土石坝、路基边坡、基坑及隧道等土体内部不同部位的土压力等。

（3）土木工程构筑物及结构的各种静态变形，如电视塔、索塔等高耸结构的水平位移；建筑物的沉降、结构构件的挠度、相对滑移、转角；土石坝、路基、边坡、基坑及其隧道等岩土工程土体变形测量等。

（4）土木工程结构局部的损坏现象，如混凝土裂缝的分布、宽度、深度等。

（5）在地震或特定的动荷载作用下，测定结构的动应力，或测定结构的自振特性、动挠度、加速度、衰减特性等。

（6）土木工程材料性能指标测试，如沥青、水泥、集料物理及力学性能，混凝土强度，沥青及沥青混合料的强度、稳定性等性能指标，地基土的土体参数及地基承载力测试。

（7）路基路面的相关指标测定，如路基压实度、弯沉、平整度测试，路面弯沉、平整度、抗滑性能、抗渗性能测试等。

为了测定上述的各项数据，在进行试验与检测时需要使用相应的检测仪器，并要掌握量测仪器的基本性能和测量方法。

第二节　仪器设备的选购

仪器设备作为工程试验与检测的重要工具，工程检测人员应根据不同检测构件和检测参数合理选购仪器设备，顺利完成各项检测工作。

1. 检测仪器的分类

测试仪器的分类方法很多，较为常用的分类方法有以下几种。

（1）按仪器的工作原理：分为机械式测试仪器、电测仪器、光学仪器、声学仪器、复合式仪器、伺服式仪器等。

（2）按仪器的用途：分为测力计、应变计、位移计、倾角仪、测振仪、测斜仪等。

（3）按结果的显示与记录方式：分为直读式、自动记录式、模拟式、数字式。

（4）按照仪器与结构的相对关系：分为附着式、接触式、手持式、遥测式等。

2. 仪器的性能指标

仪器的性能指标一般包括以下几个方面。

（1）量程（测量范围）：仪器的最大测量范围叫作量程。如百分表的量程一般有50mm 和 100mm，千分表的量程有 3mm 和 5mm。

（2）最小分度值（最小刻度）：仪器指示装置的每一最小刻度所代表的数值叫作最小刻度。百分表的最小刻度为 0.01mm，千分表的最小刻度为 0.001mm。

（3）灵敏度：被测结构的单位变化所引起仪器指示装置的变化数值叫作灵敏度，灵敏度与最小刻度互为倒数。

（4）准确度（精度）：仪器指示的数值与被测对象的真实值相符合的程度叫作准确度。

（5）误差：仪器指示的数值与真实值之差叫作仪器的误差。

3. 试验与检测对仪器的要求

试验与检测对仪器的要求包括以下几个方面。

（1）仪器的量程、准确度、灵敏度要根据检测的要求合理选用，对于野外检测仪器还应要求其工作性能稳定、抗干扰能力强。

（2）仪器结构简单、使用方便、安装快捷，无论是外包装还是仪器本身结构，都应具有良好的防护装置，便于运输安装，不易损坏。

（3）仪器轻巧，自重轻、体积小，便于野外试验与检测时携带。

（4）仪器适应性强，具有多种用途。如应变仪，既可单点测量，也可多点测量；既可测应变，也可测位移。

（5）使用安全包括仪器本身的安全，不易损坏，对操作人员不会产生人身安全。

量测仪器的某些性能之间经常是互相矛盾的，如精度高的仪器，其量程较小；灵敏度高的，其适应性较差。因此在选用仪器时，应避繁就简，根据试验的要求来选用合适的仪器，灵活运用。目前应用于结构试验中的仪器，以电测类仪器较多，机械式仪器仪表已不能满足多点量测和数据自动采集的要求，从发展的角度看，数字化和集成化量测仪器的应用日益广泛，将给量测和数据处理带来更大的方便。

第三节 仪器设备的校准检定

为了保证试验检测数据的准确性，在检测过程中使用的仪器设备必须对其进行计量检定。检定是统一量值确保计量器具准确的重要措施，也是实行国家监督的一种手段。通过计量检定，对仪器的性能进行评定，确定其是否合格，从而保证检测仪表的量值在规定的误差范围内与国家计量基准的量值保持一致，以达到统一量值的目的。仪器的检定可以分为强制检定和非强制检定两类。强制检定的仪器仪表实行定期检定，非强制检定的仪器设备可进行校准、内部校准或验证等溯源方式。

注：检定是指为评定计量器具的计量性能，确定其是否合格所进行的全部工作。校准是指在规定条件下，为确定计量器具量值及误差的一组操作。检定执行检定规程，校准执行校准规程。

检定具有以下特点：

1. 检定的目的是确保量值的准确可信，主要是评定量测仪器的计量性能，确定仪器的误差大小、准确程度、使用寿命、安全性能，确定仪器是否合格，是否可以继续正常使用，是否达到国家计量标准。

2. 检定具有法制性，检定证书在社会上具有法律效力，检定的本身是国家对量测的一种监督，检定结果具有法律效力。

《计量法》及其实施细则规定，用于贸易结算、安全防护、医疗卫生、环境监测方面的列入强制检定目录的工作计量器具，实行强制检定。如温度计、天平、流量计、压力表等实行强制检定。未按照规定申请检定或者检定不合格的，不得使用。对非强制检定的计量器具，使用单位应当自行定期检定或者送其他计量检定机构检定。实行强制检定的工作计量器具的目录和管理办法，由国务院制定。

第四节　应变测试仪器与量测技术

土木构筑物及结构在外力的作用下，内部会产生应力，而直接测定应力比较困难，目前还没有直接的测试方法，一般的方法是测定应变。目前应用最广泛的应变测试技术是电阻应变测试技术和振弦式应变测试技术，近年来光纤光栅应变测试技术也逐渐得到推广应用。

1. 电阻应变测试技术

电阻应变测试技术是凭借安装在试件上的电阻应变片将力学量（如应变、位移等）转换成电阻变化，并用专门的仪器使其转换为电压、电流或功率输出，从而获得应变读数的测试技术。通常简称为电测技术或电测法。用电阻应变片测量应变的过程如图 4-1 所示。

$$\varepsilon \rightarrow \boxed{\begin{array}{c}\text{电阻}\\\text{应变片}\end{array}} \xrightarrow{\Delta R} \boxed{\begin{array}{c}\text{测量}\\\text{线路}\end{array}} \xrightarrow{\Delta u} \boxed{\text{放大器}} \xrightarrow{m\Delta u} \boxed{\begin{array}{c}\text{指示仪表}\\\text{或记录仪}\end{array}}$$

图 4-1　用电阻应变片测量应变的过程

（1）电阻应变片

1）电阻应变片的工作原理

电阻应变片简称应变片或应变计，是电阻应变测试中，将应变转换为电阻变化的传感元件，它的工作原理是基于金属导体的应变效应，即金属导体在外力作用下发生机械变形时，其电阻值随着所受机械变形的变化而发生变化。也就是当试件受力在该处沿电阻丝方向发生线变形时，电阻丝也随之一起变形（伸长或缩短），因而使电阻丝的电阻发生改变（增大或缩小），变化值和应变片粘贴的构件表面的应变成正比，最后通过应变仪的惠斯顿电桥将电阻信号转换成电压信号，再通过应变仪进行放大、滤波、模数转换等就可以显示出应变值。

2）电阻应变片的构造

电阻应变片的种类繁多，形式各种各样，但基本结构差异不大。如图 4-2 所示是丝绕式电阻应变片的构造，由敏感栅、胶粘剂、基底、覆盖层和引出线几个主要部分组成。

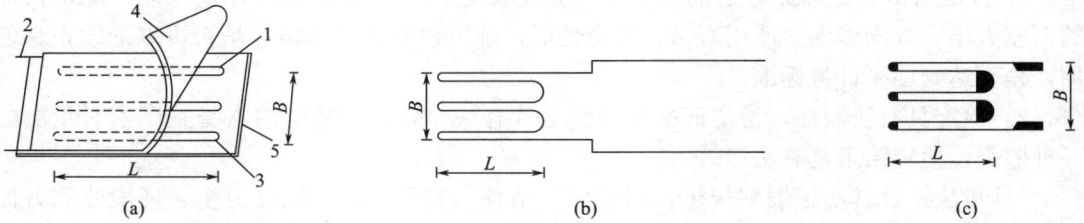

图 4-2　丝绕式电阻应变片的构造

1—敏感栅；2—引出线；3—胶粘剂；4—覆盖层；5—基底

（a）整体构造；（b）引出线细部；（c）敏感栅细部

① 敏感栅：是将应变转换成电阻变化量的敏感元件，一般由金属或半导体材料如康铜、镍铬合金制成的单丝或栅状体。敏感栅的形状和尺寸直接影响应变片的性能。栅长 L 和栅宽 B 即代表应变片的规格。

② 基底和覆盖层：主要起到定位和保护电阻丝的作用，同时使电阻丝与被测试件之间绝缘。纸基常用厚度 $0.015\sim0.02$mm 高强度、绝缘性能良好的纸张制作。胶基用性能稳定、绝缘度高、耐腐蚀的聚合胶制作。

③ 胶粘剂：它是一种具有一定绝缘性能的粘结材料，用于固定敏感栅在基底上或将应变片粘贴在试件上。

④ 引出线：一般采用镀银、镀锡或镀合金的软铜线制成，在制作应变片时与电阻丝焊接在一起。引出线通过测量导线接入应变仪。

3）电阻应变片的粘贴

电阻应变片的粘贴包括胶粘剂的选用、粘贴工艺与防护措施三方面。

测试中应变片的粘贴质量将直接影响测试结果的准确性及可靠性。胶粘剂其主要的作用是传递变形，一般采用快干胶或环氧树脂胶。501 快干胶和 502 快干胶是借助空气中微量水分的催化作用而迅速聚合固化产生粘结强度，环氧树脂胶的主要成分是环氧树脂，有较高的剪切强度和防水性能，电绝缘性能好，但固化速度较慢。

在完成应变片的粘贴后，把应变片的引线和导线焊接在接线端子上。然后应立即涂上防护层，以防止应变片受潮和机械损伤。

（2）电阻应变仪

结构的应变是通过电阻应变片转换为电阻变化率进行测量，而结构在弹性范围内的应变是很小的。如钢材料 $E=2\times10^5$MPa，测量时要求能分辨出 20MPa，当应变片阻值为

120Ω，$K=2.0$ 时，$\Delta R=R\times K\times\sigma/E=0.024Ω$。由此可见，测量电阻用的仪器必须能够分辨出 120Ω 和 120.024Ω 的电阻，这是一般常用测量电阻的仪表达不到的。必须借助专门的电子仪器进行测量和鉴别，这就是电阻应变仪（简称应变仪）。

电阻应变仪根据测量应变的工作频率，可分为静态电阻应变仪、动态电阻应变仪和静动态电阻应变仪。静态电阻应变仪用于测量静态应变，要求仪器的放大器具有良好的稳定性，尽可能减少零点漂移。配备平衡箱时可进行多点应变测量。动态电阻应变仪用于测量 500Hz 以下的动态应变，除要求其稳定性好以外，还需要有高的灵敏度和足够的功率输出、较小的非线性失真、较低的噪声和一定的频宽特性，以便对测量信号的各种频率或非正弦波信号均能如实放大。动态电阻应变仪一般做成多通道，同时采集多个动态信号。

应变仪可直接用于应变量测，如配用相应的电阻应变式传感器，也可测量力、压力、扭矩、位移、振幅、速度、加速度等物理量的变化过程，是试验应力分析中常用的仪器。

2. 振弦式应变测试技术

振弦式（又称钢弦式）应变测试技术从 20 世纪 30 年代研究成功后，随着电子技术、测量技术、计算技术和半导体集成电路技术的发展，钢弦式传感器技术日趋完善。钢弦式传感器有结构简单、制作安装方便、稳定性好、抗干扰能力强及远距离输送误差小等优点，在桥梁、结构的检测中得到广泛应用。

（1）振弦式应变测试技术的原理

一定长度的钢弦张拉在两个端块之间，端块牢固安装于待测构件上，构件的变形使得两端块相对移动并导致钢弦张力变化，张力的变化又使钢弦的谐振频率发生变化，通过测量钢弦谐振频率的变化从而测出待测构件的应变和变形，钢弦谐振频率的测量是由靠近钢弦的电磁线圈来完成。当电流脉冲到来时，磁铁的磁性增强，钢弦被磁铁吸住，当电流脉冲过去后，磁铁的磁性又大大减弱，钢弦立即脱离磁铁而产生自由振动，并使永久磁铁和弦上的软铁块间的磁路间隙发生变化，从而造成了变磁阻的条件，在兼作拾振器的线圈中将产生与弦的振动同频率的交变电势输出，这样通过测量感应电势的频率即可检测振弦张力的大小，振弦式应变计构造如图 4-3 所示。

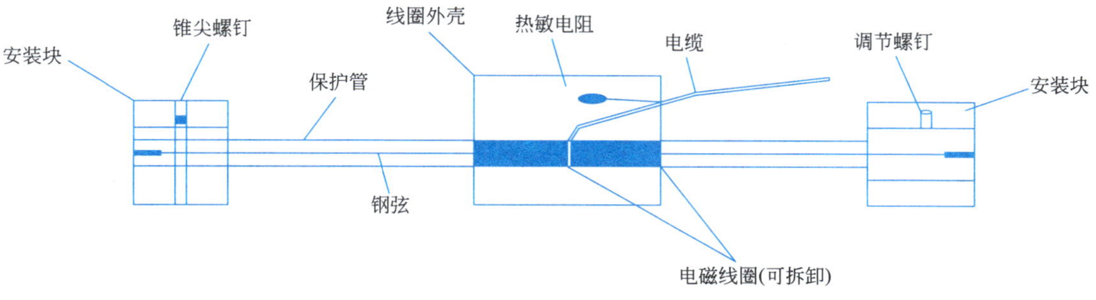

图 4-3　振弦式应变计构造

（2）振弦式应变计的安装

1）埋入式振弦应变计的安装

埋入式振弦应变计一般用于测量混凝土结构内部的应变，其安装方法比较简单，在混凝土浇筑前将振弦应变计埋入待测部位，固定好即可。

2）表面式振弦应变计的安装

表面式振弦应变计一般用于测量结构表面的应变，根据测试用途不同，其安装方法也有所不同。对于短期测试，则可用环氧树脂直接粘合到待测部位表面；对于长期测试，则需要采取可靠的安装措施将振弦应变计固定到待测部位的表面。

在混凝土表面安装长期测量应变计时，宜采用膨胀螺栓或锚杆将振弦应变计的安装块（安装座）固定在待测混凝土表面。采用锚杆安装的方法一般为：在待测混凝土表面钻出两个直径约为 13mm，深约 60mm 的孔，孔位与待安装应变计的尺寸一致，在定位钻孔后，将锚杆与安装块焊接，并将锚杆用速凝砂浆或高强环氧树脂灌进钻好的孔中，如图 4-4 所示。

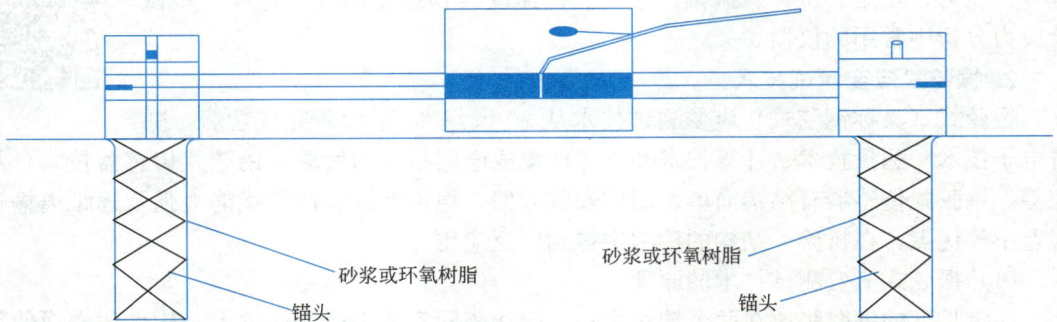

图 4-4　用灌浆锚杆在混凝土表面上的安装

在钢结构表面安装长期测量应变计时，宜将振弦应变计牢固固定到待测钢结构的表面，须将安装块焊接到钢结构表面上。钢表面应用钢丝刷清理，以除去氧化层和油污，焊接时要避免过热，焊接之后，用一块抹布蘸水来冷却安装块，用尖锤和钢丝刷清除所有的焊渣。

（3）振弦式应变计使用中的温度影响

钢弦的温度膨胀系数与钢和混凝土基本一致，当钢弦和钢、混凝土处于相同温度场时，测量应变无需温度校正，但在钢弦应变计和被测构件处于不同的温度变化条件时，钢弦应变计的示值变化包括了应变计本身的温度变化和被测构件温度效应，导致应变测试误差较大，因此应变测量尽量安排在温度较为稳定的时间。

3. 光纤光栅应变测试技术

1989 年美国布朗大学门德斯等人首先提出了光纤传感器用于钢筋混凝土结构的检测，并给出了试验结果；随后，美国、加拿大、英国、德国、日本、瑞士等发达国家，纷纷将光纤传感技术应用在桥梁、大坝等大型基础设施的安全监测中，取得了很大的进展。国内外近十年的科学研究和工程实践表明，光纤光栅传感技术是继电阻应变测试技术之后传感技术发展的新阶段，它满足了现代结构监测的高精度、远距离、分布式和长期性的技术要求，为解决上述关键问题提供了良好的技术手段。光纤光栅不仅具有光纤的小巧、柔软、抗电磁干扰能力强、集传感与传输于一体、易于制作和埋入结构内部的优点，而且光栅的波长分离能力强、传感精度和灵敏度极高、能进行外界参量的绝对测量，其体积和力学强度小，在粘贴或嵌入主体中不会对其性能和结构造成影响。光纤光栅可广泛应用于对桥梁结构的应力、应变、温度等参数以及内部裂缝、变形等结构参数的实时在线、分布式检测，能够测量工程结构的外部荷载以及结构本身对荷载的响应。

4. 应变测试技术的比较

电阻应变测试技术、振弦式应变测试技术和光纤光栅应变测试技术是目前土木工程施工、运营与试验检测中应用最多的测试技术，每种测试技术都有各自的优点及缺点，见表4-1。在具体的试验与检测活动中，可根据试验与检测的实际情况、各种测试技术的优缺点，从中选用比较理想的测试技术。

应变测试技术优缺点比较　表 4-1

测试技术	优点	缺点
电阻应变测试技术	①灵敏度高，测量结果比较可靠,常用的应变仪和应变片可测得 1×10^{-6} 应变;②实施简便,易于实现全自动化数据采集、多点同步测量、远距离测量和遥控测试;③应变片标距小、粘贴方便,可以测量其他仪表无法安装部位的应变,也可制成大标距测量混凝土结构的应变;④适用范围广,可在高温、低温、高压、高速等特殊条件下量测,可用于结构各部位的静、动态和瞬态应变量测,可测频带宽;⑤使用广泛,可制成不同形式的传感器,用于各种物理、力学参数的量测	贴片工作量大,使用的导线多,抗干扰性能稍差,易受温度和电磁场等的影响,电阻应变片不能重复使用等
振弦式应变测试技术	①分辨率高,测量结果精确、可靠;②不易受温度和电磁场等的影响,特别是野外测量时抗干扰性能好;③易于实现测试过程中的全自动化数据采集、多点同步测量、远距离测量和遥控测试;④现场操作方便,测试方法简单	①应变计标距较大,不能用于测量变化梯度较大的应变,也不能用于测量较小尺寸构件的应变;②响应速度较慢,不能用于动态和瞬态应变量测;③量程范围较小,不能用于大应变测量
光纤光栅应变测试技术	①耐久性好,对环境干扰不敏感,适于长期监测;②既可以实现点测量,也可以实现准分布式测量;③单根光纤单端检测,可减少光纤的根数和信号解调器的个数;④信号数据可多路传输,便于与计算机测读;⑤输出线性范围宽、频带宽、灵敏度高,波长移动与应变有良好的线性关系	①制造及使用成本较高,技术较复杂,可靠性较低;②测点布置及联网工作要求较高,使用不太方便

第五节　变形测试仪器与量测技术

构筑物及结构在外力的作用下会产生变形，构筑物及结构的各种静态变形，包括水平位移、竖向挠度、相对滑移、转角等是土木工程试验与检测中需要量测的重要内容。土木工程中变形测试常用的仪器有机械式测试仪器、电测仪器和光学仪器。

1. 机械式测试仪器

由于机测仪表具有安装便捷、读数精确、经久耐用、可重复使用等优点，所以在许多检测试验中还经常使用。机测仪表就是通过机械传动系统和指示机构来测定结构各种变形

（包括挠度、相对位移、转角、倾角等）的大小。

机测仪表的特点有准确度高，对环境的适应能力强，安装和使用方便，工作可靠，其性能在许多方面能满足土木工程结构试验与检测的要求。其主要缺点有灵敏度不高，放大能力有限，需要安装仪表的支架，一般适用于静态测量，往往需要人工测读，数据不便于自动记录和远程自动监测。

（1）百分表和千分表

百分表和千分表是结构位移量测中最为常用的仪器之一。使用与其配套附属装置后可以量测挠度、相对位移、转角、倾角等。

1）百（千）分表

最小刻度值为 0.01mm 的叫百分表，通常的量程有 5mm 和 10mm，也有大量程的 30～50mm，允许误差 0.01mm。最小刻度值为 0.001mm 的叫千分表，通常的量程有 1mm 和 3mm，允许误差 0.001mm。千分表和百分表的结构相似，只增加了一对放大齿轮，灵敏度提高了 10 倍。

2）磁性表座

磁性表座是百分表、千分表安装的配套附属装置，也叫万能表架，用以夹持百分表或千分表，可吸附在光滑的导磁平面或圆柱面上。

磁性表座使用时，表座安装在临时搭设的支架上，支架应具有足够的刚度，避免支架本身的变形，并且与被测构件分离。

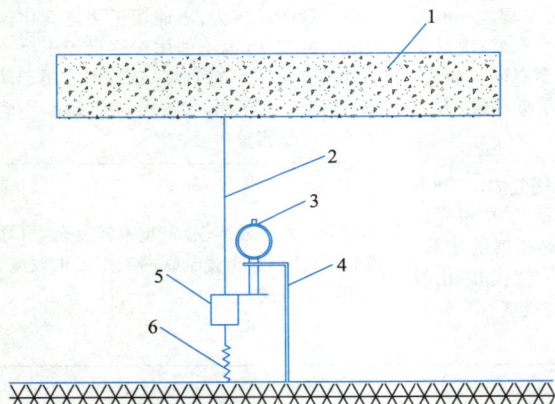

图 4-5　简单挠度计原理图

1—被测构件；2—钢丝；3—千分表；
4—表架；5—质量块；6—弹簧

（2）张线式位移计

张线式位移计常用于测量较大位移。它是通过一根钢丝使仪器与结构测点相连，利用钢丝传递位移。张线式位移计可分为简易挠度计（利用杠杆放大的挠度计）、静载挠度计（利用摩擦轮放大的挠度计）和齿轮传动的挠度计。图 4-5 为简易挠度计原理图。张线式位移计使用时应注意两个问题：一是质量块不宜太轻，否则钢丝会在风力作用下产生较大的摆动，直接影响测量结果的准确性；二是钢丝宜采用低松弛材料，以减小测量过程中钢丝自身变形对测量结果的影响。

（3）测角器和倾角仪

在土木工程结构试验时，结构的节点、截面或支座都有可能发生转动。测角器、倾角仪就是专门用来量测这种变形的仪器。

1）杠杆式测角器

如图 4-6 所示，在待测断面 2 上安装一支刚性金属杆 1，当结构发生变形引起金属杆转动一个角度 α，用位移计测出 3、4 两点间的距离 L 和水平位移 δ_3、δ_4，即可算出转角 α 为：

$$\alpha = \arctan \frac{\delta_4 - \delta_3}{L} \tag{4-1}$$

这种装置的优点是构造简单、灵敏度高、受温度的影响小，但是保证位移计固定不动是比较困难的，因此使用受到限制。

2）水准管式倾角仪

水准管式倾角仪是利用零位法测定结构节点、截面或支座倾角，其构造如图 4-7 所示。高灵敏度的，水准管被安放在弹簧片上，一端铰接在基座，另一端被弹簧片顶升，同时被测微计的微调螺丝压住。使用时，将倾角仪的夹具装在测点上，利用微调螺丝调平，使水准泡居中，读取度盘读数 δ_1。结构受力变形后水准泡偏移，再使水准泡重新居中，读取度盘读数 δ_2，即可计算出转角 α。这种倾角仪的精度可达 $1 \sim 2''$，量程可达 $3°$，使用较为简便，但受温度的影响较大，使用时应防止水准管直接受阳光暴晒，以免水准管爆裂。

图 4-6　杠杆式测角器

1—刚性杆；2—试件；3、4—位移计

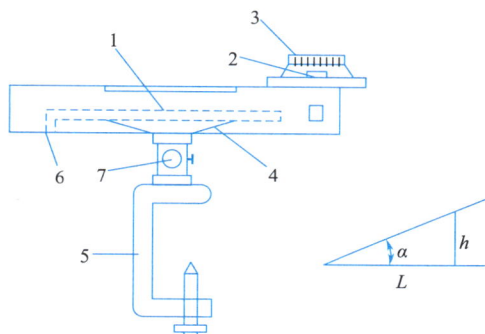

图 4-7　水准管式倾角仪

1—水准管；2—刻度盘；3—微调螺栓；
4—弹簧片；5—夹具；6—基座；7—活动铰

2. 电测类测试仪器

结构在荷载作用下的静位移如挠度、侧移、转角、支座偏移等，也可以转化为电量信号进行量测。一般常用的有电阻式位移传感器、应变式位移传感器和差动变压器式位移传感器，近年来连通液位式挠度仪（沉降仪）的试验与检测中应用也越来越多。

（1）电阻式位移传感器

电阻式位移传感器是一种位移测量计，它只能检测试件的位移，而本身不能显示其数值，必须依靠二次仪器进行显示或指示。以常用的滑线电阻式位移传感器为例，它由测杆、滑线电阻和触头等组成。

采用半桥接线，其输出量与电阻增量成正比，即与位移成正比。一般量程可达 $10 \sim 100$mm 以上。

（2）应变梁式位移传感器

应变梁式位移传感器主要由测杆、悬臂梁、应变片和弹簧组成。悬臂弹簧片是由一块弹性好、强度高的金属制成，固定在仪器外壳上。在簧片固定端粘贴 4 片应变片组成全桥或半桥测量线路，簧片的另一端装有拉簧，拉簧与指针固结。当测杆移动时，传力弹簧使簧片产生挠曲，即簧片固定端产生应变，通过电阻应变仪即可测得应变与位移的关系。

这种传感器的量程有 30～150mm，读数分辨率可达 0.01mm，但测量精度和稳定性受应变片粘贴质量的影响。

（3）差动变压器式位移传感器

差动变压器式位移传感器由一个初级线圈和两个次级线圈分内外两层同绕在一个圆筒上，圆筒内放一个能上下自由移动的铁芯。对初级线圈加入激磁电压时，通过互感作用使次级线圈产生感应电势。电势的输出量与位移成正比，可以通过率定来事先确定电势输出量与位移的标定曲线，从而测量位移。这种传感器的量程可达 500mm。

（4）连通管测量法

连通管测量法是利用物理学上连通器中处于水平面上静止液体的压强相等的原理，通过连通管连通液位，测量被测点相对于基点的液位变化情况从而测出被测点的挠度或沉降。

3. 光学测试仪器

（1）精密水准仪测量法

水准测量是用水准仪和水准尺测定地面上两点间高差的方法。在地面两点间安置水准仪，观测竖立在两点上的水准标尺，按尺上读数推算两点间的高差。通常由水准原点或任一已知高程点出发，沿选定的水准路线逐站测定各点的高程。精密水准测量必须用带测微器的精密水准仪和膨胀系数小的水准标尺，以提高读数精度，削弱温度变化对测量结果的影响。

使用精密水准仪测量桥梁挠度的方法有基准测量法和多仪器固定传递测量法。当所测量的路线比较短，即仪器至标尺的距离在 60m 范围内时，宜采用仪器基准法测量。将精密水准仪安放在试验桥之外的一个测站上，这个测站固定不动，然后分别观测各测点的水准尺读数。如果 H_k 与 H_j 分别为桥上某一点在 j 及 k 两个工况下的水准尺读数，则测点在 k 与 j 工况下的相对高差为：

$$H_{kj} = H_j - H_k \tag{4-2}$$

仪器基准法主要适用于测点附近能够提供测站条件、范围不大的土木工程结构挠度变化、观测点数不多的精密水准测量。具有精度高、计算方便和能够及时比较观测结果的特点。

当土木工程结构测试范围较大时，设站较多，观测时间较长，可采用多仪器固定传递法，以避免多次设站，缩短观测时间。该方法假设土木工程结构在零荷载状态下某一观测点的高程为 H_0，第 i 级荷载状态下的高程为 H_i，则土木工程结构在第 i 级荷载下的相对挠度为：

$$h_i = H_i - H_0 \tag{4-3}$$

（2）全站仪测量法

全站仪，是指能自动测量角度和距离，并能按一定程序和格式将测量数据传送给相应的数据采集器的测量仪器，它具有自动化程度高、功能多及精度较高等优点，可进行角度测量、距离测量、坐标测量、点位放样等相关测量工作。

1）全站仪测量挠度

全站仪挠度测量基本原理是三角高程测量。三角高程测量通过测量两点间的水平距离和竖直角求定两点间高差的方法，是测量土木工程结构大变形、大挠度的一个常用方法。

设 S 为测站和测点之间测线斜距，A 为全站仪照准棱镜中心竖直角，i 为仪器高，υ 为棱镜高，则测站和测点间相对高差为：

$$h = S\sin A + i - \upsilon \tag{4-4}$$

加载后，测点出现竖直方向的位移，而仪器高和棱镜高都没有变，测得此时的竖直角为 A_1，斜距为 S_1，加载后测站点与测点相对高差 h_1 的计算公式为：

$$h_1 = S_1\sin A_1 + i - \upsilon \tag{4-5}$$

加载前后测站点与测点相对高差的变化值为：

$$\Delta h = h - h_1 = S\sin A - S_1\sin A_1 \tag{4-6}$$

2）全站仪测量空间变形

在土木工程试验与检测中，电视塔、高耸结构、悬索桥、斜拉桥、大跨度拱桥等需要对塔顶、拱顶及拉索等部位进行三维变形测量，此时宜采用全站仪对测点进行三维坐标测量。通过测量结构加载前后测点与测点相对坐标的变化值，即可得出测点的三维变形。

4. 卫星定位技术——GPS 系统

（1）GPS 系统简介

1973 年，美国国防部批准研制一种新的军用卫星导航系统——GPS 卫星全球定位系统，简称为 GPS 系统。它是一种基于空间卫星的无线导航与定位系统，可以向数目不限的全球用户连续提供高精度的全天候三维坐标、三维速度及时间信息，具有实时性导航、定位和授时功能。

（2）GPS 定位的基本原理

1）绝对定位

绝对定位，通常指在协议地球坐标系中，直接确定观测站，相对于坐标系原点（地球质心）绝对坐标的一种定位方法。利用 GPS 进行绝对定位的基本原理，是以 GPS 卫星和用户接收机天线之间的距离（或距离差）观测量为基础，并根据已知的卫星瞬时坐标，采用空间后方交会的方法来确定用户接收机天线所对应的点位，即观测站的位置。

2）相对定位

相对定位的最基本情况，是用两台 GPS 接收机，分别安置在基线的两端，并同步观测相同的卫星，以确定基线端点，在协议地球坐标系中的相对位置或基线向量。当多台接收机安置在若干条基线的端点，通过同步观测 GPS 卫星，可以确定多条基线向量。

3）实时动态相对定位（GPS RTK）

RTK（Real Time Kinematies）技术，即 GPS 实时动态相对定位技术，是目前最先进的卫星定位技术。它是 GPS 测量技术与数据传输技术相结合而构成的组合系统，它能够在野外实时得到厘米级定位精度，这为工程放样、地形测图、变形观测等各种实时高精度测量作业带来了一场变革。它的基本原理是利用 2 台以上 GPS 接收机同时接收 GPS 卫星信号，其中一台安置在已知坐标点上作为基准站，另一台用来测定未知点的坐标为流动站。基准站通过数据传输系统将其观测值和测站坐标信息一起传送给流动站。流动站不仅通过数据链接收来自基准站的数据，还要自己采集 GPS 观测数据，然后根据相对定位的原理，在系统内组成差分观测值进行实时处理，实时地计算并显示用户站的三维坐标及精度。

（3）GPS 在土木工程结构监测中的应用

在对电视塔、高耸结构、大跨度悬索桥、斜拉桥及拱桥等桥梁进行长期实时在线监测时，需要对塔顶、拱顶、桥梁主缆及拉索等部位的三维变形进行长期实时在线测量，此时可采用 GPS 系统对测点进行三维坐标定位测量，国内外一些重要高耸建筑、大型桥梁的健康监测系统中均采用了 GPS 系统。

5. 其他变形测试技术

（1）土（岩）体位移的测量

在一些重大的土石坝、路基、边坡、基坑及隧道等岩土工程施工过程中，需要对土（岩）体表面及内部的位移、变形进行监测。土（岩）体表面的位移测量可以根据现场实际情况采用百分表、水准仪、全站仪等常规测量仪器进行测量，土体内部的位移、变形测量需要采用测斜仪进行测量。

测斜仪测量的原理是根据铅锤受重力影响的结果，测试测管轴线与铅垂线之间的夹角，从而计算出钻孔内各个测点的水平位移与倾斜曲线。实际应用时，在测点位置的土体内部预先埋设测斜管，当被测对象发生倾斜变形时，测斜管同步发生变形，然后将测斜仪插入测斜管中进行量测，测斜仪随结构物的倾斜变形量与输出的电量呈线性关系，以此可算出被测结构物角度的变化量。

（2）激光图像测量技术

计算机视觉测量技术是一种 20 世纪 70 年代后期发展起来先进的非接触式测量技术方法。基本原理是通过图像传感器把被测目标的影像信息记录下来，并通过一系列的采样过程（包括空间量化采样和幅度量化采样），把图像信息数字化后送入计算机，利用计算机对图像进行处理，从而得到所需要的测量信息。

激光图像测量技术就是在计算机视觉测量技术基础上发展起来的，作为一种非接触测量方法，激光图像测量具有测量速度快、测量精度高，图像包含的信息完整，能实现自动远距离复杂环境下的连续测量，同时也可进行异地电脑终端的遥测，便于与微计算机连接做成智能仪器等优点，近年来被逐渐应用到土木工程结构的变形测量中。

6. 变形测量方法的比较

随着科学技术的不断发展，出现了许多用于土木工程施工、运营与试验检测的变形测量方法，每种方法都有各自的特点及适用范围，在具体的试验与检测活动中，可根据试验与检测的实际情况、各种测量方法的优缺点，从中选取比较理想的方法（表 4-2）。

常用测量方法与仪器的比较　　　　　　　　　　　　　　　　　　　　表 4-2

测量方法	对应仪器	优点	缺点	适用范围
直接测量法	百分表、千分表、位移计等	构造简单、稳定可靠、操作简单、测量精度高	需要架设稳定支架，安装麻烦，需要的人手多	适合于试验室试验、陆地上方便搭设稳定支架的各类土木工程试验与检测
光学测量法	精密水准仪、全站仪	自动化程度高、功能多、精度较高、速度快、经济、准确及可靠	仪器操作较复杂，对测量人员有较高的要求，受天气影响较大	适合于范围广，适合桥梁、隧道、房建、道路、土石坝与边坡的高程变形的三维变形测量
连通管法	连通管	可靠、易行，受天气影响较小，计算简单	安装较繁琐，在测点高差相差较大时不适用	适合于各种测点高差相差不大时的桥梁结构、隧道、土石坝中短期的连续监测

续表

测量方法	对应仪器	优点	缺点	适用范围
倾角测量法	各种倾角仪	可靠,可集成自动测量,受天气影响较小	测点布置较为复杂,计算较复杂,最大量程有限	适用于满足量程要求的建筑物及各种跨度桥梁的挠度测量
GPS卫星定位	GPS等全球定位系统	能实现动态实时、自动三维测量	系统价格昂贵,测量精度较低	适用于电视塔、高层高耸结构、大型桥梁的三维变形长期实时在线测量
测斜仪法	测斜仪	能测土体、岩体内部的位移	测点安装较复杂,成本较高	适用于基坑、隧道、土石坝、边坡的内部位移测量,特别是中长期的连续监测
激光图像测量法	—	成本低,精度也较高,可进行动态测量	对准调整过程操作复杂,受天气影响较大,现场适应性较差	正在发展成熟中,目前应用还不普遍

第六节　振动测试仪器与量测技术

　　土木工程结构的振动试验中,常有大量的物理量如应力(应变)、位移、速度、加速度等,需要进行量测、记录和分析。振动参量可用不同类型的传感器予以感受拾起,并从被测量对象中引出,形成测量信号,将能量通过测量线路发送出去,再通过仪器仪表将振动过程中的物理量进行测量并记录下来。传感器是振动测试系统中的一个重要组成部分,它具有独立的结构形式。按照被测物理量来分类,传感器可以分为位移传感器、速度传感器和振动加速度传感器;按照工作原理来分类,传感器可以分为机械惯性式传感器和振动电测传感器(包括磁电式、压电式、电感式、应变式)两大类。

1. 机械惯性式传感器

　　机械惯性式传感器有位移、速度及加速度传感器三种。它的特点是直接对机械量(位移、速度、加速度)进行测量,故输入、输出均为机械量。常用的惯性式位移传感器有:机械式测振仪、地震仪等。惯性式传感器的工作原理及其特性曲线在振动传感器中最具有代表性,其他类型传感器大多是在此基础上发展而得到的。

　　在惯性式传感器中,质量弹簧系统将振动参数转换成了质量块相对于仪器壳体的位移,使传感器可以正确反映振动体的位移、速度和加速度。但由于测试工作的需要,传感器除应正确反映振动体的振动外,还应不失真地将位移、速度和加速度等振动参量转换为电量,以便用电量进行量测。

　　惯性式传感器的适用性是比较差的,一般多用于动位移的测量,而速度和加速度的测量不宜采用惯性式传感器。

2. 振动电测传感器

　　振动电测传感器的输入量是机械量,而输出量是电量,所以它是将机械量转换成电量的一种传感器,这是与机械惯性式传感器的不同之处。根据输出量的不同,分为发电式(振动量-电量)和参数式(振动量-电阻、电容、电感等电参数)两大类,此外,压电晶体式传感器也比较常用。

发电式传感器的特点是灵敏度高、性能稳定、输出阻抗低、频率响应范围较大，通过对质量弹簧系统参数的不同设计，可以使传感器既能量测非常微弱的振动，也能量测较强的振动，是工程振动量测中最为常用的拾振仪器。

压电式传感器具有动态范围大、频率范围宽等优点，被广泛用于振动量测的各个领域，尤其适用于宽带随机振动和瞬态冲击等场合。

（1）发电式传感器

发电式传感器由永久磁体、磁路（包括气隙）和运动线圈组成。由于该传感器的感应电势与线圈运动速度成正比，故为速度传感器，常用于结构振动速度的测量。

（2）参数式电测传感器

参数式传感器比较多，有电感式、电阻式、电容式等。常用的是电感传感器，即先将振动量转换成电感量，然后再变换为电量输出。电感传感器有四种类型：变间隙型、变面积型、螺管插铁型和齿形传感器等。这类传感器性能稳定，常用来测量结构振动的速度。

1）变间隙型电感传感器

变间隙型传感器由线圈、铁芯、气隙和衔铁组成。由于该传感器的输出电势变化量与被测对象的振动速度成正比，所以利用该传感器可以测量结构振动的速度。

2）变面积型电感传感器

变面积型电感传感器的工作原理同变间隙型类似，不同之处是，变面积型电感传感器的灵敏度比变间隙型小，但线性程度好、量程较大，应用比较广泛。

3）螺管插铁型电感传感器

螺管插铁型传感器是由一螺管线圈和圆柱形铁芯组成。线圈的电感变化量与铁芯插入长度的相对变化量成正比。这种传感器的灵敏度低，但量程大、结构简单，因而应用很广泛。

4）齿形传感器

齿形传感器也是一种间隙型传感器，它由导磁体、气隙、齿圈、线圈等组成。齿形传感器主要用于扭转振动、角振动的测量以及转速及大角位移量的精密测量等，故这种传感器可以测量角位移、角速度及转速，这是其他传感器难以做到的。

（3）压电晶体式传感器

某些晶体，如石英晶体或极化陶瓷，在一定方向的外力作用下或承受变形时，在晶面或极化面上将产生电荷，这种现象称为压电效应。反之，若将晶体放于电场中，其几何尺寸将发生变化，即产生变形，这种现象称为逆压电效应。根据压电效应制成的传感器称为压电晶体式传感器。目前振动测量中最常用的是压电式加速度传感器和力传感器。压电式加速度传感器可以测量加速度，这种信号经采用电子方法一次积分后可以提供速度信号，二次积分后可以提供位移信号。这类传感器有许多优点，如灵敏度高、频率范围广、动态范围大、线性良好、重量轻、体积小、安装方便，适用于各种不同的工作环境，故在振动和冲击测量中得到了广泛应用。

压电元件是在惯性块的惯性力作用下产生压电效应的，压电晶体式传感器的压电效应与被测对象的加速度成正比，因此可用来测量结构振动的加速度反应。

3. 动位移的测量

土木工程结构的动位移测量是目前测试工作中的难点。目前可采用的方法有：

（1）使用应变梁式位移传感器测得位移时程曲线；

（2）通过对测试速度或加速度时程曲线，然后进行积分计算获得位移时程曲线；

（3）采用激光图像测量方法直接测得位移时程曲线。

由于应变梁式位移传感器的安装需要独立于被测结构的稳定支架，这在试验与检测现场通常是难以实现或成本太高；通过速度或加速度时程曲线进行积分计算，需要测得准确的边界条件，由于边界条件误差及累积计算误差导致测试结果准确度不高；激光图像测量方法不需要支架即可直接获得位移时程曲线，是近年来重点研究及发展的动位移测试技术。

4. 传感器的选用与安装

在土木工程结构振动测试中，加速度一般在 $0.1 \sim 1 m/s^2$（$10 \mu g \sim 0.1 g$），频率一般在 $0.1 \sim 20 Hz$ 范围内，通常采用加速度传感器来感受拾起结构的动力反应。常见加速度的性能比较见表 4-3。传感器的选用应遵循以下原则：

（1）估计测试频率范围，并检查是否位于所选传感器的频率范围内；

（2）估计测试的最大振动加速度的值，并检查是否已经超出传感器最大允许冲击加速度的 1/3。

一般说来，高灵敏度的传感器用于幅度小的振动，低灵敏度传感器用于振动较大的情况。因为土木工程结构振动的加速度较小，且频率较低，从表 4-3 中可知，仅仅从性能指标上来看，压阻式与应变式加速度传感器也能满足结构动力性能测试的要求。实测中为了提高信噪比，总是希望传感器的灵敏度越高越好；但灵敏度越高，加速度传感器的过载能力越小，稍有碰撞就会损坏，因此不适合用于现场实测。

压电式（压电晶体或压电陶瓷）传感器的过载能力强，且价格低廉、体积小、便于携带，但其缺点是其工作频率一般为 0.1Hz 以上，考虑到电荷放大器的频响，其低频段的工作频率应更高。

加速度传感器性能比较　　　　　　　　　　　　表 4-3

结构形	频率（Hz）	抗过载能力	体积	输出量	二次仪表	供电	是否适合野外	特点
压电式	$0.1 \sim 20k$	好	小	电荷	电荷放大器	否	是	安装使用方便、体积小、不易损坏，但低频性能不好，需配电荷放大器
电磁式	$0.4 \sim 80$	好	较大	电压	放大器	是	是	体积大、低频性能一般、较易坏，需配放大器
压阻式	$0 \sim 5k$	差	小	电压	—	是	否	体积小、极易坏、不适合野外测试、需配直流电源
应变式	$0 \sim 5k$	差	小	应变	应变仪	是	否	体积小、极易坏、不适合野外测试、需配动态应变仪
力平衡式	$0 \sim 80$	好	较大	电压	—	是	是	低频性能好、体积大、是超低频信号测量的较佳选择，需配电源

在试验检测中，传感器的安装是很重要的，不正确的安装方法会产生次生振动，影响测试结果。传感器的安装应按照方便、牢靠的基本原则，根据传感器的安装部位和方向、传感器的重量来选择安装方法。传感器的安装方法有如下几种，可根据具体情况选用：

（1）用螺栓固定传感器底座，这是一种最有效的安装方法，但要在被测振动体上钻螺栓孔并攻丝，因而比较麻烦。

（2）用永久磁铁安装，即在传感器安装座上装专用磁铁，然后利用磁铁吸力将传感器固定在振动体上，这种方法简单方便，但安装效果较用螺栓固定差。

（3）用蜡、石膏或两面粘贴胶带等材料胶粘，这种安装方法一般只能适用于常温。

（4）用专用探杆使用传感器与被测表面接触，振动通过探杆传递给传感器，一般用于不便于固定传感器的特殊情况，但这种方法只能用于频率在 1000Hz 以下的振动。

（5）用小砂袋放在传感器上方压紧，此法只适用于平面放置传感器。

（6）用快干胶或环氧树脂粘贴。

第七节　其他物理参数测试仪器与量测技术

3.
其他物理
参数测试
仪器与量
测技术

思考题

1. 土木工程试验与检测通常需要量测的物理量有哪些？哪些可直接测量？

2. 目前应用较多的应变测试技术有哪些？各有哪些优缺点？如何选择应用？

3. 光学测量仪器适用于哪些情况？与其他测量仪器相比有什么优缺点？

4. 如何测试土体或岩体内部的位移？

5. 简述荷载传感器的工作原理，列举一些目前工程中应用的传感器，简述其技术原理。

第五章

Chapter **05**

地基基础检测技术

▶▶

知识目标

1. 了解岩土、地基与基础的基本知识，地基承载力与变形的概念；

2. 熟悉地基承载力的确定方法；

3. 熟悉基桩检测方法和基本规定；

4. 掌握平板载荷试验、圆锥动力触探试验、基桩静载试验、基桩钻芯法检测、基桩低（高）应变法和声波透射法检测等常用检测方法。

能力目标

1. 参考相关试验检测规范，能够顺利完成地基承载力、基桩完整性和承载力检测；

2. 根据检测结果，能够对地基、基桩进行合理的评价。

素质目标

质量强国、科学严谨、精益求精、数据说话。

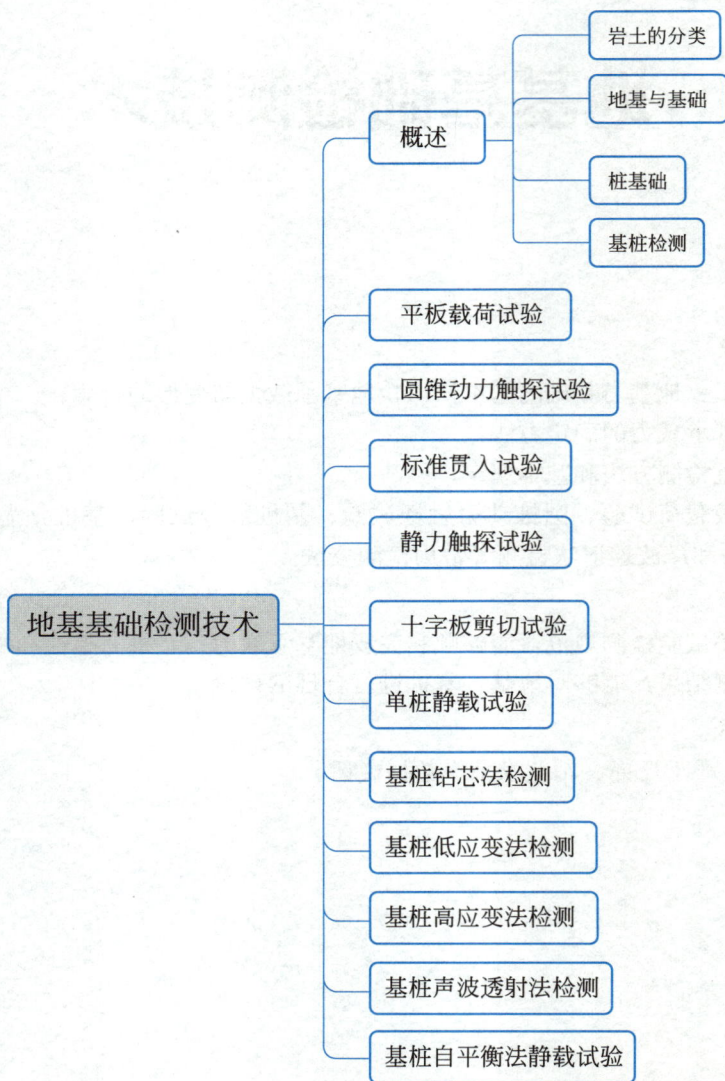

思维导图

```
                                    ┌─ 岩土的分类
                                    │
                                    ├─ 地基与基础
                          概述 ──────┤
                                    ├─ 桩基础
                                    │
                                    └─ 基桩检测

                          平板载荷试验

                          圆锥动力触探试验

                          标准贯入试验

                          静力触探试验

          地基基础检测技术 ──────    十字板剪切试验

                          单桩静载试验

                          基桩钻芯法检测

                          基桩低应变法检测

                          基桩高应变法检测

                          基桩声波透射法检测

                          基桩自平衡法静载试验
```

第一节　概述

　　人类生活在地球表面，其空间十分有限，每个人都应倍加珍惜。地球是一个岩质星球，其岩石圈（地壳）平均厚度约 17km，支撑着人类的所有活动。地球表面的岩石在太阳辐射、水、大气和生物等外营力长期作用下，风化崩解，形成大小不一的颗粒。这些颗粒在各种自然力的搬运作用下，在不同自然环境下堆积下来，形成通常所说的土。土是由固（固体颗粒）、液（水）、气（空气）组成的三相混合体，覆盖在地表成为没有胶结或弱胶结的颗粒堆积物。不同区域的土，其物理、力学性质相差较大，是工程建设中不可回避的问题。

1. 岩土的分类

岩石是由一种或几种矿物组成的，具有稳定外形的固态集合体。岩石按成因分为岩浆岩、沉积岩和变质岩。地表的沉积岩分布最广，在工程中常遇到，如砾岩、砂岩、泥岩、灰岩、白云岩等。

岩石在各类风化作用下，会产生裂隙、崩解、溶解，甚至生成新的矿物，使岩石的性状和物理力学性质发生较大的变化。因而，在工程中常常按岩石的风化程度进行分类，划分为：未风化、微风化、中风化、强风化、全风化。

结合测试，岩石还可按饱和单轴抗压强度进行坚硬程度划分（表 5-1）。

岩石坚硬程度分类 表 5-1

坚硬程度	坚硬岩	较硬岩	较软岩	软岩	极软岩
饱和单轴抗压强度 f_{rk}（MPa）	$f_{rk}>60$	$60 \geqslant f_{rk}>30$	$30 \geqslant f_{rk}>15$	$15 \geqslant f_{rk}>5$	$f_{rk} \leqslant 5$

土是岩石风化的产物。在工程建设中，为了对土的工程特性作出正确评价，需进行工程分类。当前各行业对土的分类存在不同的体系和标准，同样的土采用不同规范所定出的土名可能有差别。下面按国标《岩土工程勘察规范（2009 年版）》GB 50021—2001 对土的分类作简单的介绍。

根据土形成的地质年代，晚更新世 Q3 及其以前沉积的土，定为老沉积土；第四纪全新世中近期沉积的土，定为新近沉积土。

根据地质成因，则可划分为残积土、坡积土、洪积土、冲积土、淤积土、冰积土和风积土等。

更常见的是按照土的颗粒组成将土分为粗粒土和细粒土，其中粗粒土按颗粒级配又分为碎石土、砂土，细粒土按塑性指数又分为粉土、黏性土。

按照土中有机质含量，分为无机土、有机质土、泥炭质土和泥炭。

工程中还应关注特殊性土，如湿陷性土、红黏土、软土、混合土、填土、膨胀岩土、盐渍岩土、多年冻土等。

2. 地基与基础

地基，是指支承基础的土体或岩体。基础是建（构）筑物和各种设施在地面以下的组成部分，其作用是将上部结构所承受的各种荷载传递到地基上。地基可分为天然地基和人工地基。天然地基是不需要对地基进行处理就可以直接放置基础的天然土层。当土层的地质状况较好，承载力较高时可以采用天然地基。当天然土层的土质过于软弱或存在不良的地质条件，就需要人工加固或处理，来提高地基承载力，如三角洲的软土、坡地、岩溶等，这种加固处理后的地基，称为人工（或加固）地基。

建（构）筑物的安全取决于基础与基础下地基的变形量是否过大、承载能力是否足够。

（1）地基承载力

地基承载力是地基土单位面积上承受荷载的能力，常用单位"kPa"。当上部建筑物的荷载通过基础传递到地基上时，地基将产生变形。随着荷载的增大，地基可能进入两种不同的极限状态：一种是变形过大，超过了建筑物的允许范围，影响建筑物的正常使用，称为正常使用极限状态；另一种是地基中的土体出现剪切破坏，进而发展成连续的滑动面，从而失去稳定性，将导致建筑物倒塌，称为承载力极限状态。

确定地基承载力的方法有下列几种。

1）理论公式法：根据土的抗剪强度指标由理论公式计算出来。

2）规范表格法：根据室内试验指标、现场测试指标或野外鉴别指标，通过查规范所列表格得到承载力的方法。规范不同（包括不同部门、不同行业、不同地区的规范），其承载力不完全相同，应用时需注意各自的使用条件。

3）原位试验法：一种通过现场直接试验确定承载力的方法，包括载荷试验、动（静）力触探试验、标准贯入试验等，其中以载荷试验法最为可靠。原位试验法在工程建设中广泛应用，本章的第二节～第六节将详细介绍。

4）当地经验法：是一种基于地区的使用经验，进行类比判断确定承载力的方法，它是一种宏观辅助方法。

关于地基承载力，常遇到下列几个术语，应注意其含义。

1）地基承载力极限值：地基丧失整体稳定时的临界荷载。

2）地基容许承载力：保证满足地基稳定性的要求与地基变形不超过允许值，地基单位面积上所能承受的荷载。

3）地基承载力设计值：地基在保证稳定性的条件下，满足建筑物基础沉降要求的所能承受荷载的能力。可由临塑荷载直接确定，也可由极限荷载除以安全系数得到，或由地基承载力特征值经过基础宽度和埋深修正后确定。

4）地基承载力特征值：由载荷试验测定的地基土压力变形曲线线性变形段内规定的变形所对应的压力值，其最大值为比例界限值。

（2）地基变形

地基变形，是指地基在上部荷载作用下，岩土体被压缩而产生的相应变形。一般地基在自重应力作用下已压缩稳定，增加的附加应力才导致地基土体发生变形，引起建筑物基础产生沉降。

基础的沉降量或沉降差（或不均匀沉降）过大不但会降低建筑物的使用价值，而且往往会造成建筑物的毁坏。

3. 桩基础

桩基础是历史悠久、应用广泛的一种基础形式。随着桩基工程施工机械设备和技术不断得到改进和发展，产生了各种新桩型和新工法，并拓展到基础工程的其他领域，如基坑支护、软基处理等施工中。

（1）突出特点

桩基础具有适应性强、具有良好的荷载传递能力、可控制建（构）筑物的沉降、承载力大、抗震性能好、施工机械化程度高等特点。

（2）桩的分类

桩的分类方式较多，常见有以下几种。

按成桩材料：木桩、混凝土桩、钢桩、组合桩；

按成桩时对地基土的影响：非挤土桩、部分挤土桩、挤土桩；

按施工方法：打入桩、静压桩、钻孔灌注桩、螺旋桩、压力灌浆微型桩；

按使用功能：竖向抗压桩（摩擦桩、端承桩、摩擦端承桩、端承摩擦桩）、竖向抗拔桩、水平受荷桩、复合受荷桩。

（3）桩的质量问题

桩基是隐蔽工程，影响桩基工程施工的因素很多，导致成桩质量存在较多问题。

1）灌注桩质量通病

钻孔灌注桩质量通病：缩径、夹泥、胶结差、松散、离析、断桩、桩底沉渣等。

人工挖孔桩质量通病：桩底离析、护壁漏水导致混凝土胶结差等。

2）预制桩质量通病

钢桩质量通病：钢管局部损坏，引起桩身失稳，H 型钢桩入土较深而两翼缘间的土存在差异时，易发生朝土体弱的方向扭转，焊接质量差，桩身易断裂。

混凝土预制桩质量通病：桩锤或锤垫选用不合理，地质情况复杂，击碎桩头，焊缝开裂，桩身裂缝、断桩等。

4. 基桩检测

基桩检测主要有两种形式：为设计提供依据——试验桩检测；为工程验收提供依据——工程桩检测。

基桩检测的主要内容是基桩的承载力和完整性。

（1）基桩承载力

基桩承载力检测包括单桩竖向抗压（拔）静载试验和水平静载试验。前者用来确定单桩竖向抗压（拔）极限承载力，后者用来检测单桩水平承载力。

单桩竖向抗压极限承载力由两个因素决定：①桩本身的材料强度：桩在轴向受压、偏心受压或在桩身压曲的情况下，结构强度的破坏；②地基土强度：地基土对桩的极限支撑能力。通常情况下，地基土强度是决定单桩极限抗压承载力的主要因素。

（2）基桩完整性

桩身完整性是反映桩身截面尺寸相对变化、桩身材料密实性和连续性的综合定性指标。完整性检测主要是判定缺陷的程度及位置。

桩身缺陷是在一定程度上使桩身完整性恶化，引起桩身结构强度和耐久性降低，出现桩身断裂、裂缝、缩径、夹泥（杂物）、空洞、蜂窝、松散等不良现象的统称。

扩径对承载力有利，不应作为缺陷考虑。

工程桩的预期使用功能要通过单桩承载力实现，完整性检测的目的是发现某些可能影响单桩承载力的缺陷，最终仍是为减少安全隐患、可靠判定工程桩承载力服务。所以，基桩质量检测时，承载力和完整性两项内容密不可分。

（3）检测方法

工程桩的形式多样，又埋置于复杂的岩土中，给检测工作带来诸多不确定的因素。没有一种全能的检测方法可以"包打天下"，造成现行存在多种方法，各有优势，也存在一定的局限性。基桩检测应根据检测目的、方法的适应性、桩的设计条件、成桩工艺等合理选择方法。

1）低应变反射波法实施简便、成本低，是基桩完整性的主要普查手段。但其影响因素较多，结果判定难度较高，对于异形桩、组合桩不适用。

2）声波透射法适用于大直径灌注桩，测点密、覆盖全桩长、不受岩土条件限制、结果准确。但需预埋声测管，增加施工成本。

3）钻芯法结果直观、准确，检出的参数多。但"一孔之见"未必代表了整桩的质量。另外，检测时间较长、费用高。

4）高应变法测试信息量丰富，可同时检出桩的承载力和完整性，是预制桩检测的重要手段。但试验桩头通常需要加固，准备工作耗时长，也受场地的限制，费用较高。

单桩竖向抗压静载试验结果准确、可靠。但试验受场地限制、费用高。

（4）检测方案

在实施检测前，应对拟检测的工程项目进行调查：

1）收集被检测工程的岩土工程勘察资料、桩基设计图纸、施工记录；了解施工工艺和施工中出现的异常情况；

2）进一步明确委托方的具体要求；

3）检测项目现场实施的可行性。

检测单位应根据适用的标准规范和相关管理规定的要求，结合工程实际情况编制检测方案，内容包括：工程及地质概况、基桩参数和设计要求、施工工艺、检测方法和数量、受检桩选取原则、检测周期以及所需的机械或人工配合、安全措施等。静载试验或高应变检测还可能需要进行桩头加固处理以及场地开挖、道路、供电、照明等辅助工作。

（5）检测间歇时间

一方面，灌注桩的混凝土强度随时间的延长而增长。另一方面，由于桩在施工过程中扰动了桩周土，损害了土体强度，引起桩的承载力下降，以高灵敏度饱和黏性土中的摩擦桩最明显。因此，从成桩到开始检测，应考虑间歇时间，具体要求如下：

1）低应变法或声波透射法：强度至少大于设计强度的 70%，且不低于 15MPa；

2）钻芯法、高应变法或静载试验：受检桩应达到 28d 龄期或预留同条件养护试块达到设计强度。

3）混凝土预制桩、钢桩的承载力检测：砂土不宜少于 7d；粉土不宜少于 10d；非饱和黏性土不宜少于 15d；饱和黏性土不宜少于 25d；桩端为遇水易软化的风化岩层不宜少于 25d。

（6）验证检测

当检测结果难以定论时，应采用更可靠的方法进行验证：

1）单桩竖向抗压承载力应采用单桩竖向抗压静载试验验证；

2）桩身浅部缺陷可采用开挖验证；

3）桩身或接头存在裂隙的预制桩可采用高应变法验证，管桩也可采用孔内摄像的方式验证；

4）单孔钻芯检测发现桩身混凝土质量问题时，宜在同一基桩增加钻孔验证；

5）对低应变法检测中不能明确完整性类别的桩或Ⅲ类桩，可根据实际情况采用静载法、钻芯法、高应变、开挖等适宜的方法验证；

6）对灌注桩的嵌岩情况或持力层有怀疑，可采用钻芯法验证；

7）对于注浆补强处理后的桩，通常用钻芯法核验其加固效果。

（7）检测结果评价

每根受检桩的桩身完整性评价，应给出完整性类别，其分类原则见表 5-2。

桩身完整性分类原则 表 5-2

桩身完整性类别	分类原则
Ⅰ类桩	桩身完整
Ⅱ类桩	桩身有轻微缺陷，不会影响桩身结构承载力的发挥
Ⅲ类桩	桩身有明显缺陷，对桩身结构承载力有影响
Ⅳ类桩	桩身存在严重缺陷

其中，Ⅰ、Ⅱ类桩为合格桩；Ⅲ、Ⅳ类桩应进行工程处理。

在进行结果分析时，还要考虑桩的设计条件、承载性状及施工等多方面因素，不能只机械地按测试信号进行评判。综合判定能力对检测人员极为重要。

工程桩承载力验收检测应给出受检桩的承载力检测值，并评价单桩承载力是否满足设计要求。

第二节　平板载荷试验

1. 基本知识

平板荷载试验（Plate Loading Test，简称 PLT）是一项使用最早、应用最广泛的原位试验方法，用于检测天然土地基、处理土地基和复合地基以及强风化岩和全风化岩岩石地基的承载力和变形模量，也可检测破碎或极破碎岩石地基的承载力和变形模量。

平板载荷试验可分为浅层平板载荷试验和深层平板载荷试验。

浅层平板载荷试验适用于确定浅部地基土在承压板下应力主要影响范围内的承载力。板下应力主要影响范围一般认为在 2～2.5 倍承压板直径或宽度。

深层平板载荷试验适用于深部土层（包括软岩、极软岩）及大直径桩端土层在承压板下应力主要影响范围内承载力的确定。所谓深部一般是指埋深等于或大于 3m，且在地下水位以下。

2. 平板载荷试验

（1）基本原理

平板载荷试验是在一定尺寸的刚性承压板上分级施加荷载，观测各级荷载作用下地基土的沉降随时间的变化，来确定承压板下应力主要影响范围内地基的承载力特征值和变形参数。

承压板是模拟建筑物的基础，将施加的荷载通过承压板传递给地基土，其刚度和尺寸应与建筑物基础接近。

通过平板载荷试验，可绘制压力-沉降（p-s）曲线、沉降-时间对数（s-$\lg t$）曲线等，揭示出地基从开始发生变形到失去稳定的发展过程。典型的 p-s 曲线可以分成顺序发生的

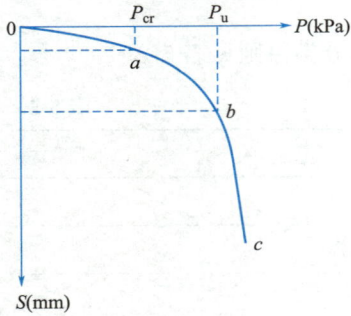

图 5-1　典型的 p-s 曲线

三个阶段（图 5-1 和图 5-2）。

1）直线变形阶段

oa 段，荷载小，主要产生压缩变形，荷载与沉降关系接近于直线，地基处于弹性平衡状态。

2）剪切（弹塑性）变形阶段

ab 段，荷载增加，荷载与沉降关系呈曲线，地基中局部产生剪切破坏，出现塑性变形区。p-s 关系为曲线，斜率逐渐变大。

3）破坏阶段

bc 段，塑性区扩大，发展成连续滑动面，荷载增加，沉降急剧变化。当荷载大于极限压力 p_u，即使荷载维持不变，沉降也会持续发展或急剧增大，始终达不到稳定标准。

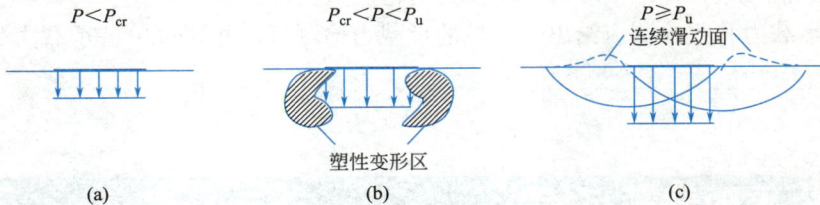

图 5-2　地基变形的三个阶段

（a）直线变形阶段；（b）剪切（弹塑性）变形阶段；（c）破坏阶段

三个阶段之间存在着两个界限荷载。

第一个界限荷载（临塑荷载 P_{cr}）：也称比例界限，即直线段的末端，是指基础下的地基中，塑性区的发展深度限制在一定范围内时的基础底面压力。

当 $P > P_{cr}$ 标志压密阶段进入局部剪损阶段。

第二个界限荷载（极限承载力 P_u）：当地基土中由于塑性的不断扩大，而形成一个连续的滑动面时，使得基础连同地基一起滑动，这时相应的基础底面压力称为极限承载力 P_u。

当 $P > P_u$ 标志着地基土从局部剪损破坏阶段进入整体破坏阶段，地基丧失稳定。

如果 p-s 曲线是非典型的，界限点不易辨别，则根据实际经验，按照相对变形量对应的荷载取值。

地基的容许承载力可按下式计算：

$$[P] \leqslant P_u/k \tag{5-1}$$

式中，$[P]$——地基容许承载力；

k——安全系数，一般为 2.0～3.0。

地基土承载力设计值可取比例界限，或取 $P_{1/4}$，也可取容许承载力再进行深宽修正。

（2）方法标准

《岩土工程勘察规范（2009 年版）》GB 50021—2001、《建筑地基检测技术规范》JGJ 340—2015、《水运工程地基基础试验检测技术规程》JTS 237—2017、《建筑地基基础检测规范》DBJ/T 15—60—2019 等。

（3）仪器设备

平板载荷试验设备主要由反力装置、加载装置、承压板、荷载测量装置、位移测量装置和自动采集装置组成。如图 5-3 所示。

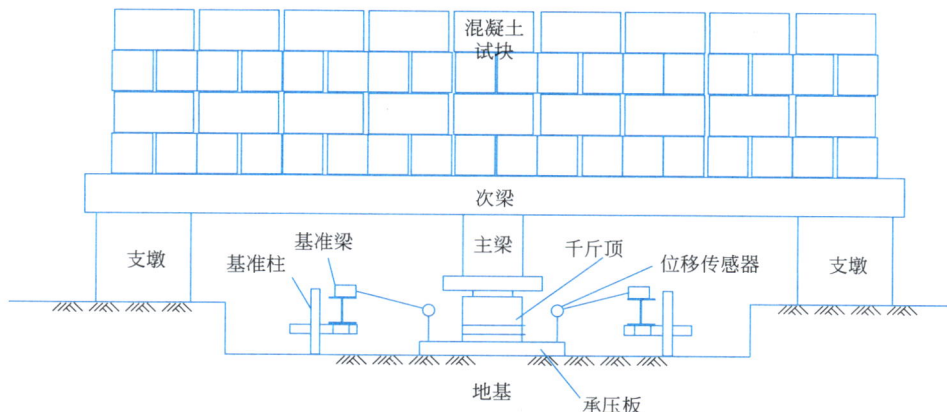

图 5-3 压重平台反力装置图

加载反力装置通常选用压重平台反力装置，由主梁、次梁、压重等组成，提供的反力不得小于最大加载量的 1.2 倍。

加载装置由千斤顶与油泵相连，通过千斤顶给受检点/桩施加荷载。

承压板一般为圆形钢板，也可为方形、矩形。当承压板面积太大时，为保证其有足够刚度，在加载过程中，其中心和边缘不产生弯曲和翘起，也可采用现场浇筑或预制混凝土板。承压板的尺寸和面积选取应符合下列规定：

1）土质松软时，如软土、新近沉积土、人工杂填土，或上硬下软的双层地基土，承压板宜采用较大尺寸；土质较硬时，承压板宜选用较小尺寸；对于天然地基不应小于 $0.5m^2$，其中设计承载力特征值小于 100kPa 时，不应小于 $1.0m^2$；处理土地基不应小于 $1.0m^2$，其中强夯、预压地基不应小于 $2.0m^2$。

2）复合地基载荷试验承压板的面积应等于受检桩所承担的处理面积，主要取决于桩的间距，承压板的形状宜根据受检桩的分布确定。

$$等边三角形布桩：d_e=1.05s \tag{5-2}$$

$$正方形布桩：d_e=1.13s \tag{5-3}$$

$$矩形布桩：d_e=1.13 (s_1 \cdot s_2)^{1/2} \tag{5-4}$$

式中，d_e——一根桩所承担的处理面积的等效圆直径；

s、s_1、s_2——桩间距、纵向桩间距、横向桩间距。

荷载测量可采用两种方式：

1）通过放置在千斤顶上的荷重传感器直接测量；

2）通过并联于千斤顶油路的压力表或压力传感器测出油压，再根据千斤顶的率定曲线换算为荷载。

沉降测量宜采用大量程位移传感器或百分表，应安装在承压板上，距板边缘的距离应一致，宜为 25～50mm。承压板面积大于 $1m^2$ 时，应在其两个方向对称安置 4 个位移测试仪表，承压板面积小于等于 $1m^2$ 时，可对称安置 2 个位移测试仪表。

测量位移的基准桩应牢固设备，基准梁应具有足够的刚度，梁的一端应固定在基准桩上，另一端应简支于基准桩上。

承压板、压重平台支墩和基准桩之间的距离应符合相关规范的要求，以确保不会影响试验结果。

地基载荷试验时间持续长，现场检测人员长期在工地，还要忍受日晒、风雨、噪声等不利环境，容易疲劳。相关仪器厂家为改善现场检测工作，开发出静载荷测试仪，按照设定的加载方案，可自动进行加载，并自动采集、记录数据，绘制图形，减轻了检测人员工作压力，大大提升了检测效率。

（4）现场检测

1）开挖试坑

试验点应具有代表性，具体按照相关的标准规范和管理规定执行。

试验前需先开挖试坑，浅层平板载荷试验的试坑宽度或直径不应小于承压板宽度或直径的 3 倍；深层平板载荷试验的试井直径应等于承压板直径。挖至测试深度后，在承压板下铺设不超过 20mm 的砂垫层找平，尽快安装试验设备，并减少对土的扰动。

最大试验压力应为设计承载力特征值的 2.0～2.5 倍。

2）预压

正式试验前宜进行预压。预压荷载宜为最大加载量的 5%，预压时间宜为 5min。预压后卸载至零，测读位移测量仪表的初始读数并应重新调整零位。

3）加卸载方式

试验加卸载分级及施加方式应符合下列规定：

① 地基土平板载荷试验的分级荷载宜为最大试验荷载的 1/8～1/12；

② 加载应分级进行，采用逐级等量加载，第一级荷载可取分级荷载的 2 倍；

③ 卸载应分级进行，每级卸载量为分级荷载的 2 倍，逐级等量卸载；当加载等级为奇数级时，第一级卸载量宜取分级荷载的 3 倍；

④ 加、卸载时应使荷载传递均匀、连续、无冲击，每级荷载在维持过程中的变化幅度不得超过分级荷载的 ±10%。

4）试验步骤

按照《建筑地基检测技术规范》JGJ 340—2015，地基土平板载荷试验的慢速维持荷载法的试验步骤应符合下列规定：

① 每级荷载施加后应按第 10min、20min、30min、45min、60min 测读承压板的沉降量，以后应每隔半小时测读一次；

② 承压板沉降相对稳定标准：在连续两小时内，每小时的沉降量应小于 0.1mm；

③ 当承压板沉降速率达到相对稳定标准时，应再施加下一级荷载；

④ 卸载时，每级荷载维持 1h，应按第 10min、30min、60min 测读承压板沉降量；卸载至零后，应测读承压板残余沉降量，维持时间为 3h，测读时间应为第 10min、30min、60min、120min、180min。

复合地基载荷试验的试验步骤大体相似，只在稳定标准、测读时间间隔略有差别。

其他标准规范地基载荷试验的步骤大致相同，但也有差异，所以试验前应根据项目的具体情况，选择适用的标准进行。

本章后述其他试验检测方法大多有类似情况，在实际工作中应注意区分。

5）终止加载

当出现下列情况之一时，可终止加载：

① 当浅层载荷试验承压板周边的土出现明显侧向挤出，周边土体出现明显隆起；

② 本级荷载的沉降量大于前级荷载沉降量的 5 倍，荷载与沉降曲线出现明显陡降；

③ 在某一级荷载下，24h 内沉降速率不能达到相对稳定标准；

④ 浅层平板载荷试验的累计沉降量已大于等于承压板边宽或直径的 6% 或累计沉降量大于等于 150mm；深层平板载荷试验的累计沉降量与承压板径之比大于等于 0.04；

⑤ 加载至要求的最大试验荷载且承压板沉降达到相对稳定标准。

（5）计算分析

确定土（岩）的地基承载力时，应绘制压力-沉降（p-s）、沉降-时间对数（s-$\lg t$）曲线，还可绘制其他辅助分析曲线。

土（岩）的地基极限荷载可按下列方法确定：

1）出现上述终止加载条件第①、②、③情况时，取前一级荷载值；

2）出现上述终止加载条件第⑤款情况时，取最大试验荷载。

单个试验点的土（岩）地基承载力特征值确定应符合下列规定：

1）当 p-s 曲线上有比例界限时，应取该比例界限所对应的荷载值；

2）地基土平板载荷试验，当极限荷载小于对应比例界限荷载值的 2 倍时，应取极限荷载值的一半；岩基载荷试验，当极限荷载小于对应比例界限荷载值的 3 倍时，应取极限荷载值的 1/3；

3）当满足上述终止加载条件第⑤款情况，且 p-s 曲线上无法确定比例界限，承载力又未达到极限时，地基土平板载荷试验应取最大试验荷载的一半所对应的荷载值，岩基载荷试验应取最大试验荷载的 1/3 所对应的荷载值；

4）当按相对变形值确定天然地基及人工地基承载力特征值时，可按表 5-3 规定的地基变形取值确定，且所取的承载力特征值不应大于最大试验荷载的一半。当地基土性质不确定时，对应变形值宜取 0.010b；对有经验的地区，可按当地经验确定对应变形值。

按相对变形值确定天然地基及人工地基承载力特征值　　　　　　　表 5-3

地基类型	地基土性质	特征值对应的变形值 s_0
天然地基	高压缩性土	0.015b
	中压缩性土	0.012b
	低压缩性土和砂性土	0.010b
人工地基	中、低压缩性土	0.010b

注：s_0 为与承载力特征值对应的承压板的沉降量；b 为承压板的边宽或直径，当 b 大于 2m 时，按 2m 计算。

复合地基承载力特征值确定应符合下列规定：

1）当压力-沉降（p-s）曲线上极限荷载能确定，且其值大于等于对应比例界限的 2

倍时，可取比例界限；当其值小于对应比例界限的 2 倍时，可取极限荷载的一半；

2）当 p-s 曲线为平缓的光滑曲线时，可按表 5-4 对应的相对变形值确定，且所取的承载力特征值不应大于最大试验荷载的一半。有经验的地区，可按当地经验确定相对变形值，但原地基土为高压缩性土层时相对变形值的最大值不应大于 0.015。对变形控制严格的工程可按设计要求的沉降允许值作为相对变形值。

按相对变形值确定复合地基承载力特征值   表 5-4

地基类型	应力主要影响范围地基土性质	承载力特征值对应的变形值 s_0
沉管挤密砂石桩、振冲挤密碎石桩、柱锤冲扩桩、强夯置换桩	以黏性土、粉土、砂土为主的地基	$0.010b$
灰土挤密桩	以黏性土、粉土、砂土为主的地基	$0.008b$
水泥粉煤灰碎石桩、混凝土桩、夯实水泥土桩、树根桩	以黏性土、粉土为主的地基	$0.010b$
	以卵石、圆砾、密实粗中砂为主的地基	$0.008b$
水泥搅拌桩、旋喷桩	以淤泥和淤泥质土为主的地基	$0.008b\sim0.010b$
	以黏性土、粉土为主的地基	$0.006b\sim0.008b$

注：s_0 为与承载力特征值对应的承压板的沉降量；b 为承压板的边宽或直径，当 b 大于 2m 时，按 2m 计算。

（6）示例

某道路水泥搅拌桩处理地基，复合地基施工记录见表 5-5，进行单桩复合地基载荷试验，承压板为方形板，边长为 1.4m，面积为 1.96m²。其检测结果汇总见表 5-6，检测点试验荷载和沉降数据见表 5-7，检测点的 p-s 曲线和 s-$\lg t$ 曲线如图 5-4 所示。

复合地基施工记录   表 5-5

试验桩号（#）	桩径（mm）	布置形状	桩间距（m）	设计桩长（m）	入土桩长（m）	承载力特征值(kPa)	最大试验荷载(kN)	桩端持力层
＃＃＃	500	正三角形	1.50	11.0	11.0	120	240	粉质黏土

试验结果汇总   表 5-6

试验桩号(#)	设计承载力特征值(kPa)	最大沉降量(mm)	残余沉降量(mm)	承载力特征值对应沉降量(mm)	检测承载力特征值(kPa)
＃＃＃	120	35.53	30.60	10.57	120

检测点试验荷载和沉降数据   表 5-7

序号	荷载（kPa）	历时(min)		沉降(mm)	
		本级	累计	本级	累计
0	0	0	0	0.00	0.00
1	48	125	125	4.11	4.11
2	72	125	250	1.44	5.55
3	96	125	375	2.13	7.68

续表

序号	荷载 (kPa)	历时(min)		沉降(mm)	
		本级	累计	本级	累计
4	120	125	500	2.89	10.57
5	144	155	655	3.34	13.91
6	168	95	750	3.75	17.66
7	192	125	875	4.76	22.42
8	216	125	1000	5.71	28.13
9	240	125	1125	7.40	35.53
10	192	30	1155	−0.25	35.28
11	144	30	1185	−0.66	34.62
12	96	30	1215	−0.78	33.84
13	48	30	1245	−0.77	33.07
14	0	120	1365	−2.47	30.60

最大沉降量:35.53mm　最大回弹量:4.93mm　回弹率:13.88%

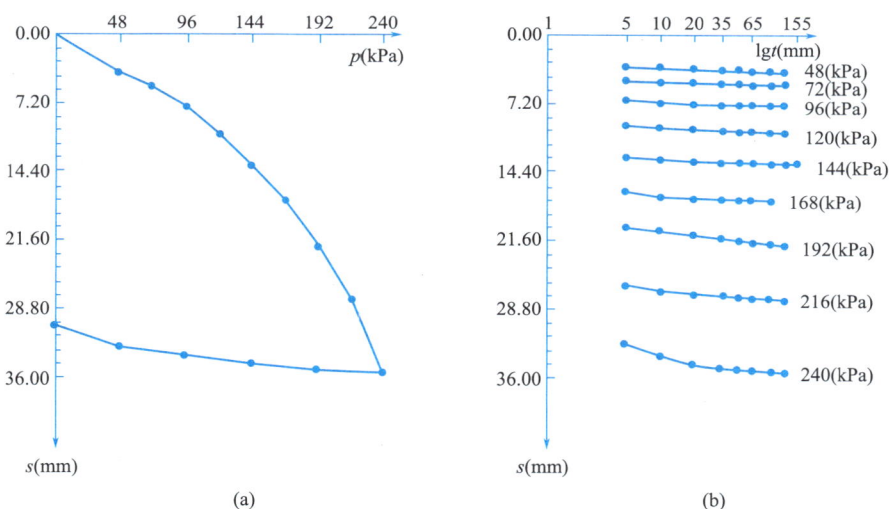

图 5-4　p-s 及 s-lg$t$ 曲线图
（a）p-s 曲线；（b）s-lg$t$ 曲线

试验加载到最大试验荷载（240kPa）时，承压板沉降速率能达到相对稳定标准，累计沉降量为 35.53mm。p-s 曲线平缓，各级加荷荷载下，均能达到相对稳定标准。s-lg$t$ 曲线排列规则，大致平行。故取最大试验荷载 240kPa 的 1/2 所对应的荷载 120kPa 为该检测点的复合地基承载力特征值。

（7）常见问题

1）设备安装

载荷试验现场设备多，相互关联，安装不当会影响测试结果，甚至导致试验失败：

① 尽量避免测试面土体受到扰动，影响测试精度；

② 确保承压板、反力系统和加荷系统的传力重心在一条垂线或直线上，各部件连接牢固，但地基土不能事先受到预压；

③ 变形观测的基准梁要稳定可靠，不受荷载板沉降的影响；位移计应竖直，与承压板的接触点应光滑平整，保证位移计在测试过程伸缩自如，并且要注意在最大加载量时，沉降量没有超出位移计的测量范围。

2）承压板刚度

压板的刚度对地基反力的分布有显著的影响。当压板的刚度有限时，在中心荷载的作用下，基底压力视承压板刚度而有不同的分布特征，但受影响的部位仅局限于力系作用点的附近。所以，承压板刚度对地基变形的影响是有限的，可是承压板刚度对位移测试结果却有直接影响。当钢板厚度不足或者钢板反复使用后，容易在加载过程中产生变形，造成位移数据失真。

第三节　圆锥动力触探试验

1. 基本知识

圆锥动力触探（Dynamic Penetration Test，简称 DPT），是利用一定质量的重锤，将与探杆相连接的标准规格的探头打入土中，根据探头贯入土中 10cm 或 30cm 时（其中 N_{10} 为每 30cm 记一次数，$N_{63.5}$ 和 N_{120} 为每 10cm 记一次数）所需要的锤击数，判断土的力学特性。

按照落锤能量及探头的规格，动力触探通常分为：轻型（10kg）、重型（63.5kg）及超重型（120kg）三种。

动力触探适用于难以取样的各种填土、砂土、粉土、碎石土、砂砾土、卵石、砾石等含粗颗粒的土类。其试验目的包括：

（1）进行地基土的力学分层；

（2）定性评价地基土的均匀性和物理性质（状态、密实度等）；

（3）查明土洞、滑动面、软硬土层界面的位置。

动力触探具有试验设备相对简单、操作方便、适应土类较广，并且可以连续贯入等优点，也存在试验误差较大，再现性较差等不足。

2. 圆锥动力触探试验

（1）基本原理

动力触探的原理可简化用土的动贯入阻力 R_d 公式来描述，其中荷兰公式（5-5）是目前国内外应用最广泛的动贯入阻力计算公式。

$$R_d = \frac{M^2 gh}{e(M+m)A} \tag{5-5}$$

式中，R_d——动力触探动贯入阻力（N/m²）；

M——锤的质量（kg）；

　　h——落锤高度（m）；

　　e——每击贯入度（m），$e=\Delta s/n$；Δs 为每贯入一阵击的深度（单位：m）；n 为
　　　　相应的一阵击锤击数；

　　m——触探器（包括探头、触探杆、锤垫等）总质量（kg）；

　　A——圆锥探头截面积（m^2）。

　　从式中可知，对于同一种设备，M、m、h、A 等为常数，在测试 Δs 深度内，动贯入阻力与锤击数 n 成正比关系，故可用锤击数来测定地基土的工程性质。

　　（2）方法标准

　　《岩土工程勘察规范（2009 年版）》GB 50021—2001、《建筑地基检测技术规范》JGJ 340—2015、《水运工程地基基础试验检测技术规程》JTS 237—2017、《建筑地基基础检测规范》DBJ/T 15—60—2019 等。

　　（3）仪器设备

　　轻型动力触探设备包括穿心锤、锤垫、探杆和圆锥探头等。

　　重型、超重型设备与轻型设备相似，只是在尺寸和重量上有差别。另外，重型动力触探试验一般都采用自动落锤方式，在锤上增加了提引器。

　　圆锥动力触探试验所用设备的规格应符合表 5-8 的规定。

圆锥动力触探试验设备规格

表 5-8

类型		轻型	重型	超重型
落锤	锤的质量（kg）	10	63.5	120
	落距（cm）	50	76	100
探头	直径（mm）	40	74	74
	锥角（°）	60	60	60
探杆直径（mm）		25	42	50～60

　　（4）检测步骤

　　1）轻型动力触探

　　① 先用轻便钻具钻至试验土层标高以上 0.3m 处，然后对所需试验土层连续进行触探。

　　② 试验时，穿心锤落距为（0.50±0.02）m，使其自由下落。记录每打入土层中 0.30m 时所需的锤击数。

　　③ 若需描述土层情况时，可将触探杆拨出，取下探头，换钻头进行取样。

　　④ 如遇密实坚硬土层，当贯入 0.30m 所需锤击数超过 100 击或贯入 0.15m 超过 50 击时，即可停止试验。如需对下卧土层进行试验时，可用钻具穿透坚实土层后再贯入。

　　⑤ 本试验一般用于贯入深度小于 4m 的土层。必要时，也可在贯入 4m 后，用钻具将孔掏清，再继续贯入 2m。

　　2）重型动力触探

　　① 试验前将触探架安装平稳，使触探保持垂直地进行。垂直度的最大偏差不得超过 2%。触探杆应保持平直，连接牢固。

　　② 贯入时，应使穿心锤自由落下，落锤高度为（0.76±0.02）m。地面上的触探杆的

高度不宜过高，以免倾斜与摆动太大。

③ 锤击速率宜为每分钟 15～30 击。打入过程应尽可能连续，所有超过 5min 的间断都应在记录中予以注明。

④ 及时记录每贯入 0.10m 所需的锤击数。其方法可在触探杆上每 0.1m 划出标记，然后直接（或用仪器）记录锤击数；也可以记录每一锤击的贯入度，然后再换算为每贯入 0.1m 所需的锤击数。最初贯入的 1m 内可不记读数。

⑤ 对于一般砂、圆砾和卵石，触探深度不宜超过 12～15m；超过该深度时，需考虑触探杆的侧壁摩阻影响。

⑥ 每贯入 0.1m 所需锤击数连续三次超过 50 击时，即停止试验。如需对下部土层继续进行试验时，可改用超重型动力触探。

⑦ 本试验也可在钻孔中分段进行，一般可先进行贯入，然后进行钻探，直至动力触探所测深度以上 1m 处，取出钻具将触探器放入孔内再进行贯入。

3）超重型动力触探

① 贯入时穿心锤自由下落，落距为（1.00±0.02）m。贯入深度一般不宜超过 20m，超过此深度限值时，需考虑触探杆侧壁摩阻的影响。

② 其他步骤可参照重型动力触探进行。

（5）计算分析

1）杆长修正

不同工程领域的标准规范对杆长修正的要求不尽相同。在进行成果整理时，应根据岩土参数与动力触探指标之间的经验关系式的具体条件，决定是否对试验指标进行杆长修正。

轻型动力触探试验指标一般无需进行杆长修正。当采用重型及超重型动力触探确定碎石土密实度时，其锤击数通常需要修正，具体参照适用的规范。

2）绘制曲线

绘制锤击数沿深度的变化曲线，不论是实测的 N 还是修正的 N'，处理方法都相同。

以锤击数为横坐标，贯入深度为纵坐标。对轻型动力触探按每贯入 30cm 的击数绘制 N_{10}-h 曲线，重型动力触探每贯入 10cm 的击数绘制 $N_{63.5}$-h 曲线或 $N'_{63.5}$-h 曲线。

3）划分土层界限

根据触探曲线，并参照附近的地质钻孔资料，对测试深度范围内土体进行分层。

分层时还应考虑动贯入阻力在土层变化附近的"超前反应"，即当探头从软层进入硬层或从硬层进入软层之前，动贯入阻力就已感知土层的变化，提前变大或变小，反应的范围约为探头直径的 2～3 倍。

实际中可以这样处理：当击数由小变大（软层进入硬层）时，分层界限可选在软层最后一个小值点以下 2～3 倍探头直径处；当击数由大变小（硬层进入软层）时，分层界限可选在软层第一个小值点以上 2～3 倍探头直径处。

4）计算各层的击数平均值

按单孔统计各层贯入指标平均值及变异系数，用厚度加权平均法计算。统计时，应剔除个别异常点，且不包括"超前"和"滞后"范围的测试点。

5）评定地基土的状态或密实程度

采用修正后的重型圆锥动力触探锤击数 $N_{63.5}$ 评价砂土、碎石土（桩）的密实度，可按表 5-9～表 5-12 进行。

砂土密实度按 $N_{63.5}$ 分类　　　　表 5-9

$N_{63.5}$（击数）	$N_{63.5}\leqslant4$	$4<N_{63.5}\leqslant6$	$6<N_{63.5}\leqslant9$	$N_{63.5}>9$
密实度	松散	稍密	中密	密实

碎石土密实度按 $N_{63.5}$ 分类　　　　表 5-10

$N_{63.5}$（击数）	$N_{63.5}\leqslant5$	$5<N_{63.5}\leqslant10$	$10<N_{63.5}\leqslant20$	$N_{63.5}>20$
密实度	松散	稍密	中密	密实

注：本表适用于平均粒径小于或等于 50mm，且最大粒径不超过 100mm 的碎石土。再粗的碎石土可用重型动力触探。

碎石桩密实度按 $N_{63.5}$ 分类　　　　表 5-11

$N_{63.5}$（击数）	$N_{63.5}<4$	$4\leqslant N_{63.5}\leqslant5$	$5<N_{63.5}\leqslant7$	$N_{63.5}>7$
密实度	松散	稍密	中密	密实

碎石土密实度按 N_{120} 分类　　　　表 5-12

N_{120}（击数）	$N_{120}\leqslant3$	$3<N_{120}\leqslant6$	$6<N_{120}\leqslant11$	$11<N_{120}\leqslant14$	$N_{120}>14$
密实度	松散	稍密	中密	密实	很密

6）确定地基土的承载力

利用动力触探的试验成果评价地基的承载力和变形模量，主要是依靠当地的经验积累以及在经验基础上建立的统计关系式。

初步判定地基土承载力特征值时，可根据平均击数 N_{10} 或修正后的平均击数 $N_{63.5}$ 按表 5-13 和表 5-14 进行估算。

轻型动力触探试验推定地基承载力特征值 f_{ak}（kPa）　　　　表 5-13

N_{10}（击数）	5	10	15	20	25	30	35	40	45	50
一般黏性土	50	70	90	115	135	160	180	200	220	240
黏性素填地基	60	80	95	110	120	130	140	150	160	170
粉土、粉细砂土地基	55	70	80	90	100	110	125	140	150	160

重型动力触探试验推定地基承载力特征值 f_{ak}（kPa）　　　　表 5-14

$N_{63.5}$（击数）	2	3	4	5	6	7	8	9	10	11	7	8	9	10	11
一般黏性土	120	150	180	210	240	265	290	320	350	375	400	425	450	475	500
中砂、粗砂土	80	120	160	200	240	280	320	360	400	440	480	520	560	600	640
粉砂、细砂土	—	75	100	125	150	175	200	225	250	—	—	—	—	—	—

（6）常见问题

通常来说，对轻型动力触探，贯入深度一般应小于 4m，主要用于测试并提供浅基础的地基承载力参数。重型动力触探贯入深度一般为 12~15m，超重型小于 20m，超过此深度应考虑侧壁摩阻力的影响，主要用于查明地层在垂直方向和水平方向上的均匀程度。

在实际开展工作时，圆锥动力触探的测试深度应满足设计要求，同时还应符合下列规定：

（1）天然地基检测深度应达到主要受力层深度以下；

（2）人工地基检测深度应达到加固深度以下 0.5m；

（3）复合地基增强体及桩间土的检测深度应超过竖向增强体底部 0.5m。

对轻型动力触探，当 N_{10}>100 击或贯入 15cm 的锤击数>50 击时，可终止试验。对于重型动力触探，当连续三次的锤击数>50 击时，可停止试验或采用钻探、超重型动力触探。若遇硬夹层，宜穿过硬夹层后继续试验直至设计要求深度。实际工作中，某些测试人员往往提前终止试验，导致测试不完整。

第四节　标准贯入试验

1. 基本知识

标准贯入试验（Standard Penetration Test，简称 SPT）是指用质量为 63.5kg 的穿心锤，以 76cm 的落距自由下落，将标准规格的贯入器自钻孔孔底先预打入 15cm，再打入 30cm，记录后面打入 30cm 的锤击数的原位试验方法。

SPT 原位测试技术仍属于动力触探范畴，所不同的是，其贯入器不是圆锥探头，而是标准规格的圆筒形探头。

标准贯入试验适用于判定砂土、粉土、黏性土天然地基及其采用换填垫层、压实、挤密、夯实、注浆加固等处理后的地基承载力、变形参数，评价加固效果以及砂土液化判别；也可用于砂桩和初凝状态的水泥搅拌桩、旋喷桩、灰土桩、夯实水泥桩等竖向增强体的施工质量评价。

标准贯入试验的优点：操作简单、使用方便，地层适用性较广，对不易取样的砂土和砂质粉土尤为适用；从贯入器中可以取得土样直接观察，利用扰动土样，还可以进行鉴别土类的相关试验；缺点：试验数据离散性较大，精度较低，对于饱和软黏土，远不及十字板剪切试验及静力触探等方法精度高。

2. 标准贯入试验

（1）基本原理

标准贯入试验的试验原理与动力触探试验相似。但是，SPT 与圆锥动力触探在贯入器上的差异很大，因而其测试的工作机理是不相同的。

SPT 采用的是开口管状空心探头，在贯入过程中，整个贯入器对端部和周围土体将产生挤压和剪切作用。同时，因为 SPT 的贯入器是空心的，在冲击力作用下，将有一部分土挤入贯入器，所以其工作状态和边界条件十分复杂。因此，对标准贯入试验虽然做了一些研究，但至今还没有获得一个严格的理论解答。

与圆锥动力触探试验相似，标准贯入试验并不能直接测定地基土的物理力学性质，而是通过与其他原位测试手段或室内试验成果进行对比，建立关系式，积累地区经验，才能评定地基土的物理力学性质。

影响标准贯入试验的因素有很多，主要有以下两个方面。

1）钻孔孔底土的应力状态。不同的钻进工艺（回转、水冲等）、孔内外水位的差异、钻孔直径的大小等，都会改变钻孔孔底的应力状态。

2）锤击能量。不同单位、不同机具、不同操作水平，锤击能量的变化幅度较大。

（2）方法标准

《岩土工程勘察规范（2009 年版）》GB 50021—2001；

《建筑地基检测技术规范》JGJ 340—2015；

《水运工程地基基础试验检测技术规程》JTS 237—2017；

《建筑地基基础检测规范》DBJ/T 15—60—2019 等。

（3）仪器设备

标准贯入试验主要由标贯器、穿心锤、触探杆组成。

标贯器是由器身和器靴组成的探头。器身是由两个半圆管合成的圆筒形取土器；器靴是一底端带刃口的圆筒体。二者通过螺纹连接，器靴同时起到固定器身的作用。标贯器的外径、内径、壁厚、刃角与长度都有标准化尺寸。

穿心锤为重 63.5kg 的铸钢件，中间有一直径 45mm 的穿心孔，此孔为放导向杆用。国际、国内的穿心锤除重量相同外，锥形上不完全统一。落锤能量受落距控制，落锤方式有自动脱钩和非自动脱钩两种。目前国内普遍使用自动脱钩装置。

触探杆常用直径为 42mm 的工程地质钻杆。在与穿心锤连接处设置一锤垫。

标准贯入试验的设备规格应符合表 5-15 的规定。

标准贯入试验设备规格　　　　　　　　　　　　表 5-15

落锤		锤的质量（kg）	63.5
贯入器	对开管	长度（mm）	＞500
		外径（mm）	51
		内径（mm）	35
	管靴	长度（mm）	50～76
		刃口角度（°）	18～20
		刃口单刃厚度（mm）	2.5
钻杆		直径（mm）	42
		相对弯曲	＜1/1000

（4）现场检测

1）试验点布设

标准贯入试验应在平整的场地上进行，试验点平面布设应符合下列规定：

① 测试点应根据工程地质分区或加固处理分区均匀布置，并应具有代表性；

② 复合地基桩间土测试点应布置在桩间等边三角形或正方形的中心；复合地基竖向增强体上可布设检测点；有检测加固土体的强度变化等特殊要求时，可布置在离桩边不同

距离处；

③ 评价地基处理效果和消除液化的处理效果时，处理前后的测试点布置应考虑位置的一致性。

2）检测深度

标准贯入试验的检测深度除应满足设计要求外，尚应符合下列规定：

① 天然地基的检测深度应达到主要受力层深度以下；

② 人工地基的检测深度应达到加固深度以下 0.5m；

③ 复合地基桩间土及增强体检测深度应超过竖向增强体底部 0.5m；

④ 用于评价液化处理效果时，检测深度应符合《建筑抗震设计规范（2016 年版）》GB 50011—2010 的规定。

3）检测步骤

① 标准贯入试验孔宜采用回转钻进，在泥浆护壁不能保持孔壁稳定时，宜下套管护壁，试验深度须在套管底端 75cm 以下。

② 试验孔钻至进行试验的土层标高以上 15cm 处，应清除孔底残土后换用标准贯入器，并应量得深度尺寸再进行试验。

③ 试验应采用自动脱钩的自由落锤法进行锤击，并应采取减小导向杆与锤间的摩阻力、避免锤击时的偏心和侧向晃动以及保持贯入器、探杆、导向杆连接后的垂直度等措施。

④ 标准贯入试验应符合下列规定：

a. 贯入器垂直打入试验土层中 15cm 应不计击数；

b. 继续贯入，应记录每贯入 10cm 的锤击数，累计 30cm 的锤击数即为标准贯入击数；

c. 锤击速率应小于 30 击/min；

d. 当锤击数已达 50 击，而贯入深度未达到 30cm 时，宜终止试验，记录 50 击的实际贯入深度，应按下式换算成相当于贯入 30cm 的标准贯入试验实测锤击数：

$$N = 30 \times \frac{50}{\Delta s} \tag{5-6}$$

式中，N——标准贯入击数；

Δs——50 击时的贯入度（cm）。

e. 贯入器拔出后，应对贯入器中的土样进行鉴别、描述、记录；需测定黏粒含量时留取土样进行试验分析。

标准贯入试验点竖向间距应视工程特点、地层情况、加固目的确定，宜为 1.0m。同一检测孔的标准贯入试验点间距宜相等。

（5）计算分析

标准贯入试验锤击数值可用于分析岩土性状，判定地基承载力，判别砂土和粉土的液化，评价成桩的可能性、桩身质量等。N 值的修正应根据建立的统计关系确定。

1）贯入击数与深度关系曲线

天然地基的标准贯入试验成果应绘制标有工程地质柱状图的单孔标准贯入击数与深度关系曲线图。

人工地基的标准贯入试验结果应提供每个检测孔的标准贯入试验实测锤击数和修正锤击数。

2) 杆长修正

当作杆长修正时，锤击数可按下式进行钻杆长度修正：

$$N' = \alpha N \tag{5-7}$$

式中，N'——标准贯入试验修正锤击数；

　　　　N——标准贯入试验实测锤击数；

　　　　α——触探杆长度修正系数，可按表 5-16 确定。

标准贯入试验触探杆长度修正系数　　　　　　　　　表 5-16

触探杆长度（m）	≤3	6	9	12	15	18	21	25	30
α	1.00	0.92	0.86	0.81	0.77	0.73	0.70	0.68	0.65

3) 统计分析

各分层土的标准贯入锤击数代表值应取每个检测孔不同深度的标准贯入试验锤击数的平均值。同一土层参加统计的试验点不应少于 3 点，当极差不超过平均值的 30％时，应取其平均值作为代表值；当极差超过平均值的 30％时，应分析原因，结合工程实际判别，可增加试验点数量。

单位工程同一土层统计标准贯入锤击数标准值与修正后锤击数标准值时，可按《建筑地基检测技术规范》JGJ 340—2015 的计算方法确定。

4) 结果评价

标准贯入试验应给出每个试验孔（点）的检测结果和单位工程的主要土层的评价结果。

① 砂土、粉土、黏性土等岩土性状可根据标准贯入试验实测锤击数平均值或标准值和修正后锤击数标准值按下列规定进行评价。

a. 砂土的密实度可按表 5-17 分为松散、稍密、中密、密实。

砂土的密实度分类　　　　　　　　　表 5-17

N（实测平均值）	密实度
$N \leqslant 10$	松散
$10 < N \leqslant 15$	稍密
$15 < N \leqslant 30$	中密
$N > 30$	密实

b. 粉土的密实度可按表 5-18 分为松散、稍密、中密、密实。

粉土的密实度分类　　　　　　　　　表 5-18

孔隙比 e	N_k（实测标准值）	密实度
—	$N_k \leqslant 5$	松散
$e > 0.9$	$5 < N_k \leqslant 10$	稍密
$0.75 \leqslant e \leqslant 0.9$	$10 < N_k \leqslant 15$	中密
$e < 0.75$	$N_k > 15$	密实

c. 黏性土的状态可按表 5-19 分为软塑、软可塑、硬可塑、硬塑、坚硬。

黏性土的状态分类　　　　　　　　　　　表 5-19

I_L	N_k（修正后标准值）	状态
$0.75 < I_L \leq 1$	$2 < N_k' \leq 4$	软塑
$0.5 < I_L \leq 0.75$	$4 < N_k' \leq 8$	软可塑
$0.25 < I_L \leq 0.5$	$8 < N_k' \leq 14$	硬可塑
$0 < I_L \leq 0.25$	$14 < N_k' \leq 25$	硬塑
$I_L \leq 0$	$N_k' > 25$	坚硬

d. 花岗岩类岩石，可采用标准贯入试验划分：$N \geq 50$ 为强风化；$50 > N \geq 30$ 为全风化；$N < 30$ 为残积土。

② 初步判定地基土承载力特征值时，可按表 5-20～表 5-22 进行估算。

砂土承载力特征值 f_{ak}（kPa）　　　　　　　　　　表 5-20

N'	10	20	30	50
中砂、粗砂	180	250	340	500
粉砂、细砂	140	180	250	340

粉土承载力特征值 f_{ak}（kPa）　　　　　　　　　　表 5-21

N'	3	4	5	6	7	8	9	10	11	12	13	14	15
f_{ak}	105	125	145	165	185	205	225	245	265	285	305	325	345

黏性土承载力特征值 f_{ak}（kPa）　　　　　　　　　　表 5-22

N'	3	5	7	9	11	13	15	17	19	21
f_{ak}	90	110	150	180	220	260	310	360	410	450

采用标准贯入试验成果判定地基土承载力和变形模量或压缩模量时，应与地基处理设计时依据的地基承载力和变形参数的确定方法一致。

5）地基处理效果评价

地基处理效果可依据比对试验结果、地区经验和检测孔的标准贯入试验锤击数、同一土层的标准贯入试验锤击数标准值、变异系数等对下列地基作出相应的评价：

① 非碎石土换填垫层（粉质黏土、灰土、粉煤灰和砂垫层）的施工质量（密实度、均匀性）；

② 压实、挤密地基、强夯地基、注浆地基等的均匀性；有条件时，可结合处理前的相关数据评价地基处理有效深度；

③ 消除液化的地基处理效果，应按设计要求或《建筑抗震设计规范（2016 年版）》GB 50011—2010 规定进行评价。

（6）常见问题

标准贯入试验操作时应注意下列事项，保证测试结果：

① 须保持孔内水位高出地下水位一定高度，以免塌孔，保持孔底土处于平衡状态，

不使孔底发生涌砂变松，影响 N 值；

　　② 下套管不要超过试验标高；

　　③ 须缓慢地下放钻具，避免孔底土的扰动；

　　④ 细心清除孔底浮土，其厚度不得大于10cm；

　　⑤ 如钻进中需取样，则不应在锤击法取样后立刻做标贯，而应在继续钻进一定深度后再做，以免人为增大 N 值；

　　⑥ 钻孔直径不宜过大，以免加大锤击时探杆的晃动。

第五节　静力触探试验

4.
静力触探
试验

第六节　十字板剪切试验

5.
十字板剪
切试验

第七节　单桩静载试验

1. 基本知识

　　单桩静载试验（Static Loading Test of Single Pile）是通过在桩顶部逐级施加竖向压力/竖向上拔力/水平推力，观测桩顶部随时间产生的沉降/上拔位移/水平位移，以确定相应的单桩竖向抗压承载力/单桩竖向抗拔承载力/单桩水平承载力的试验方法。

　　静载试验是确定单桩承载力最直观、最可靠的一项传统方法。我国建筑工程中惯用慢速维持荷载法。根据桩的使用环境、荷载条件及大量工程检测实践，还有循环荷载、等变形速率和快速维持荷载法等。

　　静载试验的主要目的：

　　1）为设计提供依据，应加载至破坏，当桩的承载力以桩身强度控制时，可按设计要求的加载量进行；

2）为工程验收提供依据，加载量不应小于设计要求的单桩承载力特征值的 2.0 倍；

3）验证其他间接方法的检测结果，如动测法。

2. 单桩竖向抗压静载试验

（1）基本原理

桩的极限状态分为承载能力极限状态和正常使用极限状态两类。

承载能力极限状态对应于桩基达到最大承载能力或整体失稳或发生不适于继续承载的变形。

正常使用极限状态对应于桩基达到建筑物正常使用所规定的变形限值或达到耐久性要求的某项限值。

桩基承载能力极限状态由下述三种状态之一确定：

1）桩基达到最大承载力，超出该最大承载力即发生破坏，其荷载-沉降（Q-s）曲线大体表现为：陡降型［图 5-5（a）］。

2）桩基出现不适于继续承载的变形。

对于渐进性破坏，其荷载-沉降（Q-s）曲线大体表现为：缓变型［图 5-5（b）］，判定其极限承载力比较困难，可以按照建（构）筑物所能承受的桩顶最大变形 S_u 确定极限承载力。

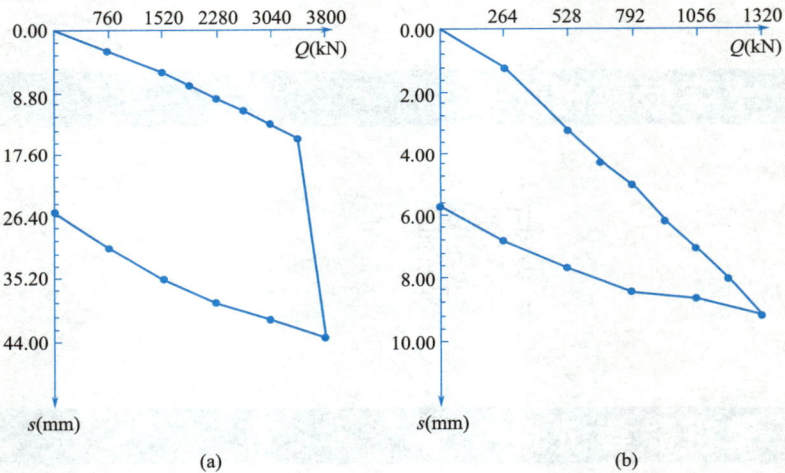

图 5-5　(a) 陡降型；(b) 缓变型

3）桩基发生整体失稳。

位于岸边、浅埋桩基、存在软弱下卧层桩基，有发生整体失稳的可能性。

单桩竖向抗压静载试验的基本原理是将竖向荷载均匀地传至基桩上，通过实测单桩在不同荷载作用下的桩顶沉降，得到静载试验的 Q-s 曲线及 s-$\lg t$ 等辅助曲线，然后根据曲线确定单桩竖向抗压承载力特征值等参数。

（2）方法标准

《建筑基桩检测技术规范》JGJ 106—2014；

《公路工程基桩检测技术规程》JTG/T 3512—2020；

《水运工程地基基础试验检测技术规程》JTS 237—2017；

《建筑地基基础检测规范》DBJ/T 15—60—2019 等。

（3）仪器设备

静载试验设备主要由反力装置、加载装置、荷载测量装置、位移测量装置和自动采集装置组成。

反力装置主要有主梁、次梁、锚桩或压重等组成，提供的反力不得小于最大加载量的1.2倍，可根据现场条件选择压重平台反力装置（图5-6）、锚桩横梁反力装置（图5-7）、锚桩压重联合反力装置、地锚反力装置、岩锚反力装置等。

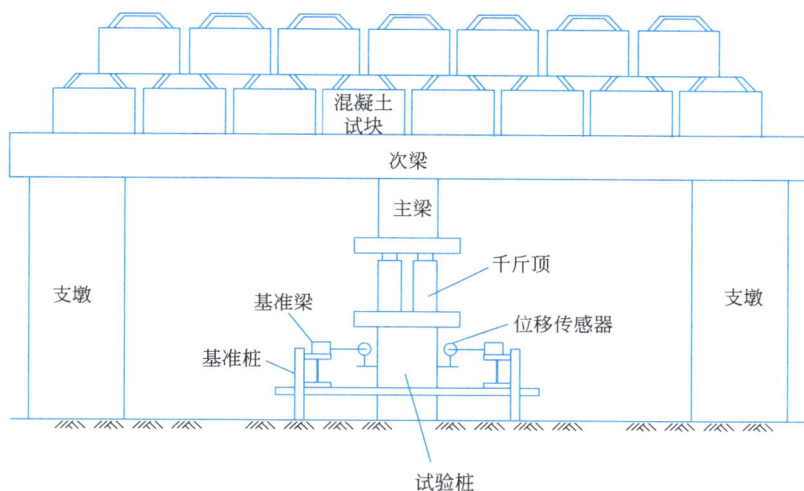

图 5-6　压重平台反力装置

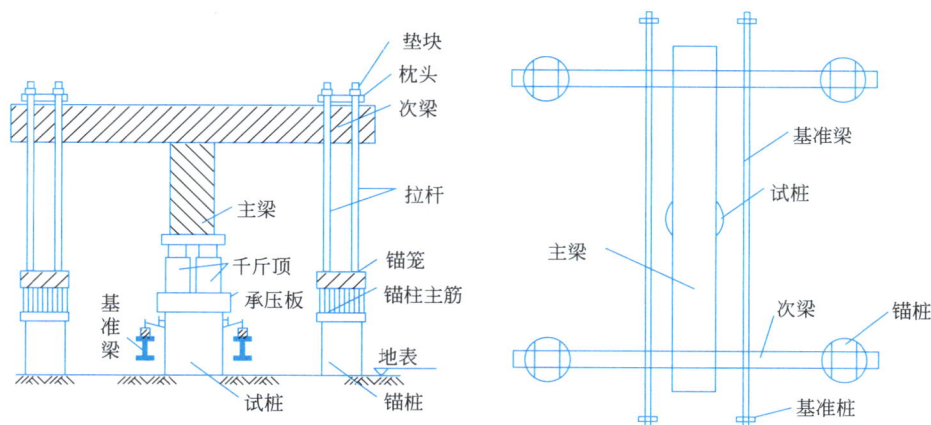

图 5-7　锚桩横梁反力装置

加载与荷载测量装置与前述平板载荷试验相同。

沉降测量宜采用大量程位移传感器或百分表，沉降测定平面设置在桩顶以下200mm位置，测点应固定在桩身上。直径或边宽大于500mm的桩，应在其两个方向对称安置4个位移测试仪表，直径或边宽小于等于500mm的桩可对称安置2个位移测试仪表。

试桩、锚桩（压重平台支墩边）和基准桩之间的中心距离应符合规范的要求。

静载荷测试仪与平板载荷试验用的仪器通用，注意参数的设置。

（4）现场检测

1）桩头处理

加载过程中，桩头部位承受着较高的竖向荷载和偏心荷载，为保证不因桩头破坏而导致试验失败，一般应对桩头进行处理、加固。

为便于沉降测量仪表安装，试桩的桩顶部宜高出试坑底面。为使试验桩受力条件与设计条件相同，试坑底面宜与桩承台底标高一致。

检测前宜对试验桩和锚桩进行桩身完整性检测，为大致分析桩身结构破坏的原因提供证据和确定锚桩能否正常使用。

2）预压

对受检桩施加一较小的荷载进行预压，其目的一是检查仪器的连接是否正确，仪表读数是否正常，排除千斤顶和油路中的空气，查看接头、阀门是否漏油；二是消除整个测试系统和受检桩本身由于安装、桩头处理等因素造成的间隙而引起的非桩本身的沉降。如果一切正常，卸载至零，记录初读数，即可正式加载试验。

3）试验方式

① 维持荷载法的试验加卸载方式应符合下列规定：

a. 加载应分级进行，且采用逐级等量加载；分级荷载宜为最大加载量或预估极限承载力的 1/10，其中第一级加载量可取分级荷载的 2 倍；

b. 卸载应分级进行，每级卸载量宜取加载时分级荷载的 2 倍，且应逐级等量卸载；

c. 加卸载时应使荷载传递均匀、连续、无冲击，每级荷载在维持过程中的变化幅度不得超过分级荷载的 ±10%。

② 慢速维持荷载法

慢速维持荷载法是我国公认且已沿用多年的标准试验方法，也是其他工程桩竖向抗压承载力验收检测方法的唯一比较标准。

慢速维持荷载法试验应符合下列规定：

a. 每级荷载施加后，分别按第 5min、15min、30min、45min、60min 测读桩顶沉降量，以后每隔 30min 测读一次；

b. 试桩沉降相对稳定标准：每一小时内的桩顶沉降量不超过 0.1mm，并连续出现两次（从分级荷载施加后的第 30min 开始，按 1.5h 连续三次每 30min 的沉降观测值计算）；

c. 当桩顶沉降速率达到相对稳定标准时，再施加下一级荷载；

d. 卸载时，每级荷载维持 1h，分别按第 15min、30min、60min 测读桩顶沉降量后，即可卸下一级荷载；卸载至零后，应测读桩顶残余沉降量，维持时间不少于 3h，测读时间分别为第 15min、30min，以后每隔 30min 测读一次。

③ 快速维持荷载法

快速维持荷载法的每级荷载维持时间至少为 1h，且当本级荷载作用下的桩顶沉降速率收敛时，可施加下一级荷载。其试验步骤可按下列进行：

a. 每级荷载施加后维持 1h，按第 5min、15min、30min 测读桩顶沉降量，以后每隔 15min 测读一次；

b. 测读时间累计为 1h 时，若最后 15min 时间间隔的桩顶沉降增量与相邻 15min 时间间隔的桩顶沉降增量相比未明显收敛时，应延长维持荷载时间，直至最后 15min 的沉降增量小于相邻 15min 的沉降增量为止；

c. 终止加荷条件可按本节④条第 a、c、d、e 款执行；

d. 卸载时，每级荷载维持 15min，按第 5min、15min 测读桩顶沉降量后，即可卸下一级荷载。卸载至零后，应测读桩顶残余沉降量，维持时间为 1h，测读时间为第 5min、15min、30min。

快速维持荷载法试验得到的极限承载力一般略高于慢速维持荷载法，其中黏性土中桩的承载力提高要比砂土中的桩明显。各地在采用快速维持荷载法时，应总结积累经验，并可结合当地条件提出适宜的稳定沉降控制标准。

④ 当出现下列情况之一时，可终止加载：

a. 某级荷载作用下，桩顶沉降量大于前一级荷载作用下沉降量的 5 倍，且桩顶总沉降量超过 40mm；

b. 某级荷载作用下，桩顶沉降量大于前一级荷载作用下沉降量的 2 倍，且经 24h 尚未达到相对稳定标准；

c. 已达到设计要求的最大加载值，且桩顶沉降量达到相对稳定标准；

d. 当工程桩作锚桩时，锚桩上拔量已达到允许值；

e. 当荷载-沉降曲线呈缓变型时，可加载至桩顶总沉降量 60～80mm；当桩端阻力尚未充分发挥时，可加载至桩顶累计沉降量超过 80mm。

（5）计算分析

整理检测数据，绘制竖向荷载-沉降（Q-s）曲线、沉降-时间对数（s-$\lg t$）曲线，需要时也可绘制其他辅助分析所需曲线。

单桩竖向抗压极限承载力 Q_u 的确定：

1）根据沉降随荷载变化的特征确定：对于陡降型 Q-s 曲线，取其发生明显陡降的起始点对应的荷载值；

2）根据沉降随时间变化的特征确定：取 s-$\lg t$ 曲线尾部出现明显向下弯曲的前一级荷载值；

3）如果在某级荷载作用下，桩顶沉降量大于前一级荷载作用下沉降量的 2 倍，且经 24h 尚未达到相对稳定标准，则取前一级荷载值；

4）根据沉降量确定：对于缓变型 Q-s 曲线，可取 $s=40$mm 对应的荷载值；对于大直径桩（桩端直径 $D \geqslant 800$mm）可取 $s=0.05D$ 对应的荷载值；当桩长大于 40m 时，宜考虑桩身弹性压缩；

5）不满足上述情况时，宜取最大加荷值。

（6）示例

某预应力管桩的检测结果汇总表见表 5-23，检测点试验荷载和沉降数据见单桩竖向抗压静载试验汇总（表 5-24），检测点的 Q-s 曲线和 s-$\lg t$ 曲线如图 5-8 所示。

某预应力管桩的检测结果汇总表　　　　表 5-23

试验桩号	设计承载力特征值(kN)	最大沉降量(mm)	残余沉降量(mm)	承载力特征值对应沉降量(mm)	检测承载力特征值(kN)
＃＃＃	400	4.41	1.07	1.84	400

单桩竖向抗压静载试验汇总表   表 5-24

序号	荷载(kN)	历时（min）		沉降（mm）	
		本级	累计	本级	累计
0	0	0	0	0.00	0.00
1	160	60	60	0.59	0.59
2	320	75	135	0.85	1.44
3	400	60	195	0.40	1.84
4	480	60	255	0.46	2.30
5	560	60	315	0.51	2.81
6	640	90	405	0.55	3.36
7	720	60	465	0.48	3.84
8	800	60	525	0.57	4.41
9	640	15	540	−0.49	3.92
10	480	15	555	−0.63	3.29
11	320	15	570	−0.81	2.48
12	160	15	585	−0.77	1.71
13	0	45	630	−0.64	1.07

最大沉降量：4.41mm 最大回弹量：3.34mm 回弹率：75.74%

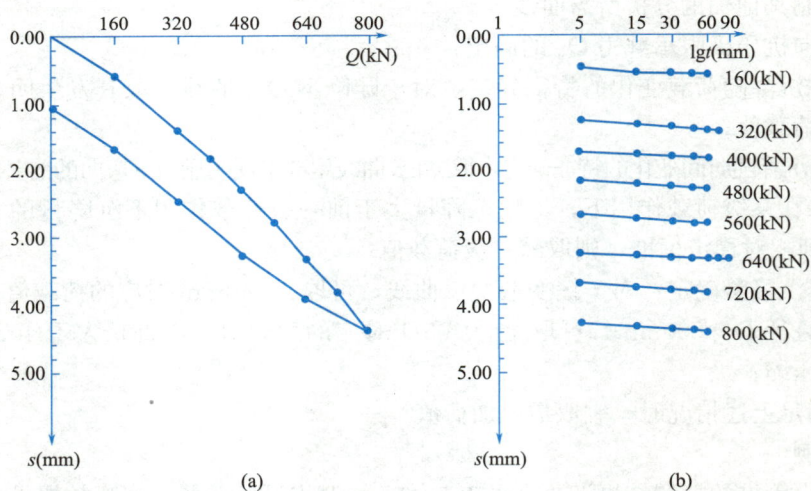

图 5-8 Q-s 及 s-lgt 曲线图

(a) Q-s 曲线；(b) s-lgt 曲线

（7）常见问题

基桩静载试验现场准备、设备安装至关重要，应认真对待，不可懈怠。

首要的是安全问题。我国大部分地区采用堆载法，常用的堆载重物为砂包或混凝土块，试验架多为散架，整体稳定性较差，存在许多安全隐患。除尽可能将堆载重物稳妥堆放外，应控制堆载的高度，随时注意堆载物倾斜。采用锚桩时，对锚桩的抗拔承载力严格验算，对锚筋进行力学试验保证足够的安全储备。采用人工读数时，必须保证进出通道畅顺。现场还应确立试验区范围，悬挂警告标志。

其次为偏心问题。下列情形都会导致桩偏心受力：①桩帽的轴心与桩身轴线不重合；②支墩下的地基土沉降不均匀；③锚桩的钢筋预留量不匹配，引起各锚桩承受的荷载不同；④多个千斤顶并联时，其合力中心与桩身轴线偏离。由于桩抵抗偏心力矩的能力与桩径、桩型、配筋、桩身强度和地质条件等有关，究竟在什么程度下才不影响试验结果，需结合工程实践经验来确定。一般来说，不同测点的沉降差不宜大于 3～5mm，偏心力矩抵抗能力强的桩也不应大于 10mm。偏心严重时，加载到后期，堆载平台可能会被千斤顶顶起，导致试验失败，甚至有发生倾覆的危险。

此外，桩头未处理好，加载过程中桩头突然被压碎，导致试验失败，严重时引发安全事故。支墩处的地基承载力不足，如果发生不均匀下沉，引起堆载平台倾斜，严重时甚至发生倾覆，导致设备安装失败。如果支墩整体下沉，则可能造成主梁与桩顶之间的空间不足，千斤顶被压死，无法进行试验等。

3. 单桩竖向抗拔静载试验

单桩竖向抗拔静载试验通过采用相应的加荷设备和反力支座形成加荷系统，模拟接近于竖向抗拔桩的实际工作条件进行测试的方法，是检测单桩竖向抗拔承载力最直观、最可靠的方法。迄今为止，基桩上拔承载力的计算还是一个没有从理论上解决的问题，在这种情况下，现场原位试验的作用就更为重要。

基础承受上拔力的建（构）筑物主要有：高压送电线路塔、电视塔等高耸建筑；承受浮托力为主的地下工程和人防工程；膨胀土地基上的建筑物；海上石油钻井平台；悬索桥和斜拉桥中所用的锚桩基础；修建船舶的船坞地板等。

国内外抗拔试验常用的是慢速维持荷载法。

（1）基本原理

在上拔荷载作用下，桩身首先将荷载以摩阻力的形式传递到桩周土中，其规律与承受竖向抗压荷载时一样，侧摩阻力也是从上到下逐步发挥，只不过力的方向刚好相反。初始阶段，上拔阻力主要由浅部土层提供，桩身的拉应力主要分布在桩的上部，随着桩身上拔位移量的增加，桩身应力逐渐向下扩展，桩的中、下部的上拔土阻力逐渐发挥。当桩端位移量超过某一数值（通常为 6～10mm）时，就可以认为整个桩身的土层抗拔阻力达到极限，其后抗拔阻力就会下降。此时，如果继续增加上拔荷载，就会产生破坏。破坏时往往会使桩周土也一起产生剪切破坏，并表现为在桩的周围产生环状拉张裂隙、向上隆起的桩周土破坏锥，而且桩的埋深越大，这种现象越明显。

影响单桩竖向抗拔力的因素主要有：

1）桩周土体的影响：桩周土的性质、土的抗剪强度、侧压力系数和土的应力历史等都会对单桩竖向抗拔承载力产生一定影响；

2）桩自身因素的影响：桩侧表面的粗糙程度越大，桩的抗拔承载力越大；

3）还有施工因素及休止时间的影响。

（2）方法标准

《建筑基桩检测技术规范》JGJ 106—2014；

《公路工程基桩检测技术规程》JTG/T 3512—2020；

《水运工程地基基础试验检测技术规程》JTS 237—2017；

《建筑地基基础检测规范》DBJ/T 15—60—2019等。

（3）仪器设备

单桩竖向抗拔静载试验设备基本与竖向抗压静载试验的设备相同，但其使用及安装方式有所不同。

抗拔试验的反力装置宜采用反力桩（或工程桩）提供支座反力；也可根据现场情况，采用地基提供支座反力。

加载的油压千斤顶安装方式有两种：其一是安放在试桩上方，主梁上面，适合于单台穿心千斤顶 [图5-9（a）]；其二是将两台千斤顶分别放置于反力桩或支承墩上，主梁下面 [图5-9（b）]。对于大直径、高承载力的桩，宜采用后一种方式。

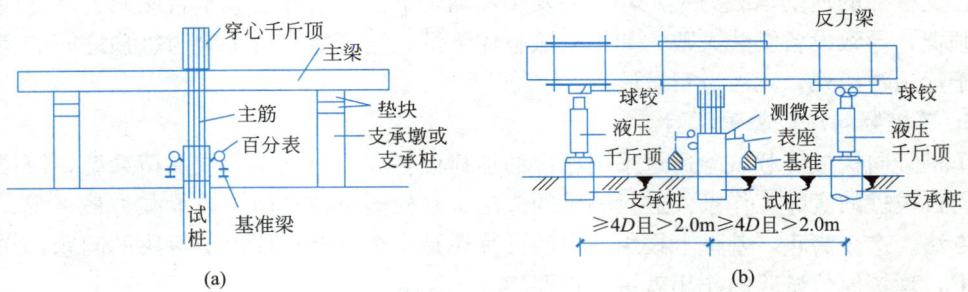

图5-9 抗拔试验装置示意图

（a）安放在试桩上方，主梁上面；（b）分别放置于反力桩或支承墩上，主梁下面

一般来说，桩的抗拔承载力远低于抗压承载力，在选择千斤顶和压力表时，应注意其量程不宜太大。

桩顶上拔量的测量点宜设置在桩顶以下不小于1倍桩径的桩身上，不得设置在桩的受拉钢筋上，避免因钢筋受拉变形导致数据失实。对于大直径灌注桩，可设置在钢筋笼内的桩顶面混凝土上。为防止混凝土桩保护层开裂对上拔量测试的影响，观测点应避开混凝土破裂区域设置。

（4）现场检测

1）桩头处理及系统检查

对受检桩进行桩头处理（图5-10），保证在试验加载过程中，不因桩头破坏而导致试验失败。对于混凝土灌注桩，应预留出足够的主筋长度。对预应力管桩进行植筋处理，并且用夹具加紧桩头，防止桩头开裂。

试桩桩身钢筋伸出桩顶长度不宜少于 $40d+500mm$（d 为钢筋直径）。为设计提供依据时，试桩按钢筋强度标准值计算的抗拉力应大于预估极限承载力的1.25倍。试桩顶部露出试坑底面的高度不宜小于600mm。

对混凝土灌注桩、有接头的预制桩，宜在拔桩试验前采用低应变法检测受检桩的桩身完整性，目的是防止因试验桩自身质量问题而影响抗拔试验成果。为设计提供依据的抗拔灌注桩施工时应进行成孔质量检测，发现桩身中、下部位有明显扩径的桩不宜作为抗拔试验桩，因为这类桩的抗拔承载力缺乏代表性；对有接头的预制桩，应验算接头强度。

检查仪器设备的安装、连接，保证测试数据正常采集。

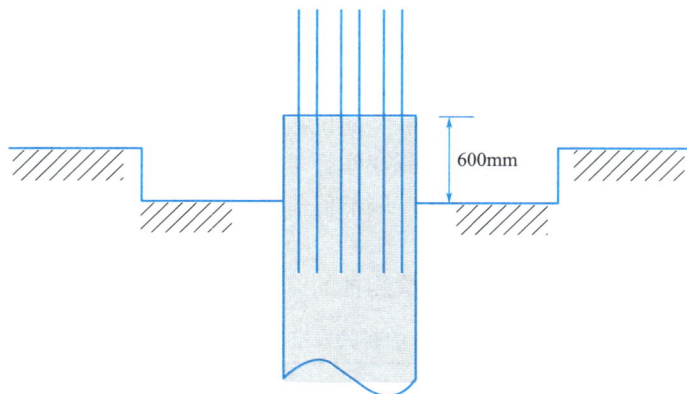

图 5-10　抗拔桩桩头处理示意

2）试验方法

单桩竖向抗拔静载试验宜采用慢速维持荷载法。需要时，也可采用多循环加、卸载方法或恒载法。慢速维持荷载法的加卸载分级、稳定标准以及上拔量的测量与抗压试验相同。

为设计提供依据的试验桩，应加载至桩侧岩土达到极限状态或桩身材料达到设计强度；工程桩验收检测时，施加的上拔荷载不得小于单桩竖向抗拔承载力特征值的 2 倍或使桩顶产生的上拔量达到设计要求的限值。

当抗拔承载力受抗裂条件控制时，抗裂验算给出的荷载可能小于或远小于单桩竖向抗拔承载力特征值的 2 倍，因此试验时的最大上拔荷载只能按设计要求确定。

当出现下列情况之一时，可终止加载：

① 在某级荷载作用下，桩顶上拔量大于前一级上拔荷载作用下的上拔量 5 倍；

② 按桩顶上拔量控制，累计桩顶上拔量超过 100mm；

③ 按钢筋抗拉强度控制，钢筋应力达到钢筋强度设计值，或某根钢筋拉断；

④ 对于工程桩验收检测，达到设计或抗裂要求的最大上拔量或上拔荷载值。

（5）计算分析

测试后，整理数据绘制上拔荷载-桩顶上拔量（U-δ）关系曲线和桩顶上拔量-时间对数（δ-$\lg t$）关系曲线。还可以辅以 δ-$\lg U$ 曲线或 $\lg U$-$\lg \delta$ 曲线，以确定拐点位置。

单桩竖向抗拔极限承载力可按下列方法综合确定：

1）根据上拔量随荷载变化的特征确定：对陡变型 U-δ 曲线，取陡升起始点对应的荷载值；

2）根据上拔量随时间变化的特征确定：取 δ-$\lg t$ 曲线斜率明显变陡或曲线尾部明显弯曲的前一级荷载值；

3）当在某级荷载下抗拔钢筋断裂时，取其前一级荷载值。

如果因抗拔钢筋受力不均匀，部分钢筋因受力太大而断裂，应视该桩试验无效并进行补充试验。

当工程桩验收检测的受检桩在最大上拔荷载作用下，未出现上述情况时，单桩竖向抗拔极限承载力应按下列情况取值：

1）设计要求最大上拔量控制值对应的荷载；

2）施加的最大荷载；

3）钢筋应力达到设计强度值时对应的荷载。

单桩竖向抗拔承载力特征值应按单桩竖向抗拔极限承载力的50%取值。当工程桩不允许带裂缝工作时，取桩身开裂的前一级荷载作为单桩竖向抗拔承载力特征值，并与按极限荷载一半取值确定的承载力特征值相比，取低值。

（6）示例

佛山市南海区某下穿隧道抗拔桩，检测桩的有关成桩参数表见表5-25。

检测桩的有关成桩参数表　　　　　　　　表 5-25

试验桩号	桩径(mm)	入土桩长(m)	承载力特征值(kN)	钢筋直径(mm)/条数	主要桩侧土层
GZH2-12	1200	23.5	3300	28/32	中风化灰岩

试验加载到6600kN时，总上拔量为69.03mm，U-δ曲线平缓，无明显陡升段，δ-lg$t$曲线呈平缓规则排列（图5-11）。

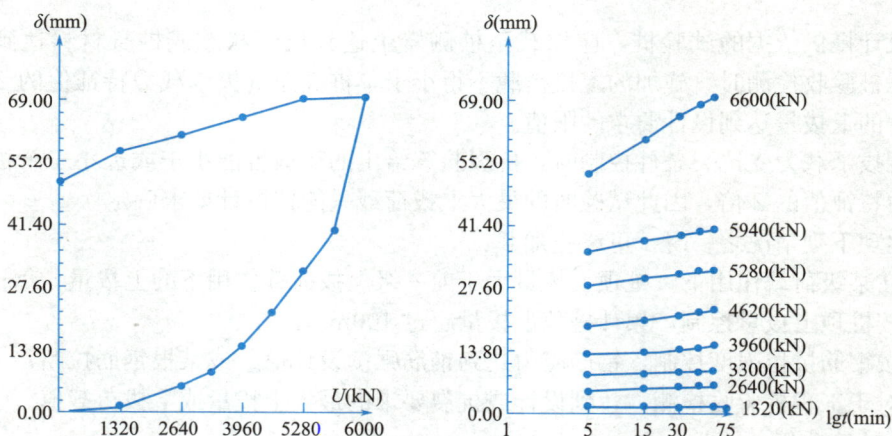

图 5-11　U-δ 及 δ-lg$t$ 曲线图

因已达到委托要求的最大试验荷载，桩顶上拔速率达到相对稳定标准，取最大试验荷载（6600kN）为该桩单桩竖向抗拔极限承载力。

综合分析，取单桩竖向抗拔极限承载力（6600kN）的50%所对应荷载3300kN为该桩单桩竖向抗拔承载力特征值。

试验结果汇总见表5-26、表5-27。

试验结果汇总表　　　　　　　　表 5-26

试验桩号	设计承载力特征值(kN)	最大上拔量(mm)	残余上拔量(mm)	承载力特征值对应上拔量(mm)	检测承载力特征值(kN)
GZH2-12	3300	69.03	50.45	8.59	3300

单桩竖向抗拔静载试验汇总表　　　　　　表 5-27

序号	荷载(kN)	历时(min)		上拔(mm)	
		本级	累计	本级	累计
0	0	0	0	0.00	0.00
1	1320	75	75	1.06	1.06
2	2640	60	135	4.38	5.44
3	3300	60	195	3.15	8.59
4	3960	60	255	6.03	14.62
5	4620	60	315	7.48	22.10
6	5280	60	375	8.83	30.93
7	5940	60	435	9.08	40.01
8	6600	60	495	29.02	69.03
9	5280	15	510	−0.22	68.81
10	3960	15	525	−3.92	64.89
11	2640	15	540	−4.15	60.74
12	1320	15	555	−3.27	57.47
13	0	45	600	−7.02	50.45

最大上拔量 69.03mm　　最大回弹量:18.58mm　　回弹率:26.92%

4. 单桩水平静载试验

桩受水平荷载有多种形式,如风力、制动力、地震力、船舶撞击力及波浪力等,一般常见的治理滑坡的抗滑桩、基坑支护的护壁桩等均是水平受力的桩基。

(1) 基本原理

桩的水平静载试验一般以桩顶自由的单桩为对象,采用接近水平受力桩的实际工作条件的方法确定单桩水平承载力和地基土水平抗力系数或对工程桩水平承载力进行检验和评价的试验方法。

桩在水平荷载和力矩的作用下,类似于受弯的弹性地基梁与土共同变形。桩的水平承载力是指桩身达到允许变形时所能承受的水平荷载。

由于土是弹塑性的,其抗力问题比较复杂,目前仍按弹性地基的假定进行计算。桩在水平荷载作用下受弯,桩身产生水平变形和弯曲应力。外力的一部分由桩本身承担,另一部分通过桩传给桩侧土体。桩的入土深度不同,在水平力作用下的工作性状也不相同,通常有如下两种形式:

1) 刚性桩:当地基松软、桩径较大、桩身短、桩的入土深度较小、桩的抗弯刚度大大超过地基刚度时,桩身如同刚体一样围绕桩轴上某一点而转动,甚至发生倾倒;

2) 弹性桩:当地基较密实、桩径较小、桩的入土深度较大、桩身产生弹性挠曲,不出现桩全长范围内的水平向地基屈服时,破坏是由于过大的水平位移引起桩身断裂而造成的。

影响单桩水平承载力的因素主要有如下几点:

1) 桩的截面尺寸、桩身强度和刚度越大,桩的水平承载力也越高。对于抗弯性能差的桩，其水平承载能力由桩身强度控制，如低配筋率的灌注桩通常是桩身首先出现裂缝，然后断裂破坏；而对于抗弯性能好的桩，如钢筋混凝土预制桩和钢桩，在水平荷载作用下，桩身虽然未断裂，但当桩侧土体显著隆起或桩顶水平位移大大超过上部结构的允许值时，也应该认为桩已达到水平承载力的极限状态。

2）地基土强度越高，桩的水平承载力也越高。尤其是桩侧表层土（3～4 倍桩径范围内）的承载能力极大地影响桩身的水平承载力。因此，当表层土较差时，一般应采取回填碎石、夯实等改良加固表层土的方案进行处理，可较大地提高桩的水平承载力。

3）桩的入土深度对水平承载力也有影响。当入土深度增大时，承载力提高。但当桩的入土深度达到某一深度后，继续增加入土深度，对桩的水平承载力不再起作用。

此外，通过设置连系梁（或地梁），采用刚度较大的承台，设置斜桩，保证桩接头的刚度等构造措施，亦可使桩的水平承载力得以较大的改善。

单桩水平静载试验目的确定单桩水平临界和极限承载力，推定土抗力参数；判定水平承载力或水平位移是否满足设计要求；通过桩身应变、位移测试，测定桩身弯矩。

（2）方法标准

《建筑基桩检测技术规范》JGJ 106—2014；

《公路工程基桩检测技术规程》JTG/T 3512—2020；

《水运工程地基基础试验检测技术规程》JTS 237—2017；

《建筑地基基础检测规范》DBJ/T 15—60—2019 等。

（3）仪器设备

单桩水平静载试验设备与单桩竖向抗压静载试验设备基本相同，但其安装及加压方式有所不同。其试验装置如图 5-12。

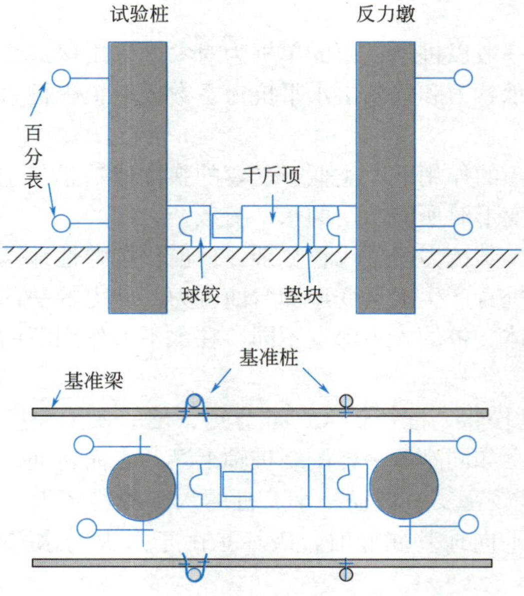

图 5-12　水平静载试验装置

水平推力加载装置宜采用卧式千斤顶，加载能力不得小于最大试验荷载的 1.2 倍。水平力作用点宜与实际工程的桩基承台底面标高一致。

千斤顶和试验桩接触处应安置球形铰支座，保证千斤顶的作用力水平通过桩身轴线。

当千斤顶与试桩接触面的混凝土不密实或不平整时，应对其进行补强或补平处理。为防止荷载作用点处桩身局部破坏，一般可用钢垫块进行加强。

（4）现场检测

单桩水平静载试验宜根据工程桩的实际受力特性，选用单向多循环加卸载法或与单桩竖向抗压静载试验相同的慢速维持荷载法。当对试验桩桩身横截面弯曲应变进行测量时，宜采用维持荷载法。

单向多循环加载法，主要是为了模拟实际结构的受力形式。由于结构物承受的实际荷载异常复杂，所以当需考虑长期水平荷载作用影响时，宜采用慢速维持荷载法。此外水平试验桩通常以结构破坏为主，为缩短试验时间，也可参照港口工程桩基水平承载力试验方法，采用更短时间的快速维持荷载法。

试验加卸载方式和水平位移测量，应符合下列规定：

1）单向多循环加载法的分级荷载，不应大于预估水平极限承载力或最大试验荷载的 1/10；每级荷载施加后，恒载 4min 后，可测读水平位移，然后卸载至零，停 2min 测读残余水平位移，至此完成一个加卸载循环；如此循环 5 次，完成一级荷载的位移观测；试验不得中间停顿；

2）慢速维持荷载法的加卸载分级、试验方法及稳定标准应按单桩竖向抗压试验的有关规定执行。

当出现下列情况之一时，可终止加载：

1）桩身折断；

2）水平位移超过 30～40mm（软土或大直径桩取高值）；

3）水平位移达到设计要求的水平位移允许值。

（5）计算分析

检测数据应按下列要求整理：

1）采用单向多循环加载法时，应分别绘制水平力-时间-力作用点位移（H-t-Y_0）关系曲线（图 5-13）和水平力-位移梯度（H-$\Delta Y_0/\Delta H$）关系曲线。

2）采用慢速维持荷载法时，应绘制水平力-力作用点位移（H-Y_0）关系曲线、水平力-位移梯度（H-$\Delta Y_0/\Delta H$）关系曲线、力作用点位移-时间对数（Y_0-$\lg t$）关系曲线和水平力-力作用点位移双对数（$\lg H$-$\lg Y_0$）关系曲线。

3）绘制水平力、水平力作用点水平位移-地基土水平抗力系数的比例系数的关系曲线（H-m、Y_0-m）。

当桩顶自由且水平力作用位置位于地面处时，m 值可按下列公式确定：

$$m = \frac{(v_y H)^{\frac{5}{3}}}{b_0 Y_0^{\frac{5}{3}} (EI)^{\frac{2}{3}}} \tag{5-8}$$

$$\alpha = \left(\frac{mb_0}{EI}\right)^{\frac{1}{5}} \tag{5-9}$$

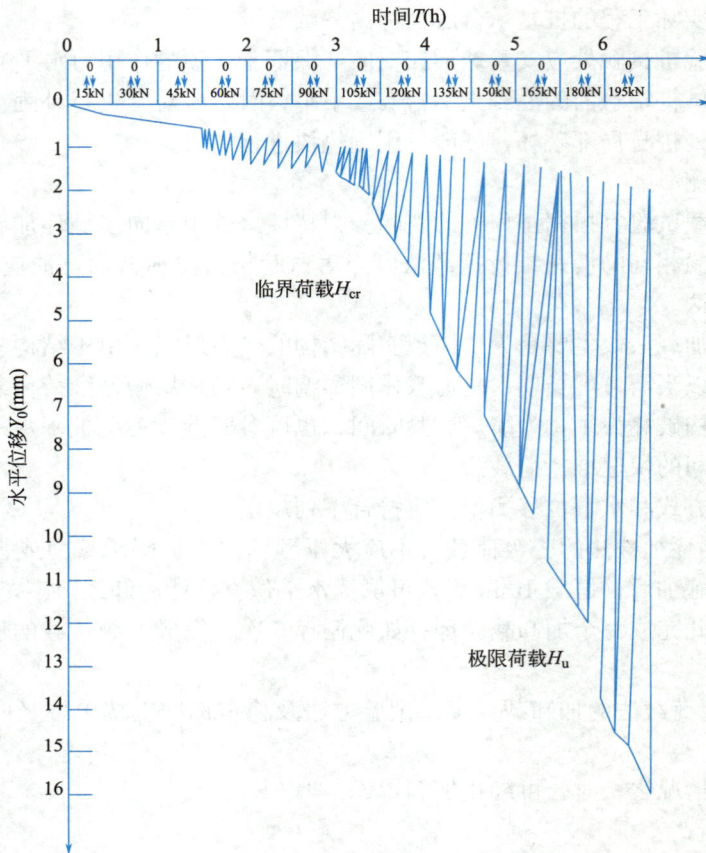

图 5-13　单桩水平静载试验 H-t-Y_0 曲线

式中，m——地基土水平抗力系数的比例系数（kN/m^4）；

　　　α——桩的水平变形系数（m^{-1}）；

　　　v_y——桩顶水平位移系数，当 $h \geqslant 4.0$ 时（h 为桩的入土深度），$v_y = 2.441$；

　　　H——作用于地面的水平力（kN）；

　　　Y_0——水平力作用点的水平位移（m）；

　　　EI——桩身抗弯刚度（$kN \cdot m^2$）；其中 E 为桩身材料弹性模量，I 为桩身换算截面惯性矩；

　　　b_0——桩身计算宽度（m）；对于圆形桩：当桩径 $D \leqslant 1m$ 时，$b_0 = 0.9 (1.5D + 0.5)$；当桩径 $D > 1m$ 时，$b_0 = 0.9 (D+1)$；对于矩形桩：当边宽 $B \leqslant 1m$ 时，$b_0 = 1.5B + 0.5$；当边宽 $B > 1m$ 时，$b_0 = B + 1$。

　　试验得到的地基土水平抗力系数的比例系数 m 不是一个常量，而是随地面水平位移及荷载而变化的曲线。

　　单桩的水平临界荷载 H_{cr} 可按下列方法综合确定：

　　1）取单向多循环加载法时的 H-t-Y_0 曲线或慢速维持荷载法时的 H-Y_0 曲线出现拐点的前一级水平荷载值（图 5-14）；

2）取 $H\text{-}\Delta Y_0/\Delta H$（图 5-15）曲线或 $\lg H\text{-}\lg Y_0$ 曲线上第一拐点对应的水平荷载值；

3）取 $H\text{-}\sigma_s$ 曲线第一拐点对应的水平荷载值。

单桩水平极限承载力 H_u 是对应于桩身折断或桩身钢筋应力达到屈服时的前一级水平荷载，可按下列方法综合确定：

1）取单向多循环加载法时的 $H\text{-}t\text{-}Y_0$ 曲线产生明显陡降的前一级，或慢速维持荷载法时的 $H\text{-}Y_0$ 曲线发生明显陡降的起始点对应的水平荷载值（图 5-14）；

2）取慢速维持荷载法时的 $Y_0\text{-}\lg t$ 曲线尾部出现明显弯曲的前一级水平荷载值；

3）取 $H\text{-}\Delta Y_0/\Delta H$（图 5-15）曲线或 $\lg H\text{-}\lg Y_0$ 曲线上第二拐点对应的水平荷载值；

4）取桩身折断或受拉钢筋屈服时的前一级水平荷载值。

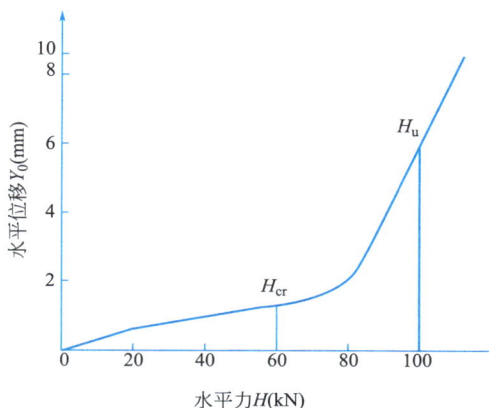

图 5-14　水平力与水平位移（$H\text{-}Y_0$）曲线　　　图 5-15　水平力与位移梯度（$H\text{-}\Delta Y_0/\Delta H$）曲线

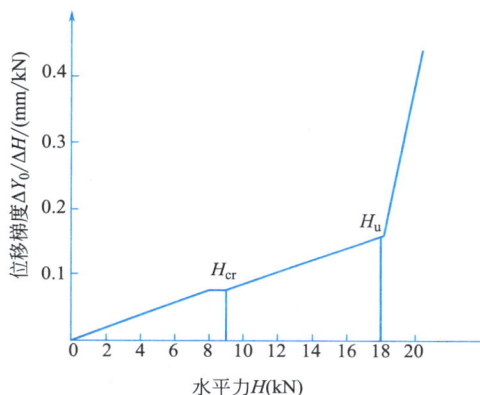

单桩水平承载力特征值的确定应符合下列规定：

1）当桩身不允许开裂或灌注桩的桩身配筋率小于 0.65％时，取水平临界荷载的 0.75 倍为单桩水平承载力特征值；

2）对钢筋混凝土预制桩、钢桩和桩身配筋率不小于 0.65％的灌注桩，可取设计桩顶标高处水平位移所对应荷载的 0.75 倍作为单桩水平承载力特征值；水平位移可按下列规定取值：

a. 对水平位移敏感的建筑物取 6mm；

b. 对水平位移不敏感的建筑物取 10mm。

3）按设计要求的水平允许位移对应的荷载作为单桩水平承载力特征值，且应满足桩身抗裂要求。

第八节　基桩钻芯法检测

1. 基本知识

钻芯法（Core Drilling Method）是指用钻机钻取芯样，检测桩长、桩底沉渣厚度以及桩身混凝土的强度，判定或鉴别桩端岩土性状的方法。钻芯法是一种微破损或局部破损的检测方法，具有科学、直观、实用等特点，不仅可检测混凝土灌注桩，也可检测地下连续墙以及混凝土结构的质量。

钻芯法特别适用于大直径混凝土灌注桩的成桩质量检测。对于端承型大直径灌注桩，当受设备或现场条件限制，无法检测单桩竖向抗压承载力时，可采用钻芯法检验桩端持力层来评估其承载能力。

有些工程为了验收的需要，对中小直径灌注桩也用钻芯法检测其上部混凝土的强度。

2. 钻芯法检测

（1）基本原理

钻芯法借鉴了地质钻探技术，从混凝土桩中钻取芯样，通过观察芯样的表面状况、芯样抗压强度试验等，综合评价桩的质量。

钻芯法检测的主要目的有：

1）检测桩身混凝土质量情况，如桩身混凝土胶结状况、有无气孔、松散或断桩等，桩身混凝土强度是否符合设计要求；

2）桩底沉渣厚度是否符合设计或规范的要求；

3）桩端持力层的岩土性状（强度）和厚度是否符合设计或规范要求；

4）施工记录桩长是否真实。

受检桩长径比较大时，成孔的垂直度和钻芯孔的垂直度很难控制，钻芯孔容易偏离桩身，故通常要求受检桩桩径不宜小于800mm、长径比不宜大于30。如果仅仅是检测桩身上部的质量或强度，不受此限制。

如果仅在桩身中钻孔，无法判断桩的入岩深度，还需在桩侧增加钻孔，相互比较来确定。

钻芯法同样适用于检测地下连续墙混凝土强度、完整性、墙深、沉渣厚度以及持力层的岩土性状。

（2）方法标准

《建筑基桩检测技术规范》JGJ 106—2014；

《公路工程基桩检测技术规程》JTG/T 3512—2020；

《水运工程地基基础试验检测技术规程》JTS 237—2017；

《建筑地基基础检测规范》DBJ/T 15—60—2019 等。

（3）仪器设备

钻取芯样宜采用液压操纵的高速钻机，并配置适宜的水泵、孔口管、扩孔器、卡簧、扶正稳定器和可捞取松软渣样的钻具。

桩身混凝土钻探，应使用单动双管钻具，不得使用单动单管钻具，目的是保证芯样的质量在钻探过程中不因机械、振动等原因而受损。

桩底持力层钻探，当为硬质岩时应采用单动双管或单管金刚石钻具，当为软质岩或土层时，可采用单管硬质合金钻具。

应根据混凝土设计强度等级选用合适粒度、浓度、胎体硬度的金刚石钻头，且外径不宜小于100mm。

金刚石钻头与岩芯管之间必须安有扩孔器，用以修正孔壁；扩孔器外径应比钻头外径大 0.3～0.5mm，卡簧内径应比钻头内径小 0.3mm 左右。

（4）现场检测

1）钻孔数量和位置

每根受检桩的钻芯孔数一般根据桩径来定，具体按照相关行业规范执行。

当钻芯孔为 1 个时，宜在距桩中心 10～15cm 的位置开孔；当钻芯孔为 2 个或 2 个以上时，开孔位置宜在距桩中心（0.15～0.25）D 内均匀对称布置。

当选择钻芯法对桩身质量、桩长、桩底沉渣、桩端持力层进行验证检测时，受检桩的钻芯孔数可为 1 孔。

2）钻机安放

钻机设备安装必须周正、稳固、底座水平。钻机立轴中心、天轮中心（天车前沿切点）与孔口中心必须在同一铅垂线上。

设备安装后，应进行试运转，在确认正常后方能开钻。

3）钻探

基桩钻芯法采用清水钻进。

钻进初始阶段应对钻机立轴进行校正，及时纠正立轴偏差，保证钻芯孔垂直度偏差 ≤0.5%。

当出现钻芯孔与桩体偏离时，应立即停机记录、分析原因。

① 桩身钻探

桩身混凝土钻芯每回次进尺应控制在 1.5m 内。钻进过程中，钻孔内循环水流不得中断，应根据回水含砂量及颜色调整钻进速度。应经常对钻机立轴垂直度进行校正；同时注意钻机塔座的稳定性，确保钻芯过程不发生倾斜、移位。

芯样取出后，钻机操作人员应由上而下按回次顺序放进芯样箱中，现场记录起止深度和钻进情况，尤其是异常情况，对芯样质量进行简单描述，在芯样侧面上应清晰标明回次数、块号、本回次总块数（宜写成带分数的形式，如 $2\frac{3}{5}$ 表示第 2 回次共有 5 块芯样，本块芯样为第 3 块）。

检测人员及时对混凝土芯样、桩底沉渣以及桩端持力层详细编录，描述芯样的连续性、完整性和胶结情况等，包括表面光滑情况、断口吻合程度、混凝土芯样是否为柱状、骨料大小分布情况，气孔、蜂窝麻面、沟槽、破碎、夹泥、松散的情况以及取样编号和取样位置等。

注意区分松散混凝土和破碎混凝土芯样，松散混凝土芯样完全是施工质量不佳所致，而破碎混凝土是因局部混凝土强度较低，在桩中仍处于胶结状态，但在钻探时受机械扰动使其破碎。

② 桩底沉渣钻探

应采取适宜的钻芯方法和工艺钻取沉渣并测定沉渣厚度。一般情况下，钻至桩底时，为检测桩底沉渣或虚土厚度，应采用减压、慢速钻进，若钻具突降，应立即停钻，及时测量机上余尺，准确记录孔深及有关情况。

持力层为中、微风化岩石时，可将桩底 0.5m 左右的混凝土芯样、0.5m 左右的持力层以及沉渣纳入同一回次。当持力层为强风化岩层或土层时，在钻至桩底时应立即改用合金钢钻头干钻反循环吸取法等适宜的钻芯方法和工艺钻取沉渣，并测定沉渣厚度。

③ 持力层钻探

持力层的钻探深度：每桩应至少有 1 孔钻至设计要求的深度，其他钻芯孔不小于 1m；对桩底持力层有夹层或岩溶的，受检桩的每个钻孔入持力层的深度均应满足设计要求；如设计没有明确的要求时，宜钻入持力层 3 倍桩径，且不应小于 3m。

持力层岩土性状鉴别：对中、微风化岩的桩端持力层，可直接钻取岩芯鉴别；对强风化岩层或土层，可采用动力触探、标准贯入试验等方法鉴别。试验宜在距桩底 1m 内进行。

对持力层的描述包括持力层钻进深度，岩土名称、芯样颜色、结构构造、裂隙发育程度、坚硬及风化程度以及取样编号和取样位置或动力触探、标准贯入试验位置和结果。分层岩层应分别描述。

当单桩质量评价满足设计要求时，应从钻芯孔孔底往上用水泥浆回灌封闭；否则应封存钻芯孔，留待处理。

4）取样

采取芯样前应对芯样全貌以及标明有工程名称、桩号、钻孔号、检测单位、日期等信息的标牌进行拍照。有明显缺陷的一面应朝上，务求能反映芯样的真实情况。

综合多种因素考虑，采用按桩身上、中、下部位截取芯样试件的原则，同时对缺陷部位和一桩多孔取样作了如下规定：

① 当桩长为 10～30m 时，每孔截取 3 组芯样；当桩长小于 10m 时，可取 2 组，当桩长大于 30m 时，不少于 4 组；

② 上部芯样位置距桩顶设计标高不宜大于 1 倍桩径或 2m，下部芯样位置距桩底不宜大于 1 倍桩径或 2m，中间芯样宜等间距截取。

③ 缺陷位置能取样时，应截取一组芯样进行混凝土抗压试验。

④ 如果同一基桩的钻芯孔数大于一个，其中一孔在某深度存在缺陷时，应在其他孔的该深度处截取芯样进行混凝土抗压试验。

桩底岩芯的制件要求：

当桩端持力层为中、微风化岩层且岩芯可制作成试件时，应在接近桩底部位 1m 内截取岩石芯样。遇到分层岩性时，宜在各分层岩面取样。由于单个岩石芯样截取的长度至少是其直径的 2 倍，通常在桩底以下 1m 范围内很难截取 3 个完整芯样，因此对岩石芯样不要求"一组 3 个"。

5）芯样加工

每组混凝土芯样应制作 3 个试件。

锯切后的芯样试件，当试件不能满足平整度及垂直度要求时，应选用以下方法进行端面加工：

① 在磨平机上磨平；

② 用水泥砂浆（或水泥净浆）或硫磺胶泥（或硫磺）等材料在专用补平装置上补平。

（5）计算分析

1）芯样试件抗压强度

芯样试件制作完毕即可进行抗压强度试验。对于岩石芯正常应保持钻芯时的"天然"

含水状态。只有明确要求提供岩石饱和单轴抗压强度标准值时，岩石芯样试件应在清水中浸泡不少于 12h 后进行试验。

混凝土芯样试件的抗压强度试验应按《混凝土力学性能试验方法标准》GB/T 50081—2019 的有关规定执行。

混凝土芯样试件抗压强度试验后，当发现芯样试件平均直径小于 2 倍试件内混凝土粗骨料最大粒径，且强度值异常时，该试件的强度值不得参与统计平均。应重新截取芯样试件进行抗压强度试验。条件不具备时，可将另外两个强度的平均值作为该组混凝土芯样试件抗压强度值。

芯样试件抗压强度应按下式计算：

$$f_{cu} = \xi \cdot \frac{4P}{\pi d^2} \qquad (5\text{-}10)$$

式中，f_{cu}——混凝土芯样试件抗压强度（MPa），精确至 0.1MPa；

$\quad\quad P$——芯样试件抗压试验测得的破坏荷载（N）；

$\quad\quad d$——芯样试件的平均直径（mm）；

$\quad\quad \xi$——芯样试件抗压强度换算系数，按照广东省标准《建筑地基基础检测规范》DBJ/T 15—60—2019，对于混凝土芯样可取 1/0.88；对于水泥搅拌桩、旋喷桩和水泥粉煤灰碎石桩芯样宜取 1。

桩底岩芯单轴抗压强度试验可按《建筑地基基础设计规范》GB 50007—2011 或《公路工程岩石试验规程》JTG E 41—2005 执行。

2）检测数据的分析与判定

① 每根受检桩混凝土芯样试件抗压强度按下列规定确定：

a. 取一组三块试件强度值的平均值为该组混凝土芯样试件抗压强度代表值；

b. 同一受检桩同一深度部位有两组或两组以上混凝土芯样试件抗压强度代表值时，取其平均值为该桩该深度处混凝土芯样试件抗压强度代表值；

c. 受检桩中不同深度位置的混凝土芯样试件抗压强度代表值中的最小值为该桩混凝土芯样试件抗压强度代表值。

② 桩端持力层性状应根据芯样特征、岩石芯样单轴抗压强度试验、动力触探或标准贯入试验结果，综合判定桩端持力层岩土性状。

③ 当同一受检桩的钻孔数为 2 个或以上时，桩底沉渣厚度宜按加权平均的计算方法确定。

将各钻孔的沉渣厚度从小到大依次排序：

$$\delta_1 \leqslant \delta_2 \cdots\cdots \leqslant \cdots\cdots \delta_i$$

桩底沉渣厚度的加权平均值为：

$$\delta = (\delta_1 + 2\delta_2 + \cdots + i\delta_i)/(1 + 2 + \cdots + i) \qquad (5\text{-}11)$$

式中，δ——受检桩的桩底沉渣厚度；

$\quad\quad \delta_i$——第 i 孔的桩底沉渣厚度；

$\quad\quad i$——同一受检桩的钻芯孔数。

④ 每根受检桩的桩身完整性类别可按下列方法综合判定：

a. 应结合钻芯孔数、现场混凝土芯样特征、芯样试件单轴抗压强度试验结果，按基桩完整性分类表的规定和表 5-28 的特征进行综合判定；

　　b. 混凝土出现分层现象，宜截取分层部位的芯样进行抗压强度试验。抗压强度满足设计要求的，可判为Ⅱ类；抗压强度不满足设计要求或未能制作成芯样试件的，应判为Ⅳ类；

　　c. 多于三个钻芯孔的桩身完整性可参照表 5-28 的三孔特征判定。

钻芯法桩身完整性判定　　　　　　　　　　表 5-28

类别	特征		
	单孔	两孔	三孔
Ⅰ	混凝土芯样连续、完整、胶结好，芯样侧表面光滑，骨料分布均匀，芯样呈长柱状，芯样断口吻合		
	芯样侧表面仅见少量气孔	局部芯样侧表面有少量气孔、蜂窝麻面、沟槽，但在另一孔同一深度部位的芯样中未出现，否则应判Ⅱ类	局部芯样侧表面有少量气孔、蜂窝麻面、沟槽，但在三孔同一深度部位的芯样中未同时出现，否则应判Ⅱ类
Ⅱ	混凝土芯样连续、完整、胶结较好，芯样侧表面较光滑，粗骨料分布基本均匀，芯样呈柱状、断口基本吻合。有下列情况之一：		
	1. 局部芯样侧表面有蜂窝麻面、沟槽或较多气孔； 2. 局部芯样侧表面蜂窝麻面严重、沟槽连续或局部芯样骨料分布极不均匀，但对应部位的混凝土芯样试件抗压强度满足设计要求，否则应判Ⅲ类	1. 芯样侧表面有较多气孔、严重蜂窝麻面、连续沟槽或局部混凝土芯样骨料分布不均匀，但在两孔的同一深度部位的芯样中未同时出现； 2. 芯样侧表面有较多气孔、严重蜂窝、连续沟槽或局部混凝土骨料分布不均匀，且在另一孔同一深度部位的芯样中同时出现，但该深度部位的混凝土芯样试件抗压强度代表值满足设计要求，否则应判为Ⅲ类； 3. 任一孔局部混凝土芯样破碎段长度不大于10cm，且在另一孔同一深度部位的局部混凝土芯样的外观判定完整性类别为Ⅰ类或Ⅱ类，否则应判为Ⅲ类或Ⅳ类	1. 芯样侧表面有较多气孔、严重蜂窝、连续沟槽或局部混凝土芯样骨料分布不均匀，但在三孔同一深度部位的芯样中未同时出现； 2. 芯样侧面有较多气孔、严重蜂窝麻面、连续沟槽或局部混凝土芯样骨料分布不均匀，且在任两孔或三孔同一深度部位的芯样中同时出现，但该深度部位的混凝土芯样试件抗压强度代表值满足设计要求，否则应判为Ⅲ类； 3. 任一孔局部混凝土芯样破碎段长度不大于10cm，且在另两孔同一深度部位的局部混凝土芯样的外观判定完整性类别为Ⅰ类或Ⅱ类，否则应判为Ⅲ类或Ⅳ类
Ⅲ	大部分混凝土芯样胶结较好，无松散、夹泥现象。有下列情况之一：		
	1. 芯样不连续、多呈短柱状或块状； 2. 局部混凝土芯样破碎段长度不大于10cm	1. 芯样不连续、多呈短柱状或块状； 2. 任一孔局部混凝土芯样破碎长度大于10cm，但不大于20cm，且在另一孔同一深度部位的局部混凝土芯样的外观判定完整性类别为Ⅰ类或Ⅱ类，否则应判为Ⅳ类	1. 芯样不连续、多呈短柱状或块状； 2. 任一孔局部混凝土芯样破碎长度大于10cm，但不大于30cm，且在另外两孔同一深度部位的局部混凝土芯样的外观判定完整性类别为Ⅰ类或Ⅱ类，否则应判为Ⅳ类； 3. 任一孔局部混凝土芯样松散段长度不大于10cm，且在另外两孔同一深度部位的局部混凝土芯样的外观判定完整性类别为Ⅰ类或Ⅱ类，否则应判为Ⅳ类
Ⅳ	有下列情况之一：		
	1. 因混凝土胶结质量差而难以钻进； 2. 混凝土芯样任一段松散或夹泥； 3. 局部混凝土芯样破碎长度大于10cm	1. 任一孔因混凝土胶结质量差而难以钻进； 2. 混凝土芯样任一段松散或夹泥； 3. 任一孔局部混凝土芯样破碎长度大于20cm； 4. 两孔同一深度部位的混凝土芯样破碎	1. 任一孔因混凝土胶结质量差而难以钻进； 2. 混凝土芯样任一段松散或夹泥大于10cm； 3. 任一孔局部混凝土芯样破碎长度大于30cm； 4. 其中两孔在同一深度部位的混凝土芯样破碎、松散或夹泥

注：当上一缺陷的底部位置标高与下一缺陷的顶部位置标高的高差小于 30cm 时，可认定两缺陷处于同一深度部位。

⑤ 成桩质量评价应按单根受检桩进行。当出现下列情况之一时，应判定该受检桩不满足设计要求：

a. 桩身完整性类别为Ⅳ类；

b. 混凝土芯样试件抗压强度代表值小于混凝土设计强度等级；

c. 桩长、桩底沉渣厚度不满足设计要求；

d. 桩底持力层岩土性状（强度）或厚度未达到设计要求。

当桩基设计资料未作具体规定时，应按国家现行标准判定。

（6）常见问题

1）钻孔未穿桩底

如果钻孔提前偏出桩外，未穿桩底，则仅对实际深度范围的桩身部分进行评价，不对整桩下结论，需结合其他检测方法综合评定。

还可以采用测斜技术对钻孔的竖直度进行检测，判断是取芯的钻孔斜了，还是桩本身倾斜超标了，以明确责任。

2）持力层的描述与判定

对于地质知识偏弱的检测人员，持力层的描述、判断可对照附近的勘察钻孔。但在岩溶地区地质情况复杂、变化大，必要时还是要有专业地质人员参与，以免误判或漏判。

3）缺陷争议

当钻探发现芯样破碎、松散、夹泥、水平裂缝、沉渣等缺陷时，易发生争议，可用钻孔电视进一步查明。桩身水平裂缝孔内、桩底沉渣孔内摄像照片如图 5-16 和图 5-17 所示。

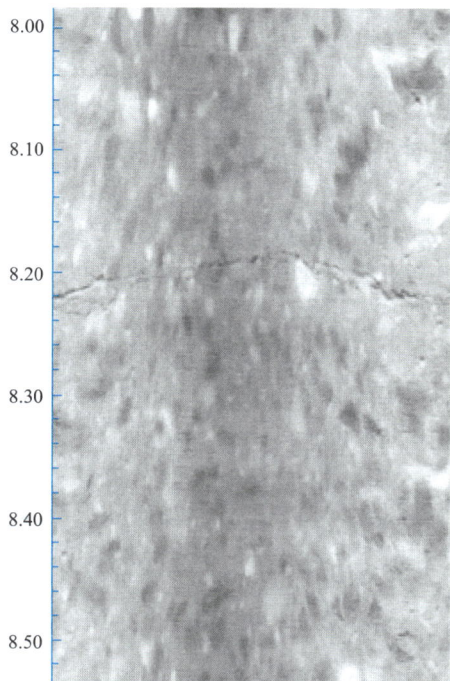

图 5-16　桩身水平裂缝孔内摄像照片　　　图 5-17　桩底沉渣孔内摄像照片

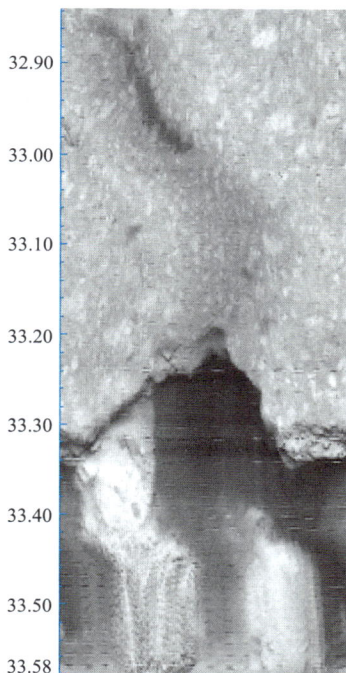

在钻探过程中，孔壁内会粘有岩粉。为保证孔内摄像的质量，在测试前，应进行洗孔。

第九节　基桩低应变法检测

1. 基本知识

低应变法（Low-Train Integrity Testing）是指采用低能量瞬态激振方式在桩顶激振，实测桩顶的速度时程曲线，通过波动理论分析，对桩身完整性进行判定的检测方法。

基桩低应变和高应变检测俗称动力试桩（简称"动测"）。动力试桩技术的发展始于动力打桩公式，依据是牛顿刚体碰撞理论、能量和动量守恒原理。

低应变法目前基本上以低应变反射波法为主，适用于检测混凝土桩身的完整性，判定桩身缺陷的程度和位置。

动测技术是一项多学科交叉的综合技术，涉及波动理论、振动理论、动态力学测试、信号处理、电子及计算机和桩基、岩土工程等方面的多学科知识。对从业人员有比较高的技术要求，需要通过不断学习、实践摸索、总结经验，才能较好的把握。

2. 低应变反射波法

（1）基本原理

基桩低应变反射波法检测基于波动理论。将桩假设为一维弹性杆件，在桩顶通过竖向锤击激发出弹性波。该弹性波沿着桩身向下传播时，遇到有阻抗差异的界面（如桩底、断桩、质量缺陷或桩身截面积变化等），将产生反射波。同时在桩顶接收、放大反射信号，对其进行分析、处理、计算，来判定桩身缺陷程度及位置，评价桩身的完整性类别。

这种在桩身中传播的弹性波，其传播特性类同于在空气中传播的声波。"反射波"也可称为"回波"。

目前工程上用的桩大多数为混凝土桩，而且桩的长度远大于直径，将桩假设为一维弹性杆的误差是可以接受的。锤击产生的弹性波频率主要在几百到几千赫兹之间，波长为数米到数十米，纵波占绝对优势，可忽略横向惯性效应。

假设桩长为 L，横截面积为 A，弹性模量为 E，质量密度为 ρ，桩周土阻力简化为沿桩轴线分布的线力，桩尖土阻力作用于桩的底部，取轴线向下方向为 x 轴，如图 5-18 所示。

按照前面的假设，则桩中各运动参数只与深度 x 和时间 t 有关，即有位移 $U = U(x, t)$，速度 $v = (x, t)$，加速度 $a = a(x, t)$，力 $F = F(x, t)$，应变 $\varepsilon = \varepsilon(x, t)$。在图中取一微元进行受力分析：

$$\sum F_x = ma_x$$

$$F(x + \Delta x, t) - F(x, t) - R \cdot dx = \rho \cdot A \cdot dx \cdot \frac{\partial^2 u}{\partial t^2}$$

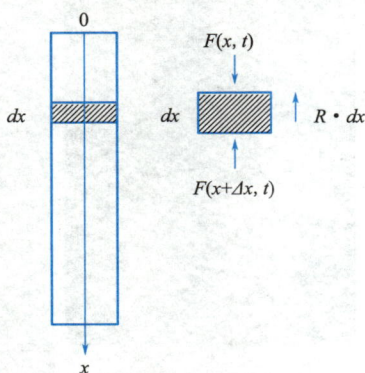

图 5-18　声波在杆中传播示意图

进一步有：

$$\frac{\partial F}{\partial x} - R = \rho \cdot A \cdot \frac{\partial^2 u}{\partial t^2}$$

根据材料力学：

$$F = \sigma \cdot A = E \cdot \varepsilon \cdot A$$

式中 ε 表示轴向应变：

$$\varepsilon = \frac{\partial u}{\partial x}$$

可导出桩的一维波动方程：

$$\frac{\partial^2 u}{\partial t^2} = C^2 \frac{\partial^2 u}{\partial x^2} - \frac{R}{\rho A}$$

式中，$C = \sqrt{E/\rho}$ 为弹性波速。

忽略土阻力时，简化为：

$$\frac{\partial^2 u}{\partial t^2} = C^2 \frac{\partial^2 u}{\partial x^2} \tag{5-12}$$

上式的达朗贝尔通解为：

$$u(x,t) = f(x - C \cdot t) + g(x + C \cdot t) \tag{5-13}$$

通解中的函数 f 和 g 是具有两阶连续偏导数的任意函数，由波动的初始条件确定。其中 f 沿 x 轴的正向传播，称之为"下行波"；g 沿 x 轴的负向传播，称之为"上行波"。

应用反射波法检测，应知晓波在阻抗界面的传播规律。在桩身中，波阻抗是桩身横截面积、材料密度和弹性模量的函数，表示为：

$$Z = EA/C = \rho CA \tag{5-14}$$

式中，ρC——桩的声特性阻抗或声阻抗率（$kg/m^2 \cdot s$）；

Z——桩的广义波阻抗（$N \times s/m$）。

由波阻抗的定义可知，其反映了桩身的质量特性。波阻抗的变化，实际上就是桩身混凝土质量的变化。假设在基桩中某处存在一个波阻抗变化界面，界面上部波阻抗 $Z_1 = \rho_1 C_1 A_1$，下部波阻抗 $Z_2 = \rho_2 C_2 A_2$，有下列三种情形：

1）当 $Z_1 = Z_2$ 时，表示桩截面均匀，无缺陷；

2）当 $Z_1 > Z_2$ 时，表示在相应位置存在截面缩小或混凝土质量较差等缺陷；

3）当 $Z_1 < Z_2$ 时，表示在相应位置存在扩径。

在桩顶激发的弹性波，沿桩身向下传播，当遇到桩身存在明显的波阻抗变化界面时，将产生反射和透射波，如图 5-19 所示。进一步求解一维波动方程，可得：

$$V_r = V_i \cdot \frac{z_1 - z_2}{z_1 + z_2} \tag{5-15}$$

$$V_t = V_i \cdot \frac{2z_1}{z_1 + z_2} \tag{5-16}$$

$$F_r = -F_i \cdot \frac{z_1 - z_2}{z_1 + z_2} \tag{5-17}$$

$$F_t = F_i \cdot \frac{2z_2}{z_1 + z_2} \tag{5-18}$$

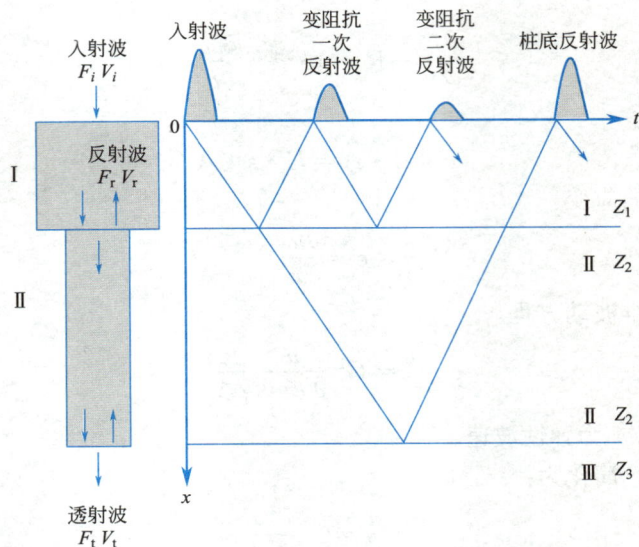

图 5-19　声波在桩身界面的传播特性

此处的入射波 V_i、反射波 V_r 和透射波 V_t 均为弹性波在界面处的质点振动速度，对应检测时在桩顶用传感器采集到的振动信号，与弹性波波速 C 不是同一概念。由于弹性波在传播过程中的衰减、桩身材料的变化等因素的影响，界面处的质点振动速度与桩顶接收到的反射波在幅值上是有差别的，但是，在相位上是相同的。

在反射波法检测中，通常只考虑速度量。

1）当 $Z_1 = Z_2$ 时，声波全部透射，无反射波；

2）当 $Z_1 > Z_2$ 时，产生相位相同的反射波；

3）当 $Z_1 < Z_2$ 时，产生相位相反的反射波；

4）透射波始终与入射波同相位。

当反射波到达桩顶后，由于顶面为自由界面（$Z_2 = 0$），其将重新折返向下，成为下一个入射波，最终在记录上形成二次反射波。

关于桩底的反射，也有三种情形：

1）当桩端持力层为土层或强风化岩，或者是桩底有沉渣时，可认为是 $Z_1 > Z_2$，通常产生相位相同的回波；

2）当桩端持力层为中风化、微风化硬质岩时，可认为是 $Z_1 < Z_2$，通常产生相位相反的回波；

3）当桩端持力层为中风化、微风化软质岩或者是小直径桩（如管桩）进入到硬土层时，可认为是 $Z_1 \approx Z_2$，声波几乎全透射，无回波或者回波很弱。

反射波法检测就是通过桩顶实测回波的相位、幅值、位置等信息来判定桩身的完整性。

（2）方法标准

《建筑基桩检测技术规范》JGJ 106—2014；

《公路工程基桩检测技术规程》JTG/T 3512—2020；

《水运工程地基基础试验检测技术规程》JTS 237—2017；

《建筑地基基础检测规范》DBJ/T 15—60—2019。

（3）仪器设备

低应变检测仪器设备包括一体化动测仪（包括信号放大、采集设备，信号存储、处理和显示设备）、接收传感器、激振设备等几部分组成。检测仪器的主要技术性能指标应符合《基桩动测仪》JG/T 518—2017 的有关规定。

传感器：有速度和加速度传感器两种。普遍采用高灵敏度剪切型压电加速度传感器，体积小、重量轻、结构坚固、安装方便，同时具有频带宽、稳定性好、适用范围大等优点。由于分析、判定时习惯使用速度曲线，故采用加速度传感器时，需通过积分转换成速度信号（由仪器自动完成）。

衡量加速度传感器性能的两个主要指标是灵敏度和频响范围。

激振设备：现场测试最常用的是手锤和力棒，锤体质量一般为几百克至几十千克不等。

（4）现场检测

1）桩头的处理

桩顶条件和桩头的处理好坏直接影响测试信号的质量。

灌注桩应凿去顶部浮浆或松散部分，直至露出坚硬的混凝土表面，清理积水。对于预应力管桩，当法兰盘与桩身混凝土之间结合紧密时，可不进行处理，否则，应用电锯将一部分桩头锯掉。

2）测试参数设定

参照仪器操作手册，按项目设置工程名称、桩号、桩长、波速等基本信息以及信号采集的相关参数，应注意下列要求：

① 时域信号记录的时间段长度应在 $2L/c$ 时刻后延续不少于 5ms；幅频信号分析的频率范围上限不应小于 2000Hz；

② 设定桩长应为桩顶测点至桩底的施工桩长；

③ 桩身波速可根据本地区同类型桩的经验值初步设定，一般灌注桩设为 3500～3800m/s，预制桩设为 4000～4200m/s；

④ 采样时间间隔或采样频率应根据桩长、桩身波速和频域分辨率合理选择，时域信号采样点数不宜少于 1024 点；

⑤ 传感器的灵敏度应按计量校准结果设定。

3）传感器安装与激振

传感器安装与激振直接影响信号的采集质量，对测试的成功至关重要，应符合下列规定：

① 安装传感器的位置应平整，保持传感器与桩顶面垂直，用黄油、凡士林或牙膏等耦合剂粘结传感器时，应具有足够的粘结强度，为此，可先将安装位置和锤击点磨平；

② 激振点与测量传感器安装位置应避开钢筋笼的主筋影响，若外露主筋过长而影响正常测试时，应将其割短；

③ 激振方向应沿桩轴线方向；

④ 应通过现场敲击试验，选择合适重量的激振力锤和软硬适宜的锤垫；由于高频成

分衰减较快，可用宽脉冲获取桩底或桩身下部缺陷反射信号，而用窄脉冲获取桩身上部缺陷反射信号。

4）信号采集和筛选

为保证从现场获取的信息尽量完备，应符合下列规定：

① 根据桩径大小，桩心对称布置 2～4 个安装传感器的检测点；实心柱的激振点应选择在桩中心，检测点宜在距桩中心 2/3 半径处；空心桩的激振点和检测点宜为桩壁厚的 1/2 处振激点与桩中心连线形成的夹角宜为 90°（图 5-20）；

② 当桩径较大或桩上部横截面尺寸不规则时，适当改变激振点和检测点的位置采集信号；

③ 不同检测点及多次实测时域信号一致性较差，应分析原因，增加检测点数量；通过各测点波形差异，大致判断浅部缺陷是否存在方向性；

④ 信号不应失真和产生零漂，信号幅值不应大于测量系统的量程；

⑤ 每个检测点记录的有效信号数不宜少于 3 个。

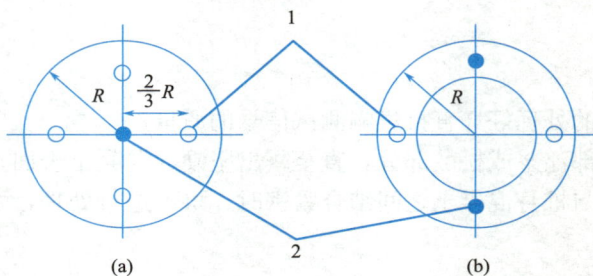

图 5-20　传感器安装点、激振（锤击）点布置示意图

（a）实心桩；（b）空心桩

5）现场初步分析

现场对实测信号通过指数放大进行简要分析，对桩进行初步判断。要通过变换锤击点、接收点的位置，确定信号的稳定性，避免采到某些"假信号"。当出现较大的异常，初判为Ⅲ或Ⅳ类时，更要反复确认。

（5）计算分析

基桩低应变检测有专业的分析软件，操作并不复杂。主要包括：检查桩长输入是否正确？波速设置是否合理？再对测试信号进行指数放大，目的是补偿桩中、下部回波的衰减。指数放大倍数应合适，即可看到较明显的桩底回波，又不至于将尾部信号放得太大，出现较大的干扰，明显偏离基线。适当进行滤波或平滑处理。移动首尾光标，确定桩顶、桩底位置（一般将光标移至脉冲的起跳位置，当回波信号的峰值明显时，也可统一移至峰值，如图 5-21 所示）。

图 5-21 中，ϕ1.8m 钻孔灌注桩，桩长 31.5m，指数放大倍数 6，波速为 3850m/s，判定为Ⅰ类桩。

1）波速取值

同批次桩，并非每一根桩都能检测到清晰的桩底回波，此时可用平均波速来分析。

当桩长已知、桩底反射信号明确时（图 5-22），在地质条件、设计桩型、成桩工艺相同的基桩中，选取不少于 5 根Ⅰ类桩的桩身波速值按下式计算其平均值：

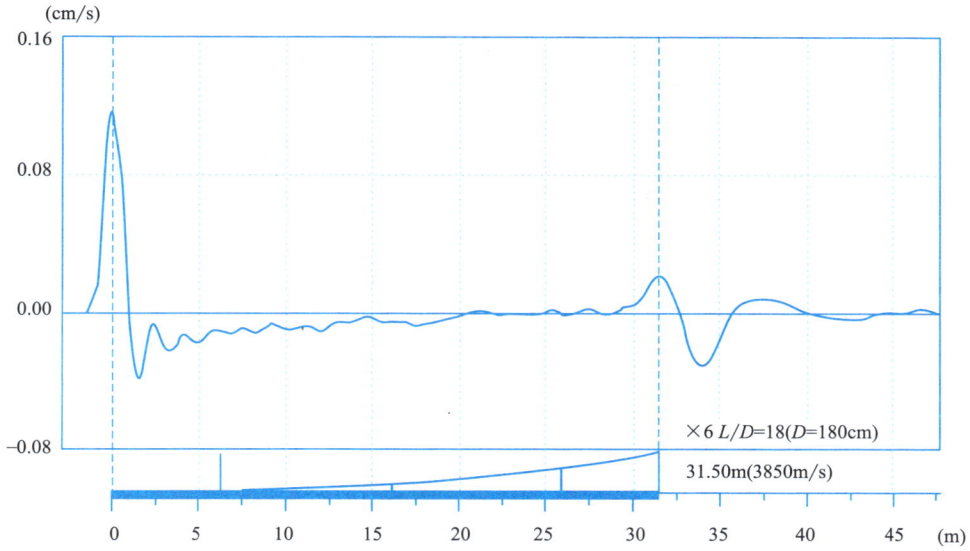

图 5-21　桩的实测速度信号分析

$$c_m = \frac{1}{n} \sum_{i=1}^{n} c_i \qquad (5\text{-}19)$$

$$c_i = \frac{2000L}{\Delta t} \qquad (5\text{-}20)$$

式中，c_m——桩身波速的平均值（m/s）；

　　　c_i——第 i 根受检桩的桩身波速值（m/s），且 $|c_i - c_m|/c_m$ 不宜大于 5%；

　　　L——测点下桩长（m）；

　　　Δt——速度波第一峰与桩底反射波峰间的时间差（ms）；

　　　n——参加波速平均值计算的基桩数量（$n \geqslant 5$）。

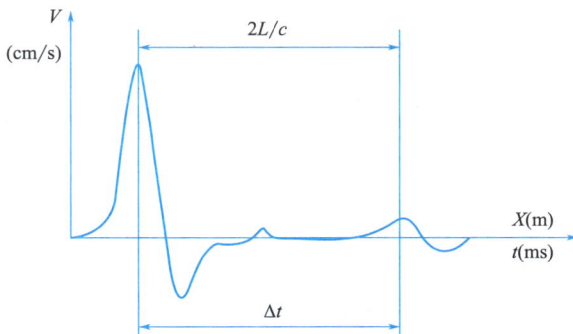

图 5-22　纵波波速时域计算示意图

当无法按上述方法确定波速平均值时，可根据本地区相同桩型及成桩工艺的其他桩基工程的实测值，结合桩身混凝土的骨料品种和强度等级综合确定。

2）缺陷位置

桩身缺陷位置应按下式计算：

$$x_i = \frac{1}{2000} \cdot \Delta t_i \cdot c \tag{5-21}$$

式中，x_i——桩身缺陷至传感器安装点的距离（m）；

　　　Δt_i——速度波第一峰与第 i 个缺陷反射波峰间的时间差（ms）；

　　　c——受检桩的桩身波速（m/s），无法确定时用 c_m 值替代；

缺陷位置时域计算示意如图 5-23 所示。

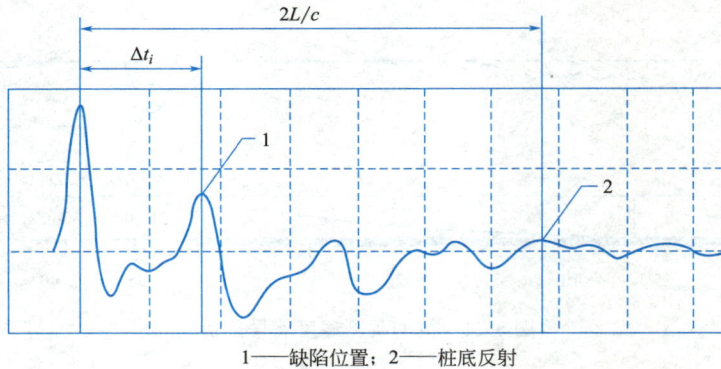

1——缺陷位置；2——桩底反射

图 5-23　缺陷位置时域计算示意

3）完整性判定

桩身完整性类别应根据实测时域或幅频信号特征，结合缺陷出现的深度、测试信号衰减特性以及设计桩型、成桩工艺、地质条件、施工情况等进行综合分析判定（表 5-29）。

反射波法桩身完整性判定

表 5-29

类别	时域信号特征	幅频信号特征
Ⅰ	$2L/c$ 时刻前无缺陷反射波，有桩底反射波	桩底谐振峰排列基本等间距，其相邻频差 $\Delta f \approx c/2L$
Ⅱ	$2L/c$ 时刻前出现轻微缺陷反射波，有桩底反射波	桩底谐振峰排列基本等间距，其相邻频差 $\Delta f \approx c/2L$，轻微缺陷产生的谐振峰与桩底谐振峰之间的频差 $\Delta f' > c/2L$
Ⅲ	有明显缺陷反射波，其他特征介于Ⅱ类和Ⅳ类之间	
Ⅳ	$2L/c$ 时刻前出现严重缺陷反射波或周期性反射波，无桩底反射波； 或因桩身浅部严重缺陷使波形呈现低频大振幅衰减振动，无桩底反射波	缺陷谐振峰排列基本等间距，相邻频差 $\Delta f' > c/2L$，无桩底谐振峰； 或因桩身浅部严重缺陷只出现单一谐振峰，无桩底谐振峰

注：对同一场地、地质条件相近、桩型和成桩工艺相同的基桩，因桩端部分桩身阻抗与持力层阻抗相匹配导致实测信号无桩底反射波时，可按本场地同条件下有桩底反射波的其他桩实测信号判定桩身完整性类别。

对于嵌岩桩，桩底回波通常与锤击脉冲信号反相，或者回波信号弱。当出现单一反射波且与锤击脉冲同相时，可能存在桩底沉渣或桩端下存在的软弱夹层、溶洞或持力层与设计不符，直接影响桩的安全使用，应采用静载试验、钻芯或高应变等其他方法核验桩端嵌岩情况，确保安全。

预制桩在 $2L/c$ 前出现异常反射，但又不能判断是否属于正常接桩反射时，可采用高应变法（管桩可采用孔内摄像）进行验证检测。实测信号复杂、无规律，无法对其进行准确评价时，桩身完整性判定宜结合其他检测方法进行。

（6）示例

某 $\phi 480\mathrm{mm}$ 锤击沉管灌注桩，桩长 20.0m，实测曲线如图 5-24 所示，从图中可见在 3.8m 左右出现明显回波信号，其后还可见 6～7 次回波，判定该桩在 3.8m 处断裂，完整性类别为Ⅳ类。后经开挖验证。

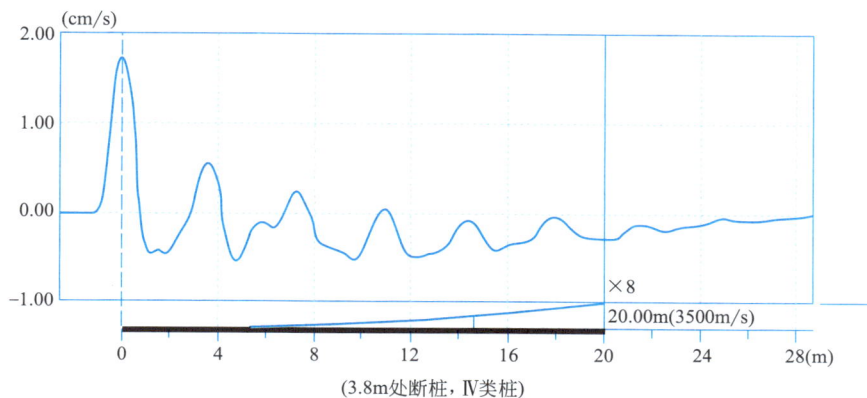

图 5-24　某桩实测速度时程曲线及桩头开挖照片

（7）常见问题

1）桩身无缺陷或轻微缺陷但无桩底反射信号

低应变法在桩顶激发，桩顶接收回波，测试简单、方便。但检测中也常遇到一个问题，就是实测信号中有时看不到桩底反射信号。这种情况在预应力管桩、嵌岩的人工挖孔桩以及长径比大的超长桩较为常见。理论上，我们将桩简化为一维杆件，用一维波动方程来求解。但实际上桩埋置于岩土中，处在一个三维环境，应力波会扩散到地下岩土中，导致在桩顶接收到的回波快速衰减，当桩周土与桩结合越紧密，这种效应越明显。在桩顶面测不到桩底反射信号，直接原因就是来自桩底的回波太弱。

因此，绝对要求同一工程所有Ⅰ、Ⅱ类桩都有清晰的桩底反射不现实。对同一场地、地质条件相近、桩型和成桩工艺相同的基桩，实测信号无桩底反射时（同时也无缺陷反射信号，如图 5-25 所示），只能按照本场地同条件下有桩底反射的其他桩实测信号判定桩身完整类别。但也需要注意，低应变动测法的这种局限性，可能会导致误判。

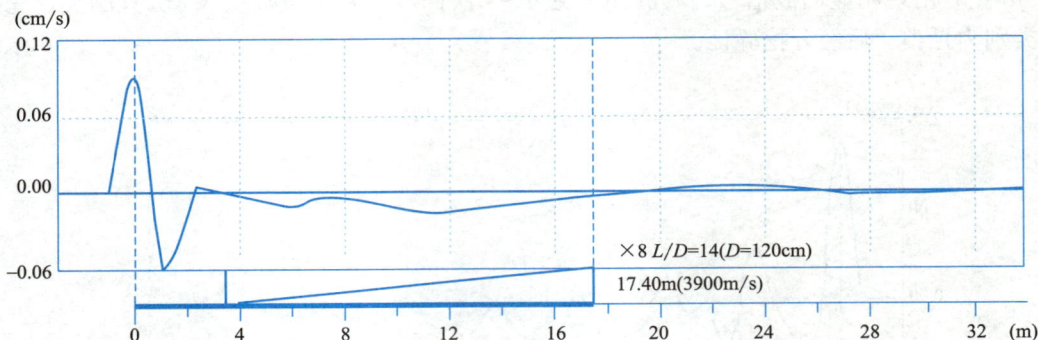

图 5-25　无明显桩底反射信号

（参照本场地其他桩，结合经验，判为 I 类桩）

2）缺陷桩信号分析的复杂性

有的实测缺陷信号的是施工质量缺陷产生的，但也有因设计构造或成桩工艺本身局限性导致的。因此，在分析测试信号时，应仔细分清缺陷波或缺陷谐振峰与桩身构造、成桩工艺以及土层影响所造成的类似缺陷信号特征。

此外，根据测试信号幅值大小判定缺陷程度，除受缺陷本身的影响外，还受桩周土及缺陷所处深度的影响。相同程度的缺陷因桩周土性质的不同或埋深不同，在测试信号中其幅值大小也是不同的。

正确判定缺陷程度，尤其是缺陷特征很明显时，划分III类桩还是IV类桩，应仔细对照桩型、地质条件、施工情况并结合当地经验分析判断。除此之外，还应结合基础和上部结构型式对桩的承载安全性的要求，判断桩身承载力不足引发桩身结构破坏的可能性，综合分析划分缺陷类别。

3）嵌岩桩问题

对于嵌岩桩，桩底沉渣和桩端持力层是否为软弱层、溶洞等是直接关系能否安全使用的关键因素。低应变法在理论上可以将嵌岩桩桩端视为杆件的固定端，并根据桩底反射波的相位来判断桩端嵌岩效果。

通常嵌岩桩的桩底反射波相位与入射波相反，如果桩底反射信号为单一反射波且与入射波同相，表明桩底可能存在沉渣（类似摩擦桩）或桩端嵌固效果较差，但也不是绝对是这样。所以，应采取钻芯法、静载试验或高应变法核验桩端嵌岩情况。

如果同场地嵌岩桩的桩底正常为反相反射，而某桩实然出现同相反射，则往往可以确定是有问题。图 5-26 为某桥两根 ϕ1.8m 冲孔灌注桩的实测曲线，设计桩端持力层为中风化花岗岩。上图为 R6-1 号桩，桩底回波同相，为异常情况；下图为 R6-2 号桩，桩底回波反相，属正常情况。对 R6-1 号桩进行钻芯核验，发现桩底为残积土和强风化花岗岩。

4）浅部缺陷

桩浅部或桩上部存在缺陷时，一维波动方程的平截面假设不成立，实测波形可能会出现振荡信号，而且改变锤击点、接收点的位置，实测波形还会出现较大的变化，增加分析

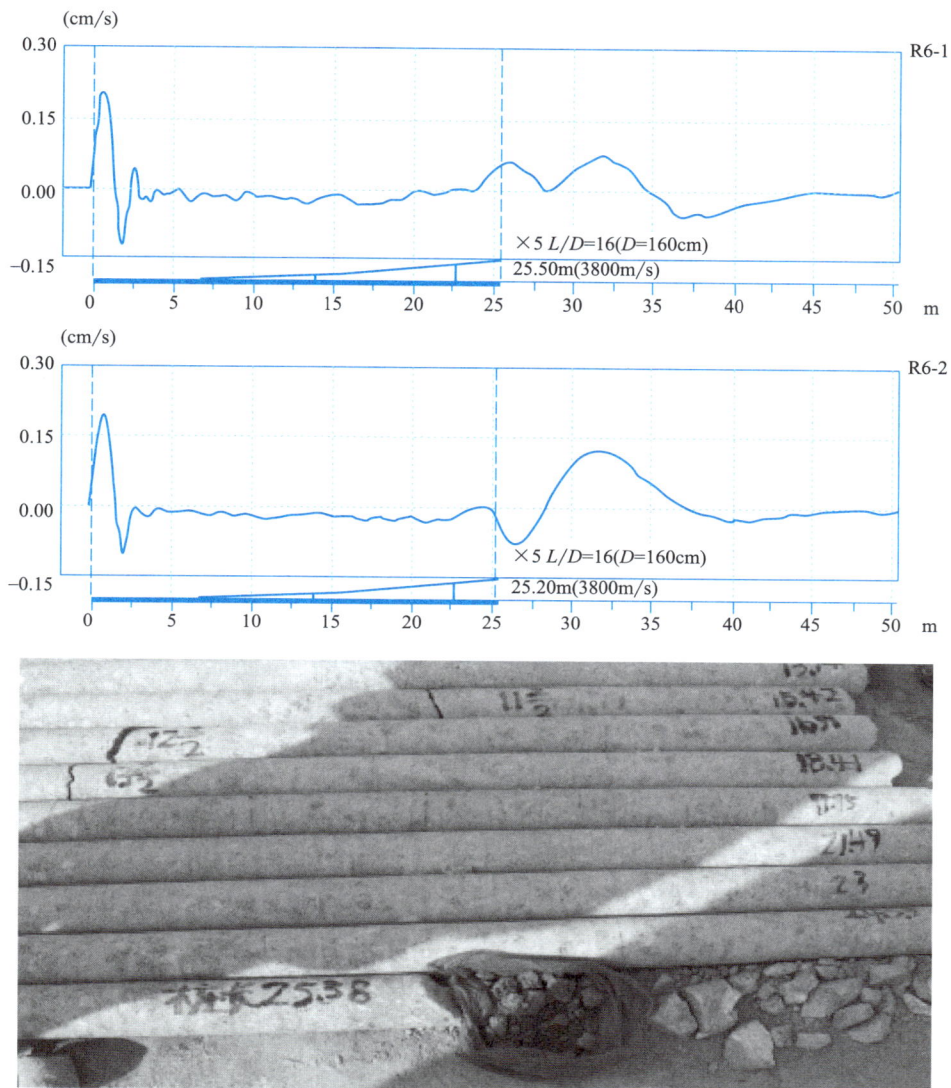

图 5-26　嵌岩桩 R6-1 号、R6-2 号实测速度曲线及 R6-1 号钻芯照片

(R6-1 号桩没有进入中风化岩)

判断的难度。

　　当桩的浅部出现严重缺陷时，通常波形呈低频率、宽幅振动，用小锤轻轻敲击时则可看到多次反射波，缺陷位置的深度可用小锤信号来估算，如图 5-27 所示。

　　低应变法对浅部缺陷比较敏感，往往导致无法分析桩中下部的缺陷，需结合工程经验综合分析，必要时破除桩头缺陷部分再重测。

　　5）其他异常反射

　　在个别情况下，实测信号中出现很强的同向反射，但经过钻芯核验时又没有发现问题，令人困惑。如图 5-28 所示。

　　××市某桥梁钻孔灌注桩，桩径 1.6m，桩长 47.0m，持力层为中风化泥岩。实测速

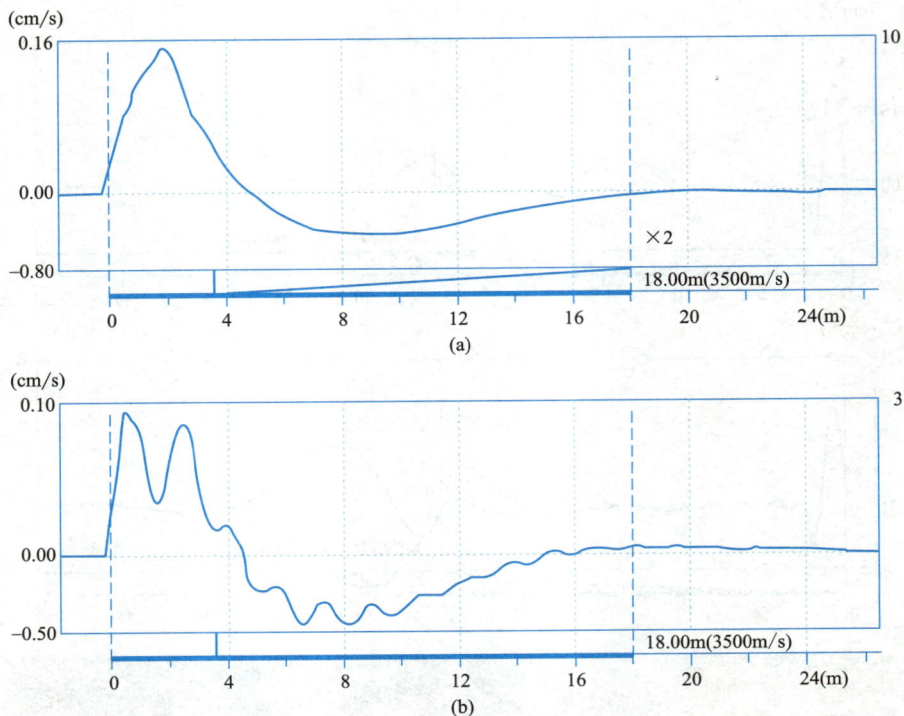

图 5-27　桩身浅部严重缺陷

（a）低频宽幅；（b）高频多次反射

度曲线在 38.0m 左右有一很强的同相反射。但钻芯核验时在该处桩身却没有明显缺陷，桩底也没有沉渣，核验桩长 47.59m，评为Ⅱ类桩。

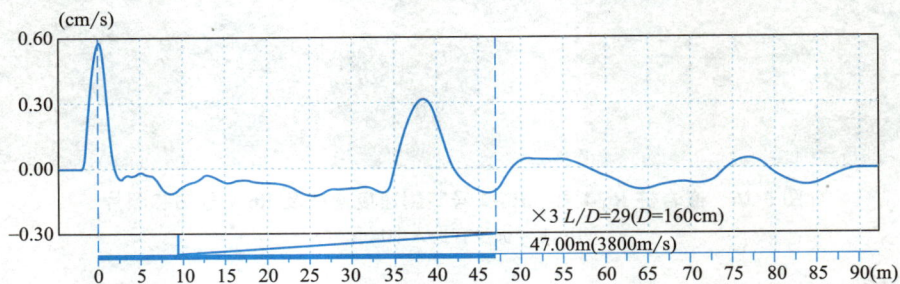

图 5-28　桩身中的异常强反射

　　反思其原因，这种情况下的反射波可能是来自于地下岩层界面，而不是桩本身的界面。

6）关于缺陷位置的误差

　　低应变法确定桩身缺陷的位置存在一定误差，其主要来自波速的变化及用抽样所得平均值 c_m 替代某具体桩身段波速带来的误差。假如波速相对误差为 5%，缺陷位置为 10m 时，误差有 0.5m；缺陷位置为 20m 时，误差有 1.0m。此外，还有缺陷位置 Δt_x 和 Δf_i 存在读数误差以及理论上的简化造成的误差。

第十节 基桩高应变法检测

1. 基本知识

高应变法（High-Strain Dynamic Testing）是指用重锤冲击桩顶，实测桩顶部的速度和力时程曲线，通过波动理论分析，对单桩竖向抗压承载力和桩身完整性进行判定的检测方法。

高应变动力试桩法是国外伴随打桩工程的兴旺发展起来的，一开始主要用于打入桩的施工监测，其测试仪器也被称为"打桩分析仪"。

高应变法的主要用途：（1）检测工程桩的承载力；（2）检测桩身完整性；（3）监测预制桩打入过程中的桩身应力、输入能量，确定贯入度、入土深度和承载力之间的关系，为预制桩的打桩工艺和收锤标准提供依据，对打桩设备性能作出评价。

试打桩和打桩监控是高应变法特有的功能，是静载试验无法做到的。高应变法可同时检测出桩身完整性和承载力，也是其他检测方法所没有的功能。

进行灌注桩的竖向抗压承载力检测时，应具有现场实测经验和本地区相近条件下的可靠对比验证资料。

对于大直径扩底桩和预估 Q-s 曲线具有缓变型特征的大直径灌注桩，不宜采用本方法进行竖向抗压承载力检测。

高、低应变法的异同点：

高、低应变法都是采用锤的冲击激发弹性波，基于波动方程理论来分析桩的情况，相对传统的静载试验又被称为动力测桩。

"高"应变动力试桩是相对"低"应变动力试桩而言。其区别主要表现在：①位移大小不同。高应变试桩利用几十甚至几百 kN 的重锤冲击桩顶，使桩产生的动位移接近常规静载试验的沉降量级，以充分激发桩侧、桩端岩土阻力，桩周土产生塑性变形，产生永久沉降。低应变试桩采用几 N 至几百 N 重的手锤、力棒锤击桩顶，桩-土系统处于弹性范围，桩顶位移比高应变低 2~3 个量级；②桩身应变量级不同。高应变桩身应变量级通常在 0.1‰~1.0‰范围内，低应变桩身应变量一般小于 0.01‰。两者相差甚远。

2. 高应变法

（1）基本原理

高应变法采用重锤冲击加载，持续时间很短，在"ms"级，主要表现仍为波动，与低应变法类似。但高应变需做数值分析计算，对桩-土体系需进行建模分析。

关于桩身的基本假定：

① 桩是一个时不变系统；

② 桩是一个线性系统；

③ 桩是一个一维杆件；

④ 破坏发生在桩土界面。

上述假定，实质上就是将桩-土系统简化为一维的线性波动力学问题。

当锤击桩顶时，将产生沿桩身向下传播的应力波，在桩身上可以从受力和运动两个方面观察到它的作用：

1）杆件的每个截面都将产生轴向运动，有相应的位移 $u(x, t)$、速度 $v(x, t)$ 和加速度 $a(x, t)$；

2）杆件的每个截面都将受到某个轴向力 $F(x, t)$ 的作用，产生相应的应力 $\sigma(x, t)$ 和应变 $\varepsilon(x, t)$。

根据应力波的传播方向，将在桩身中运行的各种应力波划分为下行波和上行波两大类。将向下的运动看作是正，向上的运动看作是负。

由一维波动方程得出其行波通解：

$$u(x,t)=f(x-ct)+g(x+ct) \tag{5-22}$$

式中，g——上行波；

f——下行波。

在一般情况下，桩身上任意截面测到的质点运动速度或力都是上行波与下行波叠加的结果（图 5-29）。

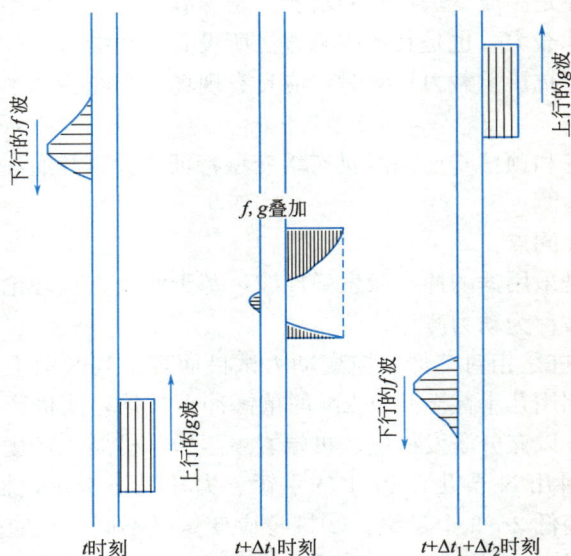

图 5-29 上、下行波在桩中的传播

质点运动速度取决于应力大小和桩身材料特性，表示为：

$$v=\frac{\sigma}{\rho \cdot c}$$

故有应力波作用下桩身内力与运动速度之间的关系：

$$\left|\frac{F}{v}\right|=\frac{\sigma \cdot A \cdot \rho \cdot c}{\sigma}=\rho c A=\frac{EA}{c}=Z$$

式中，Z——桩身阻抗。

在波动分析中，约定桩身受压为正，受拉为负，质点运动速度向下为正，向上为负。则有：

对于下行波：$F(\text{down})=Zv(\text{down})$

对于上行波：$F(\mathrm{up})=-Zv(\mathrm{up})$

桩的任何位置上量测到的合力和速度均是上行波和下行波叠加的结果：

$$F=F(\mathrm{down})+F(\mathrm{up})$$
$$v=v(\mathrm{down})+v(\mathrm{up})$$

经过联立求解，可以得出：

$$F(\mathrm{down})=(F+Zv)/2 \tag{5-23}$$
$$F(\mathrm{up})=(F-Zv)/2 \tag{5-24}$$

根据上述推导过程，如果已知桩身上某点的力 F、速度 v 及该点的阻抗 Z，就可以分别求得上行力波 $F(\mathrm{up})$ 和下行力波 $F(\mathrm{down})$，高应变方法利用波动理论确定桩的承载力和缺陷就是通过对实测的 F 和 v 分析处理得到的。

（2）方法标准

《建筑基桩检测技术规范》JGJ 106—2014；

《公路工程基桩检测技术规程》JTG/T 3512—2020；

《水运工程地基基础试验检测技术规程》JTS 237—2017；

《建筑地基基础检测规范》DBJ/T 15—60—2019 等。

（3）仪器设备

高应变法检测设备包括高应变仪、传感器、锤击设备。

以前我国使用较多的是美国桩基动力公司的 PDA 打桩分析系统。现在国内也已开发出成熟仪器设备及配件，已在工程上广泛应用。

高应变仪的主要技术性能指标不应低于《基桩动测仪》JG/T 518—2017 中规定的 2 级标准，且应具有保存、显示实测力与速度信号和信号处理与分析的功能。

高应变动测采用压电式加速度传感器和应变式力传感器，用螺栓固定在桩身上。如图 5-30 所示。

图 5-30　压电式加速度传感器和应变式力传感器

锤击设备常用重锤或打桩锤，锤的重量与单桩竖向抗压承载力特征值的比值不得小于

0.02；混凝土桩的桩径大于 600mm 或桩长大于 30m 时，应进一步提高锤的重量。

（4）现场检测

1）桩头处理

在试验前，对不能承受锤击的桩头进行加固处理，可在距桩顶 1 倍桩径范围内，用 3～5mm 钢板围裹，或在距桩顶 1.5 倍桩径范围内设置箍筋，间距不宜大于 100mm。桩顶应设置钢筋网片 1～2 层，间距 60～100mm。桩头混凝土强度等级宜比桩身混凝土提高 1～2 级，且不得低于 C30。

2）传感器安装

为减少锤击在桩顶产生的应力集中和对锤击偏心进行补偿，应在距桩顶规定的距离下合适部位对称安装加速度和力传感器各一对。具体要求：距桩顶不小于 2D 的桩侧表面处（D 为试桩的直径或边宽）；对于大直径桩，传感器与桩顶之间的距离可适当减小，但不得小于 1D。安装面处的材质和截面尺寸应与原桩身相同，传感器不得安装在截面突变处附近。

3）锤击装置安装

为减少锤击偏心和避免击碎桩头，锤击装置应垂直，锤应平稳对中。

采用自由落锤作为锤击设备时，应重锤轻击，最大锤击落距不宜大于 2.5m。

锤击时，还需在桩顶放置薄层桩垫（木板或胶合板），但不能放置尺寸和质量较大的桩帽（替打）。

4）参数设定

高应变检测设置的参数较多，检测人员应细心掌握，包括下列规定：

① 采样时间间隔宜为 50～200μs，信号采样点数不宜少于 1024 点；

② 传感器的设定值应按计量校准结果设定；

③ 自由落锤安装加速度传感器测力时，力的设定值由加速度传感器设定值与重锤质量的乘积确定；

④ 测点处的桩截面尺寸应按实际测量确定；

⑤ 测点以下桩长和截面积可采用设计文件或施工记录提供的数据作为设定值；

⑥ 桩身材料质量密度应按表 5-30 取值；

表 5-30

桩身材料质量密度（t/m³）

钢桩	混凝土预制桩	离心管桩	混凝土灌注桩
7.85	2.45～2.50	2.55～2.60	2.40

⑦ 桩身波速可结合本地经验或按同场地同类型已检桩的平均波速初步设定，现场检测完成后可按实测波速调整；对于普通钢桩，桩身波速可直接设定为 5120m/s。对于混凝土桩，其值变化范围大多为 3500～4500m/s；预制桩可在沉桩前实测无缺陷桩的桩身平均波速作为设定值，混凝土方桩可设 4000m/s，管桩可设 4200m/s；

⑧ 桩身材料弹性模量应按下式计算：

$$E = \rho \cdot c^2 \tag{5-25}$$

式中，E——桩身材料弹性模量（kPa）；

c——桩身应力波传播速度（m/s）；

ρ——桩身材料质量密度（t/m³）。

计算弹性模量的目的是将应变式传感器测到的表面应变，按下式换算成锤击力：

$$F = A \cdot E \cdot \varepsilon \tag{5-26}$$

式中，F——锤击力（kN）；

　　A——测点处桩截面积（m²）；

　　ε——实测应变值。

5）检测步骤

各项准备工作就绪后，检查仪器，系统应处于正常状态方可开始测试。

先低击一下，检查数据采集是否正常，锤击是否居中。再提高锤的落距，增大冲击能量，逐步完成测试。

检查采集数据质量：每根受检桩记录的有效锤击信号应根据桩顶最大动位移、贯入度以及桩身最大拉、压应力和缺陷程度及其发展情况综合确定。

发现测试波形紊乱，应分析原因；桩身有明显缺陷或缺陷程度加剧，应停止锤击。

现场实测桩的贯入度，单击贯入度宜在2～6mm之间。可采用加速度信号二次积分得到的最终位移作为贯入度，或根据现场具体条件采用其他直接方法测量。当需要更准确的贯入度值时，应用精密水准仪测量。

试验目的为确定预制桩打桩过程中的桩身应力、沉桩设备匹配能力和选择桩长时，应按《建筑基桩检测技术规范》JGJ 106—2014 附录 G 执行。

（5）计算分析

1）信号选取

应选用锤击能量较大的锤击信号。

出现下列情况之一时，不得采用其信号：①传感器安装处混凝土开裂或出现严重塑性变形使力曲线最终未归零；②严重锤击偏心，两侧力信号幅值相差超过1倍；③四通道测试数据不全等。

2）参数调整

桩底反射明显时，桩身波速可根据速度波第一峰起升沿的起点到速度反射峰起升（下降）沿的起点之间的时差与已知桩长值确定（图5-31）；桩底反射信号不明显时，可根据桩长、混凝土波速的合理取值范围以及邻近桩的桩身波速值综合确定。

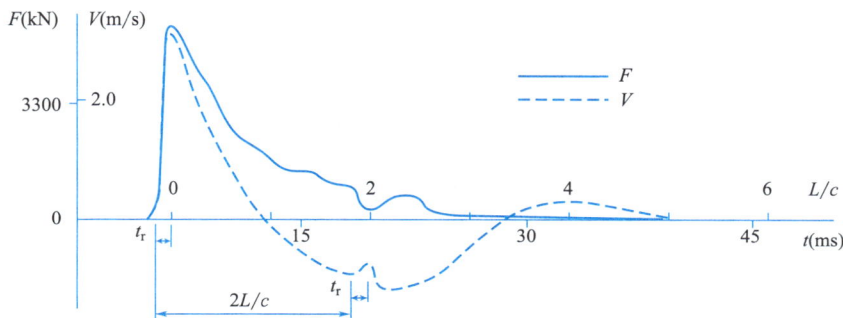

图5-31　波速的确定

桩较短且锤击力波上升缓慢时，可采用低应变法确定平均波速。

桩身材料弹性模量和锤击力信号的调整应符合下列规定：

① 当测点处原设定波速随调整后的桩身波速改变时，相应的桩身材料弹性模量应重新计算；

② 对于通过应变式力传感器测量应变换算冲击力的方式，当原始力信号按速度单位存储时，桩身材料弹性模量调整后尚应对原始实测力值校正；

③ 对于采取自由落锤安装加速度传感器实测锤击力的方式，无论桩身材料弹性模量是否调整，均不得对原始实测力值进行调整，但应扣除响应传感器安装测点以上的桩头惯性力影响。

实测力和速度信号第一峰起始段不成比例时，不得对实测力或速度信号进行调整。

3）定性检查

承载力分析计算前，应结合地质条件、设计参数，对实测波形特征进行定性检查。

应力波沿桩身传播，遇土阻力时要产生上行压力波。它使测点的力波上升，使速度波下降，所以土阻力愈大，力和速度二者分开距离愈大。在打桩过程中，这种变化更加明显。

图 5-32 为高应变测试中的一些典型波形（其中实线为力曲线，虚线为速度曲线）。

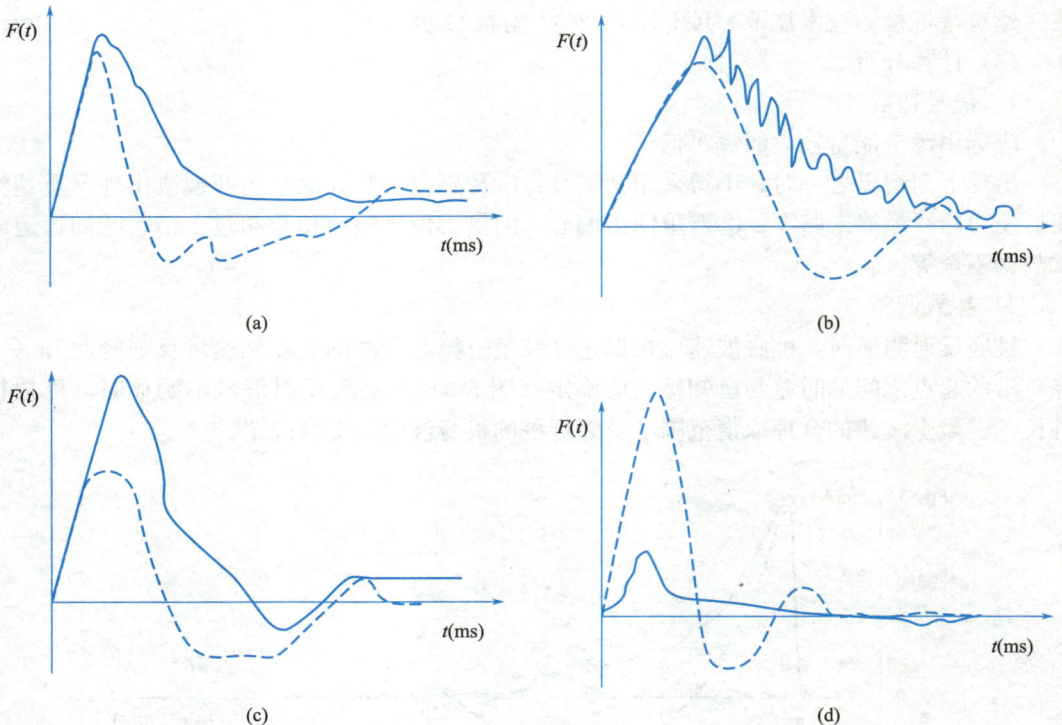

(a)

(b)

(c)

(d)

图 5-32　高应变测试典型波形（一）

（a）测点处混凝土塑性变形，波形尾部不归零；（b）力传感器固定不牢靠，力曲线呈锯齿状振荡；

（c）传感器安装处混凝土强度低；（d）桩身浅部有严重缺陷或断桩

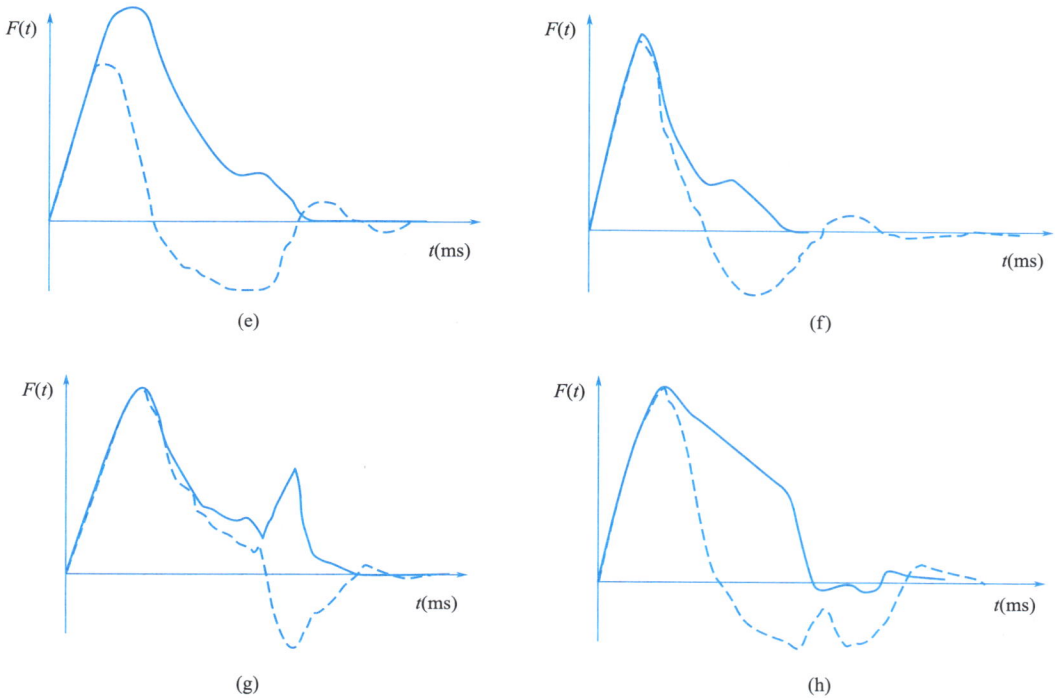

图 5-32　高应变测试典型波形（二）

（e）浅部阻力较大的桩；（f）浅部阻力较小的桩；
（g）无缺陷的端阻力大侧阻力小的桩；（h）无缺陷的端阻力小侧阻力大的桩

出现以下情况之一时，不宜提供高应变法承载力检测结果，应采用静载试验确定或验证单桩承载力：

① 桩身存在严重缺陷，无法判定桩的竖向承载力；

② 桩身缺陷对水平承载力有影响；

③ 触变效应的影响，预制桩在多次锤击下承载力下降；

④ 单击贯入度大，桩底同向反射强烈，且反射峰较宽，侧阻力波、端阻力波反射弱，即波形表现出竖向承载性状明显与勘察报告中的地质条件不符合；

⑤ 嵌岩桩桩底同向反射强烈，且在时间 $2L/c$ 后无明显端阻力反射（此种情形也可采用钻芯法核验）。

高应变法确定桩的承载力主要有两种方法：凯司法和曲线拟合法，下面分别介绍。

4）凯司法

凯司法只限于中、小直径且桩身材质、截面基本均匀的桩，即摩擦型的中小直径预制桩和截面均匀的灌注桩。

凯司法承载力计算公式的假定：

① 桩身阻抗基本恒定，即桩的材质、截面基本均匀，无明显缺陷；

② 动阻力只与桩底质点运动速度成正比，即全部动阻力集中于桩端；

③ 土阻力在时刻 $t_2 = t_1 + 2L/c$ 已充分发挥。

凯司法承载力计算公式：

$$R_c = \frac{1}{2}(1-J_c) \cdot \left[F(t_1)+Z \cdot V(t_1)\right] + \frac{1}{2}(1+J_c) \cdot \left[F\left(t_1+\frac{2L}{c}\right)-Z \cdot V\left(t_1+\frac{2L}{c}\right)\right]$$

(5-27)

式中，R_c——由凯司法计算的单桩竖向抗压承载力（kN）；

  J_c——凯司法阻尼系数；

  t_1——速度第一峰对应的时刻（ms）；

 $F(t_1)$——t_1 时刻的锤击力（kN）；

 $V(t_1)$——t_1 时刻的质点运动速度（m/s）；

  Z——桩身截面力学阻抗（kN·s/m）；

  L——测点下桩长（m）。

  凯司法计算简单，R_c 值通常在仪器采集界面实时显示出来，调整桩底位置和阻尼系数 J_c、R_c 值会跟随变化。确定 J_c 宜根据同条件下静载试验结果校核，或相近条件下采用实测曲线拟合法确定（拟合计算的桩数不少于 30%，且不少于 3 根）。

  5）实测曲线拟合法

  实测曲线拟合法是通过波动问题数值计算，反演确定桩和土的力学模型及其参数值。其过程为：

  ① 假定各桩单元的桩和土力学模型及其模型参数；所采用的力学模型应明确合理，桩、土模型应能分别反映桩和土的实际力学性状，模型参数的取值范围应能限定；

  ② 利用实测的速度（或力、上行波、下行波）曲线作为输入边界条件，数值求解波动方程，反算桩顶的力（或速度、下行波、上行波曲线）；拟合分析选用的参数应在岩土工程的合理范围内；曲线拟合时段长度在 t_1+2L/c 时刻后延续时间不应小于 20ms；对于柴油锤打桩信号，在 t_1+2L/c 时刻后延续时间不应小于 30ms；各单元所选用的土的最大弹性位移值不应超过相应桩单元的最大计算位移值；

  ③ 若计算的曲线与实测的曲线不吻合，说明假设的模型或其参数不合理，调整模型及参数再次运算，直至计算曲线与实测曲线（包括贯入度的计算值和实测值）的吻合程度良好且不易进一步改善为止；

  ④ 贯入度的计算值应与实测值接近。

  由于桩土以及它们之间的相互作用等力学行为的复杂性，实际运用时还不能对各种桩型、成桩工艺、地质条件，都达到十分准确求解桩的动力学和承载力问题的效果。

  6）桩身完整性判定

  高应变法可通过下列两种方式对桩身完整性进行定量分析。

  ① 采用实测曲线拟合法判定，根据桩的成桩工艺，拟合时可采用桩身阻抗拟合、桩身裂隙以及混凝土预制桩的接桩缝隙拟合。

  ② 等截面桩且缺陷深度 x 以上部位的土阻力 Rx 未出现卸载回弹时，桩身完整性系数 β 和桩身缺陷位置 x 应分别按式（5-28）和（5-29）计算，桩身完整性可按表 5-31，并结合经验判定。

$$\beta = \frac{F(t_1) + F(t_x) + Z \cdot [V(t_1) - V(t_x)] - 2R_x}{F(t_1) - F(t_x) + Z \cdot [V(t_1) + V(t_x)]} \tag{5-28}$$

$$x = c \cdot \frac{t_x - t_1}{2000} \tag{5-29}$$

式中，t_x——缺陷反射峰对应的时刻（ms）；

　　　x——桩身缺陷至传感器安装点的距离（m）；

　　R_x——缺陷以上部位土阻力的估计值，等于缺陷反射波起始点的力与速度乘以桩身截面力学阻抗之差值，取值方法如图 5-33 所示；

　　　β——桩身完整性系数，其值等于缺陷 x 处桩身截面阻抗与 x 以上桩身截面阻抗的比值。

桩身完整性判定　　　　　　　　　　　　　　　　表 5-31

类别	β 值
Ⅰ	$\beta = 1.0$
Ⅱ	$0.8 \leqslant \beta < 1.0$
Ⅲ	$0.6 \leqslant \beta < 0.8$
Ⅳ	$\beta < 0.6$

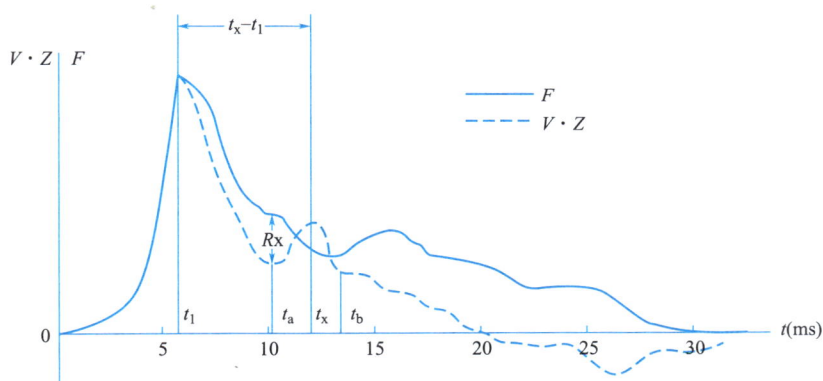

图 5-33　桩身完整性系数计算示意图

高应变法检测桩身完整性具有锤击能量大，可对缺陷程度定量计算，连续锤击可观察缺陷的扩大和逐步闭合情况等优点。但和低应变法一样，检测的仍是桩身阻抗变化，一般不宜判定缺陷性质。在桩身情况复杂或存在多处阻抗变化时，可优先考虑用实测曲线拟合法判定桩身完整性。

（6）示例

某项目采用 ϕ400mm 预应力管桩，桩长 19.0m，上节 7m，下节 12m，入土 17.0m。桩周的主要土层从上至下为：填土、中密砂层、中密砾砂层、硬塑黏土、全（强）风化泥岩、中风化泥岩等。单桩承载力设计值 1000kN。

经计算分析，从图 5-34 和图 5-35 中可看出，有明显的桩底反射信号，桩身完整，为 Ⅰ 类桩。通过 CAPWAPC 拟合分析，得出桩的极限承载力为 2330kN，其中摩擦力 1285kN，端阻力 1045kN，满足设计要求。

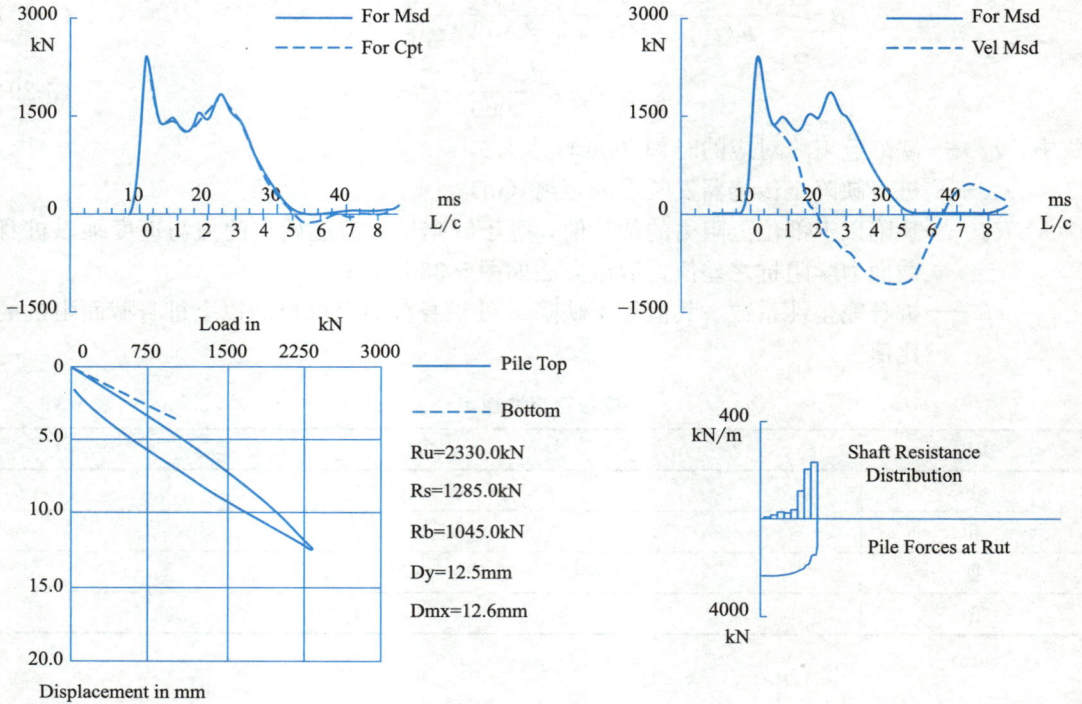

图 5-34　高应变法成果图

```
SMPO
Pile: PPLT-6#          Blow: 3          Data: Tubal pile 400mm
Collected: 27-Jun-03                   CAPWAP(R) Ver. 1996-1

                    CAPWAP FINAL RESULTS

Total CAPWAP Capacity:    2330.0; along Shaft  1285.0; at Toe  1045.0   kN
========================================================================
```

Soil Sgmnt No.	Dist. Below Gages m	Depth Below Grade m	Ru kN	Force in Pile at Ru kN	Sum of Ru kN	Unit Resist. w. Respect to Depth kN/m	Area kPa	Smith Damping Factor s/m	Quake mm
				2330.0					
1	3.1	3.1	.0	2330.0	.0	.00	.00	.439	2.540
2	5.2	5.2	20.8	2309.2	20.8	10.07	8.01	.439	2.540
3	7.2	7.2	51.4	2257.8	72.2	24.83	19.75	.439	2.540
4	9.3	9.3	43.7	2214.1	115.9	21.09	16.78	.439	2.540
5	11.4	11.4	68.6	2145.5	184.5	33.11	26.34	.439	2.540
6	13.5	13.5	223.9	1921.6	408.4	108.15	86.03	.439	2.540
7	15.5	15.5	409.7	1511.9	818.1	197.88	157.43	.439	2.540
8	17.6	17.6	466.9	1045.0	1285.0	225.50	179.39	.439	2.540

```
Average Skin Values    160.6                 73.01    61.72    .439   2.540

        Toe           1045.0                         8293.29   .724   3.650


Soil Model Parameters/Extensions                    Skin      Toe

Case Damping Factor                                 .560     .750
Unloading Quake      (% of loading quake)           60       100
Unloading Level      (% of Ru)                      25
```

图 5-35　高应变法检测结果

（7）常见问题

1）实测信号质量

高应变测试的过程较复杂，难度较大，需要吊车、卡车等大型设备配合，传感器安装要求也比较高。影响信号采集质量的因素比较多，易出现锤击偏心、峰值不重合、力曲线尾部不归零等问题。严重时造成桩头破坏，导致试验失败。因而，高应变测试前应做好充分的准备，传感器安装位置尽量远离桩顶面，相关人员操作要规范、指挥得当、配合熟练，才能获得较高的信号质量，保证测试结果。

2）实测信号调整

通常情况下，力和速度信号在第一峰处应基本成比例，但在实际测试中，却并不太容易做到，主要原因是锤击偏心、传感器安装欠佳、桩头质量不均匀等。可以进行信号幅值调整的只有两种情形：

① 因原设定波速调整，引起弹性模量的变化，重新计算引起的信号幅值改变；

② 传感器设定值或仪器增益等参数输入错误。

出现以下几种情况，比例失调属于正常：

① 桩浅部阻抗变化和土阻力影响；

② 采用应变式传感器测力时，测点处混凝土的非线性造成力值明显偏高；

③ 锤击力波上升缓慢或桩很短时，土阻力波或桩底反射波的影响。

除第②种情况减小力值时，可避免计算的承载力过高外，其他情况的随意比例调整均是对实测信号的歪曲，并产生虚假的结果。

第十一节　基桩声波透射法检测

1. 基本知识

声波透射法（Cross-hole Sonic Logging）是指灌注桩中预埋声测管，将收、发换能器分别置于不同管中，通过实测声波穿过桩身混凝土声时、频率和波幅等参数的变化，对基桩质量进行判定的检测方法。

声波透射法通过预埋声测管的方式，可使检测覆盖全桩长，测点多，检测细致，不受场地、桩长、长径比等限制，成果准确、可靠，是大直径混凝土灌注桩的一项重要检测手段，也是地下连续墙的主要检测方法，在工程建设领域中广泛应用。

近年，数字超声技术在医学诊断、成像，焊缝无损检测等方面发展迅速，相比之下，在混凝土工程检测上的发展相对滞后。

2. 声波透射法

（1）基本原理

混凝土是由多种材料组成的多相非匀质体。对于正常的混凝土，声波在其中传播的速度是有一定范围的。在声波透射法测桩时，由换能器激发出超声波，穿过桩身混凝土，当在传播路径中遇到混凝土有缺陷时，如裂缝、夹泥、空洞、蜂窝、松散等，声波要绕过缺陷或在传播速度较慢的介质中通过，造成传播时间延长。同时声波衰减幅度相对增大、波幅减小、波形畸变。接收换能器将穿透混凝土的声波信号传送回主机，通过分析信号中主要声学参数的变化，可判定出混凝土的质量状况，包括缺陷的性质、大小及空间位置以及混凝土匀质性等。

从信号采集方式上看，声波透射法在声测管内采集到的是穿透桩身混凝土的声波信号，而低应变反射波法在桩顶面采集到的是回波信号，两者截然不同，故其分析判定方法也全然不同。

1）声波的分类

物理上，将声波根据振动频率不同进行分类如下：

① 次声波（0～20Hz）；

② 可闻声波（20～20kHz）；

③ 超声波（2×10^4～1GHz）；

④ 特超声波（＞1GHz）；

⑤ 声波透射法换能器产生的超声波谐振频率为 30～60kHz，处于超声波的低频段。

2）声波的衰减

波在介质中传播过程中质点振幅随着波源距离增大而减小的现象称为衰减，这种衰减既与介质的粘塑性、内部结构特征有关，也和波源扩散的几何特征有关。

声波衰减的主要原因有：

① 吸收衰减：传播过程中，部分机械能被介质转化为其他形式的能量而散失；

② 散射衰减：传播过程中，声波碰到其他介质组成的障碍物而向不同方向散射，从而导致声波减弱；

③ 扩散衰减：声波传播过程中，波阵面面积扩大，能流密度减弱。

3）混凝土中的超声波

超声波在混凝土中传播有下列主要特性：

① 声波能量衰减较大。由于混凝土存在广泛的异质界面，声波散射损失十分明显，散射功率与声波频率的平方成正比。因此，为了使声波在混凝土中传播距离增大，往往采用比金属材料探伤中所采用的频率低得多的声波进行检测。

② 指向性差。混凝土中声波指向性差的原因：使用的声波频率较低，波长较长，扩散角大；混凝土内存在众多的声学界面导致出现许多反射波和折射波，彼此相互干涉和叠加，造成较大的漫射声能。

③ 声波传播路径复杂。声波波线在混凝土中经历众多界面的反射和折射而变得曲折。在声场所及空间内的任何一点，都存在一次声波（入射声波）和二次声波（反射声波、折射声波和转换波）的叠加。直接穿过的一次声波所走的距离最短，首先到达接收换能器，但由于衰减作用往往波幅较低。二次波所走路径变长，延后到达。其中横波波速较慢，到达时间进一步滞后。由于波形相互叠加，尤其是叠加了能量较强的横波，后续波的能量往往增强，同时也会产生一定的波形畸变。也就是说，经混凝土介质特性调制后声波的构成复杂（图 5-36）。因此，声波透射法检测中主要根据首波来判定，对后续波的分析、利用不多。

4）声参数与混凝土质量的关系

当桩身混凝土密实、强度高时，接收到的超声波首波强度大、幅值高、波形正常、畸

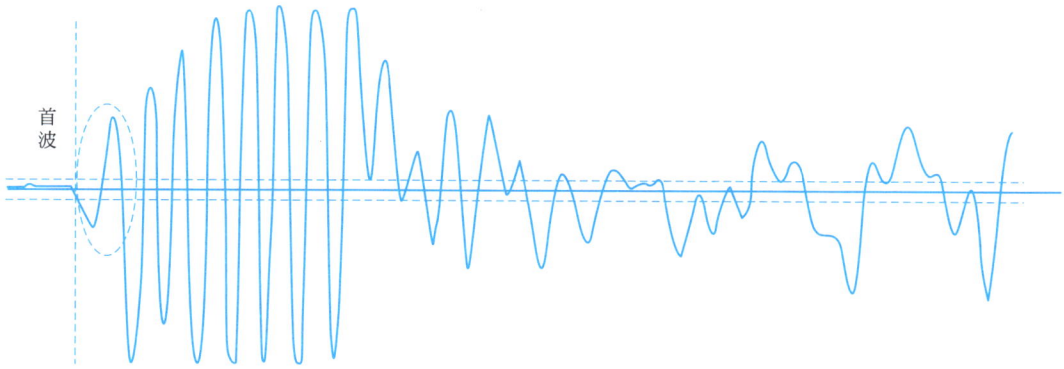

图 5-36　穿过桩身混凝土的实测波形

变小，波速也高。

　　当混凝土中存在裂缝、夹泥、空洞、蜂窝、松散等缺陷时，超声波在缺陷界面发生反射、折射、绕射、散射等复杂转换，到达接收换能器的声能衰减明显，波幅显著下降，首波弱，甚至丢失。同时二次波与直达波存在一定时差和相位差，相互叠加，进一步造成波幅下降和波形畸变（图 5-37）。由于二次波的传播路径变长，声时增加，相应计算出的波速变小。此外，当超声波遇到的缺陷时，高频成分比低频成分衰减更快，导致接收到的信号主频明显降低。

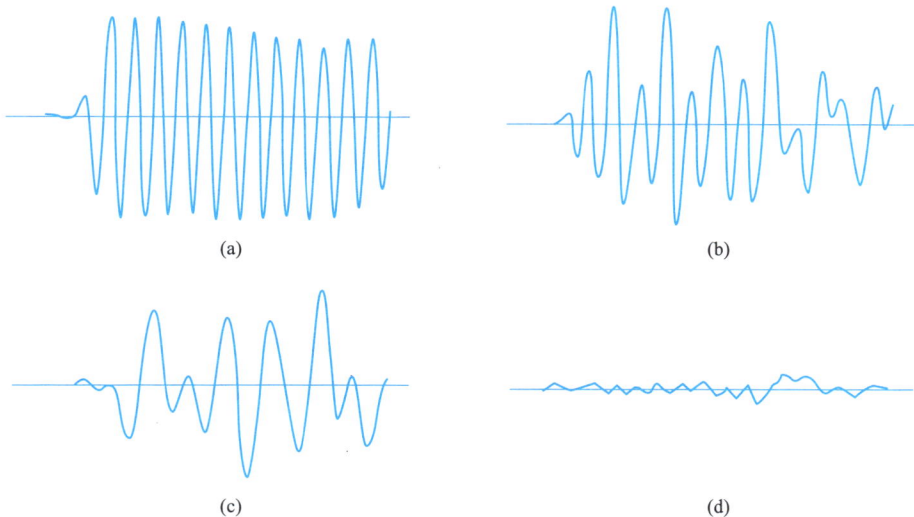

(a)

(b)

(c)

(d)

图 5-37　波形畸变程度示意

（a）正常接收波形；（b）轻微畸变波形；（c）明显畸变波形；（d）严重畸形波形

（2）方法标准

《建筑基桩检测技术规范》JGJ 106—2014；

《公路工程基桩检测技术规程》JTG/T 3512—2020；

《水运工程地基基础试验检测技术规程》JTS 237—2017；

《建筑地基基础检测规范》DBJ/T 15—60—2019 等。

（3）仪器设备

声波透射法检测的仪器设备主要有超声波仪、换能器，见表 5-32。此外，还有记录换能器的深度、控制测量的点距的深度计。

主要仪器设备　　　　　　　　　　　　表 5-32

序号	名称	主要功能	主要性能	备注
1	超声波仪	采集、放大、存储、处理、显示、控制等	动态范围≥100dB；频带宽度 1k～200kHz；发射阶跃或矩形脉冲，电压幅值为 200～1000V；最小采样时间间隔≤0.5μs；幅值测量相对误差<5%	具有频率测量或频谱分析的功能
2	换能器	发射、接收超声波，接收换能器常带有前置放大器	圆柱状径向振动，沿径向无指向性；有效工作段长度不大于 150mm；谐振频率为 30～60kHz；水密性满足 1MPa 水压不渗水	为增强接收信号，选用带前置放大器的接收换能器

（4）现场检测

1）声测管埋设

声测管是换能器移动的通道，需在浇筑混凝土的时候同步平行埋入桩内，并满足相关规范的要求。

2）现场检测前准备工作

① 确定仪器系统延迟时间

通常采用率定法测定仪器系统延迟时间。其方法是将发射、接收换能器平行悬于清水中，逐次改变点源距离并测量相应声时，记录若干点（不少于 5 点）的声时数据，作时距曲线，进行线性回归，截距即为 t_0。系统延迟时间标定如图 5-38 所示。

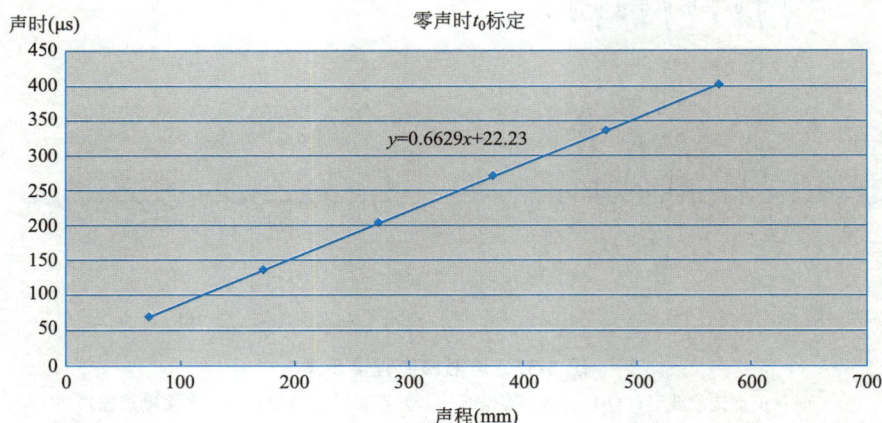

零声时 t_0 标定

$y=0.6629x+22.23$

声时(μs) / 声程(mm)

图 5-38　系统延迟时间标定（$t_0=22.2μs$）

$$t=t_0+b \cdot l \tag{5-30}$$

式中，b——直线斜率（μs/mm）；

l——换能器表面净距离（mm）；

t——声时（μs）；

t_0——仪器系统延迟时间（μs）。

② 声测管量测

现场必须量测声测管的相关尺寸，记录并输入到测试软件中，有两方面的作用：

a. 用游标卡尺量测声测管的内径、壁厚，计算声测管及耦合水层的声时修正值；

b. 用钢卷尺在桩顶测量声测管外壁间净距离，作为计算各剖面声速的统一声程。

③ 声测管检查

将各声测管内注满清水，检查声测管畅通情况；换能器应能在声测管全程范围内正常升降。

3）检测步骤

开机，输入基本信息，设置相关参数，即可开始测试。

现场检测分两个步骤进行。

① 平测普查：将声波发射与接收换能器分别置于两个声测管道中，发射与接收换能器始终保持相同深度［图 5-39（a）］，一般从桩底同步提升；完成某一剖面检测后，再检测下一个剖面。剖面数由声测管两两组合，2 根管为 1 个剖面，3 根管为 3 个剖面，4 根管为 6 个剖面等。目前国产仪器普遍支持多通道同时检测，3 管、4 管可一次提升完成，大大提升了工作效率。

② 对可疑点进行细测（加密平测、斜测、扇形扫测等）。

斜测的测试方法基本与平测相同，但斜测的发射与接收声波换能器不在同一水平面，而是始终保持固定高差［图 5-39（b）］，且两个换能器中点连线的水平夹角不应大于 30°。

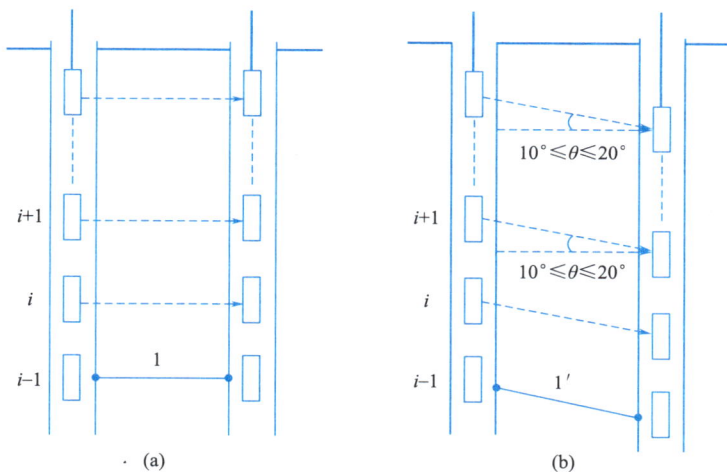

图 5-39　平测、斜测示意图

（a）平测；（b）斜测

根据平测或斜测的结果，在桩身质量可疑的声测线附近，应采用增加声测线或采用扇形扫测、交叉斜测、CT 影像技术等方式进行复测和加密测试，进一步确定缺陷的位置和空间分布范围。采用扇形扫测时，两个换能器中点连线的水平夹角不应大于 40°。交叉斜测和扇形扫测示意如图 5-40 所示。

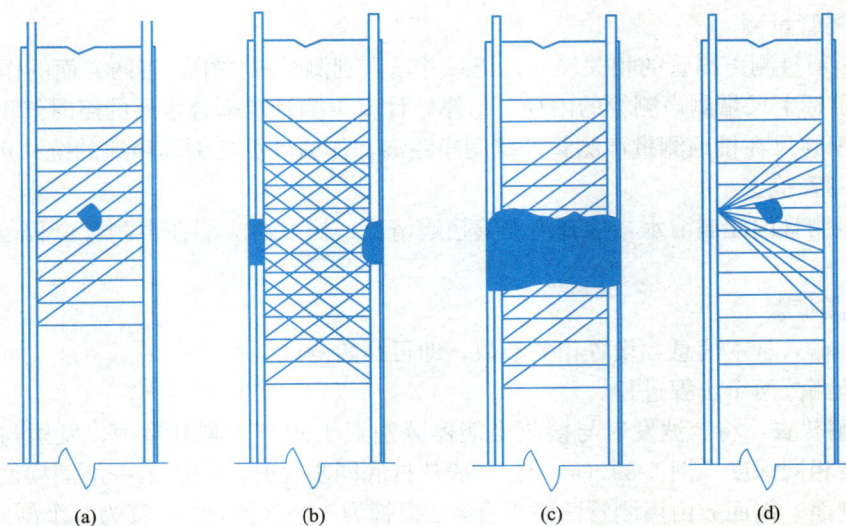

图 5-40　交叉斜测和扇形扫测示意

（a）局部缺陷；（b）缩径或声测管附着泥团；（c）层状缺陷（断桩）；（d）扇形扫测

（5）计算分析

当因声测管倾斜导致声速数据有规律地偏高或偏低变化时，应先对管距进行合理修正，然后对数据进行统计分析。当实测数据明显有规律地偏离正常值而又无法进行合理修正，检测数据不得作为评价桩身完整性的依据。

因堵管导致数据不全，只能对有效检测范围内的桩身进行评价，不能对整桩评价。

1）主要声参数计算

平测时，各声测线的声时、声速、波幅及主频应根据现场检测数据，按下列各式计算，并绘制声速-深度曲线和波幅-深度曲线，需要时可绘制辅助的主频-深度曲线和能量-深度曲线：

$$t_{ci}(j) = t_i(j) - t_0 - t' \tag{5-31}$$

$$v_i(j) = \frac{i_i(j)}{l_{ci}(j)} \tag{5-32}$$

$$A_{\mu i}(j) = 20\lg\frac{a_i(j)}{a_0} \tag{5-33}$$

$$f_i(j) = \frac{1000}{T_i(j)} \tag{5-34}$$

式中，　　i——声测线编号，应对每个检测剖面自下而上（或自上而下）连续编号；

　　　　　j——检测剖面编号：2 根管时，AB 剖面（$j=1$）；3 根管时，AB 剖面（$j=1$），BC 剖面（$j=2$），CA 剖面（$j=3$）；4 根管时，AB 剖面（$j=1$），BC 剖面（$j=2$），CD 剖面（$j=3$），DA 剖面（$j=4$），AC 剖面（$j=5$），BD 剖面（$j=6$）；

t_{ci}（j）——第 j 检测剖面第 i 声测线声时（μs）；

t_i（j）——第 j 检测剖面第 i 声测线声时测量值（μs）；

t_0——仪器系统延迟时间（μs）；

t'——声测管及耦合水层声时修正值（μs）；

l_{ci}（j）——第 j 检测剖面第 i 声测线的两声测管的外壁间净距离（mm），当两声测管基本平行时取为两声测管管口的外壁间净距离；斜测时，为声波发射换能器中点对应的声测管外壁处与声波接收换能器中点对应的声测管外壁处之间的净距离；

v_i（j）——第 j 检测剖面第 i 声测线声速（km/s）；

A_{ui}（j）——第 j 检测剖面第 i 声测线的首波幅值（dB）；

a_i（j）——第 j 检测剖面第 i 声测线信号首波峰值（V）；

a_0——零分贝信号幅值（V）；

f_i（i）——第 j 检测剖面第 i 声测线信号主频值（kHz），可经信号频谱分析求得；

T_i（j）——第 j 检测剖面第 i 声测线信号周期（μs）。

2）声速判据

① 概率法

由于混凝土的声速与其强度存在较显著的相关性，所以其声速值也近似服从正态分布规律。这是用概率法计算受检桩各剖面的声速异常判断概率统计值的前提。

实际检测条件复杂，存在个别点偏离正态分布的现象。在最新的规范中采用了"双边剔除法"，剔除"异常小"和"异常大"的值，再进行统计分析，得出的结果更为合理。具体的计算过程很繁琐，通常由相应的配套软件来完成。

② 声速异常判断临界值

受检桩的声速异常判断临界值应按下列方法确定：

a. 根据本地区经验，结合预留同条件混凝土试件或钻芯法获取的芯样试件的抗压强度与声速对比试验，分别确定桩身混凝土声速的低限值 v_L 和混凝土试件的声速平均值 v_p。在广东地区 v_L 可取 3600m/s，v_p 可取 4500m/s。

当 $v_L < v_0$（j）$< v_p$ 时，

$$v_c(j) = v_0(j) \tag{5-35}$$

式中，v_0（j）——第 j 检测剖面声速异常判断概率统计值；

v_c（j）——第 j 检测剖面的声速异常判断临界值。

b. 当 v_0（j）$\leqslant v_L$ 或 v_0（j）$\geqslant v_p$ 时，应分析原因；v_c（j）的取值可参考同一桩的其他检测剖面的声速异常判断临界值或同一工程相同桩型的混凝土质量较稳定的受检桩的声速异常判断临界值综合确定。

c. 对只有单个检测剖面的桩，其声速异常判断临界值等于检测剖面声速异常判断临界值；对于 3 个及 3 个以上检测剖面的桩，应取各个检测剖面声速异常判断临界值的算术平均值作为该桩各声测线声速异常判断临界值。

声速异常时的临界值判据为：

$$v_i(j) \leqslant v_c \tag{5-36}$$

当式（10-36）成立时，声速可判定为异常。

3）波幅判据

首波波幅对缺陷反应比声时更敏感，但波幅的测试值受仪器设备、测距、耦合状态等许多非缺陷因素的影响，波幅测试值没有声速稳定。

波幅临界值判据：波幅异常的临界值为同一剖面各测点波幅平均值的一半，按下列公式计算：

$$A_m(j)=\frac{1}{n}\sum_{j=1}^{n}A_{\mu i}(j) \tag{5-37}$$

$$A_c(j)=A_m(j)-6 \tag{5-38}$$

波幅异常的临界值判据为：

$$A_{pi}(j)<A_c(j) \tag{5-39}$$

式中，$A_m(j)$——第 j 检测剖面各声测线波幅平均值（dB）；

$\quad A_{pi}(j)$——第 j 检测剖面第 i 声测线的波幅值；

$\quad A_c(j)$——第 j 检测剖面波幅异常判断的临界值；

$\quad\quad n$——第 j 检测剖面的声测线总数。

当式（10-39）成立时，波幅可判为异常。

4）PSD 判据

当采用斜率法的 PSD 值作为辅助异常声测线判据时，PSD 值应按下列公式计算：

$$PSD(j,i)=\frac{[t_{ci}(j)-t_{ci-1}(j)]^2}{z_i-z_{i-1}} \tag{5-40}$$

式中，$t_{ci}(j)$——第 j 检测剖面第 i 声测线声时（μs）；

$\quad t_{ci-1}(j)$——第 j 检测剖面第 $i-1$ 声测线声时（μs）；

$\quad\quad z_i$——第 i 声测线深度（m）；

$\quad z_{i-1}$——第 $i-1$ 声测线深度（m）。

根据 PSD 值在某深度处的突变，结合波幅变化情况，进行异常声测线判定。

采用 PSD 法突出了声时的变化，对缺陷比较敏感，同时也减小了因声测管不平行或混凝土不均匀等非缺陷因素造成的测试误差对数据分析判断的影响。

5）频率

测点声波接收信号的主频可用周期法或频域分析法。

当采用信号主频值作为辅助异常声测线判据时，主频-深度曲线上主频值明显降低的声测线可判定为异常。

6）波形记录与观察

实测波形的形态能综合反映发、收换能器之间声波能量在混凝土中各种传播路径上的总的衰减情况，应记录有代表性的混凝土质量正常的测点的波形曲线，和异常测点的波形曲线，可作为对桩身缺陷的辅助判断。声波透射法测试及分析界面如图 5-41 所示。

7）桩身完整性判定

桩身缺陷的空间分布范围可根据以下情况判定：

① 桩身同一深度上各检测剖面桩身缺陷的分布；

② 复测和加密测试的结果。

桩身完整性类别应结合桩身缺陷的数量、缺陷处声测线的声学特征、缺陷的空间分布范围按桩身完整性分类表和表 5-33 的特征进行综合判定。

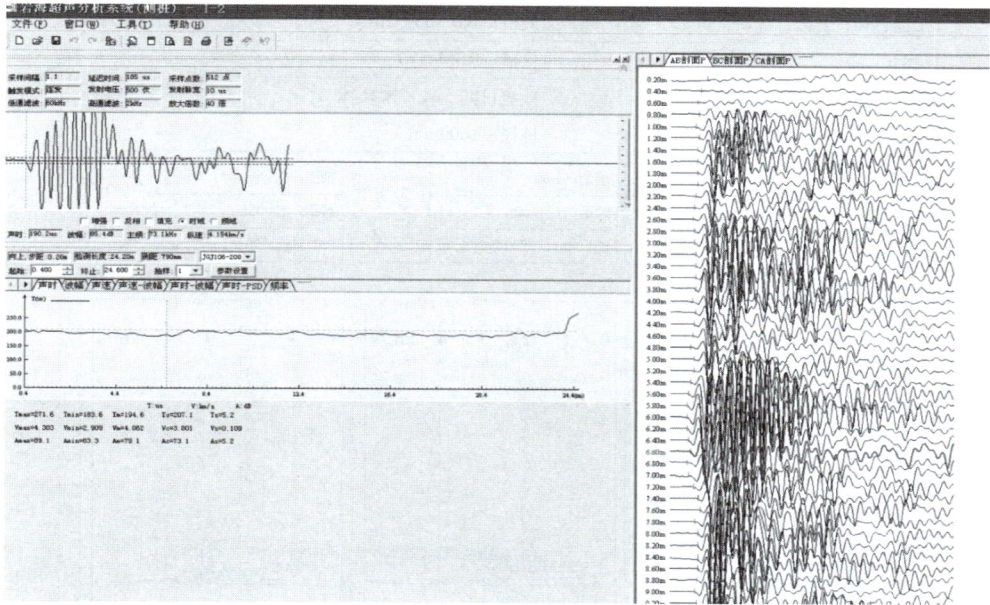

图 5-41　声波透射法测试及分析界面

桩身完整性类别判定表　　　　　　　　　　　　　　　　　　表 5-33

类别	特征
Ⅰ	所有声测线声学参数无异常，接收波形正常； 存在声学参数轻微异常、波形轻微畸变的异常声测线，异常声测线在任一检测剖面的任一区段内纵向不连续分布，且在任一深度横向分布的数量小于检测剖面数量的 50％
Ⅱ	存在声学参数轻微异常、波形轻微畸变的异常声测线，异常声测线在一个或多个检测剖面的一个或多个区段内纵向连续分布，或在一个或多个深度横向分布的数量大于或等于检测剖面数量的 50％； 存在声学参数明显异常、波形明显畸变的异常声测线，异常声测线在任一检测剖面的任一区段内纵向不连续分布，且在任一深度横向分布的数量小于检测剖面数量的 50％
Ⅲ	存在声学参数明显异常、波形明显畸变的异常声测线，异常声测线在一个或多个检测剖面的一个或多个区段内纵向连续分布，但在任一深度横向分布的数量小于检测剖面数量的 50％； 存在声学参数明显异常、波形明显畸变的异常声测线，异常声测线在任一检测剖面的任一区段内纵向不连续分布，但在一个或多个深度横向分布的数量大于或等于检测剖面数量的 50％； 存在声学参数严重异常、波形严重畸变或声速低于低限值的异常声测线，异常声测线在任一检测剖面的任一区段内纵向不连续分布，且在任一深度横向分布的数量小于检测剖面数量的 50％
Ⅳ	存在声学参数明显异常、波形明显畸变的异常声测线，异常声测线在一个或多个检测剖面的一个或多个区段内纵向连续分布，且在一个或多个深度横向分布的数量大于或等于检测剖面数量的 50％； 存在声学参数严重异常、波形严重畸变或声速低于低限值的异常声测线，异常声测线在一个或多个检测剖面的一个或多个区段内纵向连续分布，或在一个或多个深度横向分布的数量大于或等于检测剖面数量的 50％

注：①完整性类别由Ⅳ类往Ⅰ类依次判定；②对于只有一个检测剖面的受检桩，桩身完整性判定应按该检测剖面代表桩全部截面的情况对待。

（6）示例

某桩的实测声速-深度曲线、波幅-深度曲线和波列图（图 5-42）。该桩在 9～11m 有严重缺陷，27～29m 以及桩底有明显缺陷，判为Ⅳ类桩。

工程名称：×××大桥	规范：JGJ 106—2014	
检测：	仪器：RSM-SY7	
桩号：19-0	检测日期：××××-×-××	
桩长：36.50m	桩径：1600mm	

剖面：1-2	剖面：1-3	剖面：2-3
跨距：1000mm	跨距：1240mm	跨距：1000mm
PSDMax：479608us^2/m	PSDMax：380249us^2/m	PSDMax：90251us^2/m

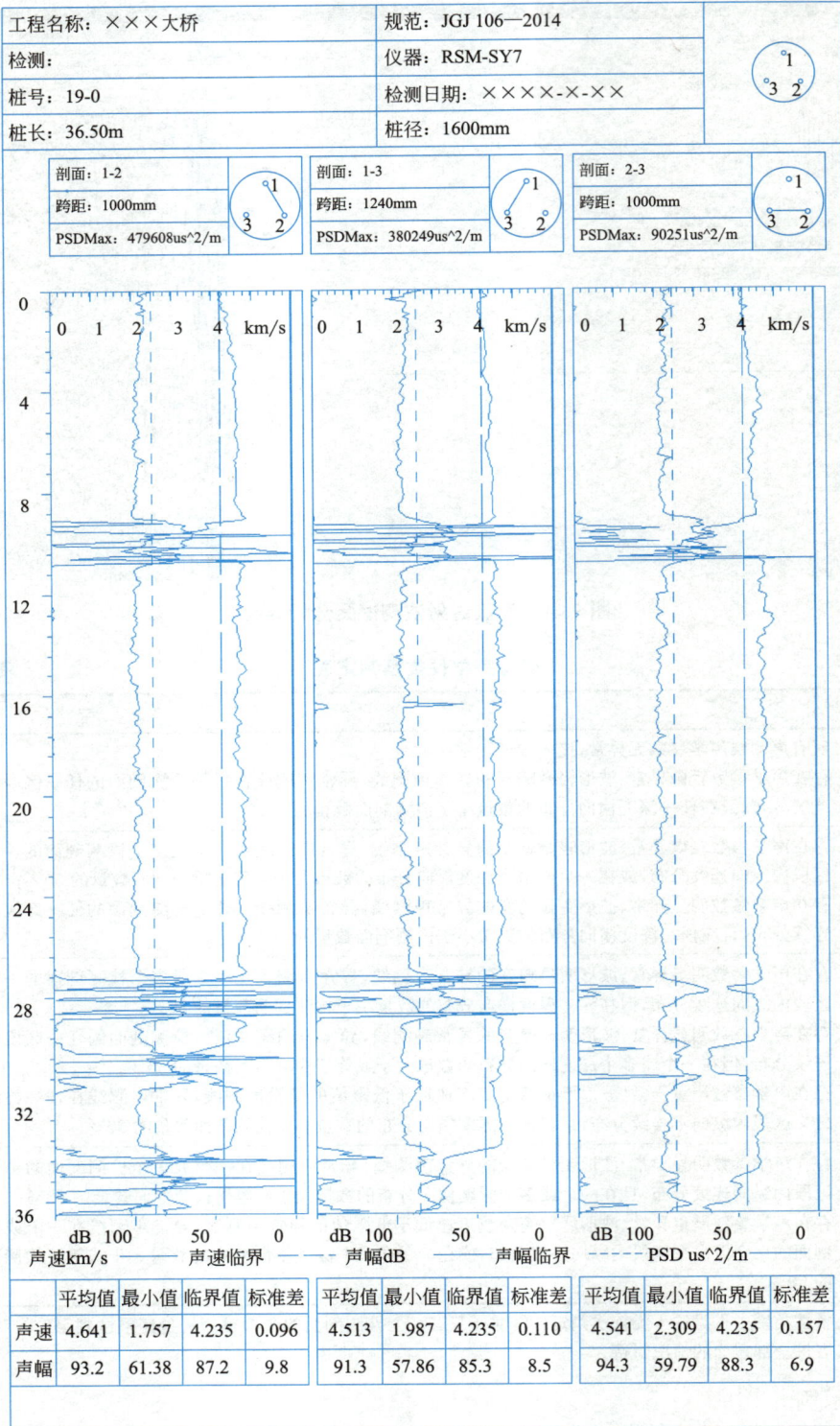

	平均值	最小值	临界值	标准差	平均值	最小值	临界值	标准差	平均值	最小值	临界值	标准差
声速	4.641	1.757	4.235	0.096	4.513	1.987	4.235	0.110	4.541	2.309	4.235	0.157
声幅	93.2	61.38	87.2	9.8	91.3	57.86	85.3	8.5	94.3	59.79	88.3	6.9

声速km/s —— 声速临界 —— 声幅dB —— 声幅临界 - - - PSD us^2/m —

(a)

图 5-42　实测声速-深度、波幅-深度曲线和波形图

（a）声速-深度、波幅-深度曲线

工程名称：×××大桥	规范：JGJ 106—2014
检测：	仪器：RSM-SY7
桩号：19-0	检测日期：××××-×-××
桩长：36.50m	桩径：1600mm

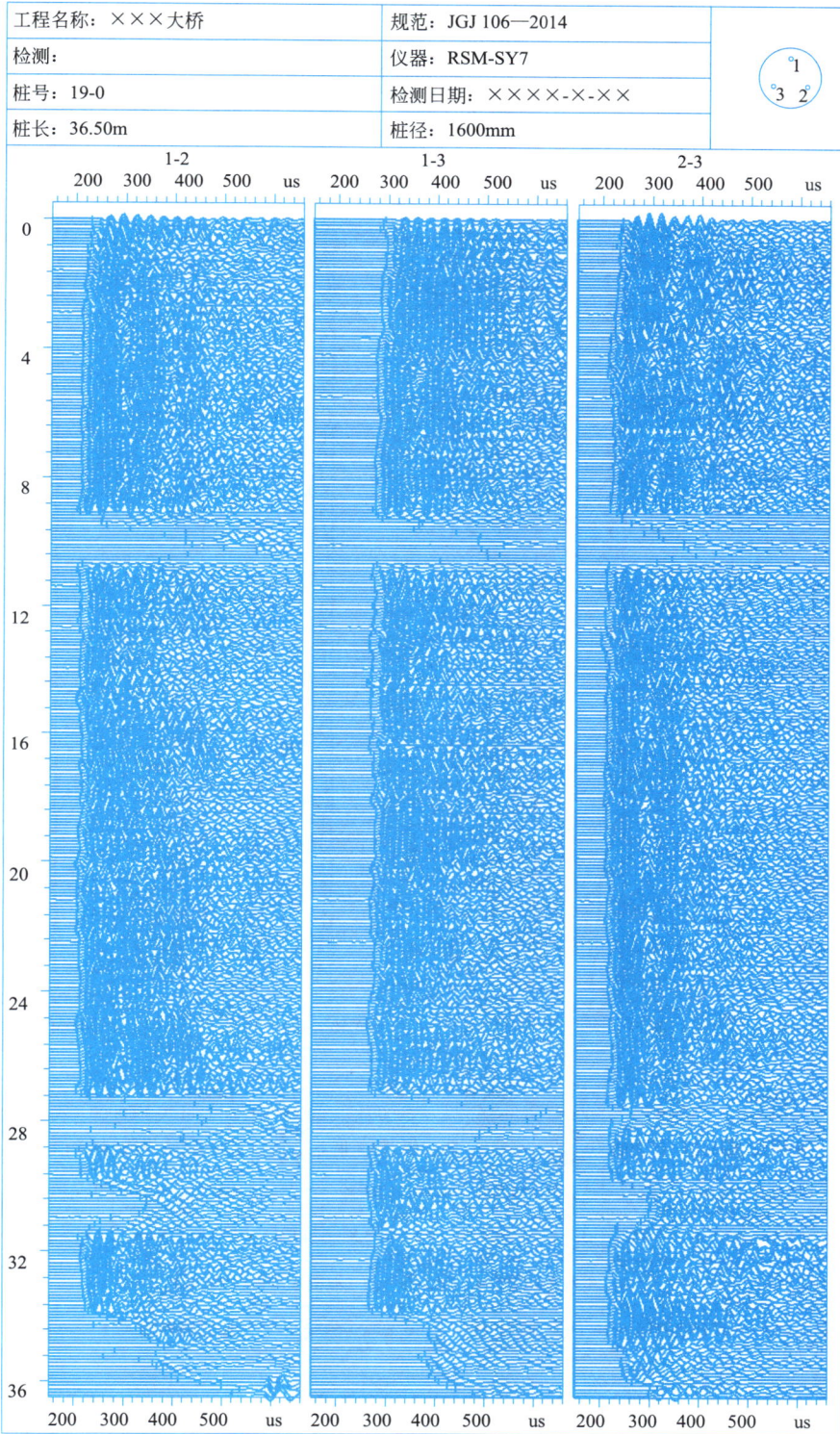

图 5-42　实测声速-深度、波幅-深度曲线和波形图

（b）波形图

基桩编号	A3-2		桩径	2200mm	测试日期	××××-×-××	
设计标号			C30			桩长	44.50m

比例尺	A-B剖面测距：1300mm	A-C剖面测距：1850mm	A-D剖面测距：1250mm

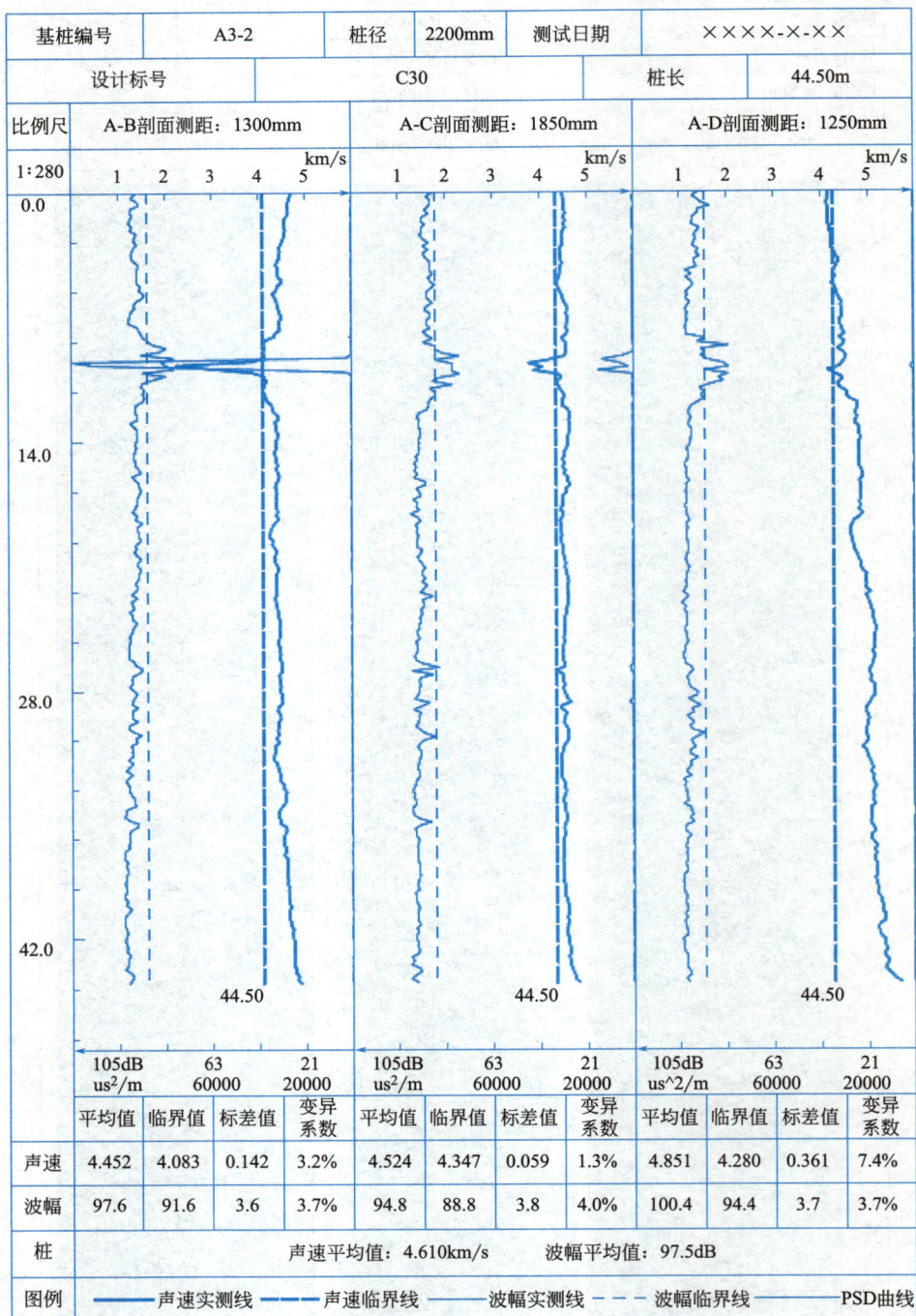

	105dB us²/m	63 60000	21 20000	105dB us²/m	63 60000	21 20000	105dB us^2/m	63 60000	21 20000
	平均值	临界值	标差值	变异系数	平均值	临界值	标差值	变异系数	平均值	临界值	标差值	变异系数

	平均值	临界值	标差值	变异系数	平均值	临界值	标差值	变异系数	平均值	临界值	标差值	变异系数
声速	4.452	4.083	0.142	3.2%	4.524	4.347	0.059	1.3%	4.851	4.280	0.361	7.4%
波幅	97.6	91.6	3.6	3.7%	94.8	88.8	3.8	4.0%	100.4	94.4	3.7	3.7%
桩	声速平均值：4.610km/s				波幅平均值：97.5dB							
图例	——声速实测线 − − −声速临界线 ——波幅实测线 − − −波幅临界线 ——PSD曲线											

(a)

图 5-43 某桩声波透射法实测曲线

（a）实测曲线 1

144

基桩编号	A3-2	桩径	2200mm	测试日期	××××-×-××
设计标号		C30		桩长	44.50m

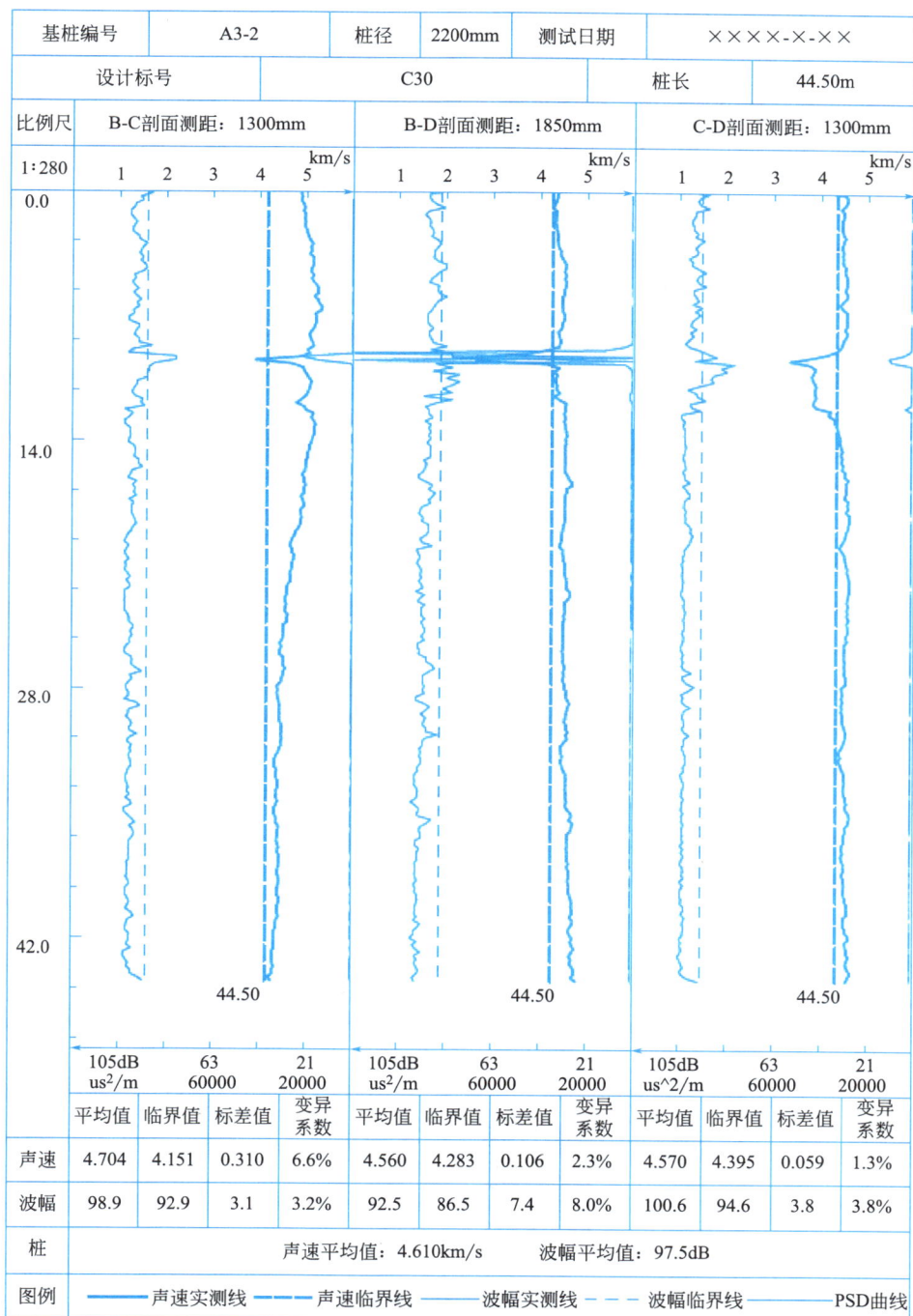

比例尺 1:280	B-C剖面测距：1300mm	B-D剖面测距：1850mm	C-D剖面测距：1300mm

	105dB us²/m	63 60000	21 20000	105dB us²/m	63 60000	21 20000	105dB us^2/m	63 60000	21 20000
	平均值	临界值	标差值	变异系数	平均值	临界值	标差值	变异系数	平均值	临界值	标差值	变异系数
声速	4.704	4.151	0.310	6.6%	4.560	4.283	0.106	2.3%	4.570	4.395	0.059	1.3%
波幅	98.9	92.9	3.1	3.2%	92.5	86.5	7.4	8.0%	100.6	94.6	3.8	3.8%
桩	声速平均值：4.610km/s　　波幅平均值：97.5dB
图例	——— 声速实测线　　--- 声速临界线　　——— 波幅实测线　　--- 波幅临界线　　——— PSD曲线

(b)

图 5-43　某桩声波透射法实测曲线

（b）实测曲线 2

（7）常见问题

1）实测信号可能出现的异常情况

声波透射法检测时，可能会出现如下异常情况，应及时解决。

① 在显示窗口看不到首波，原因可能为下列之一：

a. 换能器没有处在同一水平位置；

b. 声测管内换能器的位置处没水；

c. 仪器采集参数设置有误，首波不在显示窗口的范围内；

d. 桩身混凝土存在严重缺陷；

e. 换能器损坏或信号线连接故障。

② 采集过程中首波频繁跳动、波形杂乱，原因可能为下列之一：

a. 换能器提升速度过快；

b. 换能器摆动幅度过大；

c. 桩身混凝土存在明显缺陷、信号弱、增益设置过大；

d. 换能器或仪器故障。

③ 窗口显示正常，但数据不能自动记录，通常是因为深度计故障或其连接线路不通。

2）缩颈问题

当桩身缩颈轻微，未超过声测管时，实测信号一般不会出现异常。如果进一步缩径，导致声测管露出在混凝土之外，容易判为严重缺陷。

当声测管局部被泥团包裹或声测管连接处有缝隙时，也会出现明显异常。

上述两种情形出现的异常范围比较窄，通过累积经验，还是可以与严重缺陷区分开来。也可采用其他方法进一步确认。

例如，某桥梁钻孔灌注桩，桩径 $\phi2.2m$，桩长 44.5m，埋设四根声测管，声波检测在 $8.9\sim10.3m$ 出现明显异常（图5-43）。后钻芯验证，钻了3个孔，在该位置均没有发现缺陷，推断是由缩颈导致声测管局部外露造成。

第十二节　基桩自平衡法静载试验

7.
基桩自平
衡法静载
试验

思考题 🔍

1. 确定地基承载力的方法主要有哪几种？

2. 基桩检测的主要方法有哪些？各自有什么特点？

3. 基桩完整性类别的分类原则是什么？

4. 复合地基平板载荷试验承压板的面积如何确定？

5. 平板载荷试验的终止加载条件有哪些？

6. 地基承载力特征值如何确定？

7. 动力触探有哪几种类型？各适用于什么样的土层？标贯适用于什么样的地层条件？

8. 动力触探和标准贯入存在超前和滞后效应吗？为何会产生此种效应？

9. 动力触探的一般测试过程如何？怎样绘制动探的击数-深度关系曲线？

10. 为什么说动力触探是比较粗略的原位测试手段？

11. 怎样根据击数-深度关系曲线进行土层划分？土层划分后如何求得各土层的测试参数？

12. 标贯试验有什么优、缺点？适用于哪些土层？

13. 简述单桩竖向抗压静载试验目的、意义及适用范围。

14. 单桩竖向抗压静载试验加载方式有哪些？其终止加荷条件是什么？

15. 钻芯法检测钻孔的数量、位置和钻探深度有什么规定？

16. 芯样强度试验的取样有何要求？如何根据芯样结果评价桩身混凝土强度？

17. 单孔桩底沉渣如何确定？整桩的沉渣厚度如何评价？

18. 钻芯法检测什么情况下判定基桩质量不符合设计要求？

19. 简述低应变反射波测桩的原理。

20. 简述应力波在桩身界面（包括桩底）的反射特征。

21. 反射波法测桩对传感器的安装与激振有什么要求？

22. 当嵌岩桩的实测速度曲线中出现桩底回波同相时应该如何判定？

23. 简述低应变反射波法测桩的局限性。

24. 简述高应变法测桩的原理。

25. 高应变法检测的传感器安装有什么要求？

26. 何谓桩身完整性系数 β 值？结合 β 值如何进行桩身完整性分类？

27. 简述声波透射法检测的原理。

28. 简述声测管的作用以及其对测试的影响。

第六章

混凝土结构及构件检测

知识目标

1. 了解混凝土结构及构件现场检测的检测内容及其检测方法；

2. 熟悉各检测方法的原理及操作步骤；

3. 掌握混凝土强度检测、混凝土碳化状况检测、钢筋保护层厚度和钢筋间距检测、钢筋锈蚀电位检测、混凝土电阻率检测、混凝土氯离子含量检测、混凝土缺损检测及有效预应力和压浆质量检测的检测数据及其数据分析。

能力目标

1. 正确选用混凝土结构及构件检测方法，熟练使用相关检测设备对混凝土结构及构件进行现场检测；

2. 能对混凝土结构及构件检测数据进行计算、分析、评价并出具报告。

素质目标

科学严谨、实事求是、刻苦钻研、数据说话。

思维导图

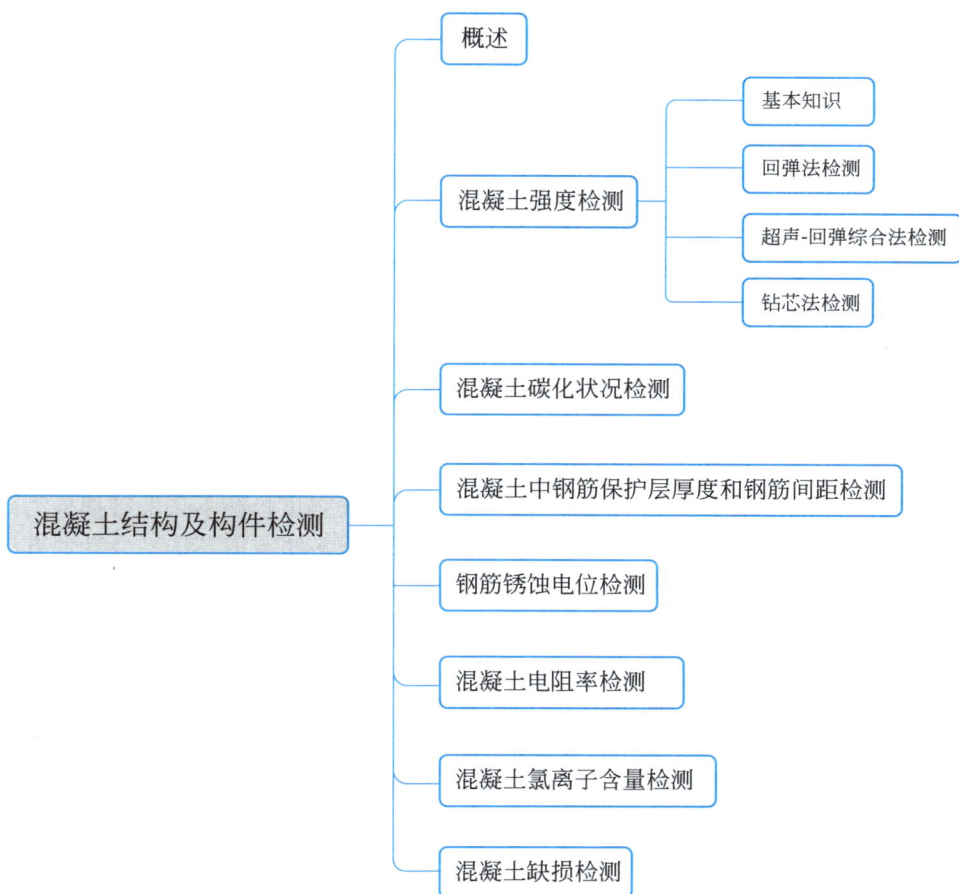

第一节 概述

混凝土结构材质状况与耐久性反映了结构构件的技术状况,直接影响结构的整体使用性能和承载能力。混凝土结构材质状况与耐久性检测如今采用的方法主要有无损检测、半破损检测或破损检测,为了保证结构的整体性,避免构件在检测过程中受到较大的损伤,无损检测方法已成为结构混凝土检测的首选检测方法。

混凝土结构及构件检测的主要内容包括:混凝土强度、混凝土碳化状况、混凝土中钢筋保护层厚度和钢筋间距、钢筋锈蚀电位、混凝土电阻率、混凝土中氯离子含量、混凝土缺损、有效预应力及压浆质量检测等。

第二节　混凝土强度检测

1. 基本知识

混凝土强度检测重要指标之一是混凝土抗压强度，混凝土抗压强度指混凝土轴心抗压强度，即混凝土试件受压力后破损时所承受的最大荷载除以承压面积所得到的应力值。但既有结构往往已建成多年，混凝土试件已不复存在，所以既有结构的混凝土强度通常是采用无损检测、半破损检测或破损检测方法对既有结构的混凝土进行检测，然后通过指标的相关性，来推定出既有结构物的混凝土强度。目前常用的检测方法有回弹法、超声回弹综合法、取芯法以及多种方法相结合的综合检测法等。

回弹法具有简便、灵活、使用范围广泛等优点；超声回弹综合法则具有受混凝土龄期影响较小、适用范围广、能够较全面地反映结构混凝土的实际质量等优点；取芯法则直观准确，还可用于反映出混凝土内部的孔洞或离析等缺陷，具有直观、准确度好等特点，但取芯法会破坏结构完整性；原则上既有混凝土结构混凝土强度检测不采取破损检测，仅在其他方法不能准确评定结构物的混凝土强度时，方采用取芯法或取芯法结合其他方法综合评定。

2. 回弹法检测

（1）基本原理

回弹法是用弹簧驱重锤，通过弹击杆弹击混凝土表面，并测出重锤被反弹回来的距离，以回弹值（反弹距离与弹簧初始长度之比，按百分比计算）作为与混凝土强度相关的指标，来推定混凝土的抗压强度的一种方法。由于测量在混凝土的表面进行，所以回弹法属于表面硬度法。

（2）方法标准

1）《回弹法检测混凝土抗压强度技术规程》JGJ/T 23—2011；

2）《桥梁混凝土结构无损检测技术规程》T/CECS G:J50—01—2019 等。

（3）仪器设备

回弹仪的类型比较多，通常可分为重型、中型、轻型和特轻型，一般工程中使用最多的是中型回弹仪。下面着重介绍中型回弹仪。

1）回弹仪的技术要求

① 测定回弹值的仪器，可采用数字式，也可采用指针直读式。

② 回弹仪必须具有制造厂的产品合格证及法定计量检定机构的检定合格证书，在回弹仪的明显位置上具有下列标志：名称、型号、制造厂名、出厂编号、出厂日期、中国计量器具制造许可证标志等。

③ 回弹仪应符合下列标准状态的要求：

a. 水平弹击时，弹击锤脱钩的瞬间，回弹仪的标准能量应为 2.207J；

b. 弹击锤与弹击杆碰撞的瞬间，弹击拉簧应处于自由状态，此时弹击锤起跳点应相应于指针指示刻度尺上"0"处；

c. 在洛氏硬度 HRC 为 60 ± 2 的钢砧上，回弹仪的率定值应为 80 ± 2；

d. 数字式回弹仪应带有指针直读示值系统；数字显示的回弹值与指针直读示值相差不应超过 1。

④ 回弹仪使用时的环境温度应为 $-4\sim40℃$。

2）回弹仪的检定与率定

① 回弹仪具有下列情况之一时应送法定计量检定机构进行检定：

a. 新采购的回弹仪启用前；

b. 超过检定有效期限（有效期为半年）；

c. 经常规保养后钢砧率定值不合格；

d. 数字式回弹仪数字显示的回弹值与指针直读示值相差大于 1；

e. 回弹仪遭受了严重撞击或其他损害。

② 回弹仪应由法定计量检定机构按现行《回弹仪检定规程》JJG 817—2011 进行检定。

③ 回弹仪在工程检测前后，应在钢砧上做率定试验，回弹仪率定所用钢砧应每 2 年送法定计量检定机构检定或校准。

④ 回弹仪率定试验宜在干燥、室温为 $5\sim35℃$ 的条件下进行。率定时，钢砧应稳固地平放在刚度大的物体上。测定回弹值时，取连续向下弹击三次的稳定回弹平均值。率定试验分四个方向进行，且每个方向弹击前，弹击杆应旋转 $90°$，每个方向的回弹平均值均应为 80 ± 2。

3）回弹仪的保养

① 回弹仪具有下列情况之一时，应进行常规保养：

a. 弹击次数超过 2000 次；

b. 对检测的数值有怀疑时；

c. 在钢砧上的率定值不合格。

② 常规保养应符合下列规定：

a. 使弹击锤脱钩后取出机芯，然后卸下弹击杆，取出里面的缓冲压簧，并取出弹击锤、弹击拉簧和拉簧座；

b. 机芯各零部件应进行清洗，重点清洗中心导杆、弹击锤和弹击杆的内孔和冲击面。清洗后应在中心导杆上薄薄涂抹钟表油，其他零部件均不得抹油；

c. 应清理机壳内壁，卸下刻度尺，并应检查指针，其摩擦力应为 $0.5\sim0.8N$；

d. 不得旋转尾盖上已定位紧固的调零螺丝，不得自行制作或更换零件；

e. 对于数字式回弹仪，应按产品要求的维护程序进行维护；

f. 保养后应按要求进行率定试验。

③ 回弹仪使用完毕后应使弹击杆伸出机壳，清除弹击杆、杆前端球面以及刻度尺表面和外壳上的污垢、尘土。回弹仪不用时，应将弹击杆压入仪器内，经弹击后方可按下按钮锁住机芯，将回弹仪装入仪器箱，平放在干燥阴凉处。数字回弹仪长时间不用时，还应进行断电状态下存放。

（4）检测环节

1）一般规定

① 测试前宜具备下列资料：

　　a. 工程名称及建设、设计、施工、监理（或监督）单位名称；

　　b. 结构或构件部位、名称、外形尺寸、数量及混凝土强度等级；

　　c. 混凝土配合比及原材料试验报告等；

　　d. 模板类型，混凝土浇筑和养护情况以及成型日期；

　　e. 必要的设计图纸和施工记录等；

　　f. 检测目的。

　　② 混凝土强度检测可采用下列两种方式：

　　a. 构件检测：适用于单个结构或构件的检测；

　　b. 部位检测：适用于对结构或构件关键控制部位的检测。

　　2）检测要求

　　① 检测面应为混凝土原浆面，并应清洁、平整，不应有疏松层、浮浆、油垢、涂层以及蜂窝、麻面。必要时，可用砂轮片清除疏松层和杂物，且不应有残留的粉末和碎屑。对于回弹仪弹击时产生颤动的薄壁、小型构件，应进行固定。

　　② 采用回弹法时，被检测混凝土的内、外质量应无明显差异。

　　③ 当对回弹检测结果存在有异议时，可结合取芯法进行修正或验证。

　　④ 当构件混凝土设计强度等级大于 C60 时，可采用标称能量大于 2.207J 的重型回弹仪，并应根据相应标准规范进行检测。

　　⑤ 下列情况，不宜采用回弹法检测结构混凝土强度：

　　a. 遭受冻害、化学腐蚀、火灾、高温损伤的混凝土；

　　b. 被测构件厚度小于 10cm；

　　c. 结构表面温度低于 −4℃或高于 40℃；

　　d. 结构物表层与内部质量有明显差异或内部存在缺陷的混凝土结构或构件。

　　⑥ 按构件检测方式的相关要求：

　　a. 对于混凝土生产工艺、强度等级相同，原材料、配合比、养护条件基本一致且龄期相近的一批同类构件的检测宜采用批量检测。按批量进行检测时，应随机抽取构件，抽检数量不宜少于相同构件总数的 30％且不宜少于 10 件。当检验批构件数量大于 30 个时，抽样构件数量可适当调整，并不得少于国家有关标准规定的最少抽样数量。

　　b. 分段（层）浇筑混凝土结构（如箱梁等）应按照浇筑情况的不同，对各节段（层）分别划分构件，不同节段（层）的混凝土强度检测数据不得混用。

　　c. 对于受不利因素影响的结构或构件的混凝土强度检测，应根据环境差异和外观质量来划分构件，混凝土强度测区应能代表不同环境条件和不同受损结构外观的特征。

　　d. 回弹法对箱梁构件箱内测区与箱外测区分别进行回弹测试时，若回弹测试结果差异较大，可使用超声回弹综合法进行复测，必要时结合取芯法对测试数据进行修正。

　　e. 混凝土强度采用构件检测方式时，每一结构或构件的测区布置应符合下列规定：

　　每一结构或构件测区数不应少于 10 个。当受检构件数量大于 30 个且不需提供单个构件推定强度或构件某一方向尺寸不大于 4.5m 且另一方向尺寸不大于 0.3m 时，其测区数量可适当减少，但不应少于 5 个。

　　相邻两测区的间距不应大于 2m。测区距构件端部或施工缝边缘的距离不宜小于 0.2m。

测区面积不宜大于 $0.04m^2$。

当结构或构件有不同的可测面时，测区布置应根据不同测面分别布设，不同测面测试数据不得混用。在构件的重要部位及薄弱部位应布置测区，并应避开预埋件。

对于泵送混凝土，使用回弹法检测混凝土强度时，测区应选在混凝土浇筑侧面。

⑦ 按部位检测方式的相关要求：

检测测区应涵盖结构物主要承重构件的关键控制断面，应均匀布置，可沿控制断面两侧锯齿形或对称布设。

按部位检测方式检测时，每一部位测区布置应符合下列规定：

a. 每一部位的测区数不应少于 6 个；

b. 相邻两测区的间距应控制在 0.4m 以内；

c. 测区距构件端部或施工缝边缘的距离不应小于 0.2m；

d. 测区面积不应大于 $0.04m^2$，且应均匀分布，并应避开预埋件。

⑧ 回弹法检测混凝土强度现场检测要求：

回弹法检测混凝土强度检测现场操作除要符合上述要求外，尚应符合下述规定：

a. 检测时，回弹仪的轴线应始终垂直于混凝土检测面，缓慢施压，准确读数，快速复位；

b. 应使仪器处于水平状态，测试混凝土浇筑侧面。如不能满足这一要求，也可非水平状态测试，测试混凝土浇筑顶面或底面；

c. 测点在测区范围内应均匀分布，但不得布置在气孔或外露石子上。相邻两测点的净距离不宜小于 20mm；测点距外露钢筋、预埋件的距离不宜小于 30mm，且同一测点只允许弹击一次；

d. 回弹法测试每一测区应记取 16 个回弹值，每一测点的回弹值读数应精确至 1；

e. 回弹法检测混凝土强度时，回弹值测量完毕后，应在有代表性的测区上测量碳化深度值，测点数不应少于构件测区数的 30%。碳化深度值的测量应符合本章第三节中碳化值测量的要求。

（5）计算分析

1）回弹法检测混凝土强度计算

① 回弹值处理

计算测区平均回弹值，从该测区的 16 个回弹值中，分别剔除 3 个最大值和 3 个最小值，将余下的 10 个回弹值按式（6-1）计算：

$$R_m = \sum_{i=1}^{10} R_i / 10 \qquad (6\text{-}1)$$

式中，R_m——测区平均回弹值，精确至 0.1；

　　　R_i——第 i 个测点的回弹值。

② 回弹值修正

a. 非水平状态检测混凝土浇筑侧面时，测区的平均回弹值按式（6-2）进行修正：

$$R_m = R_{ma} + R_{\partial a} \qquad (6\text{-}2)$$

式中，R_{ma}——非水平状态检测时测区的平均回弹值，精确至 0.1；

　　　$R_{\partial a}$——非水平状态检测时回弹值修正值，可按表 6-1 采用。

非水平状态检测时回弹值修正值 表6-1

R_{ma}	测试角度 α							
	+90°	+60°	+45°	+30°	−30°	−45°	−60°	−90°
	$R_{\partial a}$							
20	−6.0	−5.0	−4.0	−3.0	+2.5	+3.0	+3.5	+4.0
30	−5.0	−4.0	−3.5	−2.5	+2.0	+2.5	+3.0	+3.5
40	−4.0	−3.5	−3.0	−2.0	+1.5	+2.0	+2.5	+3.0
50	−3.5	−3.0	−2.5	−1.5	+1.0	+1.5	+2.0	+2.5
备注	1. 表中修正值可用内插法求得,精确至0.1; 2. R_{ma} 小于20或大于50时,均分别按20或50查表; 3. +α 表示向上测量,−α 表示向下测量							

b. 检测混凝土浇筑顶面或底面时，应按式（6-3）和式（6-4）修正：

$$R_m = R_m^t + R_a^t \tag{6-3}$$

$$R_m = R_m^b + R_a^b \tag{6-4}$$

式中，R_m^t、R_m^b——水平方向检测混凝土浇筑顶面、底面时，测区的平均回弹值，精确至0.1；

R_a^t、R_a^b——混凝土浇筑顶面、底面回弹值的修正值，应按表6-2采用。

混凝土浇筑顶面、底面回弹值的修正 表6-2

R_m^t 或 R_m^b	R_a^t 或 R_a^b	
	混凝土浇筑顶面	混凝土浇筑底面
20	+2.5	−3.0
25	+2.0	−2.5
30	1.5	−2.0
35	+1.0	−1.5
40	+0.5	−1.0
45	0	−0.5
50	0	0
备注	1. 表中修正值可用内插法求得,精确至0.1; 2. R_m^t、R_m^b 小于20或大于50时,均分别按20或50查表; 3. 混凝土浇筑表面为一般原浆抹面; 4. 表列修正值为底面和侧面采用同一类模板在正常浇筑情况下的修正值	

③ 当回弹仪处于非水平方向且测试面为混凝土的非浇筑侧面时，应先对回弹值进行角度修正，并对修正后的回弹值再进行浇筑面修正。

④ 结构或构件第 i 个测区混凝土强度换算值，按修正后求得的平均回弹值 R_m 及平均碳化深度值 d_m，查阅《回弹法检测混凝土抗压强度技术规程》JGJ/T 23—2011 统一测强曲线的"测区混凝土强度换算表"得出。当有专用测强曲线或地区测强曲线时，应按专用测强曲线、地区测强曲线、统一测强曲线的次序，选用测强曲线。

⑤测区平均碳化深度（d），精确至 0.5mm。当 $d<0.5$mm 时，按无碳化处理；$d\geqslant$6mm 时，按 $d=6$mm 计算。

2）测区混凝土换算强度平均值计算

① 结构、构件或关键控制部位的测区混凝土换算强度平均值，可根据各测区的混凝土强度换算值计算。当测区数为 10 个及 10 个以上时，应计算强度标准差。平均值及标准差应按式（6-5）和式（6-6）计算：

$$m_{f_{cu}^c}=\frac{1}{n}\sum_{i=1}^{m}f_{cu,i}^c \tag{6-5}$$

$$S_{f_{cu}^c}=\sqrt{\frac{\sum_{i=1}^{n}(f_{cu,i}^c)^2-n(m_{f_{cu}^c})^2}{n-1}} \tag{6-6}$$

式中，$m_{f_{cu}^c}$——结构或构件测区混凝土强度换算值的平均值，精确至 0.1MPa；

$\qquad f_{cu,i}^c$——第 i 个测区混凝土换算强度值，精确至 0.1MPa；

$\qquad n$——结构或构件或关键控制部位的测区数；

$\qquad S_{f_{cu}^c}$——测区混凝土换算强度值的标准差，精确至 0.01MPa。

② 当该批构件混凝土强度标准差出现下列情况之一时，该批构件应全部按单个构件检测：

a. 该批构件的混凝土强度平均值 $m_{f_{cu}^c}<25.0$MPa，标准差 $S_{f_{cu}^c}>4.50$MPa 时；

b. 该批构件的混凝土强度平均值 25.0MPa$\leqslant m_{f_{cu}^c}\leqslant60.0$MPa，标准差 $S_{f_{cu}^c}>5.50$MPa。

3）混凝土强度推定值计算

混凝土强度推定值 $f_{cu,e}$ 应按式（6-7）～式（6-9）确定：

① 当结构或构件的测区数少于 10 个时：

$$f_{cu,e}=f_{cu,min}^c \tag{6-7}$$

式中，$f_{cu,min}^c$——结构、构件或关键控制部位最小的测区混凝土换算强度值（MPa），精确至 0.1MPa。

② 当结构或构件的测区强度值中出现小于 10.0MPa 时：

$$f_{cu,e}<10.0\text{Mpa} \tag{6-8}$$

③ 当结构或构件的测区数不少于 10 个时：

$$f_{cu,e}=m_{f_{cu}^c}-1.645S_{f_{cu}^c} \tag{6-9}$$

（6）数据修约

1）回弹测量值精确至 1；

2）平均回弹值精确至 0.1；

3）测区混凝土强度换算值及强度换算值的平均值精确至 0.1MPa；

4）混凝土换算强度值的标准差精确至 0.01MPa。

（7）检测记录与报告

1）检测记录

检测记录应包括下列内容：

① 检测记录应及时记录在专用的表格上，并保证数据客观真实、字迹清晰、信息完

整、格式规范；

② 检测记录应包括建设项目名称、设计单位名称、施工单位名称、监理单位名称、工程部位、检测依据、判定依据、检测条件、主要仪器设备名称及编号、率定情况、被测构件碳化深度值、浇筑日期、检测日期、检测人、记录人、复核人等；

③ 仪器自动采集记录的数据应及时确认、保存和备份；

④ 现场检测照片或录像等；

⑤ 测区和测点的标注和标识应具有唯一性，并与原始记录一一对应。

2）检测报告

检测报告应包括下列内容：

① 项目概述，包括工程名称、施工单位、设计单位、监理单位、结构部位、建成时间、所处环境条件、以往相关检测情况概述及存在的主要问题等；

② 检测目的及要求；

③ 检测内容、检测方法及相关的技术文件；

④ 检测仪器设备信息；

⑤ 抽样方法、检测数量与检测位置；

⑥ 检测项目的分类检测数据和汇总结果、检测结果、检测结论及建议；

⑦ 检测日期，报告完成日期；

⑧ 检测、审核和批准人员的签名；

⑨ 检测机构的有效印章；

⑩ 检测报告宜附有必要的原始资料、图表及现场检测照片等。

（8）常见问题

1）回弹仪的率定操作不合理，容易忽略率定时的环境要求，钢砧放置地要求以及弹击杆的方向要求等。

回弹仪率定正确操作方式为：回弹仪率定试验宜在干燥、室温为 5～35℃ 的条件下进行。率定时，钢砧应稳固地平放在刚度大的物体上，不可随意放在一般的地基上进行。率定试验分四个方向进行，且每个方向弹击前，弹击杆应旋转 90°，每个方向的回弹平均值均应为 80±2。

2）回弹仪的检定不符合要求。

回弹仪的检定除新仪器启用前，还应关注检定的有效期限（半年）和率定不合格时也要送检。

3）回弹值的修正计算有误，容易将角度修正和浇筑面修正的计算顺序搞混。正确的顺序是：回弹值修正应先对回弹值进行角度修正，并对修正后的回弹值再进行浇筑面修正。

4）回弹法强度检测的应用条件与应用场景容易忽视。一般情况下，回弹法强度检测要求：采用普通成型工艺、表层与内部质量不会有明显差异，且未遭受冻害、化学腐蚀、火灾和高温损伤的混凝土。

5）测强曲线的选用有误。

检测时，应按专用测强曲线、地区测强曲线、统一测强曲线的次序，选用测强曲线。

当有下列情况之一时，测区混凝土强度不得使用统一测强曲线换算：

① 非泵送混凝土粗集料最大公称粒径大于 60mm，泵送混凝土粗集料最大公称粒径大于 31.5mm。

② 特种成型工艺制作的混凝土。

③ 检测部位曲率半径小于 250mm。

④ 潮湿、浸水或火灾后受损的混凝土。

⑤ 自然养护龄期不在 14～1000d 范围的。

3. 超声-回弹综合法检测

（1）基本原理

混凝土强度与混凝土表面硬度以及声波在混凝土中的传播速度有着密切的关系，混凝土表面硬度反映了混凝土的塑性性质，声波在混凝土中的传播速度反映了混凝土的弹性性质。采用超声波仪和回弹仪，在结构混凝土同一测区分别测量声时值及回弹值，然后利用已建立起来的测强公式推算该测区混凝土强度，这种测试方法是基于混凝土强度与声学参数和回弹值之间有较好的相关关系，以声速和回弹综合值反映混凝土的抗压强度。

超声仪是超声检测的基本装置，它的工作原理是产生重复的电脉冲去刺激发射换能器，发射换能器发射的超声波经耦合进入混凝土，在混凝土中传播后被接受换能器所接受并转换成电信号，电信号被送至超声仪，经放大后显示在示波屏上。超声仪除了产生电脉冲、接收、显示超声波外，还具有测量超声波有关参数，如声传播时间、接受波振幅、频率等功能。

（2）方法标准

1）《超声回弹综合法检测混凝土抗压强度技术规程》CECS 02—2020。

2）《桥梁混凝土结构无损检测技术规程》T/CECS G:J50—01—2019 等。

（3）仪器设备

1）超声检测仪器的技术要求

① 超声波检测仪器须具有产品合格证，并应通过计量检定。

② 仪器的声时最小分度值为 0.1μs。

③ 具有最小分度值为 1dB 的信号幅度调整系统。

④ 接收放大器频响范围 10～500kHz，总增益不小于 80dB，接收灵敏度（信噪比 3∶1 时）不大于 50μV。

⑤ 电源电压波动范围在标称值±10％情况下能正常工作。

⑥ 连续正常工作时间不少于 4h。

⑦ 模拟式超声波检测仪应具有良好的稳定性，声时显示调节在 20～30μs 范围内时，连续静置 1h 数字变化不得大于±0.2μs。

⑧ 数字式超声波检测仪在同测试条件的自动测读时，在 1h 内每 5min 测读一次声时值的数字变化不得大于±0.2μs。

⑨ 仪器宜具有示波屏显示及手动游标测读功能，显示应清晰稳定。

⑩ 仪器应能适用于环境温度为 0～40℃时的现场检测。

2）换能器的技术要求

① 换能器宜采用厚度振动形式压电材料。

② 换能器的工作频率宜在 50～100kHz 范围以内。

③ 换能器实测频率与标称频率相差应不大于±10％。

3）超声波检测仪器检验和操作

① 超声仪器检验时应满足下列要求：缓慢调节延时旋钮，数字显示满足十进位递变的要求；调节聚焦、辉度和扫描延时旋钮，扫描基线清晰稳定；换能器与标准棒耦合良好，衰减器及发射电压正常；超声波在空气中传播的计算声速与实测声速值相比，相差不大于±0.5％。

② 超声仪器应按下列步骤进行操作：操作前应仔细阅读仪器使用说明书；仪器在接通电源前，应检查电源电压，接上电源后，仪器宜预热 10min；换能器与标准棒应耦合良好，调节首波幅度至 30～40mm 后测读声时值，有调零装置的仪器，应调节调零电位器以扣除初读数；在实测时，接收信号的首波幅度均应调至 30～40mm 后，才能测读每个测点的声时值。

4）检测仪器维护

① 超声仪应按下列规定进行维护：如仪器在较长时间内停用，每月应通电一次，每次大于 1h；仪器需存放在通风、阴凉、干燥处，无论存放或工作，均需防尘；在搬运过程中须防止碰撞和剧烈振动。

② 换能器应避免摔损和撞击，工作完毕应擦拭干净，单独存放。换能器的耦合面应避免磨损。

（4）检测要求

使用超声-回弹综合法检测混凝土强度时，检测要求除应符合回弹法检测的相关规定外，尚应符合下述规定：

1）一个构件上的超声测距应基本一致，测区尺寸宜为 200mm×200mm，采用平测时宜为 400mm×400mm；

2）超声测点应布置在回弹测试的同一测区内，每一测区布置 3 个超声测点，超声测试宜采用对测或角测，当被测构件不具备对测或角测条件时，可采用单面平测；

3）测量回弹值应在构件测区内超声法的发射面和接收面各弹击 8 点；超声波单侧面平测时，应在超声波发射和接收测点之间弹击 16 点。每一测点的回弹值读数精确至 1；

4）超声测试时，换能器辐射面应通过耦合剂与混凝土测试面良好耦合；

5）声时测量应精确至 0.1μs，超声测距测量应精确至 1.0mm，且测量误差不应超过±1％。声速计算应精确至 0.01km/s；

6）超声测量时，其发射换能器和接收换能器的连线与附近钢筋轴线不应重合；

7）结构或构件的每一测区内，应先进行回弹测试，后进行超声测试；

8）非同一测区内的回弹值及超声声速值，在计算测区混凝土换算强度值时不得混用。

（5）计算分析

超声-回弹综合法检测混凝土强度计算：

① 回弹值的计算按本章节上述回弹法检测的回弹值处理及修正要求进行。

② 超声声速值的计算：

a. 当在混凝土浇筑方向的侧面对测时，测区混凝土中声速代表值应根据该测区中 3 个测点的混凝土声速值，按式（6-10）计算：

$$v = \frac{1}{3} \sum_{i=1}^{3} \frac{l_i}{t_i - t_0} \tag{6-10}$$

式中，v——测区混凝土中声速代表值（km/s）；

$\qquad l_i$——第 i 个测点的超声测距（mm）；

$\qquad t_i$——第 i 个测点的声时读数（μs）；

$\qquad t_0$——声时初读数（μs）。

b. 当在混凝土的浇筑的顶面或底面测试时，测区声速代表值应按式（6-11）修正：

$$v_a = \beta \cdot v \qquad (6-11)$$

式中，v_a——修正后的测区混凝土中声速代表值（km/s）；

$\qquad \beta$——超声测试面的声速修正系数。在混凝土浇筑的顶面和底面间对测或斜测时，$\beta = 1.034$；在混凝土浇筑的顶面或底面平测时，应按本节"超声波平测方法及数据处理"中的规定进行修正。

c. 超声波平测方法及数据处理

当结构或构件被测部位只有一个表面可供检测时，可采用平测方法测量混凝土中声速，每个测区布置 3 个测点。

布置超声平测点时，宜使发射和接收换能器的连接与附近钢筋轴线成 $40°\sim50°$，超声测距 l 宜采用 350mm～450mm。

宜采用同一构件的对测声速 v_d 与平测声速 v_p 之比求得修正系数 $\lambda(\lambda = v_d/v_p)$，对平测声速进行修正。

当被测结构或构件不具备对测与平测的对比条件时，宜选取有代表性的部位，以测距 $l = 200\text{mm}$、250mm、300mm、350mm、400mm、450mm、500mm，逐点测读相应声时值 t，用回归分析方法求出直线方程 $l = a + bt$。以回归系数 b 代替对测声速 v_d，再按上一款规定对各平测声速进行修正。

平测声速可采用直线方程 $l = a + bt$，根据混凝土浇筑的顶面或底面平测数据求得，修正后的混凝土中声速代表值应按式（6-12）计算。

$$v_a = \frac{\lambda\beta}{3}\sum_{i=1}^{3}\frac{l_i}{t_i - t_0} \qquad (6-12)$$

式中，β——超声测试面的声速修正系数，顶面平测 $\beta = 1.05$，底面平测 $\beta = 0.95$。

③ 结构混凝土测区强度的换算

第 i 个测区的混凝土换算强度值 $f_{cu,i}^c$，应根据修正后的测区回弹值 R_{ai} 和修正后的测区声速值 v_{ai}，优先采用专用或地区测强曲线推定。

当无专用或地区测强曲线时，经验证后可查《超声回弹综合法检测混凝土强度技术规程》CECS 02—2020 的统一测强曲线混凝土抗压强度换算表进行换算，或按式（6-13）和式（6-14）表示的统一测强曲线进行计算：

a. 粗骨料为卵石时：

$$f_{cu,i}^c = 0.0056 v_{ai}^{1.439} R_{ai}^{1.769} \qquad (6-13)$$

b. 粗骨料为碎石时：

$$f_{cu,i}^c = 0.0162 v_{ai}^{1.656} R_{ai}^{1.410} \qquad (6-14)$$

式中，$f_{cu,i}^c$——第 i 个测区换算强度值（MPa），精确至 0.1MPa；

$\qquad v_{ai}$——第 i 个测区修正后的声速值（km/s），精确至 0.01km/s；

$\qquad R_{ai}$——第 i 个测区修正后的回弹值（MPa），精确至 0.1MPa。

粗骨料为卵石时，其统一测强曲线的相对标准差为±15.6%，平均相对误差为±13.2%。

粗骨料为碎石时，其统一测强曲线的相对标准差为±15.6%，平均相对误差为±13.1%。

④ 当结构或构件所采用的材料及其龄期与制定测强曲线所采用的材料及其龄期有较大差异时，应从结构或构件测区中钻取混凝土芯样试件，并利用芯样的抗压强度对测区强度的换算值进行修正。

（6）数据修约

1）回弹测量值精确至1；

2）平均回弹值精确至0.1；

3）测区混凝土强度换算值及强度换算值的平均值精确至0.1MPa；

4）声速值精确至0.01km/s；

5）混凝土换算强度值的标准差精确至0.01MPa。

（7）检测记录与报告

1）原始记录

原始记录应包括下列内容：

① 检测的原始记录应及时记录在专用的表格上，并保证数据真实、字迹清晰、信息完整、形式规范；

② 原始记录应包括工程项目名称、施工单位名称、设计单位名称、监理单位名称、工程部位、检测依据、判定依据、检测条件、主要仪器设备名称及编号、检测日期、检测人员等；超声回弹综合法检测记录表格可参考二维码扫码附表（可下载）；

③ 仪器自动采集记录的数据应及时确认、保存和备份；

④ 现场检测照片、录像等；

⑤ 测区和测点的标注和标识应具有唯一性，并与原始记录一一对应。

2）检测报告

参照本章节"回弹法检测"中的"检测报告"要求。

（8）常见问题

超声测试时，如换能器辐射面与混凝土测试面耦合不密实，容易引起测量数据发生偏差。现场检测时，应清除混凝土表面杂质，必要时，可用砂轮机或铁砂打磨平整，且要清除表面粉尘，以保证混凝土表面清洁、平整，并在换能器辐射面和混凝土测试面涂抹凡士林，保证接触面耦合密实；同时，也应避免发射换能器和接收换能器的连线与附近钢筋轴线重合，以确保测量数据准确真实。

4. 钻芯法检测

（1）基本原理

钻芯法检测混凝土强度是通过从既有混凝土结构物中钻取芯样，对芯样进行混凝土抗压强度试验来测定混凝土强度，是检测既有混凝土结构强度最直接的方法。

（2）方法标准

1）《钻芯法检测混凝土强度技术规程》JGJ/T 384—2016；

2）《钻芯法检测混凝土强度技术规程》CECS 03—2007；

3)《桥梁混凝土结构无损检测技术规程》T/CECS G：J50—01—2019 等。

（3）仪器设备

1）用于钻取芯样、芯样加工和测量的检测设备与仪器均应有产品合格证，计量器具经检定或校准，并应在有效期内使用；

2）钻芯机应具有足够的刚度，操作灵活，固定和移动方便，并应有水冷却系统；

3）钻取芯样时宜采用人造金刚石薄壁钻头。钻头胎体不得有裂缝、缺角、少角、倾斜及喇叭口变形；

4）锯切芯样时使用的锯切机和磨平芯样的磨平机，应具有冷却系统和牢固夹紧芯样的装置；配套使用的人造金刚石圆锯片应有足够的刚度；锯切芯样宜使用双刀锯切机；

5）用于芯样端面加工的补平装置，应保证芯样的端面平整，并应保证芯样端面与芯样轴线垂直；

6）探测钢筋位置的钢筋检测仪，应适用于现场操作，最大探测深度不应小于 60mm，探测位置偏差不宜大于±5mm；

7）在钻芯工作完毕后，应对钻芯机和芯样加工设备进行维护保养。

（4）检测环节

1）一般规定

① 测试前宜具备下列资料：

a. 工程名称及建设单位、设计单位、监理单位和施工单位名称；

b. 结构或构件名称、外形尺寸及数量及混凝土强度等级；

c. 浇筑日期、混凝土配合比及原材料试验报告等；

d. 模板类型，混凝土浇筑和养护情况以及成型日期；

e. 必要的设计图纸和施工记录。

② 抗压强度检测相关规定：

a. 钻芯法可用于确定检测批或单个构件的混凝土抗压强度值，也可用于钻芯修正方法修正间接强度检测方法得到的混凝土抗压强度换算值。

b. 抗压芯样试件宜使用直径为 100mm 的芯样，且直径不宜小于骨料最大粒径的 3 倍；也可采用小直径芯样，但其直径不应小于 70mm 且不得小于骨料最大粒径的 2 倍。

③ 回弹-取芯综合法检测相关规定：

采用回弹-取芯综合法检测混凝土强度时，应按本文回弹法检测有关要求，在结构、构件的相应部位布置测区，用回弹法检测各测区的混凝土换算强度值，然后进行钻芯修正。

④ 超声回弹-取芯综合法检测相关规定：

采用超声回弹-取芯综合法检测混凝土强度时，应按本章超声回弹法检测有关要求，在结构、构件的相应部位布置测区，用超声回弹法检测各测区的混凝土换算强度值，然后进行钻芯修正。

2）检测要求

① 钻取芯样试件的位置相关要求。

芯样宜在结构或构件下列部位钻取：

a. 结构或构件受力较小的部位；

b. 混凝土强度具有代表性的部位；

c. 便于钻芯机安放与操作的部位；

d. 避开主筋、预埋件和管线的位置，并尽量避开其他钢筋；

e. 在构件上钻取多个芯样时，芯样宜取自不同部位；

f. 采用回弹-取芯综合法或超声回弹-取芯综合法进行混凝土抗压强度检测时，取芯样的位置应与回弹测区重合，当确有困难时，可布置在相应测区附近。

② 钻取芯样试件的数量相关要求。

a. 确定检验批混凝土抗压强度推定值时，取样数量应符合下列要求：

芯样试件的数量应根据检验批的容量确定。直径 100mm 的芯样试件的最小样本数量不宜小于 15 个；小直径芯样试件的最小样本数量不宜小于 20 个。

芯样试件应从检测批的结构构件中随机抽取；每个芯样宜取自一个构件或结构的局部位置。

b. 确定单个构件混凝土抗压强度推定值时，取样数量应符合下列要求：

芯样试件数量不应少于 3 个；钻芯对构件工作性能影响较大的小尺寸构件，芯样试件数量不得少于 2 个；确定构件混凝土抗压强度代表值时，芯样试件的数量宜为 3 个。

③ 回弹-取芯综合法检测取样数量要求。

采用回弹-取芯综合法检测混凝土强度时，直径 100mm 芯样试件的数量不应少于 6 个，小直径芯样试件的数量不应少于 9 个。

④ 超声回弹-取芯综合法检测取样数量要求。

采用超声回弹-取芯综合法检测混凝土强度时，直径 100mm 芯样试件的数量不应少于 6 个，小直径芯样试件的数量不应少于 9 个。

⑤ 芯样试件钻取时的相关要求

钻芯机就位并安放平稳后，应将钻机固定，以免钻机工作时产生振动或位置偏移。从钻孔中取出的芯样应检查是否满足规范要求；芯样晾干后，及时做好标记并包装好。芯样在运送途中或装卸过程中应妥善保护好，避免损坏。钻芯后留下的孔洞应及时进行修补。

⑥ 芯样加工及技术要求。

a. 芯祥抗压试件的高度和直径之比宜为 1。

b. 芯样试件内不宜含有钢筋。但不能满足此项要求，可以有一根直径不大于 10mm 的钢筋，且钢筋应与芯样轴线垂直并离开端面 10mm 以上。

c. 试验前应对芯样的几何尺寸作下列测量：

平均直径：用游标卡尺测量芯样试件上部、中部和下部相互垂直的两个位置上共测量 6 次，取测量的算术平均值作为芯样试件的直径，精确至 0.5mm。

芯样高度：用钢卷尺或钢板尺进行测量，精确至 1.0mm。

垂直度：用游标量角器测量芯样试件两个端面与母线的夹角，取最大值作为芯样试件的垂直度，精确至 0.1°。

平整度：用钢板尺或角尺紧靠在芯样试件承压面（线）上，一面转动钢板尺，一面用塞尺测量钢板尺与芯样试件承压面（线）之间的缝隙，最大缝隙为芯样试件的平整度；也可采用其他专用设备测量。

d. 芯样尺寸偏差及外观质量超过下列数值时，不得用于混凝土强度试验：

抗压芯样试件的实际高径比（H/d）小于要求高径比的 0.95 或大于 1.05；

沿芯样试件高度任一直径与平均直径相差超过 1.5mm；

抗压芯样试件端面的不平整度在每 100mm 长度内超过 0.1mm；

抗压芯样试件端面与轴线的不垂直度超过 1°；

芯样有较大缺陷时，如裂缝、孔洞、大面积气泡或混凝土存在离析等。

⑦ 芯样抗压强度试验

芯样试件的抗压试验应按《混凝土物理力学性能试验方法标准》GB/T 50081—2019 中的规定进行。

芯样试件宜在与被检测结构或构件混凝土湿度基本一致的条件下进行抗压试验。如结构工作条件比较干燥，芯样试件应以自然干燥状态进行试验，如结构工作条件比较潮湿，芯样试件应以潮湿状态进行试验。

按自然干燥状态进行试验时，芯样试件在受压前应在室内自然干燥 3d，按潮湿状态进行试验时，芯样试件应在 20℃±5℃的清水中浸泡 40～48h，从水中取出后去除表面水渍，并立即进行抗压试验。

（5）计算分析

1）芯样试件抗压强度计算

① 芯样试件抗压强度值应按式（6-15）计算：

$$f_{cu,cor} = \frac{\beta_c F_c}{A_c} \tag{6-15}$$

式中，$f_{cu,cor}$——芯样试件抗压强度值（MPa），精确至 0.1MPa；

F_c——芯样试件抗压试验测得的最大压力值（N）；

A_c——芯样试件的抗压截面面积（mm^2）；

β_c——芯样试件混凝土强度换算系数，取 1.0。

② 当有可靠试验依据时，芯样试件混凝土换算强度系数 β_c 也可根据混凝土原材料和施工工艺情况通过试验确定。

2）混凝土抗压强度推定

① 检验批混凝土抗压强度推定

a. 检验批的混凝土抗压强度的推定值应计算推定区间，推定区间的上限值和下限值应按下列公式计算：

$$f_{cu,c1} = f_{cu,cor,m} - k_1 s_{cu} \tag{6-16}$$

$$f_{cu,c2} = f_{cu,cor,m} - k_2 s_{cu} \tag{6-17}$$

$$f_{cu,cor,m} = \frac{\sum_{i=1}^{n} f_{cu,cor,i}}{n} \tag{6-18}$$

$$s_{cu} = \sqrt{\frac{\sum_{i=1}^{n} (f_{cu,cor,i} - f_{cu,cor,m})^2}{n-1}} \tag{6-19}$$

式中，$f_{cu,cor,m}$——芯样试件抗压强度平均值（MPa），精确至 0.1MPa；

$f_{cu,cor,i}$——单个芯样试件抗压强度值（MPa），精确至 0.1MPa；

$f_{cu,c1}$——混凝土抗压强度推定上限值（MPa），精确至 0.1MPa；

$f_{cu,c2}$——混凝土抗压强度推定下限值（MPa），精确至 0.1MPa；

k_1，k_2——推定区间上限值系数和下限值系数，按《钻芯检测混凝土强度技术规程》（JGJ/T 384—2016）附录 A 取值；

s_{cu}——芯样试件抗压强度样本的标准差（MPa），精确至 0.01MPa。

b. $f_{cu,c1}$ 和 $f_{cu,c2}$ 所构成推定区间的置信度宜为 0.90；当采用小直径芯样试件时，推定区间的置信度可为 0.85。$f_{cu,c1}$ 与 $f_{cu,c2}$ 之间的差值不宜大于 5.0（MPa）和 0.10$f_{cu,cor,m}$ 两者的较大值。

c. $f_{cu,c1}$ 和 $f_{cu,c2}$ 之间的差值大于 5.0（MPa）和 0.10$f_{cu,cor,m}$ 两者的较大值时，可适量增加样本容量，或重新划分检验批，直至满足上条的规定。

d. 当不具备本第 3 款条件时，不宜进行批量推定。

e. 宜以 $f_{cu,c1}$ 作为检测批混凝土强度的推定值。

② 钻芯法确定检测批混凝土抗压强度推定值时，可剔除芯样试件抗压强度样本中的异常值。剔除规则应按《数据的统计处理和解释正态样本离群值的判断和处理》（GB/T 4883—2008）规定进行。当确有试验依据时，可对芯样试件抗压强度样本的标准差 s_{cu} 进行符合实际情况的修正或调整。

③ 钻芯法确定单个构件混凝土抗压强度推定值时，单个混凝土抗压强度推定值不再进行数据的舍弃，而应按芯样试件混凝土抗压强度值中的最小值确定。

④ 钻芯法确定构件混凝土抗压强度代表值时，应取芯样试件抗压强度值的算数平均值作为构件混凝土抗压强度代表值。

3) 回弹-取芯综合法混凝土强度修正

采用回弹-取芯综合法检测混凝土强度时，钻芯修正后的混凝土换算强度可按式（6-26）计算，修正量 f 可按式（6-27）计算：

$$f_{cu,i0}^c = f_{cu,i}^c + \Delta f \tag{6-20}$$

$$\Delta f = f_{cu,cor,m} - f_{cu,mi}^c \tag{6-21}$$

式中，$f_{cu,i0}^c$——修正后的换算强度（MPa），精确至 0.1MPa；

$f_{cu,i}^c$——修正前的换算强度（MPa），精确至 0.1MPa；

Δf——修正量（MPa），精确至 0.1MPa；

$f_{cu,cor,m}$——芯样试件抗压强度平均值（MPa），精确至 0.1MPa；

$f_{cu,mi}^c$——所用间接测量方法对应芯样测区的换算强度的算数平均值（MPa），精确值 0.1MPa。

4) 超声回弹-取芯综合法混凝土强度修正

超声回弹-取芯综合法混凝土强度修正同回弹-取芯综合法混凝土强度修正。

（6）数据修约

1) 芯样试件的直径精确至 0.5mm；

2) 芯样试件高度精确至 1.0mm；

3) 芯样垂直度精确至 0.1°；

4) 芯样试件抗压强度值精确至 0.1MPa；

5) 抗压强度推定上限值及下限值精确至 0.1MPa；

6) 抗压强度标准差精确至 0.01MPa；

7) 回弹-取芯综合法与超声回弹-取芯综合法检测混凝土强度修正量精确至 0.1MPa；

8）修正前与修正后换算强度精确至 0.1MPa。

（7）检测记录与报告

1）原始记录

原始记录应包括下列内容：

① 检测的原始记录应及时记录在专用的表格上，并保证数据真实、字迹清晰、信息完整、形式规范；

③ 原始记录应包括工程项目名称、施工单位名称、设计单位名称、监理单位名称、工程部位、检测依据、判定依据、主要仪器设备名称及编号、检测日期、检测人、记录人、复核人等。

③ 现场检测照片、录像等。

2）检测报告

参照本章节"回弹法检测"中的"检测报告"要求。

（8）常见问题

1）芯样的几何尺寸测量方法掌握不完全（见前文测量芯样试件尺寸的规定）。

2）无法对芯样的合格与否作出判断（见前文芯样试件尺寸偏差及外观质量的规定）。

3）芯样钻取的部位要求容易忽视。通常情况下，芯样的钻取部位宜为结构或构件受力较小的部位，混凝土强度宜具有代表性，应避开主筋、预埋件和管线的位置，并尽量避开其他钢筋。

第三节　混凝土碳化状况检测

1. 基本知识

混凝土的碳化值指自混凝土表面向内的碳化深度。混凝土碳化指混凝土中的 $Ca(OH)_2$ 与空气中 CO_2、溶入水中的 CO_2 或其他酸性物质反应变成 $CaCO_3$ 而失去碱性的过程。碳化后的混凝土的强度应当是有提高的，而不是降低的。但当混凝土失去碱性环境，钢筋就易锈蚀膨胀并胀裂混凝土，最终削弱混凝土对钢筋的握裹力，导致钢筋混凝土构件的破坏，结构（构件）承载能力下降。混凝土碳化状况检测应依据现行规范规定，采用在混凝土新鲜断面喷洒酸碱指示剂，通过观察酸碱指示剂颜色变化来确定混凝土的碳化深度的方法。

2. 混凝土碳化状况检测

（1）基本原理

混凝土碳化状况检测原理在于通过酸碱反应，利用酚酞遇碱变红，遇酸不变色的特性对碳化后的混凝土进行测量。当混凝土碳化后失去碱性，遇酚酞不变色，而内部未碳化的混凝土呈碱性，遇酚酞变为红色，因此测量混凝土表面至混凝土变红色的位置即是混凝土的碳化深度。

（2）方法标准

1）《回弹法检测混凝土抗压强度技术规程》JGJ/T 23—2011；

2）《桥梁混凝土结构无损检测技术规程》T/CECS G:J50—01—2019 等。

（3）仪器设备

碳化深度检测仪精度应满足《回弹法检测混凝土抗压强度技术规程》JGJ/T 23—2011中碳化读数精度要求，碳化深度测量仪检定周期为 1 年，测试前应使用仪器校准块进行校准，校准结果满足后才能进行测试，不满足时应进行维修并经检定合格后使用。

（4）检测环节

1）一般规定

① 碳化状况检测前宜收集桥梁结构基本信息、混凝土配合比、浇筑时间及浇筑方式、添加剂、混凝土涂层状况以及环境温度、湿度等主要技术资料。

② 混凝土强度采用回弹法进行测试时应进行碳化深度测试；桥梁构件进行耐久性、承载能力评定以及损伤程度评定时，宜进行碳化状况测试。

2）检测方法选择

① 混凝土结构碳化状况检测宜采用酚酞试液测试法，酚酞酒精溶液的浓度应为 1%～2%。

② 采用酚酞试液测试混凝土碳化状况，若测试界面变色缓慢、变色边界出现四散或散开等情况不能给出精确结果时，应采用其他检测方法进行验证。

3）检测要求

① 测区布置要求

a. 回弹值测量完毕后，应在有代表性的测区上测量碳化深度值；

b. 碳化深度值的测区数应不少于强度测区数的 30%，每个碳化测区布设 3 个碳化测孔，在测区中呈品字形布设，间距不小于 2 倍孔径，应取其平均值作为该构件每个测区的碳化深度值；

c. 取各测区碳化深度的平均值作为该构件的碳化深度值；

d. 当测区碳化深度值极差大于 2.0mm 时，应在每一个测区分别测量碳化深度值。

② 现场检测要求

a. 混凝土碳化现场测试可以采用现场钻孔，钻孔直径宜为 15～20mm，钻孔深度应大于混凝土的碳化深度；

b. 测试时，钻孔内的混凝土粉末和碎屑应清理干净，且不得用水或刷子清除，并喷洒足够的酚酞试液湿润其表面。待酚酞指示剂变色后，用碳化深度尺测量混凝土表面至酚酞变色交界处的垂直距离；

c. 每个测孔中测量碳化深度时应测试不少于 3 次，每次读数精确至 0.25mm；取 3 次测量的平均值作为该测区的检测结果，精确至 0.5mm。

（5）计算分析

1）检测数据计算

混凝土碳化深度测试数据应按照测孔、测区、构件的顺序分别进行处理：

① 每个测孔分别在碳化界面测试 3 个碳化深度，分别计算其平均值和最大值，以平均值作为测孔的碳化深度，精度至 0.50mm；

② 用 3 个测孔碳化深度的平均值作为测区检测结果，精确至 0.50mm；

③ 构件或构件不同部位碳化深度为各测区检测结果的平均值，精确至 0.50mm。

2）检测数据修正

　　构件混凝土强度采用回弹法进行测试时，当测区碳化深度值的极差大于 2.0mm，应在每一个测区分别测量碳化深度值以修正各测区回弹值。

（6）数据修约

1）碳化测量值精确至 0.25mm；

2）碳化平均值精确至 0.50mm。

（7）检测记录与报告

1）原始记录

原始记录应包括下列内容：

① 检测的原始记录应及时记录在专用的表格上，并保证数据真实、字迹清晰、信息完整、形式规范；

② 原始记录应包括工程项目名称、施工单位名称、设计单位名称、监理单位名称、工程部位、检测依据、判定依据、测区布置示意图、主要仪器设备名称及编号、检测日期、检测人、记录人、复核人等；

③ 测试记录中应绘制混凝土碳化测区的布置示意图和各测区碳化深度测试结果展开图，并填写测试信息；

④ 现场检测照片、录像等；

⑤ 测区和测点的标注和标识应具有唯一性，并与原始记录一一对应。

2）检测报告

参照本章节"回弹法检测"中的"检测报告"要求。

（8）常见问题

混凝土碳化深度的测量值和计算值精度容易弄错，计算修约容易出错。碳化深度现场测量时，量测的读数精度为 0.25mm，其测读数据的平均值、测区平均值以及构件的碳化深度值的精度均为 0.5mm，计算修约时应考虑 0.5 单位修约。

第四节　混凝土中钢筋保护层厚度和钢筋间距检测

8.
钢筋保护层
厚度和钢筋
间距检测

第五节　钢筋锈蚀电位检测

1. 基本知识

钢筋锈蚀是一个电化学过程，含硅酸盐的水泥在水化过程中产生一定的碱，处于强碱环境中的钢筋，其表面生成致密的氧化膜，使钢筋处于钝化状态，同时混凝土对钢筋也起着物理保护作用。但从热力学的观点来看，钢筋的钝化是不稳定的，钝化状态的保持具有一定的条件，一旦条件改变，钢筋便由钝化状态向活化状态转变。一旦钢筋表面钝化膜局部破坏或变得致密度差，则钝化膜就会形成阳极，而周围钝化膜完好的部位构成阴极，从而形成了若干个微电池。虽然有些微电池处于抑制状态，但在一定条件下可以激化，从而使其处于活化状态发生氧化还原反应，这样就造成钢筋的锈蚀。应采用电半电池电位法对钢筋锈蚀电位进行检测。

2. 钢筋锈蚀电位检测

（1）基本原理

半电池电位法检测钢筋锈蚀是指利用混凝土中钢筋锈蚀的电化学反应引起的电位变化来测定钢筋锈蚀状态。通过测定钢筋/混凝土半电池电极与在混凝土表面的铜/硫酸铜参考电极之间电位差的大小，来检测混凝土中钢筋的锈蚀活化程度。

（2）方法标准

1）《混凝土中钢筋检测技术标准》JGJ/T 152—2019；

2）《桥梁混凝土结构无损检测技术规程》T/CECS G：J50—01—2019 等。

（3）仪器设备

钢筋锈蚀电位检测的仪器设备主要包括钢筋锈蚀检测仪和钢筋探测仪。

钢筋锈蚀检测仪性能要求：

1）钢筋锈蚀检测仪应由铜-硫酸铜半电池、电压仪和导线构成；

2）铜-硫酸铜半电池中的饱和硫酸铜溶液应处于饱和状态（管底部积有少量的未溶解硫酸铜晶体），溶液应清澈且充满电极；

3）电压仪应具有采集、显示和存储数据的功能，满量程不宜小于 1000mV；准确度由于 0.5%F・S±1mV；输入阻抗大于 $10^{10}\Omega$；仪器使用环境条件应满足：温度 0～40℃，相对湿度≤95%；

4）导线应为铜质导线，总长度不宜超过 150m、截面面积宜大于 $0.75mm^2$，在使用长度内因电阻干扰所产生的测试回路电压降不应大于 0.1mV；

5）钢筋锈蚀检测系统稳定性应符合下列要求：

① 测点读数应稳定，电位读数变动不应超过 2mV；

② 在同一测点，用相同半电池重复 2 次测得该点的电位差值应不小于 10mV。

（4）检测环节

1）一般规定

① 锈蚀电位检测可用于推定混凝土构件中钢筋发生锈蚀的可能性，但不适用于采用涂层钢筋的混凝土构件以及已饱水和接近饱水混凝土构件的检测。

② 混凝土检测面应平整、清洁，并应去除涂层、浮浆等。

2）检测方法选择

① 钢筋锈蚀状况检测宜采用半电池电位法。

② 半电池电位法采用的参考电极宜为铜-硫酸铜半电池，如图 6-1 所示。

3）检测要求

① 测区布置要求

a. 测区宜布置在主要承重构件或承重构件的主要受力部位，或根据一般检查结果有迹

象表明钢筋可能存在锈蚀的部位;

b. 在结构或构件上可布置若干个测区。当构件处于不利环境条件或出现质量缺损时,应根据构件的环境差异及外观检查的结果来确定具有代表性的测区,但测区不应有明显的锈蚀胀裂、脱空或层离现象;

c. 在测区上布置测试网格,网格节点为测点,网格间距应根据构件尺寸设定,可采用 100mm×100mm～500mm×500mm 规格。当一个测区内存在相邻测点的读数超过 150mV 时,应适当减小测点间距;

d. 测点位置距构件边缘应大于 5cm,每个测区测点数量不宜少于 20 个。

② 现场检测要求

a. 仪器连接要求:

采用钢筋探测仪检测钢筋的分布情况,在适当位置剔凿出钢筋。

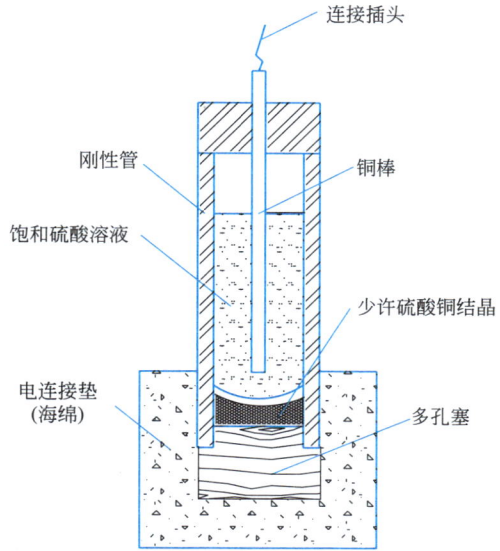

图 6-1　铜-硫酸铜半电池(探头)

电压仪的正输入端应与铜/硫酸铜电极连接,负输入端应与剔凿出的钢筋连接。

仪器连接前,应对连接处的钢筋表面进行除锈或清除污物,并检查测区内的钢筋(钢筋网)与连接点的钢筋是否形成电通路。

测量前应预先将电极前端多孔塞充分浸湿,以保证良好的导电性,测读前应再次用喷雾器将混凝土表面润湿,不应留有自由表面水。

钢筋锈蚀电位检测系统连接示意如图 6-2 所示。

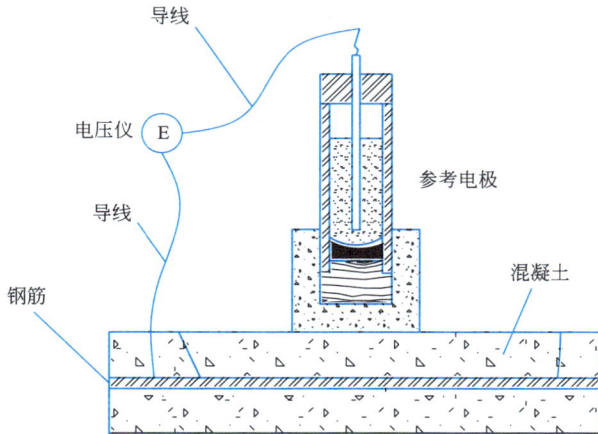

图 6-2　钢筋锈蚀电位检测系统连接示意

b. 现场检测步骤:

测量并记录环境温度。

按测区编号，将半电池依次放在各电位测点上，检测并记录各测点的电位值。

检测时，应及时清除电连接垫表面的吸附物，使半电池多孔塞与混凝土表面应形成电通路。

在水平方向和垂直方向上检测时，应保证半电池刚性管中的饱和硫酸铜溶液与多孔塞和铜棒始终完全接触。

检测时应避免外界各种因素产生的电流影响。

应及时完整规范地填写检测记录表。

（5）计算分析

1）钢筋锈蚀电位检测环境温度在22±5℃范围之外，应对铜/硫酸铜电极做温度修正。

当 $T \geqslant 27℃$ 时：

$$V = 0.9 \times (T\text{-}27.0) + V_R \tag{6-22}$$

当 $T \leqslant 17℃$ 时：

$$V = 0.9 \times (T\text{-}17.0) + V_R \tag{6-23}$$

式中，V——温度修正后电位值（mV），精确至1mV；

V_R——温度修正前电位值（mV），精确至1mV；

T——检测环境温度（℃），精确至1℃；0.9为修正系数。

2）应根据钢筋锈蚀电位检测结果绘制电位等值线图反映钢筋锈蚀活化程度及分布；电位等值线的最大间隔不宜大于100mV。

3）钢筋锈蚀电位检查结果应取测区锈蚀电位水平最低值，精确至10mV。

（6）数据修约

1）钢筋锈蚀电位值精确至1mV；

2）修正后钢筋锈蚀电位值精确至1mV；

3）钢筋锈蚀电位测量结果取值精确至10mV；

4）检测环境温度精确至1℃。

（7）检测记录与报告

1）原始记录

原始记录应包含下列内容：

① 检测的原始记录应及时记录在专用的表格上，并保证数据真实、字迹清晰、信息完整、形式规范；

② 原始记录应包括工程项目名称、施工单位名称、设计单位名称、监理单位名称、工程部位、检测依据、判定依据、主要仪器设备名称及编号、检测部位示意图、检测日期、检测人、记录人、复核人等；

③ 仪器自动采集记录的数据应及时确认、保存和备份；

④ 照片、录像等；

⑤ 测区和测点的标注和标识应具有唯一性，并与原始记录一一对应。

2）检测报告

参照本章节"回弹法检测"中的"检测报告"要求。

（8）常见问题

半电池电位法的适用范围容易忽略。采用半电池电位法进行钢筋锈蚀电位检测时应注意如下事项：

1）不可采用半电池电位法对实施过涂层防护的钢筋直接进行检测。

2）确保电压仪的正输入端与负输入端连接正确。

3）测量前应预先将电极前端多孔塞充分浸湿，同时宜将混凝土表面润湿，不应留有自由表面水。

第六节　混凝土电阻率检测

1. 基本知识

混凝土中钢筋的腐蚀是一个电化学过程，它产生电流使金属离解，混凝土的电阻率越高，腐蚀电流流过混凝土就越困难，若钢筋发生锈蚀，其发展速度就越慢，腐蚀的可能性也就越小；反之，混凝土的电阻率越小，其导电的能力就越强，锈蚀发展速度就越快。因此，混凝土的电阻率大小是评判钢筋锈蚀速率的一项重要内容。应采用四电极阻抗测量法对混凝土电阻率进行检测。

2. 混凝土电阻率检测

（1）基本原理

四电极阻抗测量法检测混凝土电阻率是指通过与混凝土表面等间距接触四支电极，两外侧电极为电流电极，两内侧电极为电压电极，通过检测两电压电极间的混凝土阻抗获得混凝土电阻率。

（2）方法标准

1）《混凝土中钢筋检测技术标准》JGJ/T 152—2019；

2）《桥梁混凝土结构无损检测技术规程》T/CECS G：J50—01—2019 等。

（3）仪器设备

混凝土电阻率检测的仪器设备主要为混凝土电阻率测试仪。电阻率测试仪由四电极探头与电阻率仪表组成，并应符合下列规定：

1）每两探头间距为 50mm，探头端部应配有泡沫垫层；电压电极间的输入阻抗＞1MΩ；测量范围为 0～99kΩ·cm；分辨率为 0.1kΩ·cm；准确度为 ±1kΩ·cm。

2）使用前后均应在电阻率标准板上进行核查，核查结果应满足精度要求。

3）仪器使用环境条件应满足：温度 0～40℃，相对湿度≤85%。

（4）检测环节

1）一般规定

① 混凝土电阻率检测可用于自然状态结构或构件的检测，但不适用于已饱水和接近饱水的混凝土构件。

② 混凝土检测面应清洁、平整，测点处应用清水湿润。

2）检测方法选择

① 混凝土电阻率检测宜采用四电极方法。

② 混凝土电阻率检测系统连接示意如图 6-3 所示。

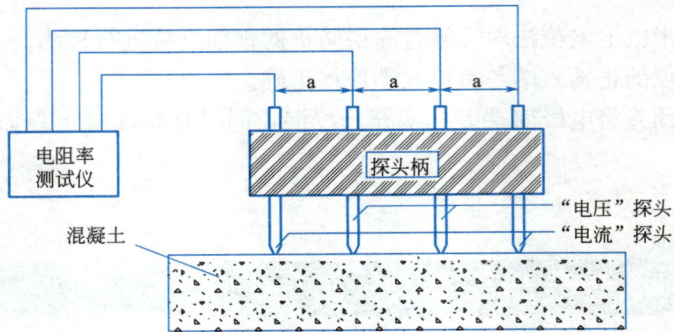

图 6-3　混凝土电阻率检测系统连接示意

3）检测要求

① 测区布置要求：

a. 测区宜布置在主要承重构件或承重构件的主要受力部位，或钢筋锈蚀电位按《公路桥梁承载能力检测评定规程》JTG/T J21—2011 被评定为 3、4、5 的主要构件或主要受力部位。

b. 被测构件或部位的测区数量同钢筋锈蚀电位检测。

c. 测区内测点布置可参照钢筋锈蚀电位测量的要求，在电位测量区域内进行，测点数量不宜少于 12 个。

d. 对于因不利因素影响的桥梁结构，混凝土电阻率测区的布置应根据构件的环境差异及外观的检查结构来确定，测区应能代表不同环境和不同的受损结构外观表征。

② 现场检测要求：

a. 测量前应在电极前端涂上耦合剂，且测点之间耦合剂不得相通。

b. 测量时探头应垂直置于混凝土表面，并施加适当压力。

c. 应及时、完整、规范地填写检测记录表。

d. 混凝土电阻率测试仪检测完成后，应及时擦干净测试电极的前端。

（5）计算分析

1）混凝土电阻率取测区电阻率测量的最小值按式（6-24）计算：

$$\rho_{\min} = \min\{\rho_i\} \tag{6-24}$$

式中，ρ_i——测区混凝土电阻率实测值（kΩ·cm）；

$\rho_{\min}$——测区混凝土电阻率最小值（kΩ·cm）。

2）应按照测区混凝土电阻率最小值来判定混凝土电阻率对钢筋锈蚀的影响速率，并绘出电阻率等值线图，等值线差值的最大间隔宜为 5kΩ·cm。

（6）数据修约

混凝土电阻率精确至±1kΩ·cm。

（7）检测记录与报告

1）原始记录

原始记录应包括下列内容：

① 检测的原始记录应及时记录在专用的表格上，并保证数据真实、字迹清晰、信息

完整、形式规范；

②原始记录应包括工程项目名称、施工单位名称、设计单位名称、监理单位名称、工程部位、检测依据、判定依据、主要仪器设备名称及编号、电极间距、测区示意图、检测日期、检测人、记录人、复核人等；

③仪器自动采集记录的数据应及时确认、保存和备份；

④照片、录像等；

⑤测区和测点的标注和标识应具有唯一性，并与原始记录一一对应。

2）检测报告

参照本章节"回弹法检测"中的"检测报告"要求。

（8）常见问题

电阻率现场检测的要求容易忽略。现场检测时，应注意：使用前后均应在电阻率标准板上进行核查，核查结果应满足精度要求；测量前应在电极前端涂上耦合剂，且测点之间耦合剂不得相通；测量时探头应垂直置于混凝土表面，并施加适当压力；混凝土电阻率测试仪检测完成后，应及时擦干净测试电极的前端。

第七节　混凝土氯离子含量检测

1. 基本知识

混凝土中氯离子可引起并加速钢筋的锈蚀，影响结构的耐久性，从而影响结构的承载能力。氯离子含量越高，钢筋发生锈蚀的可能性越大，所以，测量混凝土中氯离子含量可间接评判钢筋锈蚀活化的可能性。应采用现场取样和试验室化学分析法（电位滴定法）对既有结构物混凝土中的氯离子含量进行检测。对于海边的结构，混凝土中氯离子的检测及抑制保护尤其重要。

2. 混凝土氯离子含量检测

（1）基本原理

混凝土电位滴定法检测混凝土氯离子含量是指通过零电流条件下测定两电极的电位差，利用指示电极的电极电位与浓度之间的关系，来获得溶液中待测组分的浓度信息。测定时，参比电极的电极电位保持不变，而指示电极的电极电位随溶液中待测离子活度的变化而变化，则电池电动势随指示电极的电位而变化。

（2）方法标准

1）《桥梁混凝土结构无损检测技术规程》T/CECS G：J50—01—2019；

2）《混凝土中氯离子含量检测技术规程》JGJ/T 322—2013等。

（3）仪器设备

既有结构或构件混凝土中氯离子含量检测宜采用电位滴定法，试验用仪器设备有：天平、滴定管、容量瓶、移液管、三角烧瓶、烧杯、电位测量仪器、指示电极、参比电极；试验辅助设备有可调式微量移液器、电磁搅拌器、快速定量滤纸、小锤等。

1）天平：配备天平两台，其中一台称量宜为2000g、感量应为0.01g；另一台称量宜为 200g、感量应为 0.0001g；

 2）滴定管：应为 50mL 棕色滴定管；

 3）容量瓶：应为 1000mL 容量瓶；

 4）移液管：应为 20mL 移液管；

 5）三角烧瓶：应为 250mL 三角烧瓶；

 6）烧杯：应为 300mL 烧杯；

 7）电位测量仪器：应使用分辨率为 1mV 的酸度计或分辨率为 1mV 的位移计；

 8）指示电极：可为 216 型银电极或氯离子选择电极；

 9）参比电极：应为双盐桥饱和甘汞电极。

（4）检测环节

1）一般规定

① 混凝土氯离子含量检测可用于硬化混凝土结构中水溶性或酸溶性氯离子含量的检测。

② 混凝土氯离子含量检测时，不得采用将混凝土中各原材料的氯离子含量求和的方法进行替代。

③ 混凝土氯离子含量检测前，应了解混凝土结构或构件所处的环境条件及其本身的质量状况，收集混凝土结构或构件的混凝土配合比及施工和养护条件等资料。

2）检测方法选择

① 结构的氯离子含量检测宜采用电位滴定法测定。

② 条件允许的情况下，水溶性氯离子含量的检测也可采用混凝土氯离子快速测定仪法。

3）检测要求

① 测区布置要求：

a. 氯离子含量测定应根据构件的工作环境条件及构件本身的质量状况确定测区，测区应选择能代表不同工作条件及不同混凝土质量的部位，测区宜参考钢筋锈蚀电位测量结果确定。钢筋锈蚀电位按现行《公路桥梁承载能力检测评定规程》JTG/T J21—2011 评定为 3、4、5 的主要构件或主要受力部位以及受氯离子侵蚀影响较大的主要结构部件，应进行混凝土氯离子含量的测定。

b. 当结构混凝土所处环境条件为严寒地区大气环境、使用除冰盐环境、滨海环境时，应结合外观质量检查状况和钢筋锈蚀电位水平确定检测部位。当结构混凝土所处环境为海水环境时，浪溅区和水位变动区应选为测区。

c. 每一被测构件测区数量不宜少于 3 个，测区应进行编号，注明位置，并描述外观情况。

② 现场采样要求

a. 取样前应先利用钢筋探测仪确定主筋位置，再使用直径不小于 20mm 的冲击钻在主筋附近混凝土表面钻孔。

b. 钻孔位置应避开主筋，并在钢筋保护层内距主筋表面 20mm 的位置开始取样。取样时应注明并记录取样位置、测区、测孔编号及取样深度。

c. 当需要了解构件混凝土氯离子含量的深度分布线时，应现场按混凝土不同深度取样，结果应能反映氯离子在混凝土中随深度的分布情况。

d. 同一测区不同孔的粉末可收集在一起，应不少于25g，若数量不足应在同一测区增加钻孔数量。

e. 采集混凝土粉末样品后，应立即将样品封存，标识，避免受潮和混淆。

③ 试验室测试要求

试验室试剂配制：

a. 配制硝酸溶液：分析纯硝酸和蒸馏水按体积比1：7配制。

b. 配制10g/L淀粉溶液：称取5g（水溶性）淀粉，精确至0.0001g加水调成糊状后，加入蒸馏水稀释至500mL，加热煮沸5min，冷却后放入密封瓶中备用。

c. 配制 0.0141mol/L 硝酸银标准溶液：称取 2.3970g 化学纯硝酸银，精确至 0.0001g，用蒸馏水溶解后移入1000mL 容量瓶中，稀释至刻度线，混合均匀后，储存于棕色瓶中。

d. 配制0.0141mol/L氯化钠标准溶液：称取经（550±50）℃灼烧至恒重的分析纯氯化钠0.8240g，精确至0.0001g，用蒸馏水溶解后移入1000mL容量瓶中，并稀释至刻度线。

e. 硝酸银标准溶液的标定

移取 20mL 氯化钠标准溶液（0.0141mol/L）于烧杯中，加100mL 蒸馏水和20mL 淀粉溶液（10g/L），在电磁搅拌下，用硝酸银标准溶液以电位滴定法测定终点，化学计量点的判定应按《化学试剂 电位滴定法通则》GB/T 9725—2007 中 6.2.2 条的规定，以二次微商法确定硝酸银溶液所用的体积 V_{01}。移取 20mL 蒸馏水于烧杯中，按同样方法进行空白试验，计算空白试验硝酸银消耗的溶液量 V_{02}。

硝酸银标准溶液的浓度 C_{AgNO_3} 应按式（6-25）计算：

$$C_{AgNO_3} = \frac{C_{NaCl} \times V}{V_{01} - V_{02}} \tag{6-25}$$

式中，C_{AgNO_3}——硝酸银标准溶液的浓度（mol/L）；

　　　C_{NaCl}——氯化钠标准溶液的浓度（mol/L）；

　　　V——氯化钠标准溶液的体积（mL）；

　　　V_{01}——达到化学计量点时所消耗硝酸银标准溶液的体积（mL）；

　　　V_{02}——空白试验达到化学计量点时所消耗硝酸银标准溶液的体积（mL）。

试验环境：电位滴定法试验环境为常温环境。

试样制备：将所取样品混合均匀，并研磨至全部通过筛孔公称直径为 0.16mm 的筛；研磨后的粉末应置于（105+5）℃的烘箱中烘 2h，取出后放入干燥器冷却至室温备用。

试验方法：水溶性氯离子样品预处理：称取 20g 过筛的样品，精确至 0.0001g，置于250mL 的三角烧瓶中，并加入 100mL 蒸馏水，盖上瓶塞，剧烈振摇 1～2min，浸泡 24h后，用快速定量滤纸过滤，获取滤液，三角烧瓶中的样品应尽可能倒入滤纸中，得到滤液 A。

酸溶性氯离子样品预处理：称取 20g 过筛的样品，精确至 0.0001g，置于250mL 的三角烧瓶中，并加入 100mL 硝酸溶液，盖上瓶塞，剧烈振摇 1～2min，浸泡 24h 后，用快速定量滤纸过滤，获取滤液，三角烧瓶中的样品应尽可能倒入滤纸中，得到滤液 B。

氯离子含量测定：移取 20mL 滤液 A（或 B）于 300mL 烧杯中，加入 100mL 蒸馏水，再加入 20mL（10g/L）淀粉溶液，在烧杯内放入电磁搅拌子。

将烧杯置于电磁搅拌器上后，开动搅拌器并插入银电极和甘汞电极（参比电极），两电极与电位测量仪相连。

用硝酸银标准溶液缓慢滴定，同时记录电势和对应的滴定管读数。当接近化学计量点时，电势的增加很快，此时需缓慢滴加，每次定量加入 0.1mL，当电势发生突变时，表示化学计量点已过，此时应继续滴加直至电势变化趋向平缓，用二次微商方法计算出达到化学计量点时消耗的体积 V_1。

空白试验：在干净的烧杯中加入 100mL 蒸馏水和 20mL 硝酸溶液（水溶性试验时应为 20mL 蒸馏水），再加入 20mL 淀粉溶液，在电磁搅拌下，缓慢滴加硝酸银标准溶液，同时记录化学计量点时对应的硝酸银标准溶液的用量，按二次微商法计算出达到化学计量点时硝酸银标准溶液消耗的体积 V_2。

（5）计算分析

混凝土氯离子含量数据处理宜按如下规定进行：

1）硬化混凝土中氯离子含量在已知混凝土配合比的情况下，按式（6-26）计算氯离子占水泥的百分比（%），精确至 0.001%：

$$W_{cl^-}^{A}=\frac{C_{AgNO_3} \times (V_1-V_2) \times 0.03545 \times W_B \times 5}{G \times W_S} \times 100 \qquad (6-26)$$

式中，$W_{cl^-}^{A}$——硬化混凝土中氯离子含量占胶凝材料用量的百分比（%）；

C_{AgNO_3}——硝酸银标准溶液的浓度（mol/L）；

V_1——达到化学计量点时所消耗硝酸银标准溶液的体积（mL）；

V_2——空白试验达到等当量点时所消耗硝酸银标准溶液的体积（mL）；

W_B——混凝土配合比中每立方米混凝土的质量（kg）；

G——试验所取粉末的质量（g）；

W_S——配合比中，每立方米混凝土的胶凝材料用量（kg）。

2）硬化混凝土中氯离子含量在未知混凝土配合比的情况下，按式（6-27）计算氯离子占混凝土质量的百分比，精确至 0.001%：

$$W_{cl^-}^{B}=\frac{C_{AgNO_3} \times (V_1-V_2) \times 0.0354 \times 5}{G} \times 100 \qquad (6-27)$$

式中，$W_{cl^-}^{B}$——硬化混凝土中氯离子含量占混凝土质量的百分比（%）。

3）同一试件平行试验两次，取其平均值作为试验结果。两次试验结果的差值应不大于平均值的 0.04%。

4）混凝土中氯离子含量检测的重复性应不大于 0.04%。

5）当对检测结果存在争议时，应以酸溶性氯离子含量作为最终结果进行评定。

（6）数据修约

1）氯离子占水泥的百分比（%）精确至 0.001%；

2）平行试验两次，两次试验结果差值应不大于平均值的 0.04%；故结果精确至 0.01%；

3）混凝土中氯离子含量检测的重复性应不大于 0.04%；故结果精确至 0.01%。

（7）检测记录与报告

1）原始记录

原始记录应包括下列内容：

① 检测的原始记录应及时记录在专用的表格上，并保证数据真实、字迹清晰、信息完整、形式规范；

② 原始记录应包括工程项目名称、施工单位名称、设计单位名称、监理单位名称、工程部位、检测依据、判定依据、主要仪器设备名称及编号、测试部位、检测环境、样品质量、测定氯离子种类、检测日期、检测人、记录人、复核人等；

③ 仪器自动采集记录的数据应及时确认、保存和备份；

④ 现场检测照片、录像等；

⑤ 测区和测点的标注和标识应具有唯一性，并与原始记录一一对应。

2）检测报告

参照本章节"回弹法检测"中的"检测报告"要求。

（8）常见问题

混凝土氯离子含量检测的注意事项：

1）受氯离子侵蚀影响较大的主要结构部件，应进行混凝土氯离子含量的测定。

2）当结构混凝土所处环境为海水环境时，应当优先在浪溅区和水位变动区布设测区。

3）取样前应先利用钢筋探测仪确定主筋位置，再使用直径不小于 20mm 的冲击钻在主筋附近混凝土表面钻孔。

4）采集混凝土粉末样品后，应立即将样品封存，标识，避免受潮和混淆。

第八节　混凝土缺损检测

9.
混凝土缺损
检测

第七章

砌体结构工程现场检测

知识目标

1. 了解砌体结构工程现场检测技术的检测方法分类；

2. 熟悉各检测方法的检测内容及原理；

3. 掌握烧结砖回弹法、原位轴压法、扁顶法、原位双剪法、筒压法、砂浆回弹法检测方法及其数据分析。

能力目标

1. 能熟练使用相关检测设备，应用烧结砖回弹法、原位轴压法、扁顶法、原位双剪法、筒压法、砂浆回弹法检测方法对砌体结构工程进行现场检测；

2. 能对砌体结构工程的检测数据进行计算、分析、评价并出具报告。

素质目标

科学严谨、认真细致、精益求精、用数据说话。

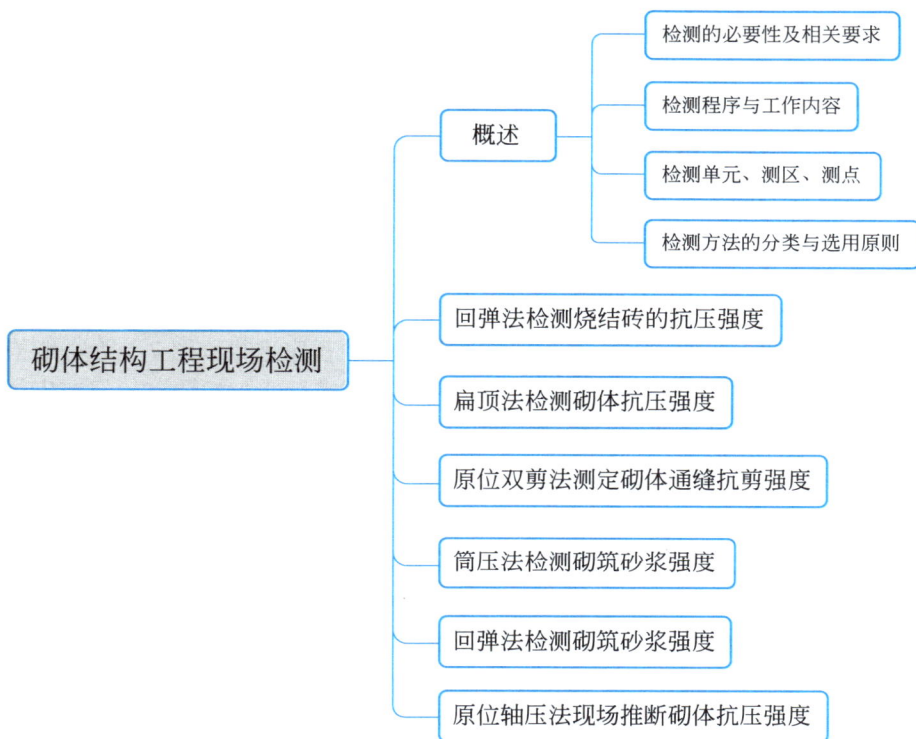

思维导图

```
                                        ┌─ 检测的必要性及相关要求
                                        │
                                        ├─ 检测程序与工作内容
                              概述 ─────┤
                                        ├─ 检测单元、测区、测点
                                        │
                                        └─ 检测方法的分类与选用原则

                              ── 回弹法检测烧结砖的抗压强度

                              ── 扁顶法检测砌体抗压强度
砌体结构工程现场检测 ──────┤
                              ── 原位双剪法测定砌体通缝抗剪强度

                              ── 筒压法检测砌筑砂浆强度

                              ── 回弹法检测砌筑砂浆强度

                              ── 原位轴压法现场推断砌体抗压强度
```

第一节　概述

砌体结构（包括砖混结构）在我国城镇广泛应用，且历史较为悠久，但是由于在砌体结构的施工过程中，多为人工砌筑，影响质量的因素较多，同时砌筑用砂浆的质量控制方法和生产工艺，与混凝土质量的控制方法和生产工艺比较，相对落后。因此，对于砌体结构工程质量检测越来越引起人们的重视，其检测的方法也不断发展和更新。

1. 检测的必要性及相关要求

根据《砌体结构通用规范》GB 55007—2021 的规定，对新建砌体结构，当遇到下列情况之一时，应检测砌筑砂浆强度、块材强度或砌体的抗压、抗剪强度：

（1）砂浆试块缺乏代表性或数量不足；

（2）砂浆试块强度的检验结果不满足设计要求；

（3）对块材砂浆试块的检验结果有怀疑或争议；

（4）对施工质量有怀疑或争议，需进一步分析砂浆、块材或砌体的强度；

（5）发生工程事故，需进一步分析事故原因。

砌体结构检测应根据检测项目的特点、检测目的确定检测对象和检测的数量，抽样部位应具有代表性。

选用新研制的砌体结构现场检测方法时，应符合下列规定：

（1）强度测试公式所依据的试验散点图，其横坐标应包括不少于有差异的 5 组数据点；

（2）强度测试曲线的相关系数（或相关指数）不应小于 0.85；

（3）强度测试曲线适用范围的上、下限不得在试验数据的基础上外推；

（4）应进行再现性和重复性试验；

（5）应有工程的试点应用经验。

2. 检测程序与工作内容

（1）检测程序

一般而言，砌体工程的现场检测工作应按照规定的程序进行。图 7-1 为一般检测程序框图。当有特殊需要或多种方法复合使用时，可对程序进行适当的调整。但在砌体工程现场的实际检测过程中，必须要制定检测方案，确定检测方法。

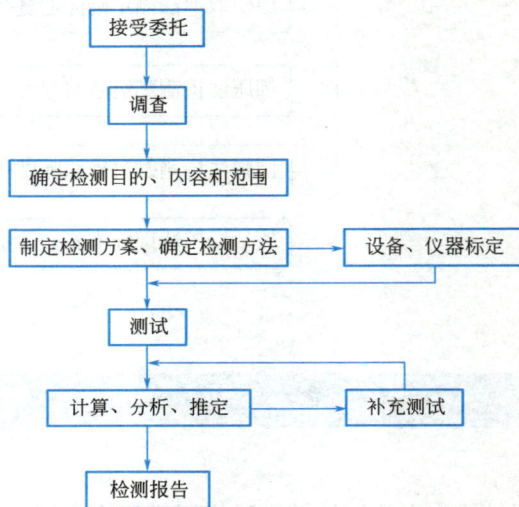

图 7-1　一般检测程序框图

（2）检测内容

一项完整的砌体工程现场检测应包含接受委托、调查、确定检测目的和内容及范围、制定检测方案并确定检测方法、测试（含补充测试）、计算、分析和推定、出具检测报告等工作内容。

检测单位首先收到委托方的委托，然后对砌体工程进行调查。调查阶段应尽可能了解和搜集有关资料，一般应包括下列工作内容：①收集被检测工程的图纸、施工验收资料、砖与砂浆的品种及有关原材料的测试资料；②现场调查工程的结构形式、环境条件、砌体质量及其存在问题，对既有砌体工程，尚应调查使用期间的变更情况；③工程建设时间；④进一步明确检测原因和委托方的具体要求；⑤以往工程质量检测情况，通常情况下，委托方提不出足够的原始资料，还需要检测人员到现场收集；对重要的检测，可先行初检，根据初检结果进行分析，进一步收集资料。

在检测工作开始前，根据委托要求、检测目的、检测内容和范围等制定检测方案（包括抽样方案、部位等），选择一种或数种检测方法，必要时应征求委托方意见并取得认可。对被检测工程应划分检测单元，并应确定测区和测点数。

测试设备、仪器应按相应标准和产品说明书规定进行保养和校准，必要时尚应按使用频率、检测对象的重要性适当增加校准次数。

设备仪器的校验非常重要，每次试验时，试验人员应对设备的可用性作出判定并记录在案。对一些重要或特殊工程（如重大事故检测鉴定），宜在检测工作开始前和检测工作结束后对检测设备进行检定，以对设备性能进行确认。

在计算、分析和强度推定过程中，出现异常情况或测试数据不足时，应及时补充测试。检测工作结束后，应及时出具符合检测目的的检测报告。

在现有的现场检测方法中，有部分方法为局部破损的检测方法。在现场测试结束时，砌体如因检测造成局部损伤，应及时修补砌体局部损伤部位。修补后的砌体应满足原构件承载能力和正常使用的要求。同时，现场检测时，应根据不同检测方法的特点，采取确保人身安全和防止仪器损坏的安全措施，并应采取避免或减少污染环境的措施。

3. 检测单元、测区、测点

（1）检测单元

当检测对象为整栋建筑物或建筑物的一部分时，应将其划分为一个或若干个可以独立进行分析的结构单元，每一结构单元应划分为若干个检测单元。检测单元是根据下列几项因素确定的：

① 检测是为鉴定采集基础数据的，对建筑物进行鉴定时，首先应根据被鉴定建筑物的结构特点和承重体系的种类，将该建筑物划分为一个或若干个可以独立进行分析（鉴定）的结构单元，故检测时应根据鉴定要求，将建筑物划分成独立的结构单元；

② 在每一个结构单元内，采用对新施工建筑同样的规定，将同一材料品种、同一等级 $250m^3$ 的砌体作为一个母体，进行测区和测点的布置，将此母体称作"检测单元"；故一个结构单元可以划分为一个或数个检测单元；

③ 当仅仅对单个构件（墙片、柱）或不超过 $250m^3$ 的同一材料、同一等级的砌体进行检测时，亦将此作为一个检测单元。

（2）测区

每一检测单元的测区数不宜少于 6 个，当一个检测单元不足 6 个构件时，应将每个构件作为一个测区。被测工程情况复杂时，测区数尚应根据具体情况适当增加。测区数量的确定不是一成不变的，应结合检测的目的、检测成本、现场的可操作性、检测现场的影响范围、修复的难易程度、工程的复杂程度等综合确定。采用原位轴压法、扁顶法、切制抗压试件法检测，当选择 6 个测区确有困难时，可选取不少于 3 个测区测试，但宜结合其他非破损检测方法进行综合强度推定。对既有建筑物或应委托方要求仅对建筑物的部分或个别部位检测时，测区和测点数可减少，但一个检测单元的测区数不宜少于 3 个。测区布置时，应综合考虑被测砌体工程的设计、施工情况，采用简单随机抽样或分层随机抽样的方式布置测区，从而确保测试结果全面、合理反映检测单元的施工质量或其受力性能。

（3）测点

每一测区均应随机布置若干测点。各种检测方法的测点数，应符合下列要求：① 原位轴压法、扁顶法、切制抗压试件法、原位单剪法、筒压法，测点数不应少于 1 个；②原位单砖双剪法、推出法，测点数不应少于 3 个；③砂浆片剪切法、砂浆回弹法、点荷法、砂浆片局压法、烧结砖回弹法，测点数不应少于 5 个。需要说明的是，砂浆回弹法的测位，相当于其他检测方法的测点。砂浆回弹法的一个测位中有若干回弹"测点"。在布置测点时，应在同一测区内采用简单随机抽样的方式进行测点布置，使测试结果全面、合理反映被测区的施工质量或其受力性能。

4. 检测方法的分类与选用原则

根据《砌体工程现场检测技术标准》GB/T 50315—2011，砌体结构工程现场检测，检测方法按检测目的分 5 类，第一类是检测砌体抗压强度，包括扁顶法、原位轴压法、切制抗压试件法；第二类是检测砌体工作应力、弹性模量可采用扁顶法；第三类是检测砌体抗剪强度，包括原位单砖单剪法和原位单砖双剪法；第四类是检测砌筑砂浆强度，包括推出法、筒压法、砂浆片剪切法、砂浆回弹法、点荷法和砂浆片局压法；第五类是检测砌筑块体抗压强度，包括烧结砖回弹法、取样法。

由于检测方法较多，限于篇幅，本书着重介绍 6 种常用的检测方法，并且满足检测砌体抗压强度、砌体抗剪强度、砂浆强度等的要求。其检测方法、特点、用途及限制条件见表 7-1。

砌体工程现场主要检测方法一览表　　　　　表 7-1

序号	检测方法	特点	用途	限制条件
1	烧结砖回弹法	(1)属原位无损检测，测区选择不受限制； (2)回弹仪有定型产品，性能较稳定，操作简便； (3)检测部位的装修面层仅局部损伤	检测烧结普通砖和烧结多孔砖墙体中的砖强度	适用范围限于：6～30MPa
2	原位轴压法	(1)属原位检测，直接在墙体上测试，检测结果综合反映了材料质量和施工质量； (2)直观性、可比性较强； (3)设备较重； (4)检测部位有较大局部破损	(1)检测普通砖和多孔砖砌体的抗压强度； (2)火灾、环境侵蚀后的砌体剩余抗压强度	(1)槽间砌体每侧的墙体宽度不应小于 1.5m，测点宜选在墙体长度方向的中部； (2)同一墙体上的测点数量不宜多于 1 个，测点数量不宜太多； (3)限用于 240mm 厚砖墙
3	扁顶法	(1)属原位检测，直接在墙体上测试，检测结果综合反映了材料质量和施工质量； (2)直观性、可比性较强； (3)扁顶重复使用率较低； (4)砌体强度较高或轴向变形较大时，难以测出抗压强度； (5)设备较轻； (6)检测部位有较大局部破损	(1)检测普通砖和多孔砖砌体的抗压强度； (2)检测古建筑和重要建筑的受压工作应力； (3)检测砌体弹性模量； (4)火灾、环境侵蚀后的砌体剩余抗压强度	(1)槽间砌体每侧的墙体宽度不应小于 1.5m，测点宜选在墙体长度方向的中部； (2)同一墙体上的测点数量不宜多于 1 个，测点数量不宜太多； (3)不适用于测试墙体破坏荷载大于 400kN 的墙体

序号	检测方法	特点	用途	限制条件
4	原位单砖双剪法	(1)属原位检测,直接在墙体上测试,检测结果综合反映了材料质量和施工质量; (2)直观性较强; (3)设备较轻便; (4)检测部位局部破损	检测烧结普通砖和烧结多孔砖砌体的抗剪强度	—
5	筒压法	(1)属取样检测; (2)仅需利用一般混凝土试验室的常用设备; (3)取样部位局部损伤	检测烧结普通砖和烧结多孔砖墙体中的砂浆强度	测点数量不宜太多
6	砂浆回弹法	(1)属原位无损检测,测区选择不受限制; (2)回弹仪有定型产品,性能较稳定,操作简便; (3)检测部位的装修面层仅局部损伤	(1)检测烧结普通砖和烧结多孔砖墙体中的砂浆强度; (2)主要用于砂浆强度均质性检查	(1)不适用于砂浆强度小于2MPa的墙体; (2)水平灰缝表面粗糙且难以磨平时,不得采用

第二节　回弹法检测烧结砖的抗压强度

回弹法是一种非破损检测方法,也是现场检测混凝土及砌体中砖和砂浆抗压强度最常见的方法,即利用回弹仪检测混凝土及砌体中材料的表面硬度,根据回弹值与抗压强度的相关关系推定混凝土及砌体中材料的抗压强度。

烧结砖回弹法适用于推定烧结普通砖砌体或烧结多孔砖砌体中砖的抗压强度,不适合用于推定表面已风化或遭受冻害、环境侵蚀的烧结普通砖砌体或烧结多孔砖砌体中砖的抗压强度。检测时,应用回弹仪测试砖表面硬度,并应将砖回弹值换算成砖抗压强度。

回弹法检测烧结砖的抗压强度属原位无损检测,测区选择不受限制;且所使用的设备,即回弹仪,使用起来方便快捷,可直接获得强度值;检测过程中仅对检测部位的装修面层造成局部损伤。

1. 基本原理

回弹法是用弹簧驱动的重锤,通过弹击杆(传力杆),弹击被测物体的表面,并测出重锤被反弹回来的距离,以回弹值(反弹距离与弹簧初始长度之比)作为与强度相关的指标,来推定被测物体强度的一种方法。由于测量在被测物体的表面进行,所以应属于表面硬度法的一种。它具有结构轻巧、操作简单、测试迅速等优点。当回弹法用于测试砌体结构砌筑砂浆强度时,称为砂浆回弹法;用于测试烧结砖强度时,称为烧结砖回弹法。本节是用回弹法测定烧结普通砖抗压强度,主要是根据小型回弹仪对砖表面硬度测得的回弹值，与直接抗压强度的相关性建立关系式，来间接确定砖的抗压强度，并借以推定其强度等级。回弹法原理示意如图 7-2 所示。

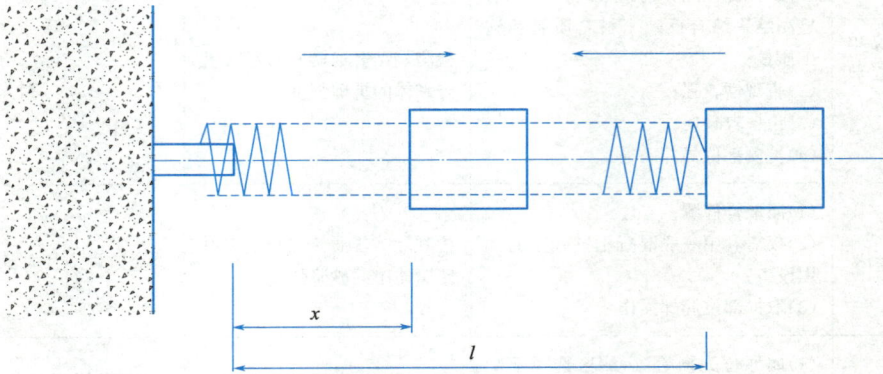

图 7-2　回弹法原理示意

当重锤被水平拉到冲击前的起始状态时，重锤的重力势能不变，此时重锤所具有的冲击能量仅为弹簧的弹性势能：

$$e = \frac{1}{2} E_s l^2 \tag{7-1}$$

式中，E_s——弹击拉簧的刚度系数；

l——弹击拉簧的起始拉伸长度，即弹击锤的冲击长度。

砖受冲击后产生瞬时弹性变形，其恢复力使弹击锤弹回，当弹击锤弹回到 x 位置所具有的势能 e_x 为：

$$e_x = \frac{1}{2} E_x x^2 \tag{7-2}$$

式中，x——弹击锤反弹位置或弹击锤弹回时弹簧的拉伸长度。

弹击锤在弹击过程中所消耗的能量，即是被检测到的砖所吸收的能量 Δe：

$$\Delta e = e - e_x \tag{7-3}$$

将式（7-1）和式（7-2）代入式（7-3）得：

$$\Delta e = \frac{1}{2} E_x l^2 - \frac{1}{2} E_x x^2 = e\left[1 - \left(\frac{x}{l}\right)^2\right] \tag{7-4}$$

令：

$$R = \frac{x}{l} \tag{7-5}$$

在回弹仪中，l 为定值，所以 R 与 x 成正比，称为回弹值。将式（7-5）代入式（7-4）得：

$$\Delta e = e(1 - R^2) \tag{7-6}$$

则：

$$R^2 = \frac{e - \Delta e}{e} \tag{7-7}$$

即：

$$R=\sqrt{1-\frac{\Delta e}{e}}=\sqrt{\frac{e_x}{e}}$$　　　　　　（7-8）

由上式可知，回弹值是弹击锤弹击砖表面时输出的剩余能量与输入的冲击能量的比值的反映，它与输入的冲击能量本身并没有直接的关系。回弹值 R 等于重锤冲击砖表面后与原有输入的冲击能量之比的平方根，简言之，回弹值 R 是重锤冲击过程中能量损失的反映。

能量主要损失在以下 3 个方面：

（1）砖受冲击后产生塑性变形所吸收的能量；

（2）砖受冲击后产生振动所吸收的能量；

（3）回弹仪各机构之间的摩擦所消耗的能量。

在具体试验中，上述（2）、（3）两项应尽可能使其固定于某一统一的条件，例如，试件应有足够的厚度，或对较薄的试件予以固定，减少振动，回弹仪应进行统一的计量率定，使冲击能量与仪器内摩擦损耗尽量保持统一等。

由以上分析可知，回弹值通过重锤在弹击砖前后的变化，既反映了砖的弹性性能，也反映了砖的塑性性能。联系式（7-1）可得，回弹值 R 反映了 E_s 和 l 两项，当然也与强度有着必然的联系。但是由于影响因素较多，回弹值 R 与 E_s 和 l 的理论关系尚难推导。因此，目前均采用试验方法，建立砖抗压强度与回弹值 R 的一元回归公式。

回弹仪所测得的回弹值只代表砖表层的质量，所以使用回弹法测砖强度时，必须要求砖的表面质量和内部质量一致，对于表面已风化或遭受冻害、化学侵蚀的砖，不得采用回弹法检测砖强度。

2. 方法标准

1）《砌体工程现场检测技术标准》GB/T 50315—2011；

2）《建筑结构检测技术标准》GB/T 50344—2019 等。

3. 仪器设备

烧结砖回弹法的测试设备宜采用示值系统为指针直读式的砖回弹仪。砖回弹仪的主要技术性能指标应符合表 7-2 的要求。

砖回弹仪的主要技术性能指标　　　　　　表 7-2

项目	指标
标称动能（J）	0.735
指针摩擦力（N）	0.5±0.1
弹击杆端部球面半径（mm）	25±1.0
钢砧率定值	74±2

砖回弹仪的检定和保养应按国家现行有关回弹仪的检定标准执行，回弹仪在每次回弹测试前后，均要求在钢砧上进行率定试验。

回弹仪的率定试验可参考以下方法进行：

在洛氏硬度 HRC 为 60±2 的钢砧上，将仪器垂直向下弹击，每个方向的回弹平均值均应为 74±2，以此作为使用过程中是否需要调整的标准。

率定值不在 74±2 范围内，应对仪器进行保养后再率定，如仍不合格应送校验单位校验。钢砧率定值不在 74 ± 2 范围内的仪器，不得用于测试。回弹仪率定试验所用的钢砧应每两年送授权计量检定机构检定或校准。

当回弹仪有下列情况之一时，应送专业检定单位检定：

（1）新回弹仪启用前；

（2）超过检定有效期限（有效期为一年）；

（3）累计弹击超过 6000 次；

（4）经常规保养后钢砧率定值不合格；

（5）遭受严重撞击或其他损害。

4. 检测步骤

应用回弹法检测烧结砖时，在检测之前首先对回弹仪在钢砧上进行率定试验，当符合要求时才可使用。检测步骤如下：

（1）对需检测的整体需根据实际情况划分检测单元，每个检测单元中应随机选择 10 个测区。每个测区的面积不宜小于 $1.0\mathrm{m}^2$，在其中随机选择 10 块条面向外的砖作为 10 个测位供回弹测试。选择的砖与砖墙边缘的距离应大于 250mm。

（2）测区中被检测砖应为外观质量合格的完整砖。砖的条面应干燥、清洁、平整，不应有饰面层、粉刷层，必要时可用砂轮清除表面的杂物，磨平测面，用毛刷刷去粉尘。

（3）在每块砖的测面上均匀布置 5 个弹击点，选定弹击点时应避开砖表面的缺陷。相邻两弹击点的间距不应小于 20mm，弹击点离砖边缘不应小于 20mm，每一弹击点只能弹击一次，读数应精确至 1 个刻度。

（4）测试时，回弹仪应处于水平状态，其轴线应垂直于砖的侧面。

5. 数据处理

根据规范要求对烧结砖现场检测后，需对检测数据进行统计分析，从而对所检测的砖进行强度推定。

（1）计算各测位的砖抗压强度换算值：

1）对于单个测位的回弹值，应取 5 个弹击点回弹值的平均值 R。

2）第 i 个测区第 j 个测位的砖抗压强度换算值，应按下式计算：

① 烧结普通砖：

$$f_{1ij}=0.02R^2-0.45R+1.25 \tag{7-9}$$

② 烧结多孔砖：

$$f_{1ij}=0.0017R^{2.48} \tag{7-10}$$

式中，f_{1ij}——第 i 个测区第 j 个测位的砖抗压强度换算值（MPa）；

   R——第 i 个测区第 j 个测位的平均回弹值。

（2）计算测区的砖抗压强度平均值，应按下式计算：

$$f_{1i}=\frac{1}{10}\sum_{j=1}^{10}f_{1ij} \tag{7-11}$$

（3）计算测区所在的检测单元的砖抗压强度平均值、标准差和变异系数：

每一检测单元的砖抗压强度平均值、标准差和变异系数，应分别按下式计算：

$$f_{1,\mathrm{m}}=\frac{1}{10}\sum_{j=1}^{10}f_{1i} \tag{7-12}$$

$$s=\sqrt{\frac{\sum\limits_{j=1}^{10}(f_{1,\mathrm{m}}-f_{1,i})^2}{9}} \tag{7-13}$$

$$\delta=\frac{s}{f_{1,\mathrm{m}}} \tag{7-14}$$

式中，$f_{1,\mathrm{m}}$——同一检测单元的砖抗压强度平均值（MPa）；

　　　　s——同一检测单元的强度标准差（MPa）；

　　　　δ——同一检测单元的砖强度变异系数。

（4）每一检测单元的砖抗压强度标准值按下式计算：

$$f_{1,k}=f_{1,\mathrm{m}}-1.8s \tag{7-15}$$

式中，$f_{1,k}$——每一检测单元的砖抗压强度标准值（MPa）。

6. 常见问题

（1）回弹仪要满足要求：

1）指针直读式砖回弹仪性能稳定，示值准确，应用方便、可靠。

2）回弹仪的技术性能是影响回弹法测试精度的重要因素。符合砖回弹仪的主要技术性能指标的回弹仪，可消除或减少因仪器因素导致的误差，提高检测精度。

3）回弹仪在使用过程中，因检修、零件松动、拉簧疲劳、遭受撞击等都可能改变其标准状态，因而应由专业检定单位对仪器进行检定。

（2）测量准确性的问题。

为了确保测量结果的准确性，本检测方法有多个需要注意的地方：

1）操作过程中仪器要轻拿轻放，严格按照仪器操作规程检测。

2）对受潮或被雨淋湿后的砖进行回弹，回弹值会降低，因此被检测砖表面应为自然干燥状态。被检测砖平整、清洁与否，对回弹值亦有较大的影响，故要求用砂轮将被检测砖表面打磨至平整，并用毛刷刷去粉尘。

3）测试时，回弹仪应处于水平状态，其轴线应垂直于砖的侧面。

4）本检测方法适用范围为 6～30MPa，当检测结果不在此范围内时，可改用其他检测方法。

第三节　扁顶法检测砌体抗压强度

扁顶法适用于推定普通砖砌体和多孔砖砌体的受压弹性模量和抗压强度、火灾、环境侵蚀后的砌体剩余抗压强度，亦可用于测定砖墙体（包括古建筑和重要建筑）的受压工作应力。扁顶法属原位检测，直接在墙体上测试，检测结果综合反映了材料质量和施工质量，具有直观性、可比性较强，设备较轻等特点。但扁顶重复使用率较低，检测部位有局部较大破损。在砌体强度较高或轴向变形较大时，难以测出抗压强度，因此不适用于测试墙体破坏荷载大于 400kN 的墙体。

对于 8 层及以下的民用建筑房屋，采用本方法确定砖墙中的砌体抗压强度有足够的准确性。

1. 基本原理

因墙体所承受的主应力方向已定，且垂直方向的主应力是主要控制应力，当沿水平灰缝开凿一条应力解除槽［图 7-3（a）］，槽周围的墙体应力得到部分解除，力重新分布。在槽的上下设置变形测量点，可直接观测到因开槽而带来的相对变形变化，即因应力解除而产生的变形释放。将扁顶装入恢复槽内，向其供油压，当扁顶内压力平衡了预先存在的垂直于灰缝槽口面的静态应力时，即应力状态完全恢复，所求墙体受压工作应力即由扁顶内的压力表显示。分析表明，当扁顶施压面积与开槽面积之比≥0.8时，用变形恢复来控制应力恢复相当准确。

在墙体内开凿两条水平灰缝［图 7-3（b）］并装入扁顶，则扁顶间所限定的砌体（槽间砌体），相当于试验一个原位标准砌体试件。对上下两个扁顶供油压，便可测得砌体的变形特征（如砌体弹性模量）和砌体的极限抗压强度。

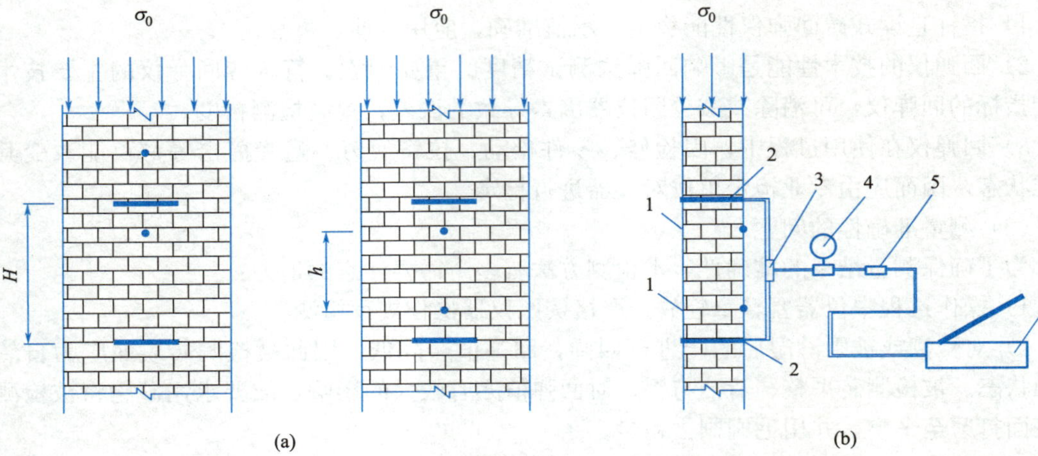

图 7-3　扁顶法测试装置与变形测点布置
（a）测试受压工作应力；（b）测试受压弹性模量、抗压强度
1—变形测量脚标（两对）；2—扁式液压千斤顶；3—三通接头；4—压力表；5—溢流阀；6—手动油泵

2. 方法标准

1)《砌体工程现场检测技术标准》GB/T 50315—2011；

2)《建筑结构检测技术标准》GB/T 50344—2019 等。

3. 仪器设备

扁顶法适用于推定普通砖砌体和多孔砖砌体的受压弹性模量和抗压强度，亦可用于测定砖墙体的受压工作应力。其主要装置由扁式液压千斤顶、手动油泵、手持式应变仪或千分表、三通接头、变形测量脚标（两对）、压力表和溢流阀等组成（图 7-3）。

扁顶由 1mm 厚合金钢板焊接而成，总厚度为 5～7mm，尺寸分别为 250mm×250mm、250mm×380mm、380mm×380mm 和 380mm×500mm。前两种扁顶可用于240mm 厚墙体，后两种扁顶可用于 370mm 厚墙体。其主要指标见表 7-3。每次使用前，均应校验扁顶的力值。

手持式应变仪和千分表的主要技术指标见表 7-4。

扁顶主要技术指标　　　　　　　　　　　　表 7-3

项目	指标	项目	指标
额定压力(kN)	400	极限行程(mm)	15
极限压力(kN)	480	示值相对误差(%)	±3
额定行程(mm)	10	—	—

手持式应变仪和千分表的主要技术指标　　　　表 7-4

项目	指标
行程(mm)	1～3
分辨率(mm)	0.001

4. 检测步骤

（1）测试墙体的受压工作应力时，应符合下列要求。

1）在选定的墙体上，应标出水平槽的位置，并应牢固粘贴两对变形测量的脚标。脚标应位于水平槽正中并跨越该槽；普通砖砌体脚标之间的距离应相隔 4 条水平灰缝，宜取 250mm；多孔砖砌体脚标之间的距离应相隔 3 条水平灰缝，宜取 270～300mm。

2）使用手持应变仪或千分表在脚标上测量砌体变形的初读数时，应测量 3 次，并应取其平均值。

3）在标出水平槽位置处，应剔除水平灰缝内的砂浆。水平槽的尺寸应略大于扁顶尺寸。开凿时不应损伤测点部位的墙体及变形测量脚标。槽的四周应清理平整，并应除去灰渣。

4）使用手持应变仪或千分表在脚标上测量开槽后的砌体变形值时，应待读数稳定后再进行下步的测试工作。

（2）实测墙体的砌体抗压强度或受压弹性模量时，应符合下列要求：

1）在完成墙体的受压工作应力测试后，应开凿第二条水平槽，上下槽应互相平行、对齐。当选用 250mm×250mm 扁顶时，普通砖砌体两槽之间的距离应相隔 7 皮砖；多孔砖砌体两槽之间的距离应相隔 5 皮砖。当选用 250mm×380mm 扁顶时，普通砖砌体两槽之间的距离应相隔 8 皮砖；多孔砖砌体两槽之间的距离应相隔 6 皮砖。遇有灰缝不规则或砂浆强度较高而难以凿槽时，可在槽孔处取出 1 皮砖，安装扁顶时应采用钢制模型垫块调整其间隙。

2）在槽内安装扁顶，扁顶上下两面宜垫尺寸相同的钢垫板，并应连接测试设备的油路。

3）正式测试前，应进行试加荷载测试，试加荷载值可取预估破坏荷载的 10%。应检查测试系统的灵活性和可靠性以及上下压板和砌体受压面接触是否均匀密实。经试加荷载，测试系统正常后应卸荷，并应开始正式测试。

4）正式测试时，应分级加荷。每级荷载可取预估破坏荷载的 10%。并应在 1min～1.5min 内均匀加完，然后恒载 2min。加荷至预估破坏荷载的 80% 后，应按原定加荷速度连续加荷，直到槽间砌体破坏。当槽间砌体裂缝急剧扩展和增多，油压表的指针明显回退时，槽间砌体达到极限状态。

5）当槽间砌体上部压应力小于 0.2MPa 时，应加设反力平衡架后再进行测试。当槽间砌体上部压应力不小于 0.2MPa 时，也宜加设反力平衡架后再进行测试。反力平衡架可由两块反力板和四根钢拉杆组成。

（3）当测试砌体受压弹性模量时还应符合下列要求：

1）应在槽间砌体两侧各粘贴一对变形测量脚标。脚标应位于槽间砌体的中部。普通砖砌体脚标之间的距离应相隔 4 条水平灰缝，宜取 250mm；多孔砖砌体脚标之间的距离应相隔 3 条水平灰缝，宜取 270~300mm。测试前应记录标距值，并应精确至 0.1mm。

2）正式测试前，应反复施加 10% 的预估破坏荷载，其次数不宜少于 3 次。

3）进行测试时，应分级加荷。每级荷载可取预估破坏荷载的 10%，并应在 1min~1.5min 内均匀加完，然后恒载 2min。加荷至预估破坏荷载的 80% 后，应按原定加荷速度连续加荷，直到槽间砌体破坏。当槽间砌体裂缝急剧扩展和增多，油压表的指针明显回退时，槽间砌体达到极限状态，并应测记逐级荷载下的变形值。

4）累计加荷的应力上限不宜大于槽间砌体极限抗压强度的 50%。

（4）当仅测定砌体抗压强度时，应同时开凿两条水平槽，并应按以上第（2）条的要求进行测试。

（5）测试记录内容应包括描绘测点布置图、墙体砌筑方式、扁顶位置、脚标位置、轴向变形值、逐级荷载下的油压表读数、裂缝随荷载变化情况简图等。

5. 数据处理

（1）工作应力计算

墙体的受压工作应力，等于实测变形值达到开槽前的读数时所对应的应力值。根据扁顶的标定结果，应将油压表读数换算为试验荷载值，即可计算得到砌体工作应力值。

（2）弹性模量及抗压强度的计算

1）弹性模量

对于槽间砌体的弹性模量，根据试验结果，计算砌体在有侧向约束情况下的受压弹性模量，取应力 σ 等于 $0.4f_{uij}$（或约等于 $0.4f_{uij}$）时的割线模量为该槽间砌体的弹性模量：

$$E_{ij} = \frac{0.4f_{uij}}{\varepsilon_{ij0.4}} \qquad (7\text{-}16)$$

式中，E_{ij}——第 i 个测区第 j 个测点槽间砌体的弹性模量（N/mm²）；

　　　f_{uij}——第 i 个测区第 j 个测点槽间砌体的抗压强度（MPa）；

　　　$\varepsilon_{ij0.4}$——对应于 $0.4f_{uij}$ 时的轴向应变值。

当换算为标准砌体的受压弹性模量时，计算结果应乘以换算系数 0.85。

2）抗压强度

① 槽间砌体的抗压强度，应按下式计算：

$$f_{uij} = N_{uij}/A_{ij} \qquad (7\text{-}17)$$

式中，N_{uij}——第 i 个测区第 j 个测点槽间砌体的受压破坏荷载值（N）；

A_{ij}——第 i 个测区第 j 个测点槽间砌体的受压面积（mm^2）。

② 槽间砌体抗压强度换算为标准砌体的抗压强度，应按下列公式计算：

$$f_{mij} = f_{uij} / \xi_{1ij} \tag{7-18}$$

$$\xi_{1ij} = 1.25 + 0.60\sigma_{0ij} \tag{7-19}$$

式中，f_{mij}——第 i 个测区第 j 个测点的标准砌体抗压强度换算值（MPa）；

ξ_{1ij}——原位轴压法的无量纲的强度换算系数；

σ_{0ij}——该测点上部墙体的压应力（MPa），其值可按墙体实际所承受的荷载标准值计算。

③ 第 i 个测区的砌体抗压强度平均值，应按下式计算：

$$f_{mi} = \frac{1}{n_1} \sum_{j-1}^{n_1} f_{mij} \tag{7-20}$$

式中，f_{mi}——第 i 个测区的砌体抗压强度平均值（MPa）；

n_1——第 i 个测区的测点数。

④ 检测单元砌体抗压强度标准值计算。

当测区数 n_2 不小于 6 时：

$$f_m = \frac{1}{n_2} \sum_{j=1}^{n_2} f_{mi} \tag{7-21}$$

$$S = \sqrt{\frac{\sum_{i-1}^{n_2} (f_m - f_{mi})^2}{n_2 - 1}} \tag{7-22}$$

$$f_k = f_m - k_s \tag{7-23}$$

式中，f_k——砌体抗压强度标准值（MPa）；

f_m——同一检测单元的砌体抗压强度平均值（MPa）；

k——与 a、C、n_2 有关的强度标准值计算系数，见表 7-5；

a——确定强度标准值所取的概率分布下分位数；

C——置信水平。

计算系数　　　　　　　　　　　表 7-5

n_2	6	7	8	9	10	12	15	18
k	1.947	1.908	1.880	1.858	1.841	1.816	1.790	1.773
n_2	20	25	30	35	40	45	50	—
k	1.764	1.748	1.736	1.728	1.721	1.716	1.712	—

注：$C=0.60$；$a=0.05$。

当测区数 n_2 小于 6 时：

$$f_k = f_{mi,min} \tag{7-24}$$

式中，$f_{mi,min}$——同一检测单元中，测区砌体抗压强度的最小值（MPa）。

应注意的是，每一检测单元的砌体抗压强度，当检测结果的变异系数 $\delta = \frac{s}{f_m}$ 大于 0.2

时，不宜直接按上式计算，应按《砌体工程现场检测技术标准》GB/T 50315—2011 的规定另行确定。

6. 常见问题

应用扁顶法，不同的测试目的，其所采用的试验步骤有所不同，主要体现在以下 4 个方面：

（1）仅测定墙体的受压工作应力，在测点只开凿一条水平灰缝槽，使用 1 个扁顶。

（2）测定墙体受压工作应力和砌体抗压强度：在测点先开凿一条水平缝，使用一个扁顶测定墙体受压工作应力；然后开凿第二条水平槽，使用两个扁顶测定砌体弹性模量和砌体抗压强度。

（3）仅测定墙内砌体抗压强度，同时开凿两条水平槽，使用两个扁顶。

（4）测试砌体抗压强度和弹性模量时，不论 σ_0 大小，均宜加设反力衡架。

第四节　原位双剪法测定砌体通缝抗剪强度

原位双剪法应包括原位单砖双剪法和原位双砖双剪法。原位单砖双剪法适用于推定各类墙厚的烧结普通砖或烧结多孔砖砌体的抗剪强度；原位双砖双剪法仅适用于推定 240mm 厚墙的烧结普通砖或烧结多孔砖砌体的抗剪强度。在进行检测时，应将原位剪切仪的主机安放在墙体的槽孔内，并应以一块（原位单砖双剪法）或两块（原位双砖双剪法）并列完整的顺砖及其上下两条水平灰缝作为一个测点。

原位双剪法宜选用释放或可忽略受剪面上部压应力 σ_0 作用下的测试方案；当上部压应力 σ_0 较大且可较准确计算时，也可选用在上部压应力 σ_0 作用下的测试方案。

1. 基本原理

（1）原位单砖双剪法强度测试原理

砌体原位单砖双剪法是一种测定砌体通缝抗剪强度的试验方法，该方法在被鉴定的墙体上按要求选取测位，用原位剪切仪测定该测位单砖在双剪条件下的抗剪强度，根据成组的数据，推定该批墙体的通缝抗剪强度。

砌体是由大量的块材用砂浆叠砌而成，同批砌体可被看作是一个总体，每一块体与砌筑在砂浆组成的粘接件可被看作总体中的一个个体，依据样本理论，测定若干个体的抗剪强度，便可组成一个样本去推定同批砌体（总体）的抗剪强度。砌体原位单砖双剪法就是依据此原理研制的检测方法。

（2）原位双砖双剪法强度测试原理

原位双砖双剪法的原理与原位单砖双剪法相同，其区别在于检测时没有竖缝参加工作，排除了竖缝的影响。在测试 240mm 厚墙体的砌体抗剪强度时，选 240mm 厚墙体平行的两块顺砖为试件，先在墙体上和测点水平相邻的方向上开凿出一块砖的通孔洞，在试件的另一端掏空试件高度范围内的整个竖缝，在洞内放入剪切仪，在剪切仪后放置垫块，连接手动油泵和剪切仪，然后手动施加荷载直至砌体剪坏，测得砌体抗剪强度。

2. 方法标准

（1）《砌体工程现场检测技术标准》GB/T 50315—2011；

（2）《建筑结构检测技术标准》GB/T 50344—2019 等。

3. 仪器设备

（1）原位剪切仪的主机应为一个附有活动承压钢板的小型千斤顶。

（2）原位剪切仪的主要技术指标应符合表 7-6 中的规定。

原位剪切仪的主要技术指标　　　　　　　　　　表 7-6

项目	技术指标	
	75 型	150 型
额定推力（kN）	75	150
相对测量范围（%）	20～80	
额定行程（mm）	＞20	
示值相对误差（%）	±3	

4. 检测步骤

（1）在测区内选择测点，应符合下列要求：

1）测区应随机布置 n_1 个测点，对原位单砖双剪法，在墙体两面的测点数量宜接近或相等。

2）试件两个受剪面的水平灰缝厚度应为 8～12mm。

3）下列部位不应布设测点：①门窗洞口侧边 120mm 范围内；②后补的施工洞口和经修补的砌体；③独立的砖柱。

4）同一墙体的各测点之间，水平方向净距不应小于 1.5m，垂直方向净距不应小于 0.5m，且不应在同一水平位置或纵向位置。

（2）操作步骤

原位双剪法检测砌体抗剪强度时可采用带有上部压应力 σ_0 作用的试验方案或释放试件上部压应力 σ_0 的试验方案，检测方案的选择是按试件所处的部位及上部压应力的大小来确定，在下列情况下，应采取释放试件上部压应力 σ_0 的试验方案：

1）试件上部压应力 σ_0 传递复杂或难以准确计算时，为确保检测精度，宜采用释放试件上部压应力 σ_0 的试验方案。

2）试件上部压应力 σ_0 虽传递明确，但试件上部压应力 σ_0 过大，可能导致试件的推力过大，多孔砖试件在千斤顶承压面局部承压不足，而首先出现砖因端部局压破坏而试件未能出现剪切破坏时，宜采用释放试件上部压应力气的试验方案。

当采用带有上部压应力 σ_0 作用的试验方案时，应按图 7-4 的要求，原位单砖双剪法将剪切试件相邻一端的一块砖掏出，清除四周的灰缝，制备出安放主机的孔洞，其截面尺寸不得小于以下值：

普通砖砌体：115mm×65mm；多孔砖砌体：115mm×110mm。

原位双砖双剪法将剪切试件相邻一端并排的两块砖掏出，清除四周的灰缝，制备出安放主机的孔洞，其截面尺寸不得小于以下值：

普通砖砌体：240mm×65mm；多孔砖砌体：240mm×110mm。接着将剪切试件另一端的竖缝掏空并清理干净。

图 7-4　带有上部压应力作用的试验方案
1—剪切试件；2—剪切仪主机；3—掏空的竖缝

当采用释放试件上部压应力 σ_0 的试验方案时，应按图 7-5 要求，掏空水平灰缝，掏空范围由剪切试件的两端向上按 45°角扩散至灰缝 4，掏空长度应大于 620mm，深度应大于 240mm。

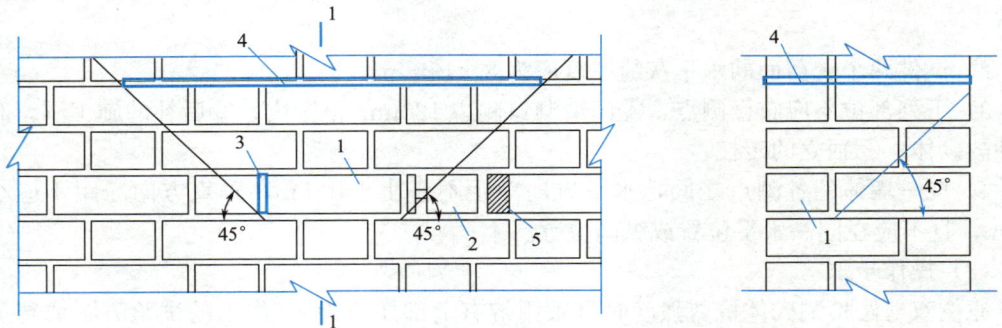

图 7-5　释放试验上部压应力的试验方案
1—试样；2—剪切仪主机；3—掏空竖缝；4—掏空水平缝；5—垫块

试件两端的灰缝应清理干净。开凿清理过程中，严禁扰动试件；如发现被推砖块有明显缺棱掉角或上、下灰缝有明显松动现象时，应舍去该试件。被推砖的承压面应平整，如不平时应用扁砂轮等工具磨平。

试件制作好后，将剪切仪主机放入开凿好的孔洞中，使仪器的承压板与试件的砖块顶面重合，仪器轴线与砖块轴线吻合。若开凿孔洞过长，在仪器尾部应另加垫块。

测试时，操作剪切仪，匀速施加水平荷载，直至试件和砌体之间发生相对位移，试件达到破坏状态。加荷的全过程宜为 1～3min。

记录试件破坏时剪切仪测力计的最大读数，精确至 0.1 个分度值。采用无量纲指示仪表的剪切仪时，尚应按剪切仪的校验结果换算成以 N 为单位的破坏荷载（N_{vij}）。

5. 数据处理

（1）烧结普通砖砌体单砖双剪法和双砖双剪法试件沿通缝截面的抗剪强度，可按式（7-25）计算：

$$f_{vij} = \frac{0.32 N_{vij}}{A_{vij}} - 0.70 \sigma_{0ij} \tag{7-25}$$

式中，f_{vij}——试件沿通缝截面的抗剪强度（MPa）；

N_{vij}——第 i 个测区第 j 个测点的抗剪破坏荷载值（N）；

A_{vij}——第 i 个测区第 j 个测点单个灰缝受剪截面的截面积（mm^2）；

σ_{0ij}——该测点上部墙体的压应力（MPa），当忽略上部压力作用或释放上部压应力时为 0。

（2）烧结多孔砖砌体单砖双剪法和双砖双剪法试件沿通缝截面的抗剪强度，可按式（7-26）计算：

$$f_{vij} = \frac{0.29 N_{vij}}{A_{vij}} - 0.70 \sigma_{0ij} \tag{7-26}$$

（3）测区的砌体沿通缝截面抗剪强度平均值，应根据测区各测点的抗剪强度之和及测点个数 n，计算砌体抗剪强度平均值（MPa）。

6. 常见问题

（1）在试件的另一端掏空试件高度范围内的整个竖缝，掏空部分是在试件高度范围内，不包括试件上下两层砂浆的高度。

（2）应用原位双剪法时，如条件允许，宜优先采用释放上部压应力 σ_0 或者布点时受剪试验上部砖皮数较少、σ_0 可忽略的试验方案，该试验方案可避免由于 σ_0 引起的附加误差，但释放应力时，对砌体损伤稍大。当采用有上部压应力 σ_0 作用下的试验方案时，可按理论计算 σ_0 值。

第五节　筒压法检测砌筑砂浆强度

砌体砌筑砂浆强度的检测方法主要包括筒压法、回弹法、贯入法（射钉法）等。在实际应用过程中，筒压法一般可用于砂浆抗压强度的检测，而回弹法、贯入法（射钉法）多用于对砂浆抗压强度均匀性的检测。

筒压法适用于推定烧结普通砖墙中的砌筑砂浆强度；不适用于推定遭受火灾、化学侵蚀等砌筑砂浆的强度。

1. 基本原理

筒压法是从墙体中取水平灰缝砂浆块，经干燥后破碎成一定粒径颗粒后，装入承压筒中；把承压筒放在压力机上，根据不同品种砂浆施加规定荷载，承压筒中的砂浆粉碎情况经过不同筛余量计算，得到筒压比；最后换算出砌体砂浆强度的方法。

筒压法是利用不同品种砂浆骨料性能的差异，以及同种砂浆因强度不同，在一定压力作用下破碎的粒径不同的特性，来确定砂浆的强度。

2. 方法标准

1）《砌体工程现场检测技术标准》GB/T 50315—2011；

2）《建筑结构检测技术标准》GB/T 50344—2019 等。

3. 仪器设备

承压筒可用普通碳素钢或合金钢制作，也可用测定轻骨料筒压强度的承压筒代替。筒压法的承压筒构造如图 7-6 所示。

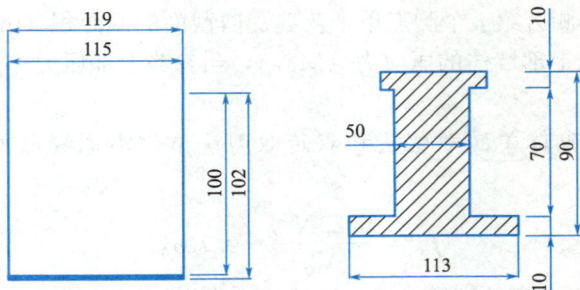

图 7-6　承压筒构造（mm）

水泥跳桌技术指标，应符合《水泥胶砂流动测定方法》GB/T 2419—2005 的有关规定。

其他设备和仪器应包括 50～100kN 压力试验机或万能试验机；砂摇筛机；干燥箱；孔径为 5mm、10mm、15mm（或边长为 4.75mm、9.5mm、16mm）的标准砂石筛（包括筛盖和底盘）；称量为 1000g、感量为 0.1g 的托盘天平。

4. 检测步骤

（1）取样与制备要求

筒压法所测试的砂浆品种及其强度范围，应符合下列要求：

1）中、细砂配制的水泥砂浆强度为 2.5～20.0MPa；

2）中、细砂配制的水泥粉煤灰砂浆（以下简称粉煤灰砂浆），砂浆强度为 2.5～15.0MPa；

3）石灰质石粉砂与中、细砂混合配制的水泥石灰混合砂浆和水泥砂浆（以下简称石粉砂浆），砂浆强度为 2.5～20MPa。

（2）操作步骤

1）在每一测区，从距墙表面 20mm 以内的水平灰缝中凿取砂浆约 4000g，砂浆片（块）的最小厚度不得小于 5mm。各个测区的砂浆样品应分别放置并编号，不得混淆。

2）使用手锤击碎样品，筛取 5～15mm 的砂浆颗粒约 3000g，在（105±5）℃的温度下烘干至恒重，待冷却至室温后备用。

3）每次取烘干样品约 1000g，置于孔径 5mm、10mm、15mm 标准筛所组成的套筛中，机械摇筛 2min 或手工摇筛 1.5min。称取粒级 5～10mm 和 10～15mm 的砂浆颗粒各 250g，混合均匀后即为一个试样，共制备三个试样。

4）每个试样应分两次装入承压筒。每次约装 1/2，在水泥跳桌上跳振 5 次。第二次装料并跳振后，整平表面，安上承压盖。如无水泥跳桌，可按照砂、石紧密体积密度的试验方法颠击密实。

5）将装料的承压筒置于试验机上，盖上承压盖，开动压力试验机，应于 20～40s 内均匀加荷至规定的筒压荷载值后，立即卸荷。不同品种砂浆的筒压荷载值分别为：水泥砂浆、石粉砂浆为 20kN，水泥石灰混合砂浆、粉煤灰砂浆为 10kN。

6）将施压后的试样倒入由孔径 5mm 和 10mm 标准筛组成的套筛中，装入摇筛机摇筛 2min 或人工摇筛 1.5mm，筛至每隔 5s 的筛出量基本相等。

7）称量各筛筛余试样的重量（精确至 0.1g），各筛的分计筛余量和底盘剩余量的总和与筛分前的试样重量相比，相对差值不得超过试样重量的 0.5%；当超过时，应重新进行试验。

5. 数据处理

（1）标准试样的筒压比，应按下式计算：

$$T_{ij} = \frac{t_1 + t_2}{t_1 + t_2 + t_3} \tag{7-27}$$

式中，T_{ij}——第 i 个测区中第 j 个试样的筒压比，以小数计；

t_1、t_2、t_3——分别为孔径 5mm、10mm 筛的分计筛余量和底盘中剩余量。

（2）测区的砂浆筒压比，应按下式计算：

$$T_i = \frac{1}{3}(T_{i1} + T_{i2} + T_{i3}) \tag{7-28}$$

式中，　　　T_i——第 i 个测区的砂浆筒压比平均值，以小数计，精确至 0.01；

T_{i1}、T_{i2}、T_{i3}——分别为第 i 个测区 3 个标准砂浆试样的筒压比。

（3）根据筒压比，测区的砂浆强度平均值应按下列公式计算：

水泥砂浆：

$$f_{2i} = 34.58 T_i^{2.06} \tag{7-29}$$

水泥石灰混合砂浆：

$$f_{2i} = 6.1 T_i + 11 T_i^2 \tag{7-30}$$

粉煤灰砂浆：

$$f_{2i} = 2.52 - 9.4 T_i + 32.8 T_i^2 \tag{7-31}$$

石粉砂浆：

$$f_{2i} = 2.7 - 13.9 T_i + 44.9 T_i^2 \tag{7-32}$$

6. 常见问题

（1）为保证所取砂浆试样的质量较为稳定，避免外部环境及碳化等因素的影响，提高制备粒径大于 5mm 试样的成品率，规定只取距墙面 20mm 以里的水平灰缝的砂浆，且砂浆片厚度不得小于 5mm。

（2）筒压荷载较低时，砂浆强度越高则筒压比值越拉不开档次；筒压荷载较高时，砂浆强度越低，则筒压比值越拉不开档次。在经过试验值的统计分析后，对不同品种砂浆分别选用不同的筒压荷载值。

（3）人工摇筛的人为影响因素较大，对低强砂浆，在筛分过程中，由于颗粒之间及颗粒与筛具之间的摩擦碰撞，不断产生粒径小于 5mm 的颗粒，不能像砂石筛分那样精确定量。因此如果是人工筛分，应注意摇筛强度保持一致。具备摇筛机的试验室，应选用机械摇筛。

回弹法检测砌筑砂浆强度

砂浆回弹法是四川省建筑研究院研发的砂浆强度无损检测方法。通过试验研究和验证性考核试验，证明砂浆回弹值同砂浆强度及碳化深度有较好的相关性。

重庆市建筑科学研究院、山东省建筑科学研究院对回弹法检测多孔砖砌体中的砂浆强度开展了研究，山东省建筑科学研究院、四川省建筑科学研究院还在四川省建筑科学研究院进行了验证性试验。试验资料表明，回弹法检测砌筑砂浆强度同样适用于烧结多孔砖砌体。

因对经受高温、长期浸水、冰冻、化学侵蚀、火灾等情况的砖砌体以及其他块材的砌体，未进行专门研究，本方法不适用。

1. 基本原理

基本原理同"第二节　回弹法检测烧结砖的抗压强度"。

2. 方法标准

1）《砌体工程现场检测技术标准》GB/T 50315—2011；

2）《建筑结构检测技术标准》GB/T 50344—2019 等。

3. 仪器设备

测试设备：砂浆回弹仪。

技术指标：砂浆回弹仪应每半年校验一次，在工程检测前后，均应对回弹仪在钢砧上做率定试验，砂浆回弹仪技术性能指标见表7-7。

砂浆回弹仪技术性能指标　　　　　　　　表7-7

项目	指标	项目	指标
冲击动能(J)	0.196	弹球面曲率半径(mm)	25
弹击锤冲程(mm)	75	在钢砧上率定平均回弹值	74±2
指针滑块的静摩擦力(N)	0.5±0.1	外形尺寸(mm)	$\phi60\times280$

测位宜选在承重墙的可测面上，并避开门窗洞口及预埋件等附近的墙体。墙面上每个测位的面积宜大于$0.3m^2$。

4. 检测步骤

（1）测位处的粉刷层、勾缝砂浆、污物等应清除干净；弹击点处的砂浆表面，应仔细打磨平整，并除去浮灰。磨掉表面砂浆的深度应为5～10mm，且不应小于5mm。

（2）每个测位内均匀布置12个弹击点。选定弹击点应避开砖的边缘、灰缝中的气孔或松动的砂浆。相邻两弹击点的间距不应小于20mm。

（3）在每个弹击点上，使用回弹仪连续弹击3次，第1、2次不应读数，仅记读第3次回弹值，回弹值精确至1。测试过程中，回弹仪应始终处于水平状态，其轴线应垂直于砂浆表面，且不得移位。

（4）在每一测位内，选择 3 处灰缝，并应采用工具的测区打凿出直径约 10mm 的孔洞，其深度应大于砌筑砂浆的碳化深度，应清除孔洞中的粉末和碎屑，且不得用水擦洗，然后采用浓度为 1‰～2‰的酚酞酒精溶液在孔洞内壁边缘处，当已碳化与未碳化界限清晰时，应采用碳化深度测定仪器或游标卡尺测量已碳化与未碳化砂浆交界面到灰缝表面的垂直距离。

5. 数据处理

从每个测位的 12 个回弹值中，分别剔除最大值、最小值，将余下的 10 个回弹值计算算术平均值，以 R 表示。每个测位的平均碳化深度，应取该测位各次测量值的算术平均值，以 d 表示，精确至 0.5mm。平均碳化深度大于 3mm 时，取 3.0mm。

第 i 个测区的第 j 个测位的砂浆强度换算值，应根据该测位的平均回弹值和平均碳化深度值，分别按下列公式计算：

$d \leqslant 1.0$mm 时：

$$f_{2ij} = 13.97 \times 10^{-5} R^{3.57} \tag{7-33}$$

1.0mm$< d < 3.0$mm 时：

$$f_{2ij} = 4.85 \times 10^{-4} R^{3.04} \tag{7-34}$$

$d \geqslant 3.0$mm 时：

$$f_{2ij} = 6.34 \times 10^{-5} R^{3.60} \tag{7-35}$$

式中，f_{2ij}——第 i 个测区第 j 个测位的砂浆强度值（MPa）；

d——第 i 个测区第 j 个测位的平均碳化深度（mm）；

R——第 i 个测区第 j 个测位的平均回弹值。

测区的砂浆抗压强度平均值，应按下式计算：

$$f_{2i} = \frac{1}{n_1} \sum_{j=1}^{n_1} f_{2ij} \tag{7-36}$$

6. 常见问题

（1）如何提高精度的问题

在使用回弹法进行检测之前，要根据预估砂浆强度选择合适的回弹仪，并对回弹仪进行检测和测试，其基本工作状态应进行标准鉴定，必须全部满足要求。

对于测区的分布检测必须选择具有代表性的区域，并对一些重要的部分和薄弱的部分进行针对性的布置检测，并尽量避开预埋件。检测过程中对于检测面的要求要做到平滑完整并足够洁净，砌体灰缝被测处平整与否，对回弹值有较大的影响，故要求用扁砂轮或其他工具进行仔细打磨至平整。此外，墙体表面的砂浆往往失水较快，强度低，磨掉表面 5～10mm 后，能够检测出接近墙体核心区的砂浆强度，也减小了碳化因素对砂浆强度的影响。

（2）碳化深度的取值问题

为保证推定砂浆强度值的准确性，一定要求每一测位都要准确地测量碳化深度值。

对砂浆碳化深度进行检测时，必须要使用专业精准的测量仪器，并在测试之前取得足够多的测试点，并对足够多的碳化深度取平均值，作为该测位碳化深度的取值。

砂浆回弹法的用途是检测烧结普通砖和烧结多孔砖墙体中的砂浆强度。但由于现场情况的复杂性和人为操作误差等原因，回弹强度与标准立方体砂浆试块抗压强度比较，有时相对误差略大，因此本方法主要是用于对砂浆强度均质性的检查。

第七节 原位轴压法现场推断砌体抗压强度

10.
原位轴压法
现场推断
砌体抗压
强度

思考题

1. 砌体结构现场检测，按检测目的可分为哪几类，分别有哪些检测方法？

2. 回弹仪的率定试验是如何进行的？关于率定值有哪些规定？回弹仪在哪些情况下需要进行检定？

3. 应用回弹法检测烧结砖的抗压强度时，对测区是如何规定的？对检测砖有什么要求？对弹击点的规定有哪些注意事项？

4. 扁顶法可以检测砌体的哪些物理性质？他们的检测方法上有什么不同？

5. 原位单砖双剪法和原位双砖双剪法有何不同？什么时候采用带有上部压应力 σ_0 作用的试验方案？什么时候可以采用释放上部压应力 σ_0 的试验方案？

6. 简述筒压法检测砌筑砂浆强度的操作步骤。不同的砂浆材料是如何根据筒压比进行计算的？

7. 回弹法检测砌筑砂浆强度过程中有哪些注意事项？砂浆强度值与碳化深度有什么关系？

8. 用回弹法检测某砌体第 1 测区第 3 测位的砂浆强度，测得其平均碳化深度为 $d = 2\text{mm}$，平均回弹值为 $R = 26$，计算该测区测位的砂浆强度换算值（砂浆回弹法）。

第八章

钢结构检测技术

知识目标

1. 了解焊缝超声相控阵检测、焊缝超声衍射时差法检测、焊缝渗透法检测、高强螺栓轴力超声法检测；

2. 熟悉焊缝目视法检测、焊缝射线法检测、钢材厚度超声法检测；

3. 掌握焊缝磁粉法检测、焊缝超声波法检测、高强螺栓终拧扭矩检测、涂层厚度磁性法检测、涂层附着力拉开法检测等。

能力目标

1. 正确使用检测设备，应用目视法、射线法、超声法、渗透法、磁粉法等无损检测方法对钢结构工程进行现场检测；

2. 对钢结构工程的检测数据进行计算、分析、评价并出具报告。

素质目标

培养学生科学严谨、认真细致、实事求是、数据说话、安全意识。

思维导图

```
                                          ┌─────────────────┐
                                      ┌───│   目视法检测    │
                                      │   └─────────────────┘
                                      │   ┌─────────────────┐
                                      ├───│   磁粉法检测    │
                                      │   └─────────────────┘
                                      │   ┌─────────────────┐
                                      ├───│   渗透法检测    │
                                      │   └─────────────────┘
                                      │   ┌─────────────────┐
                     ┌──────────┐     ├───│  超声波法检测   │
                 ┌───│ 焊缝检测 │─────┤   └─────────────────┘
                 │   └──────────┘     │   ┌─────────────────┐
                 │                    ├───│ 超声相控阵检测  │
                 │                    │   └─────────────────┘
                 │                    │   ┌─────────────────┐
                 │                    ├───│超声衍射时差法检测│
                 │                    │   └─────────────────┘
                 │                    │   ┌─────────────────┐
                 │                    └───│   射线法检测    │
                 │                        └─────────────────┘
 ┌────────────┐  │    ┌──────────────┐    ┌─────────────────┐
 │钢结构检测技术│──┼────│  高强螺栓检测 │────┤   终拧扭矩检测  │
 └────────────┘  │    └──────────────┘    └─────────────────┘
                 │                    └───┌─────────────────┐
                 │                        │  轴力超声法检测 │
                 │                        └─────────────────┘
                 │    ┌──────────┐         ┌─────────────────┐
                 ├────│ 钢材检测 │─────┬───│ 厚度超声波法检测│
                 │    └──────────┘     │   └─────────────────┘
                 │                     └───┌─────────────────┐
                 │                         │ 厚度磁性法检测  │
                 │                         └─────────────────┘
                 │    ┌──────────┐         ┌─────────────────┐
                 └────│ 涂层检测 │─────┬───│ 附着力拉开法检测│
                      └──────────┘     │   └─────────────────┘
                                       └───┌─────────────────┐
                                           │ 厚度磁性法检测  │
                                           └─────────────────┘
```

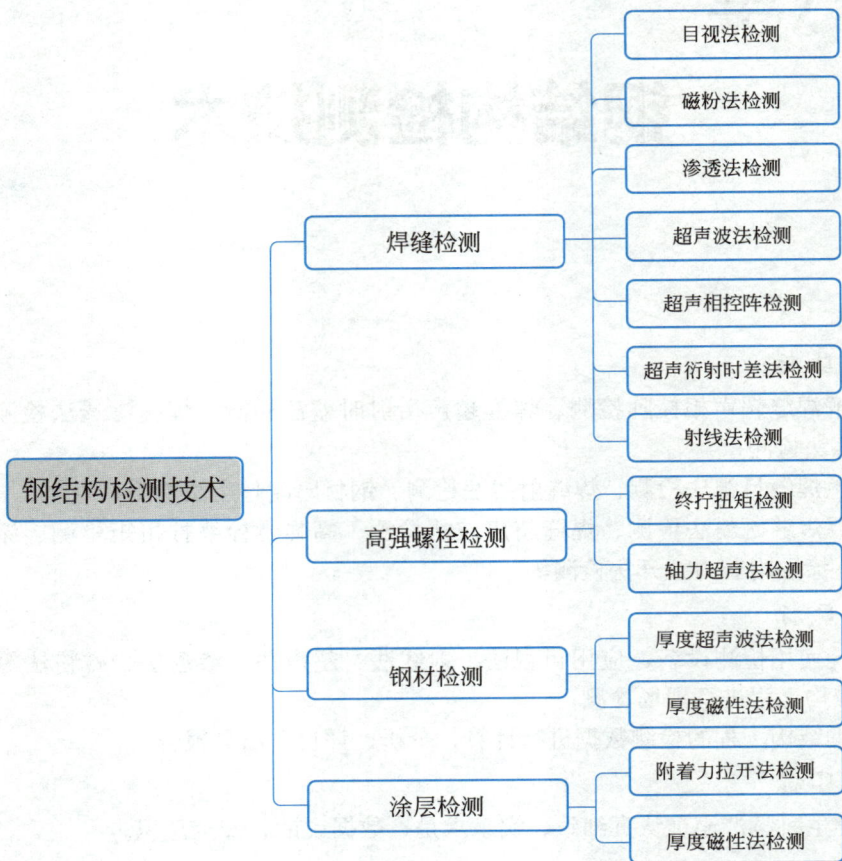

第一节　焊缝目视法检测

1. 基本原理

焊缝目视法检测是由焊接检查员通过目视（或借助量具等）检查焊缝的外形尺寸和外观缺陷的质量检测方法，是一种简单而应用广泛的检测手段。典型的是将目视检测限制在电磁谱的可见光范围内。

目视检测是无损检测的重要方法之一，但由于受到人眼分辨能力和仪器分辨率的限制，目视检测不能发现表面上非常细微的缺陷。在观察过程受到表面照度、颜色的影响容易发生漏检。

2. 仪器设备

主要包括咬边测量器、焊缝内凹测量器、焊缝宽度和高度测量器、焊缝放大镜、游标卡尺等。

3. 检测步骤

（1）按照施工图纸和有关标准要求，查明目视检测内容和要求；

（2）检查焊缝焊接前的坡口形式、坡口尺寸、组装间隙；

（3）焊接完后清理焊缝及附近区域，检测焊缝长度、外观质量，观察焊缝是否出现咬边、焊瘤、成形不良、错边、凹坑、烧穿、塌陷、裂纹、气孔、未焊透等缺陷。

4. 记录与结果

将所发现的缺陷类型与尺寸记录，对照设计或施工标准的要求，超过要求时，需进行返修处理。

5. 注意问题

焊缝的外形尺寸、表面不连续性是表征焊缝形状特性的指标，是影响焊接工程质量的重要因素。当焊接工作完成后，首先要进行外观检查。多层焊时，各层焊缝之间和接头焊完之后都应进行外观检测。

目视检测仅能检查表面缺陷，不能发现焊缝内部的缺陷。进行检查时，应用手电筒或其他光源，及时从不同的角度照射被检测区域，使其表面形状特征对比度达到最大。

第二节　焊缝磁粉法检测

1. 基本原理

某些金属能磁化，在磁场产生期间或之后，通过使用一种介质（铁粉）来揭示不连续。

磁化过的零件，在零件表面有一条裂纹，则在表面和近表面的磁力线发生变化，由于裂纹内空气的磁导率远比零件的磁导率低，所以磁力线"被迫"从裂纹的下部通过，但单位体积内通过的磁力线是有限的，这就使部分磁力线穿过裂纹，部分磁力线被挤出零件再进入零件表面，这些"穿过"和"挤出"的磁力线就在裂纹的两边形成了漏磁场，并构成了N极和S极，当把磁介质施加在其上面时，漏磁场就会吸附磁介质形成了磁堆集，从而揭示了零件的不连续。磁粉检测原理示意如图8-1所示。

磁粉检测能检测出铁磁性材料表面和近表面存在的裂纹、折叠、夹层、夹杂、气孔等缺陷，能确定缺陷在被检工件表面的位置、大小和形状。

2. 仪器设备

（1）磁化设备：磁粉探伤设备的其他装置应符合现行国家标准。

（2）标准试片：A型灵敏度试片应采用 $100\mu m$ 厚的软磁材料制成；高灵敏度、中灵敏度和低灵敏度试片的人工槽深度分别为 $15\mu m$、$30\mu m$ 和 $60\mu m$。

（3）检测介质：磁粉检测中的磁悬液可选用油剂或水剂作为载液。

3. 检测步骤

磁粉检测程序应包括预处理、磁化、施加磁悬液、磁痕观察与记录、检测后处理。

（1）预处理：清理试件探伤面，清除检测区域内附着物，清理区域应为焊缝向两侧母材方向各延伸 $25mm$ 的范围。

磁痕显示　　　　　　　缺陷　　　　　　　　磁粉

工件

磁力线

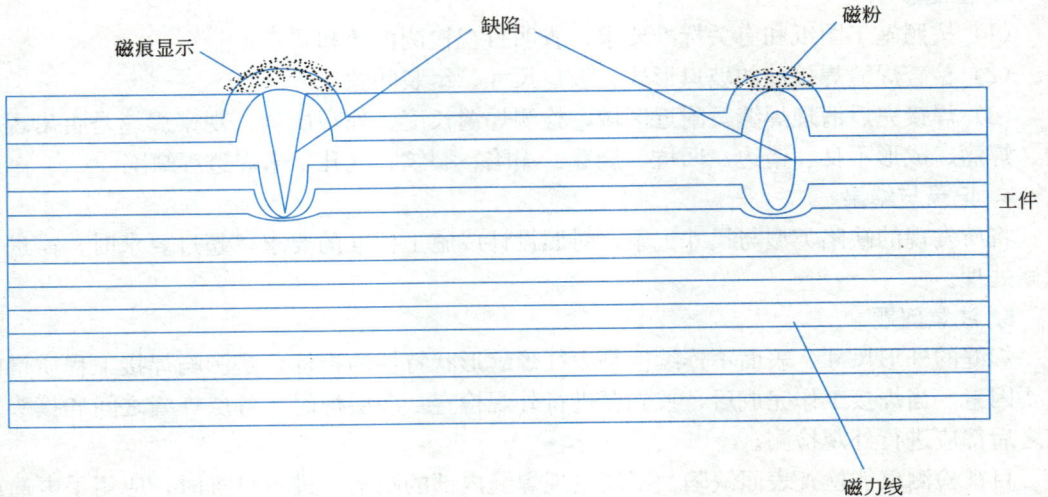

图8-1　磁粉检测原理示意

（2）磁化：磁化时磁场方向与探测的缺陷方向垂直，与探伤面平行；无法确定缺陷方向或有多个方向的缺陷时，采用旋转磁场或两次不同方向的磁化方法，两次磁化方向应垂直；检测时，先放置灵敏度试片在试件表面，检验磁场强度和方向以及操作方法是否正确。

（3）施加磁悬液：先喷洒一遍磁悬液润湿被测区域，磁化时再次喷洒磁悬液。磁悬液喷洒在行进方向的前方，磁化一直持续到磁粉施加完成为止，形成的磁痕不应被流动的液体所破坏。

（4）磁痕观察与记录：磁悬液施加形成磁痕后立即观察；观察面亮度大于500lx的自然光或灯光下；分析磁痕，区分缺陷磁痕和非缺陷磁痕；采用照相、绘图等方法记录缺陷磁痕。

（5）检测后处理：检测完成后，被测试件因剩磁而影响使用时，应及时进行退磁。清除被测部位表面磁粉，并清洗干净，必要时应进行防锈处理。

4. 记录与报告

显示的缺陷磁痕可分为线性显示和非线性显示，根据缺陷痕迹类型和长度，对检测到的缺陷进行分级。

5. 注意问题

磁痕显示的原因主要分为缺陷产生的漏磁场吸附形成的相关显示，磁路截面突变以及材料的漏磁场磁导率差异等原因产生非相关显示以及不是由漏磁场吸附磁粉形成的伪显示。

相关显示与非相关显示是由漏磁场吸附磁粉形成的，伪显示不是由漏磁场吸附磁粉形成的，只有相关显示影响工件的使用性能，非相关显示和伪显示都不影响工件的使用性能。因此，磁粉检测人员应具有丰富的实践经验，并能结合工件的材料、形状和加工工艺，熟练掌握各种磁痕显示的特征、产生原因及鉴别方法，必要时用其他无损检测方法进行验证。

第三节　焊缝渗透法检测

1. 基本原理

液体与固体交界处有两种现象：第一种现象是液体之间的相互作用力大于液体分子与固体分子之间的作用力，称为固体不被液体润湿，如水银在玻璃板上收缩成水银珠那样；第二现象是液体各个分子之间的相互作用力小于液体分子与固体分子之间的相互作用力，被称为固体被液体润湿，就像水滴在洁净的玻璃板上，水滴会慢慢散开。

将一根很细的管子插入盛有液体的容器中，如果液体能润湿管子，那么液体会在管子内上升，使管内的液面高于容器的液面。如果液体不能润湿管子，管内的液面就会低于容器的液面。通常将这种润湿管壁的液体在细管中上升，而不润湿管壁的液体在细管中下降的现象称为毛细现象。

可将零件表面的开口缺陷看作是毛细管或毛细缝隙。由于所采用的渗透液都是能润湿零件的，因此渗透液在毛细作用下能渗入表面缺陷中去，使缺陷附近的表面有所不同。此时可以直接进行观察，而如果使用显像剂进行显像，灵敏度会大大提高。

显像过程也是利用渗透的作用原理。显像剂是一种细微粉末，显像剂微粉之间可形成很多半径很小的毛细管，这种粉末又能被渗透液所润湿，所以当清洗完零件表面多余的渗透液后，给零件的表面敷撒一层显像剂，根据上述的毛细现象，缺陷中的渗透液就容易被吸出，形成一个放大的缺陷显示（图 8-2）。

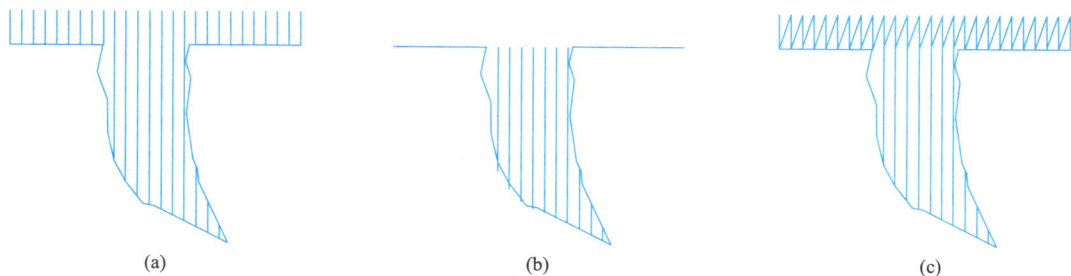

图 8-2　渗透检测示意
（a）加渗透液；（b）清除多余的渗透液；（c）显色剂吸出裂纹中的渗透剂

渗透检测能检测出金属材料致密性非金属材料的表面开口裂纹、折叠、疏松、针孔等缺陷，能确定缺陷在被检工件表面的位置、大小和形状。渗透检测不能检测出表面为开口的内部或表面缺陷，难以确定缺陷的深度。

2. 仪器设备

（1）检测材料：成套着色渗透剂（由渗透剂、清洗剂、显像剂三部分组成），其质量应符合现行行业标准，并宜采用成品套装喷罐式渗透检测剂。采用喷罐式渗透检测剂时，喷罐表面不得有锈蚀，喷罐不得出现泄漏。应使用同一厂家生产的同一系列配套渗透检测剂，不得将不同种类的检测剂混合使用。

（2）试块：渗透检测应配备铝合金试块（A型对比试块）和不锈钢镀铬试块（B型灵敏度试块），其技术要求应符合现行行业标准有关规定。

3. 检测步骤

（1）检测灵敏度校验：用A型试块按着色渗透检测工艺程序进行检测校验。

（2）工件预处理：应对检测面上的铁锈、氧化皮、焊接飞溅物、油污以及涂料进行清理。应清理从检测部位边缘向外扩展30mm的范围；机械加工检测面的表面粗糙度尺不宜大于12.5μm，非机械加工面的粗糙度不得影响检测结果。

（3）清洗：对预处理完毕的检测面进行清洗，可采用溶剂、洗涤剂或喷罐套装的清洗剂，清洗后，检测面必须要经过充分干燥后，才能进行检测。

（4）施加渗透剂：可以采用喷涂、刷涂等方法，将被检测部位完全被渗透剂覆盖，在环境温度10~50℃的条件下，润湿状态至少保持15min。

（5）清除多余渗透剂：采用溶剂（清洗剂）擦拭的方式去除被检表面渗透剂。渗透结束后，先用不脱毛的纸巾擦拭去除工件表面多余渗透液，然后再用沾有去除剂的干净不脱毛的纸巾擦拭，直至将被检面上多余的渗透液全部擦净。擦拭时必须按一个方向擦拭，不得往复擦拭；擦拭用的布或纸巾只能被去除剂润湿，不能过饱和，更不允许用清洗剂直接在被检面上冲洗。去除时应在白光下监视去除的效果。

（6）干燥：经清洗处理后的检测面，可以自然干燥，也可用纸巾或布擦干，或用压缩空气吹干，或热空气吹干，但检测表面温度不能超过50℃，根据检测时的环境温度不同，干燥时间为5~10min。

（7）施加显像剂：溶剂悬浮型显像采用压力喷罐喷涂。喷涂前，必须摇动喷罐，使显像剂搅拌均匀。喷涂时要预先调节，调节到边喷涂边形成显像薄膜的程度；喷嘴距被检表面的距离约为300~400mm，喷洒方向与被检面的夹角为30°~40°。喷涂时得到的显像剂覆盖层厚度必须合适。若太厚，会把显示掩盖起来，降低检测灵敏度；若太薄，则不能形成显示，显像时间10min。

（8）观察：显像剂喷涂结束后即在白光下（照度不小于1000lx）进行观察，注意被检区域显示的形成和变化，对显示应进行解释，判别其真伪，对判定为缺陷的显示，应测定其位置、尺寸等。观察在显像剂之后10~30min内进行。当发现的显示需要判别其真伪时，可用干净的布或棉球沾一点酒精，擦拭显示部位，如果被擦去的是真实的缺陷显示，则擦拭后，显示能再现，若在擦拭后撒上少许的显像粉末，可放大缺陷显示，提高微小缺陷的重现性；如果擦去后显示不再重现，一般都是虚假显示。对于特别细小或仍有怀疑的显示，可用5~10倍的放大镜进行放大辨认。若因操作不当，真伪缺陷实在难以辨别时，应重复全过程进行重新检测。当确定为缺陷显示后，还要进一步确定缺陷的性质。

（9）记录：在草图上标出缺陷的相应位置、形状和大小，并注明缺陷的性质。需要时用数码相机直接把缺陷显示拍照下来。

4. 记录与报告

渗透检测显示的缺陷痕迹大致可分为线性显示和非线性显示，根据缺陷痕迹类型和长度对检测到的缺陷进行分级。

5. 注意问题

渗透检测显示一般分为由缺陷引起的相关显示，工件的结构等原因所引起的非相关显示，表面未清洗干净而残留的渗透剂等所引起的虚假显示。

形成的显示的原因很多，有必要评定的只是影响工件有效使用的缺陷或不连续相关联、反映缺陷或不连续存在的显示。因此渗透检测人员应具有丰富的工程实际经验，并能够结合工件的材料、形状和加工工艺，熟练掌握各类显示的特征、产生原因及鉴别方法，必要时还应采用其他无损检测方法进行验证，尽可能使检测评定结果准确可靠。

对确认为缺陷的显示，均应进行定位、定量及定性等评定，然后再根据引用的标准或技术文件，进行质量分级，判定被检工件合格与否。应注意，由于渗透剂的扩展，渗透检测缺陷痕迹显示尺寸通常均远远大于缺陷实际尺寸。显像时间对缺陷评定的准确性有明显影响，这在定量评定中应特别注意。当显像时间太短时，缺陷显示甚至不会出现，而在湿式显像中，随着显像时间的延长，缺陷显示呈不断扩散、放射状；相邻缺陷的显示图形，可能就像一个缺陷一样。因此，随着显像时间的延长，不断地观察缺陷显示的形貌变化，才能够比较准确地评价缺陷大小和种类。因此，在进行缺陷显示的分类和等级评定时，按照渗透检测标准或技术说明书上所规定的渗透检测显像时间进行观察是十分必要的。

第四节　焊缝超声波法检测

1. 基本原理

声源产生的脉冲波进入到工件后，超声波在工件中以一定方向和速度向前传播，遇到声阻抗有差异的界面时，将发生声波反射并被检测仪器接收和显示，通过分析声波幅度和位置等信息，判断显示是否为缺陷。

超声检测是根据缺陷反射回波声压的高低来评价缺陷的大小，然而工件中缺陷形状、性质各不相同，目前的检测技术还难以确定缺陷的真实大小和形状。缺陷回波声压相同，实际大小可能相差很大，为此，引用当量法。当量法是指在同样检测条件，自然缺陷回波与某人工规则反射体回波等高时，则该人工规则反射体的尺寸就是此自然缺陷的当量尺寸。超声波传播示意如图 8-3 所示。

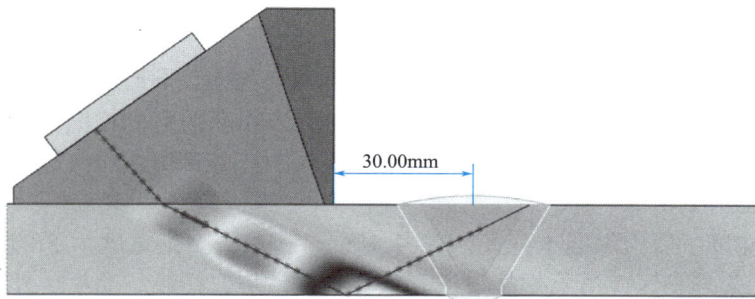

30.00mm

图 8-3　超声波传播示意

超声检测能检测出焊缝中的裂纹、未焊透、未熔合、夹渣、气孔等缺陷，能测定缺陷的埋藏深度和自身高度。

较难检测出形状复杂或表面粗糙工件的缺陷，较难判定缺陷的性质。

2. 仪器设备

（1）超声波探伤仪：除定期检定或校准外，每次检测前，测试探头前沿与角度，探头前沿测试值与标称值的偏差不大于±1mm；角度测试值与标称值的偏差不大于±2°。工作频率范围为 0.5M～10MHz，且实时采样频率不应小于 40MHz，对于超声衰减大的工件，可选用低于 2.5MHz 的频率。

（2）探头：检测频率应在 2M～5MHz 范围内，为保证覆盖整个焊缝截面并尽可能使用直射波法进行探伤，应根据焊缝不同区域选择不同角度的探头，在可能范围内尽量选择大角度的斜探头。

当检测采用横波且所用技术需超声从底面反射时，需保证声束与底面反射面法线的夹角在 35°～70°。

当使用多个斜探头进行检测时，其中一个探头应符合上述要求，且应保证一个探头的声速尽可能与焊缝熔合面垂直，多个探头间角度差应不小于 10°。

探头晶片尺寸选择与频率和声程有关，在给定频率下，晶片尺寸越小，近场长度和宽度就越小，远场中声速扩散角就越大。晶片直径为 6～12mm（或等效面积的矩形晶片）的小探头，最适合短声程检测。对于长声程检测，比如单晶直探头检测大于 100mm 或斜探头检测大于 200mm 的声程，选择直径为 12～24mm（或等效面积的矩形晶片）的晶片更合适。

（3）标准试块（CSK-IA）、参考试块（RB-1、RB-2）

CSK-IA 试块用于测定探头前沿、探头入射角度。RB-1、RB-2 为系列试块，分别适合 8～25mm、8～100mm 的板厚，其标准反射体为 $\phi3mm \times 40mm$ 的横通孔，用于绘制距离-波幅曲线。

3. 检测步骤

（1）检测等级确定

检测等级中分 A 级、B 级、C 级，检验工作的难度系数按 A、B、C 顺序逐级增高。

A 级检验是采用一种角度的探头在焊缝的单面单侧进行检测，一般不要求作横向缺陷检测。母材厚度大于 50mm，不宜采用 A 级检验。

B 级检验是采用一种角度探头在焊缝单面双侧检测。母材厚度大于 100mm 时，双面双侧检测。条件许可应做横向缺陷检测。

C 级检验是至少采用两种角度探头在焊缝单侧双面检测，同时要做两个方向和两种角度探头的横向缺陷检测。母材厚度大于 100mm 时，采用双面双侧检测，并且要求将接焊接接头余高磨平，以便探头在焊缝上做平行扫查。母材扫查部分应用直探头检测。

（2）检测面区域清理

受检区域宽度一般为焊缝本身及两侧各 10mm 和探头扫查宽度为 $2KT$（K 为 $\tan\beta$，T 为板厚）；探头移动区应清除焊接飞溅、氧化物、铁屑、锈蚀、油垢、外部杂质以及影响效果的涂层，探伤表面应平整光滑，其表面粗糙度应小于 $6.3\mu m$。

（3）探头选取

根据板厚、坡口形式及预期发现主要缺陷选择探头。探头频率的选定，除声衰减大的工件外，原则上母材厚度不大于 50mm，标称频率 5MHz 或 2.5MHz。厚度大于 50mm，标称频率为 2.5MHz。为防止倾斜缺陷的漏检，超声波波束应从两个方向进行探测。按不同检测等级要求选择探伤面，探伤面及推荐使用探头折射角见表 8-1。

探伤面及推荐使用探头折射角　　　　　　　　　　　　　表 8-1

序号	板厚 (mm)	探伤面			探伤法	探头折射角 β
		A 级	B 级	C 级		
1	4～25	单面单侧	单面双侧、双面单侧	单面双侧和焊缝表面或双面单侧	直射法及一次反射法	70°或 63°
2	＞25～50	单面单侧	单面双侧、双面单侧	单面双侧和焊缝表面或双面单侧	直射法及一次反射法	70°或 56°
3	＞50～100	—	单面双侧、双面单侧	单面双侧和焊缝表面或双面单侧	直射法及一次反射法	45°或 60°；45°和 60°；45°和 70°并用
4	＞100～300	—	双面双侧	双面双侧	直射法及一次反射法	45°和 60°并用或 45°和 70°并用

（4）仪器调试

在 CSK-1A 试块进行探头前沿和角度测试，然后在 RB-1、RB-2 试块上（试块含有不同深度孔径为 3mm 的横通孔）制作距离-波幅曲线，仪器显示的两条曲线为参考线与评定线，仪器调试后再进行耦合修正补偿，一般补偿 4dB。

（5）扫查

焊缝探伤首先进行初始检测，探伤灵敏度为 2 倍板厚处评定线高度不小于满屏的 20％，探头扫查速度不应大于 150mm/s，相邻的两次扫查之间至少应有探头晶片宽度 10％的重叠。

以搜索缺陷为目标的手工探头扫描，探头行走方式应呈 W 形，并有 10°～15°的摆动。为确定缺陷的位置、方向、形状、观察缺陷的动态波形、区别回波信号的需要，应增加前后、左右、转角、环绕等各种扫查方式。初始检测中判断有缺陷的部位，应在焊缝表面作标记。

（6）确定缺陷

在检测中应根据波幅超过评定线的各个回波特征判断焊缝中有无缺陷及其特征。危害性大的非体积缺陷，如裂纹、未熔合；危害性小的体积型缺陷，如气孔、夹渣等。

对初始检测有缺陷处进一步作规定检测，确定缺陷的实际位置和当量，并对回波幅度在评定线以上危害大的焊缝中上部非体积性缺陷以及包括根部未焊透、回波幅度在定量线以上危害性小的缺陷，测定指示长度。当缺陷回波只有一个波高点时，采用 6dB 测长法；当缺陷回波有多个波高点时，采用端点波高法。

在检测中，当遇到不能准确判断的回波即对检测结果难以判定，或对焊接接头质量有怀疑时，应辅以其他探伤方法检测，再作综合判断。

4. 记录与报告

对于相关显示最高回波超出参考等级时，该显示定为不可验收（不合格）。

对于相关显示最高回波评定等级时（未超出参考等级时），通过显示的长度与板厚的关系，确定该显示是否可验收（是否合格）。

5. 注意问题

超声波检测过程中，仪器显示屏上除了始波、底波和曲线波外，还会出现一些其他的信号波，如迟到波、三角反射波、61°反射波以及其他原因引起的非缺陷回波，需要分析和了解此类非缺陷回波产生的原因和特点。

超声波检测还应尽可能判断缺陷的性质，不同性质的缺陷危害程度不同，例如裂纹就比气孔、夹渣的危害大得多。但缺陷定性是一个很复杂的问题，实际检测中常根据经验结合工件的加工工艺、缺陷特征、缺陷波形和底波情况来分析估计缺陷的性质。

在确定缺陷时，可将探头对准缺陷做平动和转动扫查，观察波形的相应变化，并结合操作者的工程经验，作出大致判断。

裂纹：一般呈线状或面状，反射明显。探头平动时，反射波不会很快消失；探头转动时，多峰波的最大值交替错动。

未焊透：一般表面较规则，反射明显，沿焊缝方向移动探头时，反射波较稳定；在焊缝两侧扫查时，得到的反射波大致相同。

未熔合：一般从不同方向绕缺陷探测时，反射波高度变化显著。垂直于焊缝方向探测时，反射波较高。

夹渣：属于体积型缺陷，反射不明显。从不同方向绕缺陷探测时，反射波高度变化不明显。

气孔：属于体积型缺陷，从不同方向绕缺陷探测时，反射波高度变化不明显。

第五节　焊缝超声相控阵检测

1. 基本原理

常规超声检测多采用单探头或双探头模式，利用声束扩散的单晶探头或声束聚焦的双晶探头，形成了一定的声场范围，通过移动探头达到声束覆盖预定检测区域的目的。相控阵超声波传播示意如图 8-4 所示。

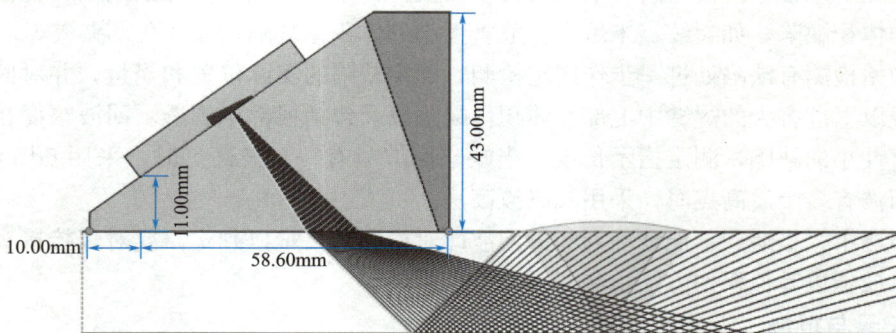

图 8-4　相控阵超声波传播示意

超声相控阵技术借鉴了雷达技术的原理，利用线切割技术，将一定尺寸的晶片分割成独立单元，把一定数量的独立单元组合排列在一起，形成一个阵列探头，借助计算机控制技术，对阵列探头的不同单元在发射或接收声波时施加不同的时间延迟规则（聚焦法则），能够控制单元的激发顺序、产生波束的角度变化和聚焦位置变化，实现检测声束的移动、偏移和聚焦等功能。

超声相控阵探头包含了多个单探头的组合，检测实施时，只需调整激励晶片序列的范围、数量和激励延时，就可以形成一个需要的声束覆盖范围，无须前后移动探头可实现预期的扫查覆盖。

2. 仪器设备

（1）超声相控阵检测仪：具有超声波发射、接收、放大、数据自动采集、记录、显示和分析功能；符合相应产品标准，具有产品质量合格证；检测过程中应有耦合监视（图8-5）。

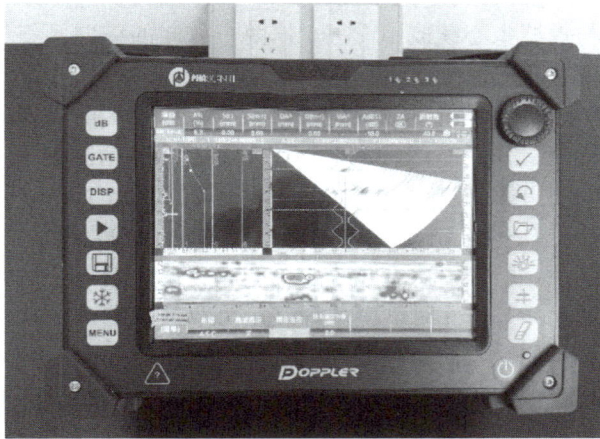

图8-5 超声相控阵检测仪

（2）超声探头：每个激活孔径上的坏晶片数量最多为每16个晶片中不超过1个，不应有相邻晶片损坏。当激活孔径小于16个晶片时，除非证明性能能满足要求，否则不应有坏晶片。

（3）扫查装置：一般包括探头夹持部分、驱动部分和导向部分，并安装记录位置的编码器；探头夹持部位应能调整和设置探头中心间距，在扫查时保持探头中心间距和相对角度不变；导向部分应能在扫查时使探头运动轨迹与参考线保持一致；驱动部分可以采用马达或人工驱动；扫查装置中的编码器，位置分辨力符合工艺要求。

（4）标准试块（CSK-1A）、参考试块（RB-1、RB-2）。

（5）耦合剂：采用有效且适用于被检工件的介质作为超声耦合剂，要求具有良好的透声性、易清洗、无毒无害、有适宜的流动性的材料。对材料、人体及环境无损害，同时应便于检测后清理。典型的耦合剂包括水、甲基纤维素糊状物、洗涤剂、机油和甘油，在零度以下可采用乙醇液体或相近的液体；实际检测采用的耦合剂与检测系统和校准时的耦合剂相同；选用的耦合剂应在工艺规程规定的温度范围内保证稳定可靠的检测。

3. 检测步骤

（1）检测技术等级确定

相控阵超声检测技术等级分为 A 级、B 级、C 级。

A 级检测适用于工件厚度为 6～40mm 焊接接头检测，检测时应保证相控阵声束对检测区域实现至少一次全覆盖，一般从焊接接头单面双侧进行检测，如受到条件限制，也可以选择双面单侧或单面单侧进行检测。一般不需要进行横向缺陷检测。

B 级检测适用于工件厚度 6～200mm 焊接接头检测，检测时应保证相控阵声束对检测区域实现至少两次全覆盖。当母材厚度为 6～40mm 时，一般从焊接接头单面双侧进行检测，如受条件限制，无法在单面双侧进行扫查时，可在单面单侧进行扫查，但应改变探头前端距，增加一次扇扫描＋沿线扫查或线扫描＋沿线扫查或增加一次常规超声扫查；当母材厚度≥40mm 时，应从焊接接头双面双侧进行检测，对于要求进行双面双侧检测的焊接接头，如受几何条件限制而选择单面双侧检测时，应将焊接接头余高磨平，增加探头位置，扫查范围覆盖整个焊接接头。对于对接接头一般应进行横向缺陷检测，检测时，应在焊缝两侧边缘使探头与焊缝中心线成 10°～30°作两个方向的纵向倾斜扫查，对余高磨平的焊缝，可将探头放在焊缝及热影响区上作两个方向的纵向平行扫查。

C 级检测适用于工件厚度 6～400mm 焊接接头检测，检测时应保证相控阵声束对检测区域实现至少两次全覆盖。采用 C 级检测时应将对接接头的余高磨平，对焊接接头斜探头扫查经过的母材区域要用直探头进行检测。当母材厚度为 6～15mm 时，一般从焊接接头单面双侧进行检测，如受条件限制，无法在单面双侧进行扫查时，可在单面单侧进行扫查，但应改变探头前端距，增加一次扇扫描＋沿线扫查或线扫描＋沿线扫查或增加一次常规超声扫查。当母材厚度≥15mm 时，应从焊接接头双面双侧进行检测，对于要求进行双面双侧检测的焊接接头，如受几何条件限制而选择单面双侧检测时，应将焊接接头余高磨平，增加探头位置，扫查范围覆盖到整个焊接接头。壁厚≥40mm 的对接焊接接头，还应增加相控阵纵波 0°直入射检测。对于对接接头，应进行横向缺陷的检测，检测时，将相控阵探头放在焊缝及热影响区上作两个方向的纵向平行扫查。对于单侧坡口角度小于 5°的窄间隙焊缝，如有可能应增加检测与坡口表面平行缺陷的有效方法。

（2）检测区域确认

检测区域高度为工件厚度，检测区域宽度为焊缝本身加上焊缝两侧各相当于母材厚度 30% 的一段区域，该区域最小为 5mm，最大为 10mm。

（3）检测准备

探头移动区应清除飞溅、铁屑、油垢及其他杂质，探头移动区表面应平整、便于探头的扫查，其表面粗糙度 R_a 值不应低于 $12.5\mu m$；在一侧打磨宽度不应小于探头中心间距外加 50mm；保留余高的焊缝，如果焊缝表面有咬边、较大的隆起和凹陷等应进行适当的修磨。并作圆滑过渡以免影响检测结果评定。

（4）焊缝标识

检测前在工件扫描上予以标记，标记内容至少包括扫查起始点和扫查方向，起始标记应用"0"表示，扫查方向用箭头表示，所有标记应对扫描无影响。

（5）参考线确定

用于规定锯齿形扫查时探头移动的区域或用于沿线扫查时步进方向行走的直线；检测

时应在扫查面上画参考线，参考线在检测区一侧距焊缝中心线的距离根据检测设置而定，参考线距焊缝中心线距离的误差为±0.5mm。

（6）相控阵探头的选择

标称频率一般为4~10MHz；晶片数要根据工件厚度选择，单次激发的晶片数不得低于16，电子扫描进行纵波检测时，单次激发晶片不得低于4，与工件厚度有关的相控阵探头参数选择参考表8-2。

相控阵探头参数选择推荐表　　　　　　　　　　　表8-2

序号	工件厚度(mm)	主动孔径(mm)	标称频率(MHz)
1	6~15	6.0~10	7.5~10
2	>15~70	7.0~15	4~7.5
3	>70~120	15~23	4~5
4	>120~200	15~23	4~5

（7）聚焦法则参数确定

根据检测对象和现场条件选择扫描类型确定聚焦法则。

（8）检测区域覆盖确定

根据聚焦法则的参数，用相控阵超声检测设备中的理论模拟软件进行演示，调整探头位置，使所选用的检测声束完全覆盖检测区域，此时的距离就是固定探头的位置，也是参考线的位置。若不能完全覆盖或参数选择不当，应重新选择聚焦法则参数，确认演示结果后，将演示模拟图及参数保存，并附在检测工艺中。

（9）DAC或TCG曲线制作

同一当量的缺陷随着深度的增大，受信号的衰减、声束的扩散及其他因素的影响，其回波幅度呈指数下降趋势，把不同深度的同一当量的人工缺陷的反射回波幅度连成一条曲线，这条曲线就是DAC曲线。

用DAC曲线沿深度方向的下降趋势对不同深度的反射回波幅度进行补偿，将所有的深度补偿线值连成一条曲线，称为TCG曲线。

按所用的相控阵检测仪和相控阵探头在选用的对比试块上制作，在整个检测范围内，灵敏度曲线不得低于荧光屏满刻度的20%，制作灵敏度曲线的过程中，应控制噪声信号，信噪比应大于等于10dB。

（10）角度增益补偿设定

在对比试块或CSK-1A试块上进行。

（11）灵敏度选择

检测横向缺陷时，灵敏度在原基础上均提高6dB；工件表面耦合损失和材质衰减应与试块相同，否则应作声能传输损失差的测定，并根据实测结果对检测灵敏度进行补偿。

（12）探头配置选定

锯齿形扫查应选择单探头配置，沿线扫查可选择单探头配置或双探头配置。

（13）覆盖范围确定

扇形扫查所使用声束角度增量最大值为1°或能保证相邻声束重叠至少为50%；电子扫描相邻激活孔径之间的重叠，应至少为有效孔径长度的50%；沿线扫查时，若在焊缝长度方向进行分段扫查，则各段扫查区的重叠范围至少为 50mm，需要多个沿线扫查覆盖整个焊接接头体积时，各扫查之间的重叠至少为所用电子扫描有效孔径长度或扇形扫描声束宽度的 10％；锯齿形扫查时，为确保声束能扫查到整个被检区域，相邻两次探头移动间隔应不超过晶片长度的 50％。

（14）扫查步进的设置

扫查步进是指扫查过程中相邻两个 A 扫描信号沿扫查方向的空间间隔，检测前应将检测系统设置为根据扫查步进采集信号。扫查步进值主要与工件厚度有关，可按表 8-3 进行设置。

扫查步进值的设置   表 8-3

序号	工件厚度（mm）	扫查步进最大值（mm）
1	$t \leqslant 10$	1
2	$10 < t \leqslant 150$	2
3	$t > 150$	3

（15）编码器的校准

校准方式将编码器移动至少 300mm，比较检测设备显示的位移与实际位移，要求误差应小于 1‰或 10mm，以较小值为准。

（16）耦合监控的设置

扫查过程中应保持稳定的耦合，必要时应对耦合情况进行有效监控，耦合监控的设置应根据使用的相控阵超声设备而定，当发现耦合不良时，应对该区域重新进行扫查。

（17）扫查方式确定

根据具体的检测对象和现场条件选择，首先选用沿线扫查，沿线扫查不可行时采用锯齿形扫查。

（18）扫查速度确定

锯齿形扫查时，探头移动速度不应超过 150mm/s；采用沿线扫查应保证扫查速度小于或等于最大扫查速度，同时应保证耦合效果和数据采集的要求。

（19）扫查

扫查过程中数据以图像形式显示，可用 S 扫描、B 扫描、C 扫描、E 扫描及 P 扫描等。在扫描数据的图像中应有编码器扫查位置显示和耦合监控显示。锯齿形扫查可没有编码器扫查位置显示。

（20）检测数据的评价

分析数据前应对所采集的数据进行评估以确认其有效性，检测时耦合监控必须开启，数据丢失量不得超过整个扫查长度的 5％，且不允许相邻数据连续丢失。

4. 记录与报告

（1）对于相关显示最高回波超出参考等级时，该显示定为不可验收（不合格）。

（2）对于相关显示最高回波评定等级时（未超出参考等级时），通过显示的长度与板厚的关系，确定该显示是否可验收（是否合格）。

5. 注意问题

进行数据分析前，需要了解相控阵仪器上显示的各个图像的含义。超声相控阵设备一般包含 A、B、S、C 等几种基本的扫查视图显示方式，熟悉这些显示方式，利于判读缺陷性质。

常见缺陷侧面未熔合在 S 扫描视图所显示的缺陷走向与焊缝坡口走向一致，而且位置也完全重合，从 A 扫描视图中可见 A 扫描波形平滑直线上升后下降，无多余小峰，应为光滑反射体。

裂纹类缺陷通常会有一个较强烈的底面拐角反射信号，同时在该反射信号上出现断续的较弱端点衍射信号。

焊瘤类缺陷有一个明显的特征是 S 扫描视图上缺陷的走向与焊缝坡口近乎垂直。

密集气孔类缺陷多出现在焊缝体积内部，从 S 扫描视图可见多个独立的点状阴影，通常阴影强度较弱，但个别大气孔可能强度较强。从 A 扫描视图中同样可以看到信号为不规则多个小峰的叠加。

咬边类缺陷通常出现在焊缝上表面，因而在 S 扫描上为上表面开口型缺陷，且步进方向的位置位于焊缝边缘。A 扫描视图上的信号平滑上升以后下降，无明显小峰出现。

单独气孔类缺陷通常出现在焊缝坡口内部，形状规则，且独立存在。从 A 扫描信号可以看到信号平滑上升以后下降，无明显小峰出现。且在 C 扫描图像上中心点信号最高，向两侧均匀地下降。

第六节　焊缝超声衍射时差法检测

1. 基本原理

波可以绕过障碍物继续传播，这种现象叫作波的衍射。即在障碍物的边缘，一些波偏离直线传播而进入障碍物后面的"阴影区"的现象。超声衍射时差法检测技术原理是利用超声波遇到诸如裂纹等的缺陷时，将在缺陷尖端发生叠加到正常反射波上的衍射波，探头探测到衍射波，从而判定缺陷的大小和深度。

超声衍射时差法是一种依靠从工件内部缺陷的"端角"和"端点"处得到的衍射能量来检测缺陷的方法。衍射波被接收后经过仪器放大，由于缺陷端点和端角间的传播时间的差异，检测仪器可以自动记录和计算出时间差，进而对缺陷大小进行计算；同时计算机系统还搜集相关的数据，通过全功能的 A 扫描、B 扫描和 C 扫描，对该缺陷进行数字成像，形成易于理解的被检工件的截面图，对缺陷进行成像显示，进而对缺陷进行定性。

超声衍射法各类波传播示意如图 8-6 所示。

2. 仪器设备

（1）检测仪：具有信号发射、接收、数据采集、存储、显示和分析功能。检测仪器和探头的组合性能包括水平线性、垂直线性、灵敏度余量、组合频率、−12dB 声束扩散角和信噪比。其中水平线性不应大于 1％，垂直线性不应大于 5％；灵敏度余量不应小于 42dB；仪器和探头的组合频率与探头标称频率之间偏差范围为−10％～10％；采用对比试块时，在合适的检测设置下应能使检测区域范围内的反射体衍射信号幅度达到满屏的

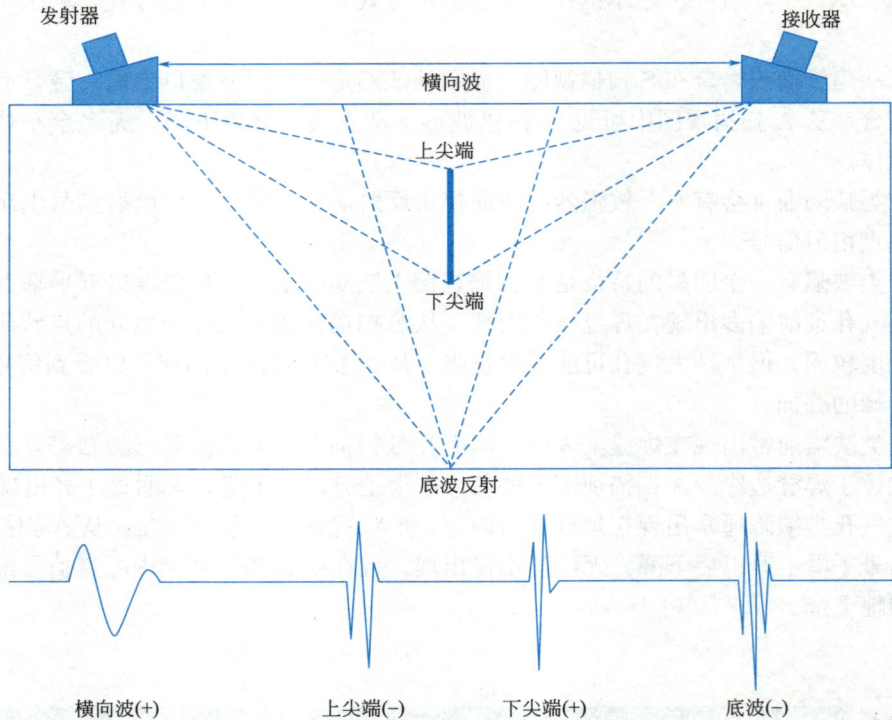

图 8-6　超声衍射法各类波传播示意

50%，并应有 8dB 以上信噪比。

（2）探头和楔块：宜选用宽频带窄脉冲横波波斜探头；单个探头实测中心频率与公称频率偏差范围为 $-10\%\sim10\%$，一个探头组中的两个探头应具有相同的晶片尺寸和公称频率，两个探头中心频率和公称频率偏差范围为 $-10\%\sim10\%$；直通波波幅达到峰值 10% 以上的部分，其周期数不应超过 2 个；楔块与被检测面正常接触时，间隙不应大于 0.5mm。

（3）扫查装置：检测时应配备扫描装置，至少包括探头夹持装置和编码器；探头夹持装置应能调整和固定探头以获得需要的探头中心间距；编码器应能适应工作环境的要求，保证在检测时能连续正常工作；扫描装置可采用电动或手动移动，扫查装置所安装位置编码器，应与 A 扫描数据采集同步；检测过程中扫查装置应保证探头中心间距中点与参考扫查线相对位置偏差不大于 2mm；扫查装置应具有良好的往返重复性，在平板上 500mm 范围内往返扫查时，长度方向误差和轴线偏差应不大于 2mm。

（4）附件：前置放大器应能对所使用的频率范围具有平滑的响应；前置放大器应连接在接收探头后，放大器与接收探头的连线应取最小距离；离线分析软件应能同时显示 A 扫描信号和 B 扫描（或 D 扫描）信号；离线分析软件应能实现直通波差分、数据局部缩放、缺陷在高度和长度方向上起止点的位置测量以及数据和图像的输出等功能，用于测量的指针应具有拟合功能。

（5）耦合剂：采用有效且适用于被检构件的介质做耦合剂；耦合剂具有良好的润湿性能和透声性能，对构件应无腐蚀、易清理、对环境无污染；选用的耦合剂应在工艺规程规定的温度范围内、检测环境温度下保证稳定可靠；实际检测采用的耦合剂应与检测系统设置和校准时的耦合剂相同。

3. 检测步骤

（1）检测工艺参数的选择和设置

检测区域高度应为构件焊接接头的厚度；焊缝检测等级为 A、B 级时，检测区域宽度应为焊缝本身及焊缝两侧各 10mm 区域；焊缝检测等级为 C 级时，检测区域宽度应为焊缝本身及焊缝中心线两侧各 2 倍板厚加 30mm 区域，并应进行检测区域的覆盖性验证。

（2）探头的选取和设置

探头宜选用宽角度横波斜探头，对于每一组探头对应的两个探头，其标称频率应相同，声束角度和晶片直径宜相同；当钢板厚度不大于 50mm 时，可采用一组探头检测，宜将探头中心间距设置为使该探头对声束交点位于钢板厚度 2/3 深度处；当钢板厚度大于 50mm 时，应在厚度方向分成若干不同的深度范围，采用不同参数的探头分别进行检测，宜将探头中心间距设置为使每一个探头对的声束交点位于其所检测深度范围的 2/3 深度处，该探头声束在所检测深度范围内相对声束轴线处的声压幅值下降不应超过 12dB；检测构件底面的探头声束与底面检测区域边界处法线间的夹角不应小于 40°；探头的频率、晶片尺寸和主声束折射角度应根据厚度选择，探头组的数量应根据分区情况确定，不同厚度情况下，探头参数的推荐设置符合表 8-4 的规定；若已知缺陷的大致位置或检测可能产生缺陷的部位，可选择相匹配的探头型式（如聚焦探头）或探头参数（如频率、晶片直径），将探头中心间距设置为使探头所对的声束交点为缺陷部位或可能产生缺陷的部位，声束角度为 55°～60°。

平板对接接头的探头推荐设置 表 8-4

序号	钢板厚度 （mm）	厚度分区数	深度范围 （mm）	标称频率 （MHz）	声束角度 β	晶片直径 D （mm）
1	$12 \leqslant t \leqslant 15$	1	$0 \sim t$	$15 \sim 10$	70°	$2 \sim 3$
2	$15 < t \leqslant 35$	1	$0 \sim t$	$10 \sim 5$	70°～60°	$2 \sim 6$
3	$35 < t \leqslant 50$	1	$0 \sim t$	$5 \sim 3$	70°～60°	$3 \sim 6$
4	$50 < t \leqslant 100$	2	$0 \sim t/2$	$5 \sim 3$	70°～60	$3 \sim 6$
			$t/2 \sim t$	$5 \sim 3$	60°～45°或 20°	$6 \sim 12$
5	$100 < t \leqslant 200$	3	$0 \sim t/3$	$5 \sim 3$	70°～60°	$3 \sim 6$
			$t/3 \sim 2t/3$	$5 \sim 3$	60°～45°或 20°	$6 \sim 12$
			$2t/3 \sim t$	$5 \sim 2$	60°～45°或 20°	$6 \sim 20$

（3）探头中心间距设置

探头中心间距应按照声束交叉点位置在所检测区的 2/3 处进行设置；对于特定区域的检测可以通过将声束交叉点设置在该区域中心来计算间距。

（4）扫查面和扫描方式的选择

初始扫查方式一般分为非平行扫查、偏置非平行扫查和斜向扫查；当检测等级为 A 或

B时，一般情况下宜选择外表面作为扫查面，弧面和非平面对接接头的扫查面选择应考虑盲区高度的大小，扫查面的选择应考虑操作工件和耦合效果；当需要检测焊接接头中的横向缺陷时，可采用斜向扫查；进行平行扫查时应将焊缝余高磨平；在采用多种初始扫查方式时，应合理安排扫查次序。

（5）扫查初始扫查面盲区高度和检测方式确定

初始扫查面盲区高度在扫查面高度试块进行，将设置好的扫查装置分别对不同深度侧孔进行扫查，能发现的最小深度横孔上沿所对应的深度即为初始扫查面盲区高度。

（6）扫查步进设置

检测前应将检测设备设置为根据扫查步进采集信号；扫查步进设置主要与钢板厚度有关，钢板厚度（$12\text{mm}\leqslant t\leqslant 150\text{mm}$）时，扫查步进最大值为 1.0，钢板厚度（$t>150\text{mm}$）时，扫查步进最大值为 2.0。

（7）其他参数设置

根据所选探头，设置数字化频率应至少为所选择探头最高标称频率的 6 倍；根据所选择探头，设置接收电路的频率响应范围应至少为所选择标称频率的 0.5～1.5 倍；设置脉冲重复频率，应与数据采集速度和可能的最大扫查速度相匹配。

（8）A 扫描时间窗口设置和深度校准

若钢板厚度不大于 50mm 且采用单检测通道时，其时间窗口的起始位置应设置为直通波到达接收探头前 $0.5\mu s$ 以上，时间窗口的终止位置应设置为构件底面的一次波型转换后 $0.5\mu s$ 以上；同时将直通波和底面反射波时间间隔所反映的厚度校准为已知钢板厚度值。在厚度方向上分区检测时，应采用对比试块设置各检测通道的 A 扫描时间窗口和进行深度校准，A 扫描的时间窗口应至少包含所需检测的深度范围，同时最上分区的时间窗口的起始位置应设置为直通波到达接收探头前 $0.5\mu s$ 以上，时间窗口的终止位置应设置为所检测深度范围的最大值；其他分区的时间窗口的终止位置应设置为底面反射波到达接收探头后 $0.5\mu s$ 以上。

（9）检测灵敏度设置

钢板厚度不大于 50mm 且采用单通道时，可直接在被检构件上或对比试块上设置灵敏度，直接在被检构件上设置灵敏度时，一般将直通波的波幅设定到满屏高的 40%～80%。若直通波不可用，可将底面反射波波幅调整为满屏高的 80%，再提高 20～32dB。若直通波和底面反射波不可用，可将材料的晶噪声设定为满屏高的 5%～10% 作为灵敏度；若在厚度方向分区检测时，采用对比试块设置各通道检测灵敏度，将各通道 A 扫描时间窗口内各反射体产生的最弱的衍射信号波幅设置为满屏高的 40%～80% 作为灵敏度，最上分区也可将直通波的波幅设定在满屏高的 40%～80%。

（10）检测系统校验

每次检测前均应对灵敏度、深度、编码器进行校验，检验可以使用同一种试块或被检构件的同一部位，两次校验时的温差不大于 15℃。

（11）检查面准备

探头移动区应清除飞溅、铁屑、油垢及其他杂质，探头移动区表面应平整、便于探头的扫查，其表面粗糙度 R_a 值不应低于 $12.5\mu m$；在一侧打磨宽度不应小于探头中心间距外加 50mm；保留余高的焊缝，如果焊缝表面有咬边、较大的隆起和凹陷等应进行适当的修磨。并作圆滑过渡以免影响检测结果评定；要求去除余高的焊缝，应将余高打磨到与邻近母材平齐，当扫查方式为平行扫查，应要求去除余高；检测前应在被检构件扫查面上予以标记，标记内容至少包括扫查起始点和扫查方向，同时宜在母材上距焊缝中心线规定的距离处画一条线，作为扫查装置运动的参考。

（12）扫查

扫查时应保证实际扫查路径与拟扫查路径的偏差不超过探头中心间距的 10%；扫查时应保证扫查速度不大于最大扫查速度，同时保证耦合效果应满足数据采集的要求；每次扫查长度不应超过 2000mm，若需对焊缝在长度方向进行分段扫查，则各段扫查区的重叠范围应至少为 20mm，对于环焊缝，扫查停止位置应越过起始位置至少 20mm；扫查过程中密切注意波幅状况，若发现直通波、底面反射波、材料晶粒噪声或波型转换的波幅降低 12dB 以上或怀疑耦合不好时，应重新扫查整段区域，若发现直通波满屏或晶粒噪声波幅超过满屏高 20% 时，则应降低增益并重新扫查。

（13）检测数据有效性评价

A 扫描时间窗口设置应符合要求；采用的数据量应满足所检测焊缝长度的要求；每一检测数据中的 A 扫描信号丢失量不得超过总量的 5%，且相邻 A 扫描信号连续丢失长度不得超过扫描步进最大值的两倍，缺陷部位的 A 扫描信号丢失不得影响缺陷的评定；直通波、底面反射波应较为平直，不得存在明显非缺陷引起的突变；对于无效数据，应重新进行检测。

4. 记录与报告

（1）对于相关显示最高回波超出参考等级时，该显示定为不可验收（不合格）。

（2）对于相关显示最高回波评定等级时（未超出参考等级时），通过显示的长度与板厚的关系，确定该显示是否可验收（是否合格）。

5. 注意问题

按照信号特征，超声衍射时差法检测发现的缺陷分为表面缺陷和埋藏缺陷两种。表面缺陷又分为上表面开口缺陷、下表面开口缺陷、贯穿型缺陷；埋藏型缺陷又分为点状缺陷、没有自身高度的线性缺陷、有自身高度的平面型缺陷。

上表面开口缺陷特征为直通波消失或下沉，仅有下尖端衍射；下表面开口缺陷特征为底面反射波消失或减弱，仅有上尖端衍射；贯穿型缺陷会导致所有信号消失或减小，可能会出现整个图像从上到下的不连续，直通波和底面反射波都会有断开的迹象。

埋藏型点状缺陷一般为气孔和夹渣，气孔和小夹渣的信号呈现弧形，气孔的圆球形状使它的弧线比夹渣更长一些。如果气孔和夹渣都有长度，信号会有段对应长度的平坦显示，气孔和夹渣高度很小，不能有明显的上尖端和下尖端信号。

埋藏没有自身高度缺陷主要是条状夹渣和条形气孔，信号显示高度小，上尖端和下尖端信号不够明显。

埋藏有自身高度缺陷主要是裂纹和未熔合，也包含一些自身高度较大的条状夹渣和条形气孔。裂纹和未熔合信号由上下尖端衍射波组成，两个信号相位相反，振幅比较弱。条状夹渣通常上尖端信号要强很多。

第七节　焊缝射线法检测

1. 基本原理

射线在穿透物体过程中会与物质发生相互作用，因吸收和散射而使其强度减弱。强度衰减程度取决于物质的衰减系数和射线在物质中穿越的厚度。如果被透照物体（试件）的局部存在缺陷，且构成缺陷的物质的衰减系数又不同于试件，该局部区域的透过射线强度就会与周围产生差异。把胶片放在适当位置使其在透过射线的作用下感光，经暗室处理后得到底片。底片上各点的黑化程度取决于射线照射量（又称曝光量，等于射线强度乘以照射时间），由于缺陷部位和完好部位的透射射线强度不同，底片上相应部位就会出现黑度差异。底片上相邻区域的黑度差定义为"对比度"。把底片放在观片灯屏上借助透过光线观察，可以看到由对比度构成的不同形状的影像，评片人员据此判断缺陷情况并评价试件质量。射线检测示意如图 8-7 所示。

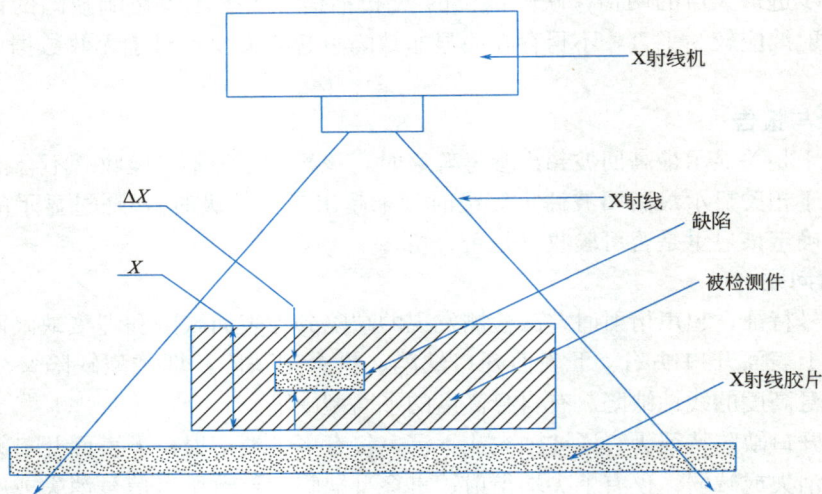

图 8-7　射线检测示意

射线一般能检测出焊缝中的未焊透、气孔、夹渣等缺陷，能检测出形成局部厚度差或局部密度差的缺陷，能确定缺陷的平面投影位置和大小，以及缺陷的种类。

较难检测出焊缝中的细小裂纹和未熔合，不能检测出垂直射线照相方向的分层状缺陷；不能确定缺陷的埋藏深度和平行与射线方向的尺寸。

2. 仪器设备

（1）X 射线机：应尽量选用较低的管电压，在采用较高电压时，应保证适当的曝光量。

（2）胶片系统：A 级射线检测技术应采用 T3 类或更高类别的胶片，B 级射线检测技术应采用 T2 类或更高类别的胶片。胶片的本底灰雾度不应大于 0.3。

（3）金属增感屏：分前屏与后屏，材质为铅，射线源强度不同，铅屏厚度不同。

（4）像质计：用于检查射线照相技术和胶片处理质量，不作为比较缺陷大小的尺寸标准。丝型像质计衡量透照技术和胶片处理质量的数值称为像质指数，它等于底片上能识别处的最细金属丝的线编号。

（5）观片灯：主要性能符合行业标准要求，其最大亮度应能满足评片要求。

（6）黑白密度仪（包含黑白密度片）：可测的最大黑度不应小于 4.5，测量值的误差不应超过±0.05。

（7）其他：铅字、报警系统、辐射剂量仪、显影系统、定影系统、洗片机、烘干机、红光灯。

3. 检测步骤

射线照相检测步骤包括布设警戒线、表面质量检查、设标记带、布片、透照、暗室处理、缺陷评定等。

（1）试件检查与清理，尽可能去除妨碍射线检测的异物。

（2）确定检测等级（一般为 B 级），采用单壁透照法，为了获得良好的照相灵敏度，应选用尽可能低的管电压。射线束应对准被检区中心，并在该点与被检工件表面相垂直。在试件两侧（射线侧和胶片侧）同时划线，并要求两侧所划的线段应尽可能对准。

（3）设置标记：

透照部位的标记由识别标记和定位标记组成。标记一般由适当尺寸的铅制数字、拼音字母和符号等构成。

识别标记包括产品编号、对接焊接接头编号、部位编号、透照日期等，返修后透照还应有返修标记，扩大检测比例的透照应有扩大检测比例标记。

定位标记包括中心标记和搭接标记，中心搭接标记指示透照部位区段的中心位置和分段编号的方向，一般用十字箭头表示。搭接标记是连续检测时的透照分段标记。

标记应该放置在距焊缝边缘至少 5mm 以外的部位，搭接标记放置的部位要符合相应规定，所有标记的影像不应重叠，且不应干扰有效评定范围内的影像。

（4）采用可靠的方法（磁铁、绳带等）将胶片（暗盒）固定在被检位置上，胶片（暗盒）应与工件表面紧密贴合，尽量不留间隙。保证增感屏与暗盒中胶片相互紧贴。

（5）将射线源安放在适当位置，使射线束中心对准被检区中心，并使焦距符合工艺规定。

（6）按照有关规定执行散射线防护措施。采用金属增感屏、铅板、滤波板、准直器等适当措施，屏蔽散射线和无用射线，限制照射场范围。对初次制定的检测工艺或使用中检测工艺的条件、环境发生变化时，应进行背散射防护检查。

（7）按照工艺规定的参数和仪器操作规则进行曝光，X 射线照相，当焦距为 700mm 时，曝光量的推荐值为 A 级射线检测技术不应小于 15mA·min；B 级射线检测技术不应小于 20mA·min；当焦距改变时可按照平方反比定律对曝光量的推荐值进行换算。曝光完成后即为整个透照过程结束，曝光后的胶片应及时进行暗室处理。

（8）对暗室处理后的底片进行质量检查，检查内容包含灵敏度、黑度、标记、伪缺陷、背散射和搭接情况。

（9）在专用的评片室评片，评片室应整洁、安静、温度适宜、光线应暗且柔和。

评片人员在评片前经历一定的暗适应时间，从阳光下进入暗适应时一般为 5～10min；从一般室内进入评片的暗适应时间不应少于 2min。

在光线暗淡的室内进行评片，观片的亮度应可调，灯屏应有遮光板遮挡非评定区。观片灯的亮度应能保证底片透过光的亮度不低于 30cd/m²，尽量达到 100cd/m²。

4. 记录与报告

（1）对底片的显示进行定性分析，是否为内部缺陷的裂纹、气孔、缩孔、夹渣、未熔合、未焊透，还是表面缺陷的弧坑裂纹、咬边、缩沟、下塌、根部收缩、电弧擦伤、飞溅、接头不良、下垂、未焊满、错边。

（2）对相应缺陷记录位置与长度，与评定依据进行比较，看是否超出评定依据的相关要求。

5. 注意问题

底片上影像千变万化，形态各异，但按其来源大致可分为三类：由缺陷造成的缺陷影像；由试件外观形状造成表面几何影像；由于材料、工艺条件或操作不当造成的伪缺陷影像。

常见缺陷裂纹的典型影像是轮廓分明的黑线或黑丝；未熔合是一条细直黑线，线的一侧轮廓整齐且黑度较大，为坡口或钝边痕迹，另一侧可能较规则也可能不规则；未焊透的典型影像是细直黑线，两侧轮廓都很整齐，为坡口钝边痕迹，宽度恰好为钝边间隙宽度；非金属夹渣在底片上的影响是黑点、黑条或黑块，形状不规则，黑度变化不规律，轮廓不圆滑，有的带棱角；气孔在底片上的影像是黑色圆点，也有呈黑线（线状气孔）或其他不规则形状的，气孔的轮廓比较圆滑，其黑度中心较大，至边缘稍减小。

第八节　高强螺栓终拧扭矩检测

1. 基本原理

高强度螺栓施工扭矩完成后，将螺母拧松 60°，再拧紧 60°～62°，可判断施工扭矩是否按照设计值进行施工。

2. 仪器设备

扭矩扳手：示值误差的绝对值不得大于测试扭矩值的 3%，且有峰值保持功能，工作值应在扭矩扳手限值 20%～80% 范围内。

3. 检测步骤

（1）该试验应在施工终拧完成 1h 后、48h 之内完成。

（2）对高强螺栓进行外观检查或采用 0.3kg 的小锤敲击高强度螺栓的螺母，检查是否存在漏拧、未拧紧的情况；小锤敲击检查合格后，方可进行扭矩法检测。

（3）在螺纹端头和螺母相对位置画线，然后将螺母拧松 60°，再用扭矩扳手重新拧紧 60°～62°，此时的扭矩值作为高强螺栓终拧扭矩值的实测值。

（4）检测时，施加的作用力应位于扭矩扳手手柄尾端，用力应均匀、缓慢。除有专用配套的加长柄或套管外，不得在尾部加长柄或套管的情况下，测定高强螺栓终拧扭矩。

4. 记录与报告

所检测的终拧扭矩值应在设计值的±10%偏差范围内。

5. 注意问题

终拧扭矩需在终拧完后1～48h内完成试验，必须先松再紧，否则所检测数值不满足试验要求。

第九节　高强螺栓轴力超声法检测

1. 基本原理

超声波波速会因材料中的应力而产生微小的变化，研究螺栓轴力与超声波传播时间变化率的关系，利用超声波发出和接收的时间来测量螺栓的紧固轴力（图8-8）。

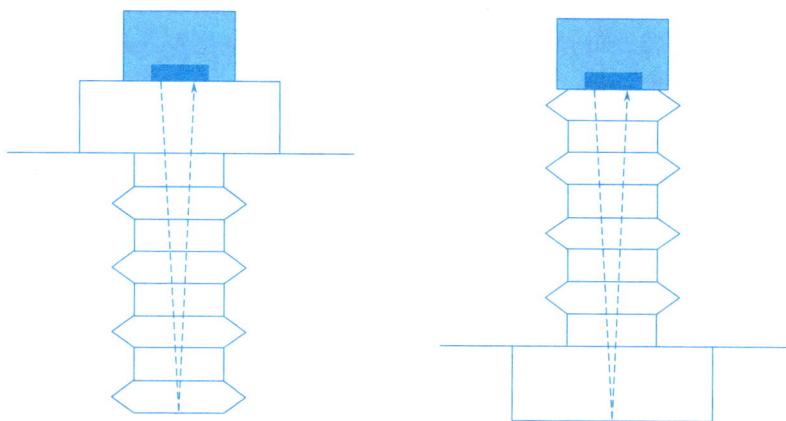

图8-8　超声波传播示意

2. 仪器设备

（1）超声波应力测量分析仪：具有超声波声速或声时和应力计算的功能。

（2）应力超声波探头：由经过测试性能参数相匹配的超声纵波直探头。

（3）耦合剂：保证在工作温度范围内探头与被检件表面具有稳定可靠的超声耦合。螺栓检测过程中应使用相同的耦合剂，并保持相同的耦合状态。

3. 检测步骤

（1）检查检测区域：检测区域应大于或等于探头尺寸的覆盖范围；检测区域的表面粗糙度R_a应≤10μm，表面打磨平整，且不得有飞溅、污垢、油漆涂层及其他影响应力检测的杂质。表面的不规则状态不应影响检测结果的有效性；检测区域表面温度宜为0～45℃；应对检测区域进行外观检查，必要时，应进行无损检测，合格后方可进行轴力检测。

（2）进行仪器与探头组合性能校准。

（3）将超声应力检测仪打开，调整到正常工作状态，连接检测探头。

（4）应根据检测探头的频率设置仪器的检测频率、滤波宽带、超声激励电压、超声接收增益和阻抗匹配等参数，将探头放置在任意一个螺栓上，使接收信号中得到稳定且清晰可见的螺栓底面一次回波。

（5）调整和设置好仪器参数后，对待检的螺栓施拧前采集基准，施拧完成后在采集基准端面的相同位置放置探头测量螺栓轴力。

（6）检测过程中，探头和螺栓之间应具有稳定的压紧力。

（7）轴力检测时，每个螺栓应使用自身的基准，不同螺栓间不应互用基准。

（8）检测时，应保证接收信号中超声纵波信号稳定且清晰可见，并应记录检测结果。

4. 记录与报告

所检测的高强度螺栓连接副轴力在设计值的±10％偏差范围内。

5. 注意问题

螺栓在轴向拉力下会伸长，相应超声飞行时间变长，在螺栓的弹性工作区域，螺栓伸长量和螺栓轴向拉力呈线性关系；同时在不同轴向应力下，超声信号的波速也相应变化，两者也呈线性关系。如果螺栓出现断裂情况，超声信号会在断裂的位置返回，测量到的螺栓长度和实际长度不相符，可判断螺栓是否出现断裂和断裂位置。超声波的波速随温度变化而变化，必须要作温度补偿。

第十节　钢材厚度超声波法检测

1. 基本原理

超声波测厚是根据超声波脉冲反射原理来进行厚度测量的，当探头发射的超声波脉冲通过被测物体到达材料分界面时，脉冲被反射回探头，通过测量探头发出的超声波信号一次、两次或多次穿过被测材料后的时间确定被测材料厚度。厚度通过已知声速与脉冲回波时间的乘积除以穿过次数来计算（图8-9）。

2. 仪器设备

（1）数字直读式超声波测厚仪；

（2）双晶或单晶纵波探头；

（3）校准试块。

3. 检测步骤

（1）在对钢结构钢材厚度进行检测前，应清除表面异物，并打磨露出金属光泽。

（2）检测前应预设声速，按照仪器使用说明进行校准，校准合格后再进行测试。

（3）将耦合剂涂于被测处，将探头与被测构件耦合即可测量，接触耦合时间宜保持1～2s。在同一位置宜将探头转过90°后做二次测量，取二次的平均值作为该部位的代表值。

4. 记录与报告

（1）钢材的厚度应在构件的3个不同部位进行测量，取3处测试值的平均值作为钢材厚度的代表值。

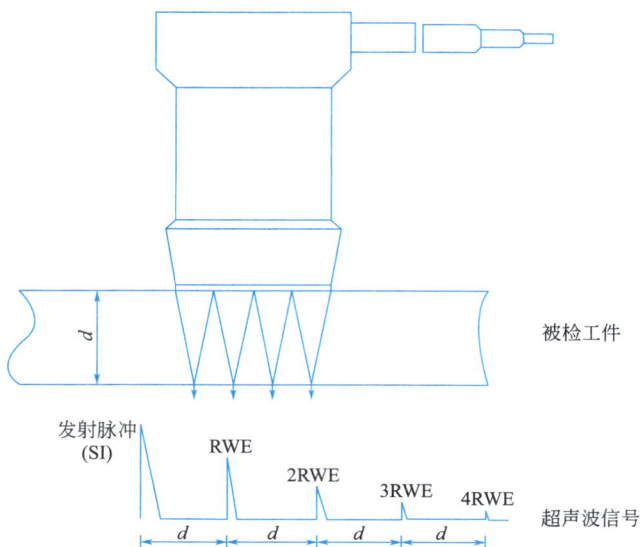

图 8-9　超声波检测厚度原理示意

（2）所检测的厚度偏差值应小于与产品标准要求偏差值或设计要求偏差值。

5. 注意问题

（1）工件表面粗糙度过大，造成探头与接触面耦合效果差，反射回波低，甚至无法接收到回波信号。对于表面锈蚀，耦合效果极差的在役设备、管道等可通过砂、磨、锉等方法对表面进行处理，降低粗糙度，同时也可以将氧化物及油漆层去掉，露出金属光泽，使探头与被检物通过耦合剂能达到很好的耦合效果。

（2）检测面与底面不平行，声波遇到底面产生散射，探头无法接受到底波信号。

（3）铸件、奥氏体钢因组织不均匀或晶粒粗大，超声波在其中穿过时产生严重的散射衰减，被散射的超声波沿着复杂的路径传播，有可能使回波湮没，造成不显示。可选用频率较低的粗晶专用探头（2.5MHz）。

（4）温度的影响。一般固体材料中的声速随其温度升高而降低，有试验数据表明，热态材料每增加 100℃，声速下降 1%。对于高温在役设备常常碰到这种情况。应选用高温专用探头（300～600℃），切勿使用普通探头。

（5）耦合剂是用来排除探头和被测物体之间的空气，使超声波能有效地穿入工件达到检测目的。如果选择种类或使用方法不当，将造成误差或耦合标志闪烁，无法测量。应根据使用情况选择合适的种类，当使用在光滑材料表面时，可以使用低黏度的耦合剂；当使用在粗糙表面、垂直表面及顶表面时，应使用黏度高的耦合剂。高温工件应选用高温耦合剂。其次，耦合剂应适量使用，涂抹均匀，一般应将耦合剂涂在被测材料的表面，但当测量温度较高时，耦合剂应涂在探头上。

（6）声速选择错误。测量工件前，根据材料种类预置其声速或根据标准块反测出声速。当用一种材料校正仪器后（常用试块为钢）又去测量另一种材料时，将产生错误的结果。要求在测量前一定要正确识别材料，选择合适声速。

（7）应力的影响。在役设备、管道大部分有应力存在，固体材料的应力状况对声速有一定的影响，当应力方向与传播方向一致时，若应力为压应力，则应力作用使工件弹性增加，声速加快；反之，若应力为拉应力，则声速减慢。当应力与波的传播方向不一致时，波动过程中质点振动轨迹受应力干扰，波的传播方向产生偏离。根据资料表明，一般应力增加，声速缓慢增加。

第十一节 涂层厚度磁性法检测

1. 基本原理

磁场与底材的相互作用，从涂层移开磁体磁场的改变来测定漆膜厚度，其中磁性法适用于金属底材上的涂层，如图 8-10 所示。

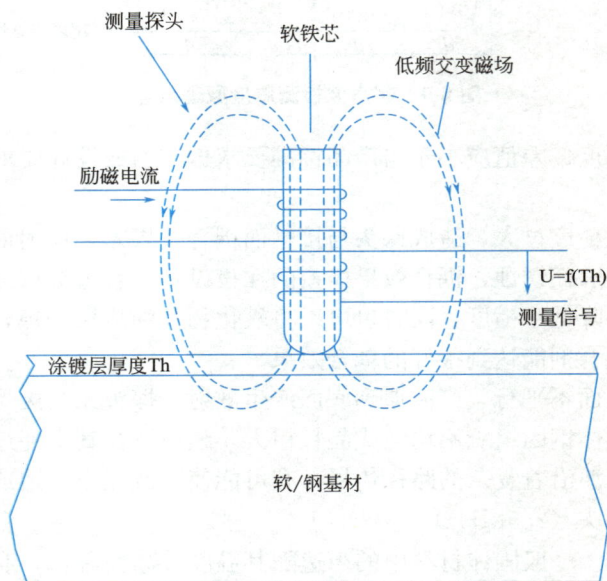

图 8-10　涂层测厚原理

2. 仪器设备

涂层测厚仪：最大量程不应小于 $1200\mu m$，最小分辨率不应大于 $2\mu m$，示值相对误差不应大于 3%。

3. 检测步骤

（1）在对钢结构涂层厚度检测进行检测前，应清除表面异物。

（2）对检测仪器进行校准，校准合格后方可使用。

（3）测点距构件边缘或内转角处的距离不宜小于 20mm。探头与测点表面应垂直接触，接触时间宜保持 1~2s，读取仪器显示的测量值。

（4）每一处应在附近测量 3 个值，取算术平均值作为该处的涂层厚度值。

（5）检测数量按照每 $10m^2$ 检测 10 处进行。

4. 记录与报告

（1）每处厚度值为附近 3 个点的平均值。

（2）按照面积换算每个构件需要检测的数量（处）。

（3）当干膜厚度小于设计值的测点（处）数量小于等于 10％时，任意测点（处）的干膜厚度大于等于设计值的 90％时，所检构件判定为合格。

5. 注意事项

受表面粗糙度影响，涂层厚度值变异系数较大。涂料受重力作用下降，往往下部厚度总体要高于上部。

第十二节　涂层附着力拉开法检测

1. 基本原理

用胶粘剂将试柱直接粘结到涂层的表面上，待胶粘剂固化后，将粘结的试验组合置于适宜的拉力试验机上，粘结的试样组合经可控的拉力检测（拉开法检测），测出破坏涂层/底材间附着所需的拉力（图 8-11）。

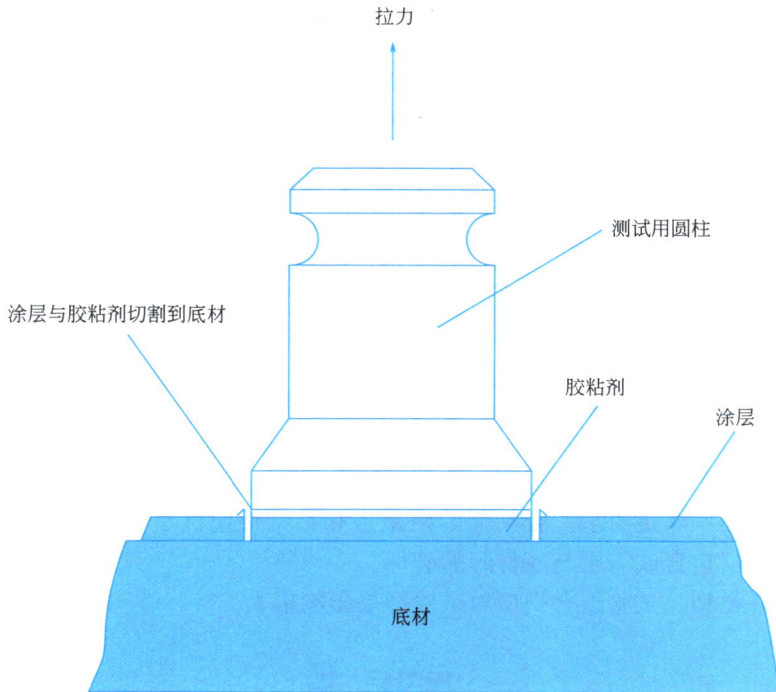

图 8-11　附着力拉开法示意图

2. 仪器设备

（1）涂层测厚仪：最大量程不应小于 1200μm，最小分辨率不应大于 2μm，示值相对误差不应大于 3％。

（2）附着力测定仪。

3. 检测步骤

（1）每个构件进行 6 次测量。对所选的 6 处进行涂层厚度检测，当厚度大于 $250\mu m$ 时，才可采用拉开法进行附着力检测。

（2）将胶粘剂均匀涂在一个未涂漆、清理干净的试柱表面，把试柱涂有胶粘剂的表面与构件表面相连。

（3）待胶粘剂干燥后，使用切割装置，切透固化的胶粘剂和涂层直至底材。

（4）将试验组合置于拉力试验机下，小心地定中心放置试柱，使拉力能均匀地作用于试验面积上而没有任何扭曲动作。

（5）在与已涂漆底材平面的垂直方向上施加拉伸应力，该应力以均匀且不超过 1MPa/s 的速度稳步增加，使破坏过程在 90s 内完成。

（6）记录破坏试验组合的拉力，并且通过目测破坏表面来确定破坏性质，对每种破坏类型，估计破坏面积的百分数精确至 10％。

（7）破坏类型按照以下方式评定：

A（底材内聚破坏）；A/B（第一道涂层与底材间的附着破坏）；B（第一道涂层的内聚破坏）；B/C（第一道涂层与第二道涂层间的附着破坏）；N（复合涂层的第 N 道涂层的内聚破坏）；N/M（复合涂层的第 N 道涂层与第 M 道涂层间的附着破坏）；—/Y（最后一道涂层与胶粘剂间的附着破坏）；Y（胶粘剂的内聚破坏）；Y/Z（胶粘剂与试柱间的胶结破坏）。

4. 记录与报告

（1）计算 6 次破坏测定的平均值，精确到整数，用平均值和范围来表示结果。

（2）以平均破坏面积百分数以及破坏类型来表示结果。

（3）如果涂料体系在平均 3MPa 的拉力下破坏，检查表明第一道涂层的内聚破坏面积平均大约为 20％，第一道涂层与第二道涂层间的附着破坏面积大约为 80％，这样拉开法试验的结果可表示为：3MPa（2.5MPa～2.9MPa），20％B，80％B/C。

5. 注意问题

胶粘剂固化后，应用合适工具沿试柱周线切割胶粘剂和涂层至底材，若不进行此项操作，所测应力值大于实际值。

试验过程中胶粘剂胶结能力不够，会出现胶粘剂破坏的情况，此时拉力值虽能达到要求，但实际胶粘剂不满足要求。胶粘剂的内聚力和粘结性应优于涂层的内聚力和粘结性，破坏形式应为涂层自身或涂层与底材间的破坏。

试验机设备类型、试验组合类型对试验结果影响很大。

思考题

1. 简述焊缝磁粉法进行检测过程，喷磁悬液和施加磁场正确的操作。
2. 焊缝超声波法检测中，焊缝检测等级 A 级、B 级、C 级各表达什么意思？
3. 焊缝超声波法检测中，选择探头需要考虑什么因素？

4. 高强度螺栓终拧扭矩检测基本原理是什么？怎么理解螺母拧松 $60°$，再拧紧 $60°\sim$ $62°$？

5. 涂层厚度磁性法检测结构时如何进行评定？

6. 涂层附着力拉开法为什么对胶粘剂要求这么高？

第九章

建筑节能工程检测

知识目标

1. 了解节能检测常规指标的基本概念；
2. 熟悉热工性能检测、节能构造钻芯检测、设备系统节能性能检测的基本原理；
3. 掌握热工性能检测、节能构造钻芯检测、设备系统节能性能检测的试验检测方法。

能力目标

1. 具备建筑节能工程常规检测指标的试验检测能力；
2. 能对建筑节能工程检测数据进行计算、分析、评价并出具报告。

素质目标

绿色环保、科学严谨、认真细致、数据说话。

思维导图

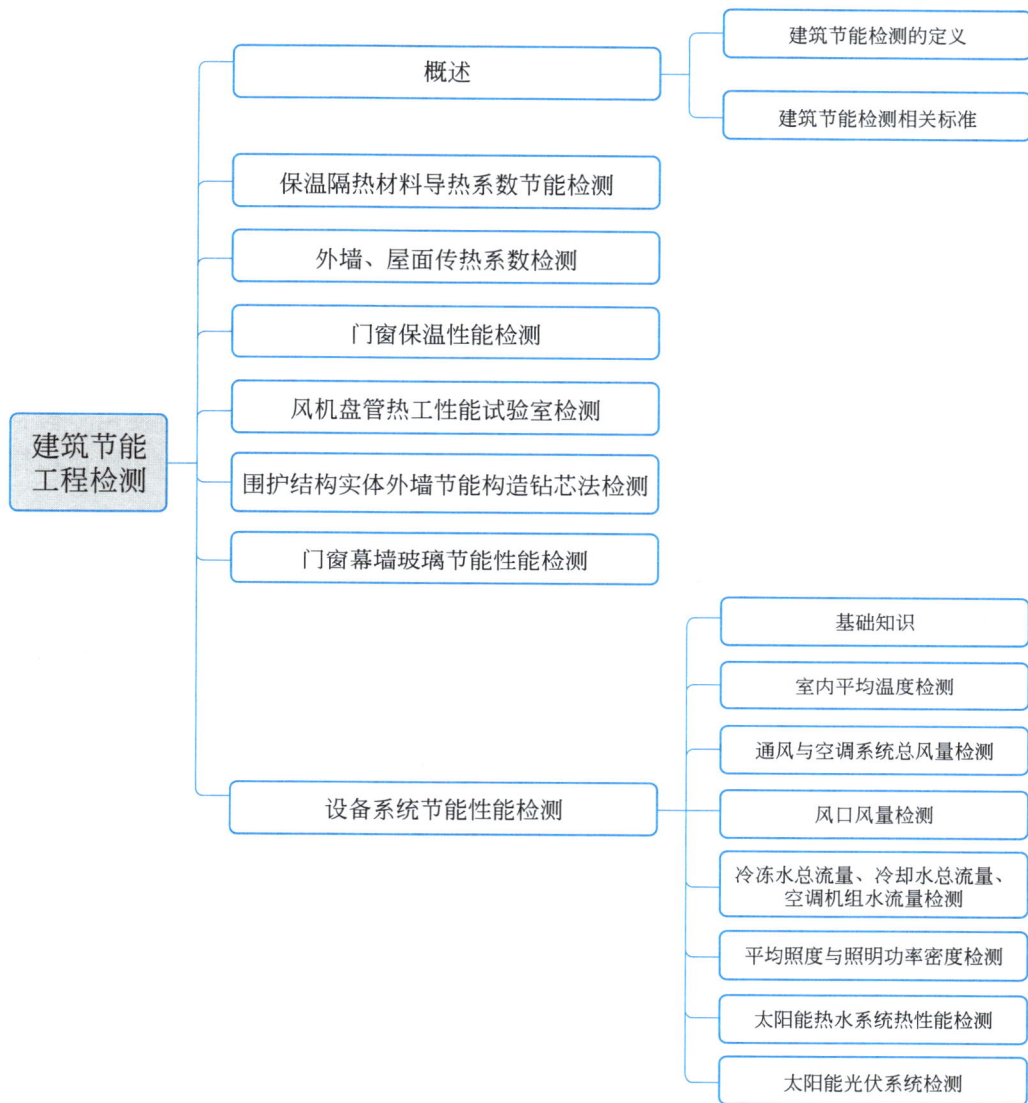

概述
- 建筑节能检测的定义
- 建筑节能检测相关标准

保温隔热材料导热系数节能检测

外墙、屋面传热系数检测

门窗保温性能检测

风机盘管热工性能试验室检测

围护结构实体外墙节能构造钻芯法检测

门窗幕墙玻璃节能性能检测

建筑节能工程检测

设备系统节能性能检测
- 基础知识
- 室内平均温度检测
- 通风与空调系统总风量检测
- 风口风量检测
- 冷冻水总流量、冷却水总流量、空调机组水流量检测
- 平均照度与照明功率密度检测
- 太阳能热水系统热性能检测
- 太阳能光伏系统检测

第一节　概述

1. 建筑节能检测的定义

建筑节能检测，是用标准的方法、适合的仪器设备在一定的环境条件下，由专业技术人员对建筑物及建筑中使用的原材料、设备、设施等进行热工性能及与热工性能有关的检测，是检验建筑节能工程施工质量的重要手段。

（1）试验室检测与现场实体检测

与常规建筑工程质量检测一样，建筑节能工程的质量检测分试验室检测和现场实体检测两大部分。试验室检测是指测试试件送至试验室，相关检测参数均在试验室内测出；而现场实体检测是指测试对象在现场，相关的参数检测在现场完成。

（2）型式检测、抽样检测、监督检测

从建筑节能工程施工质量控制过程来分，建筑节能检测分为：进场制品构件材料、保温隔热节能系统及组成材料的型式检测、现场抽样检测以及现场监督检查检测。型式检测是建筑节能部品构件材料、保温隔热节能系统进入建筑工程施工现场的必要条件，进入施工现场的材料、构件或设备应具有有效型式检测报告。因建筑工程使用建筑节能部品、构件材料量大，现场施工人员对建筑节能新产品和系统不太熟悉，且缺乏相关的实际操作使用经验，故对进入现场的建筑节能部品、构件材料、保温隔热节能系统等组成材料进行抽样抽检非常必要。政府及其职能部门定期与不定期对建筑节能施工过程中使用的材料、构件及设备进行监督检测，可以对使用"假冒伪劣"产品的行为起到一定的震慑作用，杜绝型式检测和抽样检测样品与实际使用样品不一致的情况。

2. 建筑节能检测相关标准

现在建筑节能检测依据的标准规范由三大部分构成：

（1）国家标准

建筑工程上节能材料、构件和设备等的检测依据主要是各个行业的专业技术标准。如供暖锅炉的效率检测标准《生活锅炉热效率及热工试验方法》GB/T 10820—2011；门窗的气密性、水密性和抗风压性能检测标准有《建筑外门窗气密、水密、抗风压性能检测方法》GB/T 7106—2019；建筑节能构件传热性能的检测标准有《绝热 稳态传热性质的测定 标定和防护热箱法》GB/T 13475—2008；节能材料导热性能检测标准《绝热材料稳态热阻及有关特性的测定 防护热板法》GB/T 10294—2008、《绝热材料稳态热阻及有关特性的测定 热流计法》GB/T 10295—2008 等；建筑节能工程施工质量验收标准有《建筑节能工程施工质量验收标准》GB 50411—2019 等。

（2）行业标准

我国第一部建筑节能检测行业标准是《居住建筑节能检测标准》JGJ/T 132—2009，之后相继出台了《公共建筑节能检测标准》JGJ/T 177—2009、《采暖通风与空气调节工程检测技术规程》JGJ/T 260—2011、《围护结构传热系数现场检测技术规程》JGJ/T 357—2015 等。

（3）地方标准

各地也相继出台了适合地区经济技术发展水平的节能检测或验收标准，如北京市标准《民用建筑节能现场检验标准》DB11/T 555—2015、《公共建筑节能施工质量验收规程》DB11/ 510—2017、上海市工程建设规范《住宅建筑节能检测评估标准》DG/TJ 08—19801—2004、甘肃省工程建设标准《采暖居住建筑围护结构节能检验评估标准》DBJ/T 25—3036—2006、江苏省标准《民用建筑节能工程现场热工性能检测标准》DGJ32/J 23—2006 以及广东省标准《广东省绿色建筑检测标准》DBJ/T 15—234—2021 等。

第二节　保温隔热材料导热系数节能检测

1. 基本知识

导热系数（λ）是反映材料导热性能的物理量，是在稳态条件和单位温差作用下，通过单位厚度、单位面积匀质材料的热流量，单位为 W/（m·K），是在节能工程时的一个重要选材依据，是建筑的保温、隔热性能的主要影响因素。在工程开工前的图纸设计阶段必须进行热工计算，为了确保热工计算结果与材料的实际使用情况相符，必须选择合适的材料并正确地测定其导热系数。

2. 导热系数检测方法

（1）基本原理

导热系数的检测一般采用防护热板装置，其原理是：在稳态条件下，在具有平行表面的均匀板状试件内，建立类似于以两个平行且温度均匀的平面为界的无限大平板中存在的一维的均匀热流密度。首先将试件置于加热面板与冷却面板之间，并在加热面板的中间部位布置计量加热器，其周边布置防护加热器，然后通过控制冷热面板的温度，在稳态状况下，测量试件两侧表面温度及计量加热器的输入功率，最后通过导热系数计算公式计算出试件的导热系数。

（2）方法标准

检测标准：《绝热材料稳态热阻及有关特性的测定　防护热板法》GB/T 10294—2008，该方法是测量传热性质的绝对法或仲裁法。另有《绝热材料稳态热阻及有关特性的测定　热流计法》GB/T 10295—2008 为间接或相对法，本文不作介绍。

判定标准：各类不同材料的产品标准，如挤塑聚苯乙烯泡沫塑料依据《绝热用挤塑聚苯乙烯泡沫塑料（XPS）》GB/T 10801.2—2018 进行判定。

（3）仪器设备

仪器设备：防护热板式导热系数仪示意如图 9-1 所示。

仪器精度：根据《绝热材料稳态热阻及有关特性的测定　防护热板法》GB 10294—2008 要求，室温下防护热板法的准确度为 2%。

（4）检测步骤

1）试件准备：根据检测装置的要求，选择合适长度、宽度和厚度的试件，将表面加工平整。

2）质量测量：在试件放入检测装置前，将试件按照相应要求养护干燥后，测定试件的质量。

3）厚度测量：当仪器没有自动测厚功能时，可在装置里、在实际的测定温度和压力下测量试件厚度。

4）测试温差的选择：按照特定的材料、产品或系统的技术规范要求，选择合适的温差进行测试，一般情况下温差不小于 10K。

5）试件安装：在确保试件表面干燥清洁情况下，将试件放入试件腔内，通过夹紧装

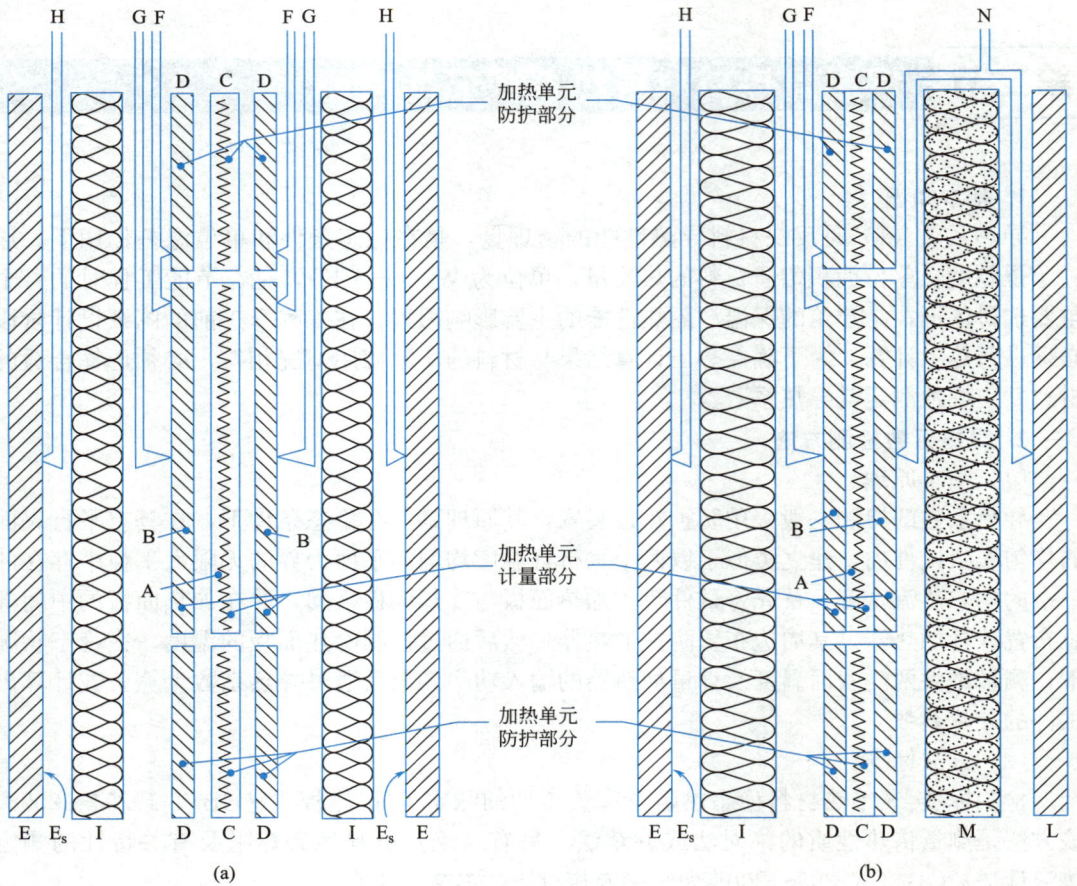

图 9-1　防护热板式导热系数仪示意图

（a）双试件装置；（b）单试件装置

A—计量加热器；B—计量面板；C—防护加热器；D—防护面板；E—冷却单元；E_s—冷却单元面板；

F—温差热电偶；G—加热单元表面热电偶；H—冷却单元表面热电偶；I—试件；L—背防护加热器；

M—背防护绝热层；N—背防护单元温差热电偶

置将试件夹紧，施加的压力一般不大于 2.5kPa。

6）环境条件：当检测设备对周边环境条件有所要求时，试验室应通过空调或其他方式将试验室环境达到相关要求。

7）测试过程：设置相关的试验参数（过渡时间、测量间隔等），开启检测装置，进行试验。当试验进入稳定状态后，进行数据采样，试验结束。

（5）数据处理

防护热板法中导热系数 λ 按式（9-1）计算：

$$\lambda = \frac{Q \cdot d}{A(T_1 - T_2)} \tag{9-1}$$

式中，λ ——导热系数 ［W/（m·k）］；

　　 Q ——加热单元计量部分的平均热流量，其值等于平均发热功率（W）；

d——试件平均厚度（m）；

T_1——试件热面温度平均值（K）；

T_2——试件冷面温度平均值（K）；

A——计量面积（双试件装置需乘以 2），（m²）。

注：当双试件装置时，导热系数 λ 为两块试件的平均值。

（6）记录报告

检测报告应包括下列内容：

1）委托单位、检测单位；

2）样品名称、规格、制备方法、状态调节的情况；

3）检测依据、检测设备、检测项目、检测类别和检测时间以及报告日期；

4）检测参数：平均温差、平均温度、热流密度；

5）检测结果：试件的导热系数。

（7）常见问题

试件平整度不符合要求、试件未干燥至恒重、试件安装夹紧力不合适、试件安装后没有按要求进行有效防护等问题都会影响测试正常的完成。

第三节　外墙、屋面传热系数检测

1. 基本知识

传热系数（K）是表征墙体屋面等围护结构在稳定传热条件下，当其两侧空气温差为 1K（或 1℃）时，单位时间内通过单位面积传递的热量，单位为 W/（m²·K），表征了围护结构本身和其两侧空气边界层在内作为一个整体的传热能力。

目前常用的外墙体的检测方法有稳态防护热箱法和非稳态的热流计法。

2. 传热系数检测方法

（1）基本原理

1）防护热箱法

防护热箱是模仿试件两侧为均匀温度的流体的边界条件，将试件放置在已知环境温度的热室与冷室之间，在稳定状态下测量空气温度和试件表面温度以及输入热室的电功率，由这些测量数值计算出试件的传热系数，如图 9-2 所示。

2）热流计法

热流计法的基本思路是用热流计测得通过被测围护结构的热流量，同时测得两侧的温度，就可以计算出被测围护结构的热阻和传热系数。

（2）方法标准

检测标准：

1）《绝热 稳态传热性质的测定 标定和防护热箱法》GB/T 13475—2008；

2）《围护结构传热系数现场检测技术规程》JGJ/T 357—2015。

判定标准：依据设计要求判定。

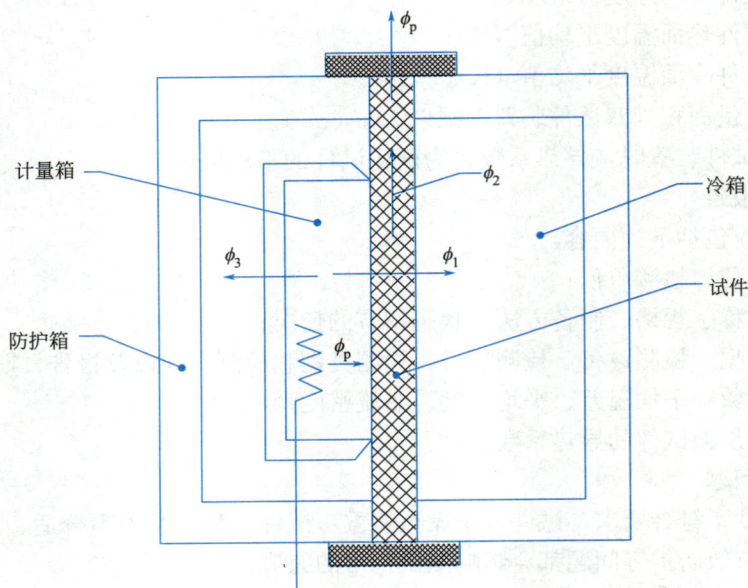

图 9-2　防护热箱示意

（3）仪器设备

外墙、屋面传热系数检测仪器设备见表 9-1。

外墙、屋面传热系数检测仪器设备　　　　　　　　　　　　　表 9-1

序号	测试方法	设备名称	精度要求
1	防护热箱法	防护箱、温度传感器等	温差允许误差为两侧空气温差的±1% 热流量测量误差小于 1.5%
2	热流计法	热流计、温度传感器、防护箱	温度传感器精度不低于 0.3K 热流计测量不确定度不大于 5%

（4）检测步骤

1）防护热箱法：首先将试件按照图纸要求砌筑好后，充分干燥达到测试条件后，把试件置于检测设备，布置空气温度传感器，分别安装热表面和冷表面温度传感器，然后密封热箱和冷箱。开启设备，根据试验目的调节热、冷侧的空气速度和试验平均温度、温差，在测试过程中观察设备设定温度和各个参数对变化情况，直至达到稳态。

2）热流计法：与防护热箱法不同的是，将热流计片安装在热表面试件一侧，均匀布置在温度探头附近。其余步骤相同。

（5）数据处理

1）防护热箱数据分析：记录时间间隔不应大于 30min，可记录多次采样数据的平均值，最后计算出结果，按式（9-2）计算：

$$U = \Phi_1 / A(T_{ni} - T_{ne}) \tag{9-2}$$

式中，Φ_1——通过试件的热流量（W）；

T_{ni}、T_{ne}——内、外环境温度（℃）；

A——试件面积（m^2）。

2）热流计法数据分析：检测期间，应定时记录热流密度和内、外表面温度，记录时间间隔不应大于60min，可记录多次采样数据的平均值。当采用算术平均法进行数据分析时，应按式（9-3）计算围护结构主体部位的热阻，并应使用全天数据（24h的整数倍）进行计算。

$$R = \frac{\sum\limits_{j=1}^{n}(\theta_{Ij} - \theta_{Ej})}{\sum\limits_{j=1}^{n} q_j} \tag{9-3}$$

式中，R——围护结构主体部位的热阻，（m^2·K）/W；

θ_{Ij}——围护结构主体部位内表面温度的第j次测量值，℃；

θ_{Ej}——围护结构主体部位外表面温度的第j次测量值，℃；

q_j——围护结构主体部位热流密度的第j次测量值，W/m^2。

$$U = \frac{1}{R_i + R + R_e} \tag{9-4}$$

式中，U——围护结构主体部位传热系数，W/（m^2·K）；

R_i——内表面换热阻，（m^2·K）/W，按《民用建筑热工设计规范》GB 50176—2016中规定采用；

R_e——外表面换热阻，（m^2·K）/W，按《民用建筑热工设计规范》GB 50176—2016中规定采用。

（6）记录报告

检测报告应包含以下信息：

1）委托单位、检测单位；

2）测试设备的信息；

3）试件的标志和描述；

4）试件状态调节程序；

5）试件方位及传热的方向；

6）热、冷侧的平均气流速度和方向；

7）总输入功率和通过试件的净传热。

（7）常见问题

试件砌筑和养护不符合要求、试件安装不正确、试件安装后没有按要求全部密封，这些问题都会影响测试正常的完成。

第四节　门窗保温性能检测

1. 基本知识

门窗一般为建筑中热工性能相对薄弱的围护结构，特别是在冬季需要供暖的气候区，保温性能良好的门窗对保证室内舒适环境以及节能降耗尤为重要。门窗保温性能检测主要检测其传热系数，检测方法是通过热箱和冷箱稳定传热条件下，记录热箱维持设定温度所需要的功率，进而计算出门窗的传热系数。

2. 保温性能检测方法

（1）基本原理

建筑外门窗传热系数检测基于稳态传热原理，采用标定热箱法进行。试件一侧为热箱，模拟供暖建筑冬季室内气温条件；另一侧为冷箱，模拟冬季室外气温和气流速度。对试件缝隙进行密封处理，在试件两侧各自保持稳定的空气温度、气流速度和热辐射条件下，测量热箱中加热装置单位时间内的发热量，减去通过热箱壁、试件框、填充板、试件和填充板边缘的热损失，除以试件面积与两侧空气温差的乘积，即可得到试件的传热系数 K 值。其检测装置示意如图 9-3 所示。

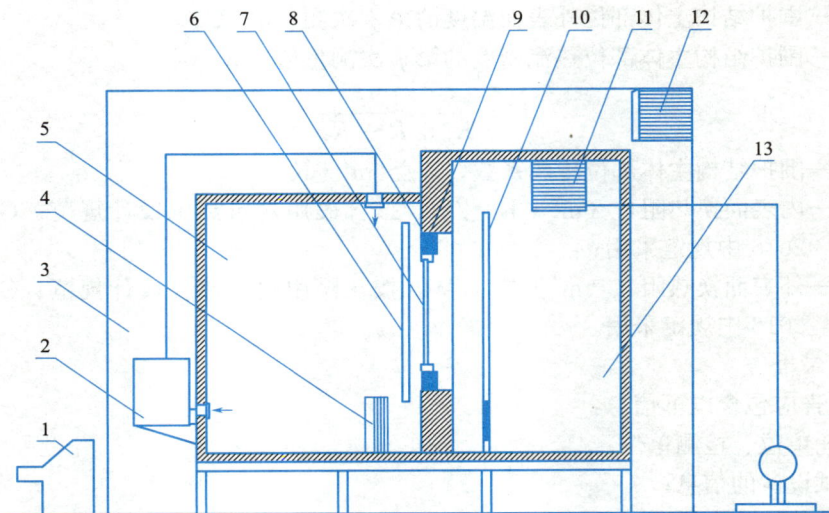

图 9-3　检测装置示意图

1—控制系统；2—控湿系统；3—环境空间；4—加热装置；5—热箱；6—热箱导流板；7—试件；
8—填充板；9—试件框；10—冷箱导流板；11—制冷装置；12—空调装置；13—冷箱

（2）方法标准

检测标准：《建筑外门窗保温性能检测方法》GB/T 8484—2020。

（3）仪器设备

门窗保温性能检测仪器设备见表 9-2。

表 9-2

门窗保温性能检测仪器设备

设备名称	设备要求	精度要求
门窗保温性能检测设备	热箱内净尺寸不宜小于 2200mm×2500mm（宽×高），进深不宜小于 2000mm，热箱壁应为匀质材料，热阻值不应小于 3.5m² · K/W	温度测量不确定度不应大于 0.25K，计量用功率表的准确度等级不低于 0.5 级

（4）检测步骤

1）测试条件要求

按照现场实际构造制作面积不小于 0.8m² 的试件。试件热侧表面与填充板热侧表面齐平安装，试件与试件框之间的填充板宽度不小于 200mm，厚度不小于 100mm。检测箱体热箱壁外表面与周边壁面之间距离不小于 500mm，热箱空气平均温度设定范围为 19～21℃，温度波动幅度不大于 0.2K，热箱内空气为自然对流，冷箱空气平均温度设定范围为 −19～−21℃，温度波动幅度不大于 0.3K，与试件冷侧表面距离符合《绝热 稳态传热性质的测定 标定和防护热箱法》GB/T 13475—2008 的规定，平面内的平均风速为 3.0±0.2m/s。

2）环境空间

检测装置放在装有空调设备的试验室内，环境空间空气温度波动不应大于 0.5K，热箱壁内外表面平均温差应小于 1.0K。

3）检测具体步骤

① 安装好试件及温度传感器后，启动检测装置，设定冷、热箱和环境空间空气温度；

② 当冷、热箱和环境空间空气温度达到设定值，且测得的热箱和冷箱的空气平均温度每小时变化的绝对值分别不大于 0.1K 和 0.3K，热箱内外表面面积加权平均温度差值和试件框冷热侧表面面积加权平均温度差值每小时变化的绝对值分别不大于 0.1K 和 0.3K，且不是单向变化时，传热过程已达到稳定状态；

③ 传热过程达到稳定状态后，每隔 30min 测量一次参数，共测六次；

④ 测量结束后记录试件热侧表面结露或结霜状况。

（5）数据处理

各参数取六次测量的平均值。

试件传热系数 K 值按式（9-5）计算：

$$K = \frac{Q - M_1 \Delta\theta_1 - M_2 \Delta\theta_2 - S\Lambda\Delta\theta_3 - \phi_{edge}}{A(T_1 - T_2)} \qquad (9\text{-}5)$$

式中，Q——加热装置加热功率（W）；

M_1——由标定试验确定的热箱壁热流系数（W/K）；

$\Delta\theta_1$——热箱壁内、外表面面积加权平均温度之差（K）；

M_2——由标定试验确定的试件框热流系数（W/K）；

$\Delta\theta_2$——试件框热侧冷侧表面面积加权平均温度之差（K）；

S——填充板的面积（m²）；

Λ——填充板的传热系数 ［W/（m²·K）］；

$\Delta\theta_3$——填充板热侧冷侧表面的平均温差（K）；

ϕ_{edge}——试件与填充板间的边缘线传热量（W）；

A——按试件外缘尺寸计算的试件面积（m²）；

T_1——热侧空气温度（℃）；

T_2——冷侧空气温度（℃）。

（6）记录报告

检测报告应至少包括下列内容：

1）委托单位、检测单位。

2）依据的标准。

3）样品描述：试件名称、编号、规格、数量、开启方式；玻璃构造、玻璃间隔条；型材规格；窗框面积与窗面积之比；密封材料。

4）检测项目、检测依据、检测设备、检测时间及报告日期。

5）检测条件：热箱空气温度、冷箱空气温度和平均风速。

6）检测结果：试件传热系数 K 值、试件热侧表面温度、结露和结霜情况。

（7）常见问题

环境温度控制不力、试件安装不正确、试件安装后没有按要求全部密封，这些问题都会影响测试正常的完成。

第五节　风机盘管热工性能试验室检测

11.
风机盘管
热工性能
试验室
检测

第六节　围护结构实体外墙节能构造钻芯法检测

1. 基本知识

建筑围护结构施工完成后，应对围护结构的外墙节能构造进行现场实体检测。外墙节能构造检测是为了保证外墙保温能够达到其质量要求和设计要求以及当地的节能要求。

2. 外墙节能构造钻芯法检测

（1）基本原理

围护结构实体外墙节能构造钻芯检测的基本原理是通过钻芯法采集某一处的样本，经过检测该样本，可得到整个实体外墙的节能构造数据。它会对节能结构造成局部损伤，因此是一种半破损的现场检测手段。

（2）方法标准

检测判定标准：《建筑节能工程施工质量验收标准》GB 50411—2019 有关外墙节能构造钻芯检验方法的要求。

（3）仪器设备

外墙节能构造钻芯检测仪器设备见表9-3。

外墙节能构造钻芯检测仪器设备　　　　　　　表 9-3

序号	名称	精度
1	钻芯机(图 9-4)	—
2	钢尺	分度值为 1mm
3	照相机	—

（4）检测步骤

1）检测要求：

① 钻芯检验外墙节能构造应在外墙施工完工后、节能分部工程验收前进行。

② 钻芯检验外墙节能构造的取样部位和数量，应遵守下列规定：

a. 取样部位应由检测人员随机抽样确定，不得在外墙施工前预先确定。

b. 取样部位应选取节能构造有代表性的外墙上相对隐蔽的部位，并宜兼顾不同朝向和楼层；取样部位必须确保钻芯操作安全，且应方便操作。

c. 外墙取样数量：一个单位工程每种节能保温做法至少取3 个芯样。取样部位宜均匀分布，不宜在同一个房间外墙上取 2个或 2 个以上芯样。

图 9-4　钻芯机

③ 外墙节能构造钻芯检验应由监理工程师（建设单位代表）见证，可由建设单位委托有资质的检测机构实施，也可由施工单位实施。

2）具体步骤：

① 对照设计图纸，现场选取钻芯取样的位置钻芯检验外墙节能构造可采用空心钻头，从保温层一侧钻取直径 70mm 的芯样。钻取芯样深度：钻透保温层到达结构层或基层表面，必要时也可钻透墙体。当外墙的表层坚硬不易钻透时，也可局部剔除坚硬的面层后钻取芯样。但钻取芯样后应恢复原有外墙的表面装饰层。

② 钻取芯样时应尽量避免冷却水流入墙体内及污染墙面。从空心钻头中取出芯样时应谨慎操作，以保持芯样完整。当芯样严重破损难以准确判断节能构造或保温层厚度时，应重新取样检验。

③ 记录芯样状态，应按照下列规定进行检查：

a. 对照设计图纸观察保温材料种类、判断保温材料种类是否符合设计要求；必要时也可采用其他方法加以判断。

b. 用分度值为 1mm 的钢尺，在垂直于芯样表面（外墙面）的方向上量取保温层厚度，精确到 1mm。

c. 观察或剖开检查保温层构造做法是否符合设计和施工方案要求。

④ 拍照记录。用数码相机拍带有标尺的芯样照片，并在照片上注明每个芯样的取样位置，如图 9-5 所示。

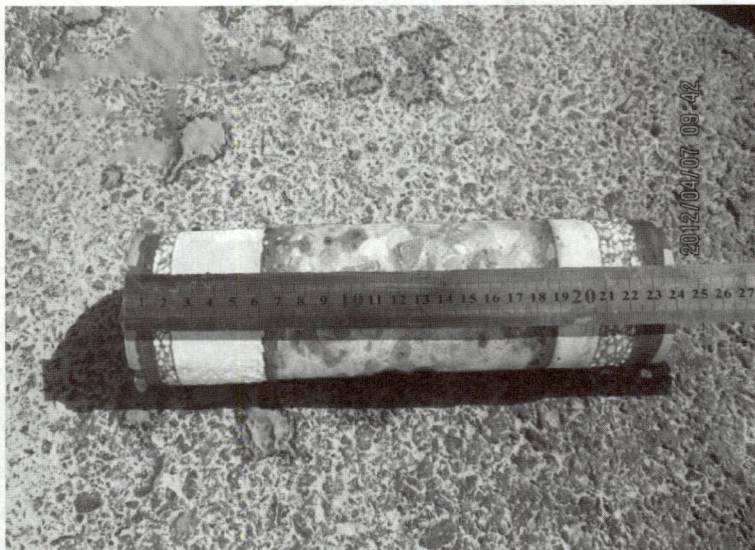

图 9-5　芯样图

（5）数据处理

1）在垂直于芯样表面（外墙面）的方向上实测芯样保温层厚度，当实测厚度的平均值达到设计厚度的 95％及以上且最小值不低于设计厚度的 90％时，应判定保温层厚度符合设计要求；否则，应判定保温层厚度不符合设计要求。

2）实施钻芯检验外墙节能构造的机构应出具检验报告。检验报告至少应包括下列内容：

a. 抽样方法、抽样数量与抽样部位；

b. 芯样状态的描述；

c. 实测保温层厚度，设计要求厚度；

d. 给出是否符合设计要求的检验结论；

e. 附有带标尺的芯样照片并在照片上注明每个芯样的取样部位；

f. 监理（建设）单位取样见证人的见证意见；

g. 参加现场检验的人员及现场检验时间；

h. 检测发现的其他情况和相关信息。

3）当取样检验结果不符合设计要求时，应委托具备检测资质的见证检测机构增加一倍数量再次取样检验。仍不符合设计要求时应判定围护结构节能构造不符合设计要求。此时应根据检验结果委托原设计单位或其他有资质的单位重新验算房屋的热工性能，提出技术处理方案。

4）外墙取样部位的修补，可采用聚苯板或其他保温材料制成的圆柱形塞填充并用建筑密封胶密封。修补后宜在取样部位挂贴注有"外墙节能构造检验点"的标志牌。

（6）记录报告

检测报告应至少包括下列内容：

1）委托单位、检测单位；

2）依据的标准；

3）样品描述：芯样名称、编号、取样部位、芯样外观是否完整、保温材料种类、保温层厚度；

4）围护结构、分层做法；

5）照片编号。

（7）常见问题

外墙节能构造钻芯检测是利用专用外墙钻芯机，直接从所需检测的构件上钻取外墙及保温材料芯样。若取样部位及深度不当，轻则削弱构件承载力，重则损伤主筋或钻断主筋，对结构安全造成影响，以下列举钻芯法常见的问题和注意事项：

1）注意钻芯机位置的固定。在实际检测过程中，钻筒高速地运转使外墙及保温材料产生强烈摩擦抖动，使得取芯机较难固定，所取的芯样往往容易出现芯样裂缝、缺边、少角、倾斜和喇叭口变形以及端面与轴线的不垂直度超过2°等缺陷，造成混凝土检测强度与实际强度偏差较大，影响对结构作出真实评价，甚至出现误判。

2）结构或构件钻芯后所留下的孔洞要及时修补，很多人认为这不影响保温材料结构、耐用性和美观，不必修补，其实不然，如果没有及时修补，将会造成孔洞周围出现凝水、发霉、锈蚀等问题，容易影响整个外墙保温材料的性能和结构稳定性。

第七节　门窗幕墙玻璃节能性能检测

1. 基本知识

为改善居住建筑室内热环境质量，提高人民居住水平，提高供暖、空调能源利用效率，门窗幕墙玻璃的节能性能成为一项重要指标。虽然在设计阶段保证了建筑物门窗幕墙玻璃的热工性能达到要求，但并不能保证建筑物建造完成后就能达到节能要求，因此需要对建筑门窗幕墙玻璃做光学热工性能检测，本节主要介绍门窗幕墙玻璃光学热工性能检测技术。

2. 节能性能检测方法

（1）基本原理

玻璃幕墙等属于透光性围护结构，用其光热性能表征对太阳光透射、反射和吸收的能力。使用分光光度计等光谱仪器，将成分复杂的光通过分光装置，产生特定波长的光源，光线透过测试的样品后，经信号采集与处理单元采集光谱信号并传至计算机，将采集的数据按标准要求计算后，可以得到该样品的光热参数，如可见光透射比、可见光反射比、遮阳系数、传热系数等。

（2）方法标准

检测标准：

1）《建筑玻璃　可见光透射比、太阳光直接透射比、太阳能总透射比、紫外线透射比及有关窗玻璃参数的测定》GB/T 2680—2021；

2）《建筑门窗玻璃幕墙热工计算规程》JGJ/T 151—2008。

判定标准：依据设计要求判定。

（3）仪器设备

民用建筑用玻璃通常关注 300～2500nm 之间的太阳能，紫外/可见/近红外分光光度计可以产生并测量紫外/可见/近红外波段的光谱，傅立叶变化红外光谱仪可以测量红外波段的光谱。

检测仪器设备见表 9-4。

检测仪器设备   表 9-4

序号	名称	精度
1	紫外/可见/近红外分光光度计(图 9-6)	仪器测量透射比和反射比的准确度应在±1％内
2	傅里叶变化红外光谱仪(图 9-7)	

图 9-6　紫外/可见/近红外分光光度计

图 9-7　傅里叶变化红外光谱仪

（4）检测步骤

1）试件制备：玻璃试件尺寸大小为 100mm×100mm；中空玻璃需要剖开密封层，分解为多片单片玻璃；

2）仪器开机，保证设备正常，然后根据仪器说明要求进行仪器调零；

3）测试每片玻璃各波长的透射比光谱数据；

4）测试每片玻璃前后表面各波长的反射比光谱数据；

5）保存数据后，使用 GB/T 2680—2021 和 JGJ/T 151—2008 标准规定的计算方法进行计算得出检测结果。

（5）记录报告

检测报告应至少包括下列内容：

测定的标准方法、测定仪器、测定条件、测定参数、样品信息、测定日期、测定人员、其他的必要说明。

（6）常见问题

1）测试之前应该按照设备使用要求对仪器进行调零，保证设备正常后测试。

2）在测试中要保证样品测试面的清洁，不应有水渍和其他操作过程中在样品上留下的痕迹，如果有污渍，应使用酒精进行清洁擦拭。

3）对于镀膜玻璃，应准确区分膜面所在位置。

第八节　设备系统节能性能检测

1. 基本知识

建筑物除建筑、结构外，附属的设备专业还有很多，包括通风空调、供暖、给水排水、消防、热水供应、电力供应、灯光照明等。这些专业在建筑节能方面发挥着重要的作用。建筑物主体（尤其围护结构）是建筑节能的基础，但建筑的主要能耗是体现在各种设备上的。在建筑各设备中，空调系统的能耗占比最大，所以设备系统节能的核心是空调系统节能，空调系统节能可最终促进建筑节能。

按照《广东省建筑节能与绿色建筑工程施工质量验收规范》DBJ 15—65—2021 中第 23.2.1 条提出的要求，通风与空调、配电与照明、太阳能热水、太阳能光伏工程安装完成后，需要进行系统节能性能的检测，以保证设备系统节能，受季节影响未进行的节能性能检测项目，还应在保修期内补做。设备系统节能性能检测规定见表 9-5：

设备系统节能性能检测规定　　　　　　　　　　　　　　表 9-5

序号	检测项目	抽样数量	允许偏差或规定值
1	室内平均温湿度	居住建筑每户抽测卧室或起居室 1 间，其他建筑按房间总数抽测 10%	冬季不得低于设计计算温度 2℃，且不应高于 1℃；夏季不得高于设计计算温度 2℃，且不应低于 1℃
2	通风与空调系统的总风量	按风口数量抽查 10%，且不得少于 1 个系统	≤10%
3	风口风量	按风管系统数量抽查 10%，且不得少于 1 个系统	≤15%
4	冷冻水总流量、冷却水总流量、空调机组水流量检测	按系统数量抽查 10%，且不得少于 1 个系统	定流量系统≤15% 变流量系统≤10%
5	平均照度与照明功率密度	同一功能区不少于 2 处	≤10%

续表

序号	检测项目	抽样数量	允许偏差或规定值
6	太阳能热水系统热性能检测	同一类型太阳能热水系统抽检 2%，且不应少于 1 个系统	—
7	太阳能光伏系统光电转换效率检测	同一类型太阳能光伏系统抽检 5%，且不应少于 1 个系统	—

2. 室内平均温度检测

（1）基本原理

室内平均温度检测主要检测参数为室内干球温度，是通过温度传感器，对房间内特定的几个点进行温度检测，并取平均值记录，以表示整个房间的平均温度。

（2）方法标准

检测标准：《公共建筑节能检测标准》JGJ/T 177—2009；

判定标准：《公共建筑节能检测标准》JGJ/T 177—2009、《公共建筑节能设计标准》GB 50189—2015。

（3）仪器设备

室内温度检测仪器设备见表 9-6。

室内温度检测仪器设备 表 9-6

序号	名称	精度
1	铂电阻温度计	
2	热电偶温度计	0.5℃
3	玻璃温度计	

（4）检测步骤

1）现场检测时，空调系统应正常运行，且门窗处于关闭状态。

2）测点应设于室内活动区域，且距楼面 700~1800mm 范围内有代表性的位置，温度传感器不应受到太阳辐射或室内热源的直接影响。

3）检测时间不少于 6h，数据记录时间间隔最长不得超过 30min。

4）测点位置及数量

检测时尽量选取底层、中间层、顶层的代表性房间。

① 室内面积不足 16m²，设测点 1 个，测点布在室内活动区域中央；

② 室内面积 16m² 及以上不足 30m²，设测点 2 个，将检测区域对角线三等分，其两个等分点作为测点；

③ 室内面积 30m² 及以上不足 60m²，设测点 3 个，将居室对角线四等分，其三个等分点作为测点；

④ 室内面积 60m² 及以上不足 100m²，设测点 5 个，两对角线上梅花设点；

⑤ 室内面积 100m² 及以上每增加 20~50m² 酌情增加 1~2 个测点，均匀布置。

（5）数据处理

室内平均温度应按式（9-6）和式（9-7）计算：

$$t_{rm} = \frac{\sum_{i=1}^{n} t_{rm,i}}{n} \tag{9-6}$$

$$t_{rm,i} = \frac{\sum_{j=1}^{n} t_{i,j}}{p} \tag{9-7}$$

式中，t——检测持续时间内受检房间的室内平均温度（℃）；

$t_{rm,i}$——检测持续时间内受检房间第 i 个室内逐时温度（℃）；

n——检测持续时间内受检房间的室内逐时温度的个数；

$t_{i,j}$——检测持续时间内受检房间第 i 个测点的第 j 个温度逐时值（℃）；

p——检测持续时间内受检房间布置的温度测点的点数。

（6）记录报告

检测报告应至少包括下列内容：

1）委托单位、检测单位；

2）依据的标准；

3）房间描述：房间名称、编号、时间；

4）检测结果：温度、湿度；

5）测点布置图。

（7）常见问题

1）温度检测应注意温度传感器距地面及四周墙体、冷热源的距离，且避免受阳光直接照射。

2）检测时宜采用自记式温湿度计，自记式温湿度计可以长时间摆放在同一位置，自动读取数据，避免移动温度计，确保同一测点检测位置的固定。

3. 通风与空调系统总风量检测

（1）基本原理

通风与空调系统的总风量测定的范围有送风总量、新风总量和回风总量，本节主要介绍通过对风管总管道内动压进行测量，计算出系统总风量的测定方法。

皮托管又称空速管、毕托管，是测量流体点速度的装置；现场测试中测定风管风量所常用的是 L 形皮托管，是一个弯成直角的金属管，直角的一端为测头，测头的顶部是总压孔，侧面是静压孔，另一端是支杆，在支杆的末端是定向杆（对准杆），通过软胶皮管同时将静压和全压的定向杆与微压计相连读取压差的方式进行流速测量，考虑到全压与静压的测量误差，利用他们的测量读数进行流速计算时，应作适当的修正，其校准系数 α 一般为 0.99～1.01，是目前最完善的一种皮托管，如图 9-8 所示。

皮托管测风法的工作原理是根据伯努利方程，通过压差确定流场中某处的流速，由流速与面积的乘积计算出流量。按式（9-8）和式（9-9）计算。

$$V = \sqrt{\frac{2\xi P_d}{\rho}} \, (m/s) \tag{9-8}$$

$$\rho = \frac{P_t + B}{287T} \tag{9-9}$$

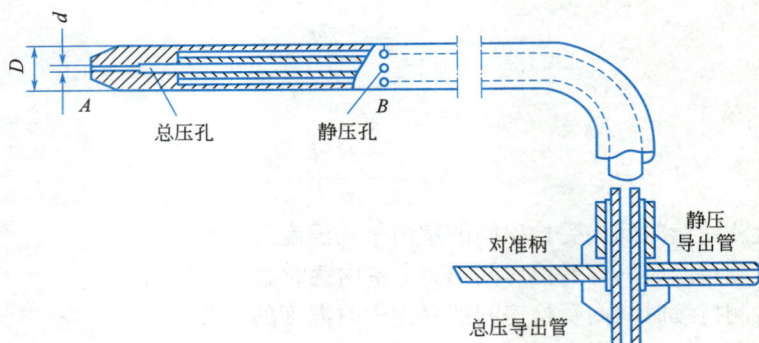

图 9-8　皮托管示意图

式中，P_t——测试断面处空气全压（Pa）；

$\quad\quad P_d$——风管内的平均动压（Pa）；

$\quad\quad \xi$——测定用皮托静压管的仪器系数；

$\quad\quad B$——大气压力（Pa）；

$\quad\quad T$——测试断面处空气热力学温度（K）；

$\quad\quad \rho$——测试断面处空气的密度（kg/m^3）。

（2）方法标准

检测标准：《公共建筑节能检测标准》JGJ/T 177—2009 和《采暖通风与空气调节工程检测技术规程》JGJ/T 260—2011；

判定标准：《通风与空调工程施工质量验收规范》GB 50243—2016 中 11.2.3 中的要求，系统总风量调试结果与设计风量的允许偏差应为—5%～10%。

（3）检测仪器

通风与空调系统的总风量检测仪器设备见表 9-7。

通风与空调系统的总风量检测仪器设备　　　　　　　　　　　　表 9-7

序号	名称	精度
1	大气压力计	2hPa
2	空气温度计	≤0.5℃
3	毕托管	1.0Pa
4	微压差计	
5	风速仪	0.5m/s

（4）检测步骤

风管系统风量测定的常用方法是风管风量法，检测仪器主要是毕托管和微压计，测出风管内某一截面的各点的动压，然后求出截面平均风速。此外也可用性能稳定的热线风速仪或热球风速仪直接测量风速，求出平均风速后利用公式求出风量。当动压差小于 10Pa 时，推荐用风速仪。

1）检测要求：

设备运行正常，当采用毕托管测量时，毕托管的直管必须垂直管壁，毕托管的测头应正对气流方向且与风管的轴线平行。测量过程中应保证毕托管与微压计的连接软管通畅、无漏气。

2）风管检测截面位置确定：

为了准确测定风管内的平均流速首先要正确地选择测定截面和确定测点数。

风量测量截面应选择在机组出口或入口直管段上，且测定截面应选在距上游局部阻力管件（如三通、弯头等）大于或等于 5 倍管径（或矩形风管长边尺寸）处，并距下游局部管件大于或等于 2 倍管径（或矩形风管长边尺寸）处。

测量时，每个测点应至少测量 2 次。当 2 次测量值接近时，应取 2 次测量的平均值作为测点的测量值。为确保检测的可重复性，每点风速检测应保证一定的测量时间，可采用一定时间的平均值作为测点的检测值。

3）风管测点布置：

检测截面内测点的位置和数目，主要根据风管形状而定，对于矩形风管，应将截面划分为若干个相等的小截面，并使各小截面尽可能接近于正方形，测点位于小截面的中心处，小截面的面积不得大于 0.05㎡。在圆形风管内测量平均速度时，应根据管径的大小，将截面分成若干个面积相等的同心圆环，每个圆环上测量 4 个点，且这 4 个点必须位于互相垂直的两个直径上。

① 矩形截面测点数及布置方法应符合图 9-9 及表 9-8 的规定：

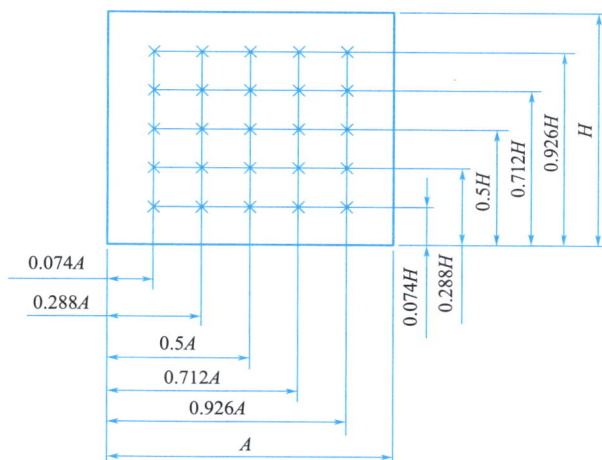

图 9-9　矩形风管 25 个测点时的测点布置

矩形截面测点位置　　　　　　　　　　　　　表 9-8

横线数或每条横线上的测点数目	测点	测点位置 X/A 或 X/H
5	1	0.074
	2	0.288
	3	0.500
	4	0.712
	5	0.926

横线数或每条横线上的测点数目	测点	测点位置 X/A 或 X/H
6	1	0.061
	2	0.235
	3	0.437
	4	0.563
	5	0.765
	6	0.939
7	1	0.053
	2	0.203
	3	0.366
	4	0.500
	5	0.634
	6	0.797
	7	0.947

注：1. 当矩形截面的纵横比（长短边比）小于 1.5 时，横线（平行于短边）的数目和每条横线上的测点数目均不宜少于 5 个。当长边大于 2m 时，横线（平行于短边）的数目宜增加到 5 个以上。

2. 当矩形截面的纵横比（长短边比）大于或等于 1.5 时，横线（平行于短边）的数目宜增加到 5 个以上。

3. 当矩形截面的纵横比（长短边比）小于或等于 1.2 时，也可按等截面划分小截面，每个小截面边长宜为 200～250mm。

② 圆形截面测点数及布置方法应符合图 9-10 及表 9-9 的规定：

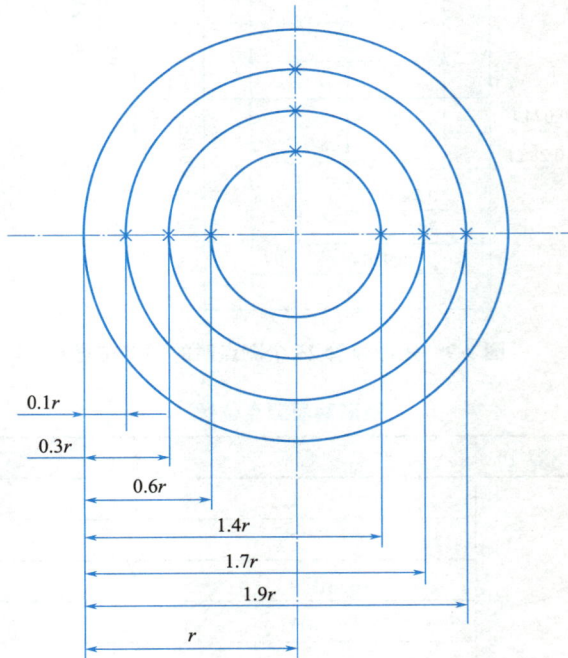

图 9-10　圆形风管 3 个圆环时的测点布置

圆形截面测点位置　　　　　　　　　　　　　　　　表 9-9

风管直径	≤200mm	(200～400)mm	400～700mm	≥700mm
圆环个数	3	4	5	5～6
测点编号	测点到管壁的距离(r 的倍数)			
1	0.10	0.10	0.05	0.05
2	0.30	0.20	0.20	0.15
3	0.60	0.40	0.30	0.25
4	1.40	0.70	0.50	0.35
5	1.70	1.30	0.70	0.50
6	1.90	1.60	1.30	0.70
7		1.80	1.50	1.30
8		1.90	1.70	1.50
9			1.80	1.65
10			1.95	1.75
11				1.85
12				1.95

4）记录所测空气温度和当时大气压力，大气压力的检测应符合下列规定：

① 大气压力检测的测点布置应将大气压力测试装置放置于当地测点水平处，保持与测试环境充分接触，并不受外界相关因素干扰。

② 应在测试环境稳定后，对仪表进行读值。

③ 大气压力检测的数据处理应取两次测试值的平均值作为测试结果。

（5）数据处理

平均动压计算应取各点测点的算术平均值作为平均动压。当各测点数据变化较大时，应按式（9-10）计算动压的平均值：

$$P_v = \left(\frac{\sqrt{P_{v1}} + \sqrt{P_{v2}} + \cdots + \sqrt{P_{vn}}}{n} \right)^2 \qquad (9-10)$$

式中，　　　P_v——平均动压（Pa）；

P_{v1}、P_{v2}…P_{vn}——各测点的动压（Pa）。

风管内部风量的计算公式为：

$$L = 3600 \cdot \overline{v} \cdot F \qquad (9-11)$$

式中，L——风量（m³/h）；

　　　$\overline{v}$——风管内的平均风速（m/s）；

　　　F——测定截面面积（m²）。

当使用毕托管测得的直接数据是动差压，需要通过伯努利公式换算成风速，按式（9-12）和式（9-13）计算。

$$v = k \sqrt{\frac{2\Delta p}{e}} \qquad (9-12)$$

$$\rho = 0.0349B/(273.15 + T) \qquad (9\text{-}13)$$

式中，k——测量装置系数；

　　Δp——动差压（Pa）；

　　ρ——空气密度（kg/m³）；

　　B——大气压力（kPa）；

　　T——空气温度（℃）。

风速仪法

采用数字式风速计测量风量时，断面平均风速应取算术平均值；机组或系统实测风量应按式（9-15）计算。

（6）记录报告

检测报告应至少包括下列内容：

1）委托单位、检测单位；

2）依据的标准；

3）系统描述：系统名称、编号、风管尺寸、系统风量、设计全压/静压/机外余压、输入功率；

4）检测结果：测点编号、读数；

5）测点布置图。

（7）常见问题

毕托管测试系统风量要求测试截面选在气流比较均匀稳定的地方。但当条件受到限值时，与局部阻力构件的距离可适当缩短。当静压箱前后均有直管段可作为测试截面时，发现测试截面选择在静压箱前后，对测试结果有一定的影响。

4. 风口风量检测

（1）基本原理

风口风量检测一般采用风口风速法和风量罩法，常用仪器有热球式风速仪、叶轮式风速仪和风量罩等。风量罩主要由三个部分构成：风量罩体、基座、显示装置。风量罩体主要用于采集风量，单一气体检测仪将风汇集至基础上的风速均匀器上，利用风速均匀上的风压传感器将风速的变化反映出来，再根据基底的尺寸将风量计算出来。

（2）方法标准

检测标准：《采暖通风与空气调节工程检测技术规程》JGJ/T 260—2011；

判定标准：《建筑节能工程施工质量验收标准》GB 50411—2019。

（3）检测仪器

风口风量检测仪器设备见表9-10。

风口风量检测仪器设备　　　　　　　　　　　　　　　　　　　表 9-10

序号	名称	精度
1	热球式风速仪	0.5m/s
2	叶轮式风速仪(图 9-11)	0.5m/s
3	风量罩(图 9-12)	5%(测量值)

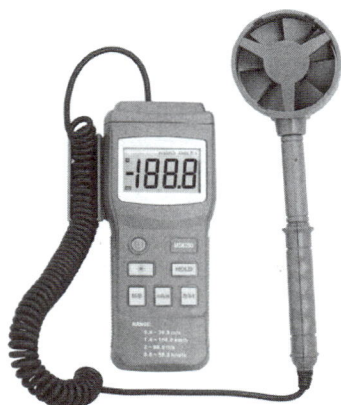

图 9-11　叶轮式风速仪

图 9-12　风量罩

（4）检测步骤

1）风口风速法：

① 检测要求

a. 当风口面积较大时，可用定点测量法，测点不应少于 5 个，测点布置如图 9-13（a）所示；

b. 当风口为散流器风口时，测点布置如图 9-13（b）所示。

② 具体步骤

a. 应根据设计图纸绘制风口平面布置图，对各房间风口进行统一编号；

b. 当风口为格栅或网格风口时，可用叶轮式风速仪紧贴风口平面测定风速；

c. 当风口为条缝形风口或风口气流有偏移时，应临时安装辅助风管，辅助风管的截面尺寸应与风口内截面尺寸相同，长度不小于 2 倍风口边长；利用辅助风管将待测风口罩住，保证无漏风；在辅助风管出口平面上，应按不少于 6 点测点均匀布置。

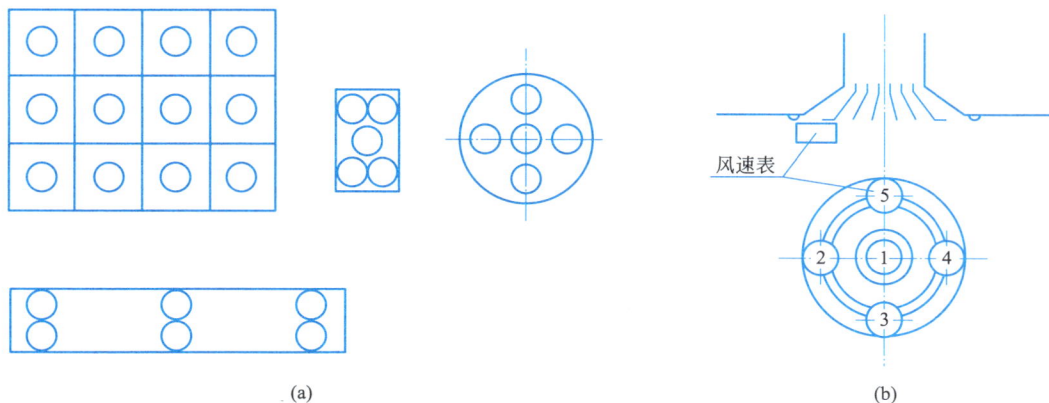

(a)　　　　　　　　　　　　　　　　　　　(b)

图 9-13　各种形式风口测点布置

（a）风口面积较大时测点布置；（b）风口为散流器时测点布置

2）风量罩法：

① 检测要求

当采用风量罩法时，根据待测风口的尺寸、面积，选择与风口的面积较接近的风量罩罩体，且罩体的长边长度不得超过风口边长长度的 3 倍；风口的面积不应小于罩体边界面积的 15%。

② 具体步骤

a. 应根据设计图纸绘制风口平面布置图，并对各房间风口进行统一编号。

b. 确定罩体的摆放位置来罩住风口，风口宜位于罩体的中间位置；保证无漏风。

c. 显示值稳定后记录读数，取三次读数平均值。

（5）数据处理

测量风口风速的计算公式为：

$$V = \frac{V_1 + V_2 + V_3 + \cdots\cdots + V_n}{N} \tag{9-14}$$

式中，V_1、V_2……V_n——各测点的风速（m/s）；

N、n——测点总数。

1）当采用风速计法时，以风口截面平均风速乘以风口截面积计算风口风量，风口截面平均风速为各测点风速测量值的算术平均值，应按式（9-15）计算：

$$L = 3600 \cdot V \cdot F \tag{9-15}$$

式中，F——送风口的外框面积（m^2）；

V——风口处测得的平均风速（m/s）。

2）当采用风量罩法时，观察仪表的显示值，待显示值趋于稳定后，所读风量值即为所测风口的风量值。

（6）记录报告

检测报告应至少包括下列内容：

1）委托单位、检测单位；

2）依据的标准；

3）风口描述：风口名称、编号、尺寸、设计风量；

4）检测结果：测点编号、读数。

（7）常见问题

1）当采用风量罩法时，应考虑是否需要进行背压补偿，当风量值不大于 1500m^3/h 时，无需进行背压补偿，所读风量值即为所测风口的风量值；当风量值大于 1500m^3/h 时，使用背压补偿挡板进行背压补偿，读取仪表显示值即为所测的风口补偿后风量值。

2）测试侧送风口时，应优先使用风速仪法，且必要时应制作辅助风管。

5. 冷冻水总流量、冷却水总流量、空调机组水流量检测

（1）基本原理

超声波流量计适于测量不易接触和观察的流体以及大管径流量。根据对信号检测的原理，超声波流量计大致可分传播速度差法（包括直接时差法、时差法、相位差法、频差法）、波束偏移法、多普勒法、相关法、空间滤波法及噪声法等。其中频差法和时差法（图 9-14）克服了声速随流体温度变化带来的误差，准确度较高，所以被广泛采用。

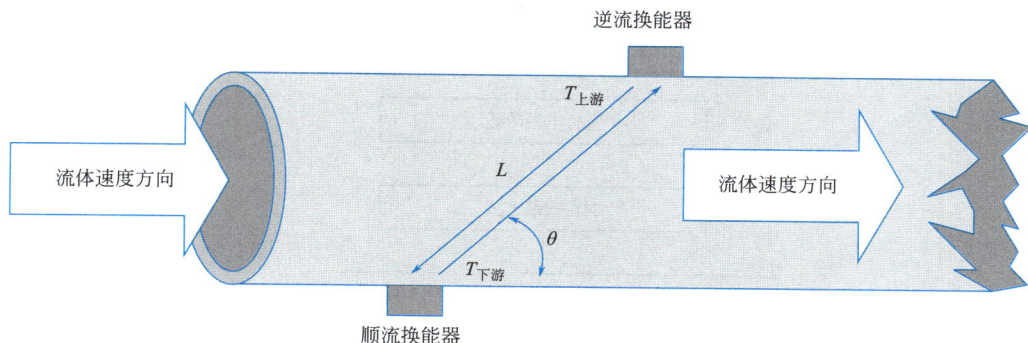

图 9-14　时差法超声波流量计原理示意

在图 9-14 中我们看到有两个换能器，顺流换能器和逆流换能器，两个换能器分别安装在流体管线的两侧并相距一定距离，超声波行走的路径长度为 L，超声波的传播方向与流体的流动方向夹角为 θ。由于流体流动的原因，超声波顺流传播 L 长度的距离所用的时间比逆流传播所用的时间短，其时间差与流体流速存在线性关系，这样通过观测超声波在介质中的顺流和逆流传播时间差来间接测量流体的流速，再通过流速来计算流量。

（2）方法标准

检测标准：《采暖通风与空气调节工程检测技术规程》JGJ/T 260—2011；

判定标准：《建筑节能工程施工质量验收标准》GB 50411—2019。

（3）检测仪器

水流量检测仪器设备见表 9-11。

水流量检测仪器设备　　　　　　　　　　　　　　　　　表 9-11

序号	名称	精度
1	超声波流量计（图 9-15）	5%（测量值）

（4）检测步骤

图 9-16 为超声波流量计安装流程。

1）超声波流量计在安装之前应了解现场情况，包括：

① 安装传感器处距主机距离为多少；

② 管道材质、管壁厚度及管径；

③ 管道年限；

④ 流体类型、是否含有杂质、气泡以及是否满管；

⑤ 流体温度；

⑥ 安装现场是否有干扰源（如变频、强磁场等）；

⑦ 主机安放处四季温度；

⑧ 使用的电源电压是否稳定；

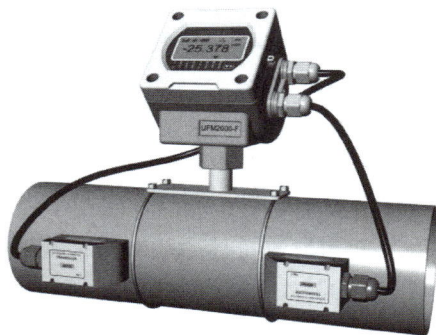

图 9-15　超声波流量计

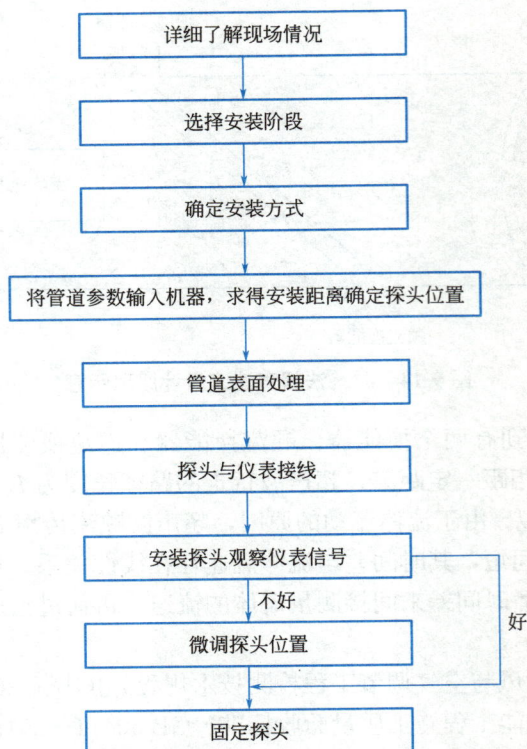

图 9-16　超声波流量计安装流程

　　⑨ 是否需要远传信号及种类。

　　2）选择安装管段对测试精度影响很大，所选管段应避开干扰和涡流这两种对测量精度影响较大的情况，一般选择管段应满足下列条件：

　　① 避免在水泵、大功率电台、变频，即有强磁场和振动干扰处安装机器；

　　② 选择管材应均匀致密，易于超声波传输的管段；

　　③ 要有足够长的直管段，安装点上游直管段必须要大于 10D（D 为直径），下游要大于 5D；

　　④ 安装点上游距水泵应有 30D 距离；

　　⑤ 流体应充满管道；

　　⑥ 道周围要有足够的空间便于现场人员操作。

　　3）超声波流量计一般有两种探头安装方式，即 Z 法和 V 法。通常情况下：

　　管径 D＞200mm 时选用 Z 法；

　　管径 D＜200mm 时选用 V 法；

　　但是，当 D 小于 200mm 而现场情况为下列条件之一者，也可采用 Z 法安装：

　　① 当被测量流体浊度高，用 V 法测量收不到信号或信号很弱时；

　　② 当管道内壁有衬里时；

　　③ 当管道使用年限太长且内壁结垢严重时；

　　对于管道条件较好者，即使 D 稍大于 200mm，为了提高测量精度，也可采用 V 法安装。

4）求得安装距离，确定探头位置

① 将管道参数输入仪表，选择探头安装方式，得出安装距离；

② 在水平管道上，一般应选择管道的中部，避开顶部和底部（顶部可能含有气泡、底部可能有沉淀）；

③ V法安装：先确定一个点，按安装距离在水平位置量出另一个点；

④ Z法安装：先确定一个点，按安装距离在水平位置量出另一个点，然后测出此点在管道另一侧的对称点。

5）管道表面处理

确定探头位置之后，在两安装点±100mm范围内，使用角磨砂轮机、锉、砂纸等工具将管道打磨至光亮平滑无蚀坑。

要求：光泽均匀，无起伏不平，手感光滑圆润。需要特别注意，打磨点要求与原管道有同样的弧度（切忌将安装点打磨成平面），用酒精或汽油等将此范围擦净，以利于探头粘结。

6）在传感器底面均匀地涂抹耦合剂，放置在管道上，然后观察仪表的信号强度与传输时间比，如发现不好，需细微调整探头位置，直到仪表的信号达到规定的范围之内。

7）读取示值并做记录。

超声波流量计安装示意如图9-17所示。

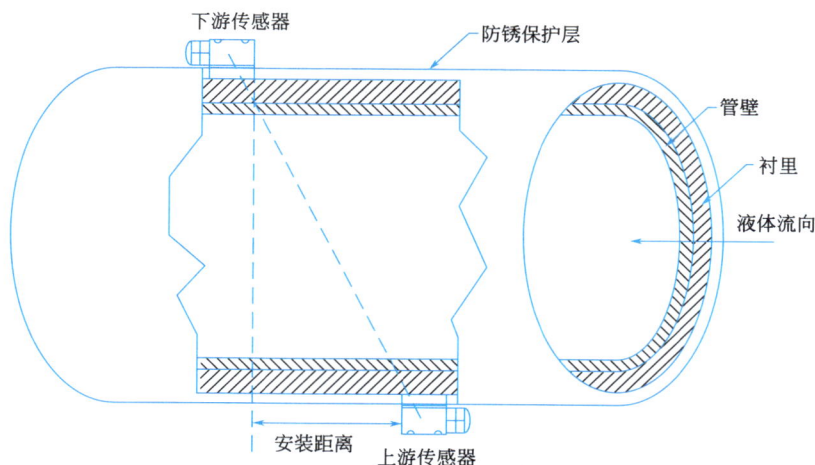

图9-17　超声波流量计安装示意

（5）记录报告

检测报告应至少包括下列内容：

1）委托单位、检测单位；

2）依据的标准；

3）测试方法：测试模式、所选传感器型号、探头设置距离、管内流体介质温度；

4）管道情况：管道材料、管道尺寸、设计流量；

5）检测结果：信号强度、实测值。

（6）常见问题

超声波以其可靠性高、准确度高的优点，在流体的测量中占有重要地位。但要充分发挥其计量优势，在应用过程中必须充分考虑环境因素对计量结果的影响。

1）流量计的流量测量范围由被测流体的实际流速确定。不同的流体介质其实际流速也有所区别，用户应验证超声波流量计规定的使用范围是否能满足被测流体流量的测量要求。

2）受到诸多外部因素的影响，超声波流量计在工作过程中可能会出现一定的误差，如果外部干扰频率与其工作频率基本一致，那么会降低传输的效率和精度，最终测量的流量结果准确性降低。因此在具体设计与安装过程中需要考虑到上述因素，使得流场条件保持较高的稳定性。

3）必须重视超声流量计的维护与检测工作，检测故障情况，针对存在的异常问题进行分析和处理；清理超声换能器表面的杂质，此外还需要对其他的部件进行检测分析。一般需要每年对超声波流量计进行检定，检定周期最大为 2 年，否则无法保证其处于正常的工作状态。

6. 平均照度与照明功率密度检测

（1）基本原理

1）照度：单位受光面积内的光通量，lx。

2）照明功率密度（LPD）：单位建筑使用面积的照明总安装功率密度（W/m^2），是建筑照明的评价指标。

3）单位建筑使用面积：是指房间使用的面积（m^2），不包括公共使用的面积。

4）总安装功率：是指照明系统的总安装功率，它包括所采用光源的功率镇流器、限流器、照明控制器的全部功率，室内照明安装功率应以室内最大功率（W）的照明作为基准计算。

（2）方法标准

检测标准：《照明测量方法》GB/T 5700—2008、《公共建筑节能检测标准》JGJ/T 177—2009；

判定标准：《建筑节能工程施工质量验收标准》GB 50411—2019、《建筑照明设计标准》GB 50034—2013 中提出照明功率密度的要求（表 9-12）。

办公室建筑照明功率密度及对应照度 表 9-12

房间或场所	照明功率密度（W/m^2）		对应照度（lx）
	现行值	目标值	
普通办公室	11	9	300
高档办公室	18	15	500
会议室	11	9	300
营业厅	13	11	300
文件整理、复印、发行室	11	9	300
档案室	8	7	200

（3）检测仪器

照明检测仪器设备见表9-13。

照明检测仪器设备　　　　　　　　　　　　　　　　　　　表 9-13

序号	名称	精度
1	（光）照度计	不低于一级
2	功率计	不低于1.5级

（4）检测步骤

1）检测要求

① 照明照度测量测点的间距一般在0.5～10m选择；

② 照度测量宜采用矩形网格。

2）具体步骤

① 照度检测

a. 中心布点法

在照度测量的区域一般将测量区域划分成矩形网格，网格宜为正方形，应在矩形网格中心点测量照度，如图9-18所示。该布点方法适用于水平照度、垂直照度或摄像机方向的垂直照度的测量，垂直照度应标明照度的测量面的法线方向。

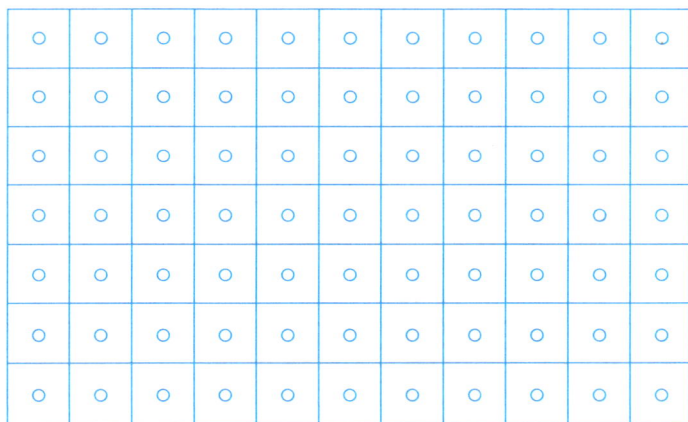

○——测点。

图 9-18　在网格中心布点示意

b. 四角布点法

在照度测量的区域一般将测量区域划分成矩形网格，网格宜为正方形，应在矩形网格4个角点上测量照度，如图9-19所示。该布点方法适用于水平照度、垂直照度或摄像机方向的垂直照度的测量，垂直照度应标明照度的测量面的法线方向。

② 测点位置、高度和推荐测量间距

a. 居住建筑室内照度测点位置、高度及推荐测量间距应符合表9-14的规定；

b. 图书馆建筑室内照度测点位置、高度及推荐测量间距应符合表9-15的规定；

c. 办公建筑室内照度测点位置、高度及推荐测量间距应符合表9-16的规定；

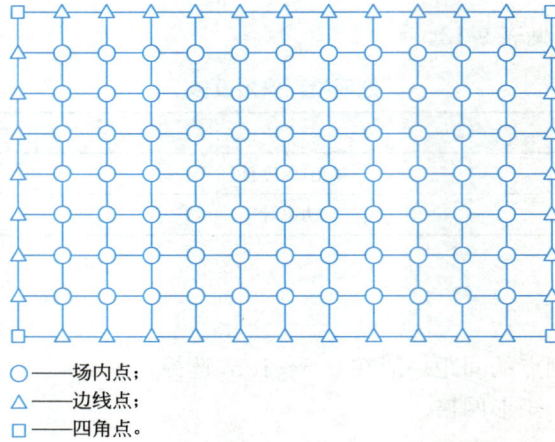

○——场内点；
△——边线点；
□——四角点。

图9-19 在网格四角布点示意图

居住建筑照明测量 表 9-14

房间或场所		照度测点高度	照度测点间距
起居室	一般活动	地面水平面	1.0m×1.0m
	书写、阅读	0.75m 水平面	
卧室	一般活动	地面水平面	1.0m×1.0m
	床头、阅读	0.75m 水平面	
餐厅		0.75m 水平面	1.0m×1.0m
厨房	一般活动	地面水平面	1.0m×1.0m
	操作台	台面	0.5m×0.5m
卫生间		0.75m 水平面	1.0m×1.0m

图书馆建筑照明测量 表 9-15

房间或场所	照度测点高度	照度测点间距
阅览室	0.75m 水平面	2.0m×2.0m 4.0m×4.0m
陈列室、目录室、出纳室	0.75m 水平面	2.0m×2.0m
书库	地面水平面 书架垂直面	2.0m×2.0m 4.0m×4.0m
工作间	0.75m 水平面	2.0m×2.0m

办公建筑照明测量 表 9-16

房间或场所	照度测点高度	照度测点间距
办公室	0.75m 水平面	2.0m×2.0m 4.0m×4.0m
会议室	0.75m 水平面	2.0m×2.0m

续表

房间或场所	照度测点高度	照度测点间距
接待室、前台	0.75m 水平面	2.0m×2.0m 4.0m×4.0m
营业厅	0.75m 水平面	2.0m×2.0m
设计室	0.75m 水平面	2.0m×2.0m
文件整理复印发行	0.75m 水平面	2.0m×2.0m
资料档案	0.75m 水平面	2.0m×2.0m

注：大会议室和大会堂的主席台水平照度测量高度0.75m，垂直照度测量高度1.2m。

d. 商业建筑室内照度测点位置、高度及推荐测量间距应符合表 9-17 的规定；

e. 影剧院（礼堂）建筑室内照度测点位置、高度及推荐测量间距应符合表 9-18 的规定；

f. 旅馆建筑室内照度测点位置、高度及推荐测量间距应符合表 9-19 的规定；

g. 公用区照度测点位置、高度及推荐测量间距应符合表 9-20 的规定。

商业建筑照明测量　　　　表 9-17

房间或场所		照度测点高度	照度测点间距
营业厅 （传统的大面积）		0.75m 水平面	2.0m×2.0m 4.0m×4.0m 5.0m×5.0m 10.0m×10.0m
仓储式营业厅	通道	地面	通道中心线,间隔 2.0～4.0m
	货柜	垂直面	间距与通道测点对应,上、中、下各一点
收款台		台面	0.5m×0.5m

影剧院（礼堂）建筑照明测量　　　　表 9-18

房间或场所		照度测点高度	照度测点间距
营业厅 （传统的大面积）		0.75m 水平面	2.0m×2.0m 4.0m×4.0m 5.0m×5.0m 10.0m×10.0m
仓储式营业厅	通道	地面	通道中心线,间隔 2.0～4.0m
	货柜	垂直面	间距与通道测点对应,上、中、下各一点
收款台		台面	0.5m×0.5m
观众厅		0.75m 水平面	2.0m×2.0m 4.0m×4.0m 5.0m×5.0m

续表

房间或场所		照度测点高度	照度测点间距
观众休息厅		地面	2.0m×2.0m 4.0m×4.0m 5.0m×5.0m
排演厅		0.75m 水平面	2.0m×2.0m 4.0m×4.0m 5.0m×5.0m
化妆室	一般活动	0.75m 水平面	2.0m×2.0m
	化妆台	台面	0.5m×0.5m
卫生间		0.75m 水平面	2.0m×2.0m
（礼堂）主席台		0.75m 水平面 1.20m 垂直面	2.0m×2.0m

注：观众厅照度测点高度应等于或高于座椅背，表中测点高度为推荐高度，可适当调整。

旅馆建筑照明测量 表 9-19

房间或场所		照度测点高度	照度测点间距
客房	一般活动	0.75m 水平面	1.0m×1.0m
	床头		0.5m×0.5m
	写字台	台面	0.5m×0.5m
	卫生间	0.75m 水平面	1.0m×1.0m
餐厅		0.75m 水平面	2.0m×2.0m 4.0m×4.0m
多功能厅	一般活动	0.75m 水平面	1.0m×1.0m
	主席台	0.75m 水平面 1.20m 水平面	2.0m×2.0m
总服务台		0.75m 水平面	1.0m×1.0m
门厅、休息厅		地面	2.0m×2.0m 4.0m×4.0m
客房层走廊		地面	走廊中心线， 间隔 2.0m
厨房	一般活动	0.75m 水平面	2.0m×2.0m
	操作台	台面	0.5m×0.5m
洗衣房		0.75m 水平面	2.0m×2.0m 4.0m×4.0m

公用区照明测量

表 9-20

房间或场所	照度测点高度	照度测点间距
门厅、流动区域	地面	5.0m×5.0m 2.0m×2.0m
走廊、楼梯、自动扶梯	地面	中心线,间隔 2.0～4.0m
休息室、洗漱室、卫生间、浴室	地面 0.75m 台面 1.5m 镜前(垂直)	1.0m×1.0m 2.0m×2.0m 4.0m×4.0m
电梯前厅、储藏室	地面	
车库、仓库	地面	2.0m×2.0m 4.0m×4.0m

③ 功率密度的检测应按下列方法进行：

a. 供电回路中混有其他用电设备时，测量时应断开其他用电设备；当其他用电设备无法断开时，可分别测量开启全部设备和只开启非照明设备时的功率，两次测量的差值为被测照明系统的功率。

b. 当供电回路为多个房间或场所的照明系统供电时，各房间或场所照明系统的功率可在关闭其他房间或场所照明系统的情况下对该房间或场所的功率进行测量，也可根据其照明安装功率占所在回路总安装功率的比例，乘以回路的实测功率得到。

c. 在上述测量方式无法实现时，可采用单灯法逐一测试房间或场所内单个或一组的灯具功率，再累加计算房间或场所的照明总功率。

（5）数据处理

1）照度的计算

① 中心布点法的平均照度按式（9-16）计算：

$$E_{av} = \frac{1}{M \cdot N} \sum E_i \tag{9-16}$$

式中，E_{av}——平均照度（lx）；

　　　E_i——在第 i 个测点上的照度（lx）；

　　　M——纵向测点数（个）；

　　　N——横向测点数（个）。

② 四角布点法的平均照度按式（9-17）计算：

$$E_{av} = \frac{1}{4MN}\left(\sum E_\theta + 2\sum E_0 + 4\sum E\right) \tag{9-17}$$

式中，E_{av}——平均照度（lx）；

　　　M——纵向网格数（个）；

　　　N——横向网格数（个）；

　　　E_θ——测量区域四个角处的测点照度（lx）；

　　　E_0——除平均照度外，四条外边上的测点照度（lx）；

263

E——四条外边以内的测点照度（lx）。

2）实际照明功率密度 LPD 值的计算方法：LPD 为单位面积的照明实际消耗（总装机）的功率，包括光源、镇流器或变压器的功率，由式（9-18）计算得出。

$$LPD = \frac{\sum P_i}{S} \tag{9-18}$$

式中，LPD——照明功率密度（W/m^2）；

      P_i——被测量照明场所中的第 i 单个照明灯具的输入功率（W）；

      S——被测量照明场所的面积（m）。

（6）记录报告

检测报告应至少包括下列内容：

1）委托单位、检测单位；

2）依据的标准；

3）环境状况：温湿度；

4）光环境状况：照度设计值、光源个数、光源种类/品牌、光源功率、场所面积、照明总功率；

5）测点示意图；

6）检测结果：测点号、实测值。

（7）常见问题

1）环境温度对测量结果的影响。照度计的指示值是在要求较高的计量室中标定并校正的，当实际使用的环境温度与标定条件相差很大时，要考虑对照度计的指示值进行修正。修正系数与照度计所使用的光探测器、电路特性和表头电阻有关。

2）湿度对测量结果的影响。湿度对照度计最灵敏挡的低照度测量影响很大，因此要求照度计的光度头要有较好的密封性能。长期不用也应每隔一段时间通一次电。

3）疲劳对测量结果的影响。如发现照度计显示超量程，应及时换挡或关闭照度计。超量程使用会使光电探测器造成疲劳与老化。

4）确定测试面位置。计算光源到测试点的距离时，须知照度计的测试面位置，它不与光探测器的光接收面重合，而与余弦修正器的表面形状有关。若余弦修正器是平板状，则测试面为余弦修正器向外的表平面；若余弦修正器是球冠状、曲面状，测试面可能在光接收面，和余弦修正器的前端面之间的某个截面上。

5）新建的照明设施的白炽灯应点燃 30min 之后再测量与记录。灯的光通量会随着电压的变化而波动，白炽灯尤为显著，所以测量中需要记录照明电源的电压值，必要时根据电压偏差进行光通量的修正。

7. 太阳能热水系统热性能检测

8. 太阳能光伏系统检测

13.
太阳能光伏
系统检测

思考题

1. 温湿度传感器如何避免太阳光直接照射？
2. 采用瞬时温湿度计时，对同一测点如何确保每次检测均在同一位置上？
3. 测试断面选在静压箱前置管段时，因气流分布不均匀导致测量误差，应如何尽可能减少此种误差。
4. 测压孔堵塞时，如何快速修复？
5. 全压、动压及静压三者之间的关系？
6. 什么类型的风口适合用风量罩法？什么类型的风口适合用风速仪法？
7. 超声波流量计使用时的影响因素有哪些？
8. 超声波流量计的安装位置有哪些要求？
9. 节能检测中，照度和功率密度检测场所是否应为同一场所？为什么？
10. 照度检测宜在晚上进行，为什么？
11. 在风盘供热量测试时，为什么风侧和水侧热量的平衡误差容易超过5%？
12. 测试太阳能集热器效率时，为什么进出口水温波动比较大？
13. 简述太阳能光伏系统检测中光电转化效率测量参数及判定指标。
14. 太阳能光伏系统光电转换效率检测与组件光电转换效率检测有何异同？
15. 距离地面不同高度的位置取样，是否会影响芯样的检测结果。
16. 芯样的取样位置是否可以在施工连接缝隙处，为什么？

第十章

基坑监测技术

知识目标

1. 了解哪些情况需要基坑监测；
2. 熟悉基坑监测方法及步骤；
3. 掌握基坑监测方案编写方法；
4. 掌握监测点埋设方法及其注意事项；
5. 掌握基坑监测现场量测的方法及数据处理。

能力目标

1. 能进行基坑监测点布设及现场量测、数据处理及反馈、自动化监测与比对测量；
2. 具备基坑监测数据分析处理、出具报告的能力。

素质目标

培养学生安全风险意识、科学严谨、认真细致、数据说话。

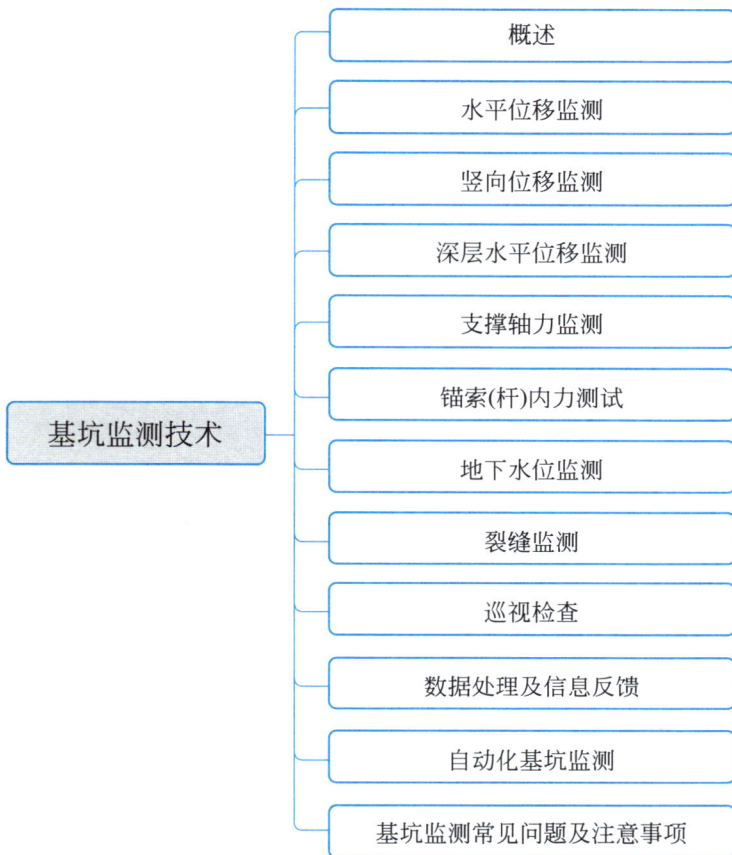

思维导图

```
                              ┌─────────────────────────┐
                              │         概述            │
                              ├─────────────────────────┤
                              │      水平位移监测        │
                              ├─────────────────────────┤
                              │      竖向位移监测        │
                              ├─────────────────────────┤
                              │    深层水平位移监测      │
                              ├─────────────────────────┤
                              │      支撑轴力监测        │
                              ├─────────────────────────┤
                              │    锚索(杆)内力测试      │
         ┌─────────────┐      ├─────────────────────────┤
         │ 基坑监测技术 │──────│      地下水位监测        │
         └─────────────┘      ├─────────────────────────┤
                              │        裂缝监测          │
                              ├─────────────────────────┤
                              │        巡视检查          │
                              ├─────────────────────────┤
                              │    数据处理及信息反馈    │
                              ├─────────────────────────┤
                              │     自动化基坑监测       │
                              ├─────────────────────────┤
                              │ 基坑监测常见问题及注意事项 │
                              └─────────────────────────┘
```

第一节　概述

　　随着城市化发展，隧道、地下空间、城市轨道交通也得到很大发展，深基坑工程也越来越多。对周边环境复杂的深基坑工程实施监测是确保基坑安全、支护结构安全及周边环境安全的重要措施。基坑开挖深度越深，对周边环境的影响越大，同时，周边环境也对基坑安全有着很大影响，因此基坑工程的安全性与周边环境及岩土工程条件的复杂性相关。

　　1. 实施基坑工程监测的基坑

　　（1）基坑设计安全等级为一、二级的基坑；

　　（2）开挖深度≥5m 的基坑：1）土质基坑；2）极软岩基坑，破碎的软岩基坑、极破碎的岩体基坑；3）上部为土体，下部为极软岩；破碎的软岩；极破碎的岩体构成的土岩组合基坑。

　　（3）开挖深度＜5m，但现场地质情况和周围环境较复杂的基坑。

2. 监测单位的要求

基坑工程施工前，应由建设方委托具备相应能力的第三方对基坑工程实施现场监测。

基坑工程需同步开展施工监测和第三方监测工作，第三方监测是对施工监测的验证和补充，第三方监测不能取代施工监测。

监测单位应编制监测方案，监测方案由监测单位技术负责人审核盖章后报送监理单位审批后方可实施。

监测单位应按照监测方案开展监测，及时向建设单位报送监测成果，并对监测成果负责；发现异常时，及时向建设、设计、施工、监理单位报告，建设单位应当立即组织相关单位采取处置措施。

3. 监测工作步骤

（1）接受委托；

（2）现场踏勘，收集资料；

（3）制定监测方案；

（4）基准点、工作基点、监测点布设和验收；

（5）现场巡查与监测；

（6）监测数据整理、分析，提交监测日报表，阶段性监测报告；

（7）监测总结报告。

4. 方案编制内容

（1）工程概况；

（2）监测目的和依据；

（3）监测内容和项目；

（4）基准点、工作基点和监测点布设和保护；

（5）监测方法及精度，仪器设备；

（6）监测期限、监测频率和监测报警值；

（7）数据处理、分析和信息反馈；

（8）监测成果或监测报告的主要内容；

（9）监测报警和异常情况下的监测措施；

（10）监测项目和组织架构及人员配备；

（11）监测工作的质量安全措施及其他相关内容；

（12）附图、附表。

基坑工程的监测项目应与设计、施工方案相匹配。当基坑工程设计或施工有重大变更时，委托方应及时通知监测单位相应调整监测方案，见表 10-1 和表 10-2。

土质基坑工程仪器监测项目表　　　　　　　　　　　　　表 10-1

监测项目	基坑工程安全等级		
	一级	二级	三级
围护墙（边坡）顶部水平位移	应测	应测	应测
围护墙（边坡）顶部竖向位移	应测	应测	应测
深层水平位移	应测	应测	宜测

续表

监测项目		基坑工程安全等级		
		一级	二级	三级
立柱竖向位移		应测	应测	宜测
围护墙内力		宜测	可测	可测
支撑轴力		应测	应测	宜测
立柱内力		可测	可测	可测
锚杆轴力		应测	宜测	可测
坑底隆起		可测	可测	可测
围护墙侧向土压力		可测	可测	可测
孔隙水压力		可测	可测	可测
地下水位		应测	应测	应测
土体分层竖向位移		可测	可测	可测
周边地表竖向位移		应测	应测	宜测
周边建筑	竖向位移	应测	应测	应测
	倾斜	应测	宜测	可测
	水平位移	宜测	可测	可测
周边建筑裂缝、地表裂缝		应测	应测	应测
周边管线	竖向位移	应测	应测	应测
	水平位移	可测	可测	可测
周边道路竖向位移		应测	宜测	可测

岩体基坑工程仪器监测项目表　　　　　　　　　表 10-2

监测项目		基坑设计安全等级		
		一级	二级	三级
坑顶水平位移		应测	应测	应测
坑底竖向位移		应测	宜测	可测
锚杆轴力		应测	宜测	可测
地下水、渗水与降雨关系		宜测	可测	可测
周边地表竖向位移		应测	宜测	可测
周边建筑	竖向位移	应测	宜测	可测
	倾斜	宜测	可测	可测
	水平位移	宜测	可测	可测
周边建筑裂缝、地表裂缝		应测	宜测	可测
周边管线	竖向位移	应测	宜测	可测
	水平位移	宜测	可测	可测
周边道路竖向位移		应测	宜测	可测

5. 基坑监测标准

（1）《建筑基坑工程监测技术标准》GB 50497—2019。

（2）《建筑基坑施工监测技术标准》DBJ/T 15—162—2019。

（3）《基坑工程自动化监测技术规范》DBJ/T—185—2020。

（4）《工程测量标准》GB 50026—2020。

（5）《建筑变形测量规范》JGJ 8—2016。

第二节 水平位移监测

1. 水平位移监测方法和仪器设备要求

（1）水平位移监测可根据现场条件选用小角法、极坐标法或前方交会法等，水平位移监测观测等级不宜低于三等。

（2）仪器设备要求：

1）经纬仪的精度要求：一测回水平方向角度中误差应不大于 $2''$，水平读数最小值应小于 $1''$；测量工作温度 $-20℃～+50℃$。

2）全站仪的精度要求：一测回水平方向角度中误差应不大于 $2''$，测距精度达到 2mm+2ppm 以上；测量工作温度 $-20℃～+50℃$。

2. 水平位移基准（网）点的布设

基准点应选在变形影响区域之外稳固的位置；每个工程至少应有 3 个基准点；大型工程项目，水平位移基准点应采用带有强制归心装置的观测墩，工作基点应选在比较稳定且方便使用的位置；对于通视条件好的小型工程，可不设工作基点，可在基准点上直接测定位移监测点。

基准点可在场地外围不受施工影响的稳固处（浅埋式）布设。

3. 水平位移基准（网）点的观测

水平位移基准（网）点观测采用交会法、极坐标法进行测量，监测过程中需定期（1个月）复测或校核。水平位移基准网观测参照《建筑变形测量规范》JGJ 8—2016 中的主要技术要求，水平位移基准网的主要技术指标参见表 10-3。

水平位移监测基准网的主要技术指标　　　　　　　　　　　　　　表 10-3

等级	一测回水平方向标准（"）	边长（m）	测距中误差（"）
一等	≤0.5	≤300	≤1mm+1ppm
二等	≤1.0	≤500	≤1mm+2ppm
三等	≤2.0	≤800	≤2mm+2ppm
四等	≤2.0	≤1000	≤2mm+2ppm

4. 基准点/工作基点稳定性复核

基准网在施工过程中宜 1 月复测 1 次。当发现基准点有可能变动时，应立即进行复测。当监测中多数监测点监测成果出现异常，或受到地震、洪水、爆破等外界影响时，应立即进行复测。复测后，应对基准点的稳定性进行分析。

位移基准点的测量可采用全站仪边角测量、边角后方交会以及卫星导航定位测量等方法。

基准点首期测量及复测后，应进行数据处理，获得各期基准点的平面坐标，对两期及以上的变形测量，应根据测量结果对基准点的稳定性进行检验分析。

当水平位移观测、基坑监测设置了不少于 3 个位移基准点，以通过比较平差后基准点的坐标值对基准点的稳定性进行分析判断。对于大型基坑设置的基准点数多于 4 个，宜通过统计检验的方法进行稳定性分析，找出变动显著的基准点。

对于不稳定的基准点的处理，应进行现场勘察分析，若确认其不宜继续作为基准点，应予以舍弃，并应及时补充布设新基准点。

检查分析与不稳定基准点有关的各期变形测量成果，应剔除不稳定基准点的影响后，重新进行数据处理。处理结果及时反馈，并在监测报告中说明。

5. 监测点布设原则

（1）围护墙或基坑顶部的水平和竖向位移监测点宜共用监测点，应沿基坑周边布设在基坑各侧边中部、阳角处，邻近被保护对象的部位应布设监测点。监测点水平间距不宜大于 20m，每边监测点数不宜少于 3 个。

（2）在围护结构上埋设工作基点和监测点时，首先布设工作基点测墩，在建立好工作基点测墩后，将仪器架设在工作基点墩上，沿基坑边布设水平位移监测点，监测点位置必须选择在通视处，需避开基坑边的安全栏杆，又不会影响施工，且便于保护。

水平位移监测点与桩（墙）顶竖向位移监测点宜共用监测点。

（3）基坑外 1～3 倍的基坑开挖深度范围内的周边建筑物水平位移监测点应布置在建筑的外墙墙角、外墙中间部位的墙上或柱上，裂缝两侧以及其他有代表性的部位，每侧墙体不宜少于 3 点。

6. 监测方法及精度要求

（1）水平位移的技术要求和观测方法：可采用视准线小角法、极坐标法、交会法、自由设站法。

（2）采用小角法观测时，可按下述步骤进行：

1）在基坑监测区域一定距离以外布设测站点 A，可用工作基点作为测站点，如图 10-1 所示。

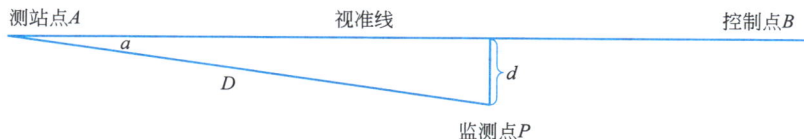

图 10-1　小角法观测示意

2）沿基坑边线延伸设置视准线，视准线应垂直于所测位移方向。水平位移监测点 P 应尽量与视准线在一条直线上，监测点 P 偏离视准线的偏角不应超过 $30'$。

3）沿视准线方向在基坑监测范围外选定一个控制点 B。测量测站点与各监测点的距离，测站点与监测点之间的距离符合《工程测量标准》GB 50026—2020 的规定。

4）观测前，应检查测站点 A 控制点 B 和监测点 P 的完整性，定期复核测站点和控制点的稳定性。

5）将仪器架设在测站点 A，用测回法观测 $\angle BAP$（α），观测回数应根据监测的精度要求和仪器、距离等因素确定，且不应少于 1 测回。

6）对监测数据进行初步分析，发现异常数据及时处理，必要时应进行复测。

（3）采用极坐标观测步骤：

1）在基坑外相对稳定的区域布设测站点 A，另选定一个控制点 B，构建极坐标系，各监测点 P 位于极轴的逆时针方向，如图 10-2 所示。测定测站点 A 与监测点 P 的距离。测站点与监测点的距离符合规范规定。

2）观测前，应检查测站点 A、控制点 B 和观测点 P 的完整性，定期复核测站点和控制点的稳定性。

3）将仪器架设在已知测站点 A，用测回法测量各监测点的观测角 $\angle BAP$，并测定测站点 A 与监测点 P 的距离，按每周期计算监测点坐标值，再以坐标差计算水平位移，或直接由两周期观测方向值之差计算坐标变化量确定水平位移。

4）用极坐标法进行水平位移监测时，测站点 A 应采用有强制对中装置的观测墩或其他固定照准标志，变形监测点可埋设安置反光镜或觇牌的强制对中装置。

5）对监测数据进行初步分析，发现异常数据及时处理，必要时应进行复测。

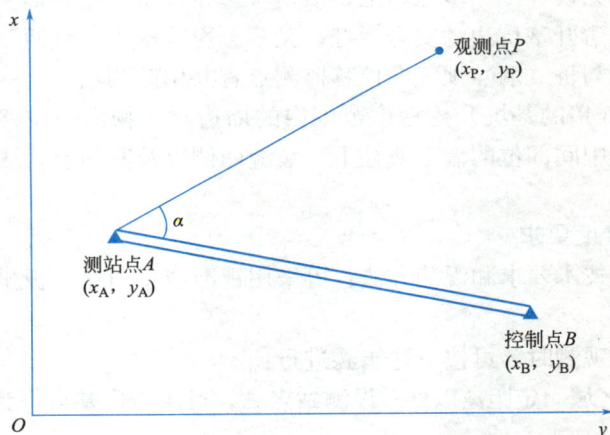

图 10-2　极坐标法观测示意

（4）采用前方交会法进行位移观测步骤：

1）在合适位置布设测站点和监测点，所选基线应与监测点组成最佳构形，交会角在 $60°\sim120°$ 之间。

2）分别将仪器架设在已知点 A、B 两站，观测测点 P，得到两个角的角度值，如图 10-3 所示。

3）根据 A、B 两点的坐标和 $\angle BAP$、$\angle ABP$ 计算得到观测点 P 的坐标，按每周期计算监测点坐标值，再以坐标差计算水平位移，或直接由两周期观测方向值之差计算坐标变化量确定水平位移。

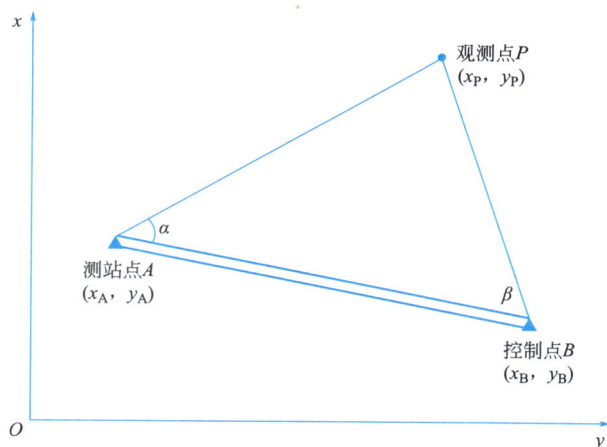

图 10-3　前方交会法观测示意

4）当采用边角交会时，应在 2 个测站上测定各监测点的水平角和水平距离；当仅采用测角或测边交会时，应至少在 3 个测站点上测定各监测点的水平角或水平距离。必要时应进行复测。

5）对监测数据进行初步分析，发现异常数据及时处理，必要时应进行复测。

7. 水平位移监测数据图表

（1）监测点位置图；

（2）监测成果表；

（3）水平位移曲线图。

第三节　竖向位移监测

1. 监测网构成

包括基准点、工作基点、监测点。

2. 控制（网）点的布设

（1）基准点应选在变形影响区域之外稳固的位置；每个工程至少应有 3 个基准点；大型工程项目，竖向位移基准点宜采用钻孔方式（深埋式）或在场地外围不受施工影响的稳固处（浅埋式），用双金属标或钢管标布设；

（2）工作基点应选在比较稳定且方便使用的位置；对于通视条件好的小型工程，可不设立工作基点，可在基准点上直接测定位移监测点；

（3）竖向位移基准点观测宜采用水准测量。对于三等或四等竖向位移观测的基准点观测，当不便采用水准测量时，可采用三角高程测量方法。

3. 基准点稳定性分析

竖向位移基准点复测后，对所有基准点应分别按两两组合，计算本期平差后的高差数与上期平差后高差数的差值。

当计算的所有高差差值均不大于按式（10-1）和式（10-2）计算的限差时，认为所有基准点稳定：

$$\delta = 2\sqrt{2}\sigma_{\mathrm{h}} \tag{10-1}$$

$$\sigma_{\mathrm{h}} = \sqrt{n}\mu \tag{10-2}$$

式中，δ——高差差值限差（mm）；

    μ——对应精度等级的测站高差中的误差（mm）；

    n——两个基准点之间的观测测站数。

当有差值超过限差时，应通过分析判断找出不稳定的点。

对于不稳定的基准点的处理，应进行现场勘察分析，若确认其不宜继续作为基准点，应予以舍弃，并应及时补充布设新基准点。

检查分析与不稳定基准点有关的各期变形测量成果，应剔除不稳定基准点的影响后，重新进行数据处理。处理结果及时反馈，并在监测报告中说明。

4. 监测点布设原则

（1）围护墙或基坑顶部的竖向位移监测点宜与水平位移监测点宜共用监测点，应沿基坑周边布设在基坑各侧边中部、阳角处，邻近被保护对象的部位应布设监测点。监测点水平间距不宜大于 20m，每边监测点数不宜少于 3 个。

（2）基坑外 1～3 倍的基坑开挖深度范围内需要保护的周边环境应作为监测对象，必要时应扩大监测范围。

（3）周边建筑竖向位移监测点的布置。

1）建筑四角、沿外墙每 10～15m 处或每隔 2～3 根柱的柱基或柱子上，且每侧外墙不应少于 3 个监测点；

2）不同地基或基础的分界处；3 个不同结构的分界处；

3）变形缝、抗震缝或严重开裂处的两侧；

4）新、旧建筑或高、低建筑交接处的两侧；

5）高耸构筑物基础轴线的对称部位，每一构筑物不应少于 4 点。

（4）周边管线监测点的布置。

1）应根据管线修建年份、类型、材质、尺寸、接口形式及现状等情况，综合确定监测点布置和埋设方法，应对重要的、距离基坑近的、抗变形能力差的管线进行重点监测；

2）监测点宜布置在管线的节点、转折点、变坡点、变径点等特征点和变形曲率较大的部位，监测点水平间距宜为 15～25m，并向基坑边缘以外延伸 1～3 倍的基坑开挖深度；

3）供水、煤气、供热等压力管线设置直接监测点，也可利用报警井、阀门、抽气口以及检查井等管线设备作为监测点，在无法埋设直接监测点的部位，可设置间接监测点；

4）地表竖向位移监测断面设在坑边中部或其他有代表性的部位，监测断面应与坑边垂直，每个监测断面上的监测点数量不少于 5 个。

5. 竖向位移观测方法

竖向位移监测点观测宜采用水准测量，对于三等或四等竖向位移基准点监测，当现场不宜采用水准测量时，可采用三角高程测量方法。

（1）水准测量

1）每次竖向位移观测前均应对基准点进行联测检校，确定其稳定后方可进行观测。基准点联测及竖向位移点观测均应组结成附合或闭合水准路线。

2）采用仪器：用电子水准仪或者精密自动安平水准仪配合铟钢尺进行观测，仪器标称精度应满足要求。

3）技术要求：按《建筑变形测量规范》JGJ 8—2016 中的技术要求施测。各项主要技术要求见表 10-4 和表 10-5。

数字水准仪观测要求　　　　　　　　　　　　　　　　　表 10-4

等级	视线长度（m）	前后视距差（m）	前后视距差累积(m)	视线高度（m）	重复测量次数（次）
一等	≥4 且≤30	≤1.0	≤3.0	≥0.65	≥3
二等	≥3 且≤50	≤1.5	≤5.0	≥0.55	≥2
三等	≥3 且≤75	≤2.0	≤6.0	≥0.45	≥2
四等	≥3 且≤100	≤3.0	≤10.0	≥0.35	≥2

数字水准仪观测限差要求（单位：mm）　　　　　　　　　　表 10-5

等级	两次读数所测高差之差限差	往返较差及附合或环线闭合差限差	单程双侧站所测高差较差限差	检测已测测段高差之差限差
一等	0.5	$0.3\sqrt{n}$	$0.2\sqrt{n}$	$0.45\sqrt{n}$
二等	0.7	$1.0\sqrt{n}$	$0.7\sqrt{n}$	$1.5\sqrt{n}$
三等	3.0	$3.0\sqrt{n}$	$2.0\sqrt{n}$	$4.5\sqrt{n}$
四等	5.0	$6.0\sqrt{n}$	$4.0\sqrt{n}$	$8.5\sqrt{n}$

注："n"表示测站数。

（2）三角高程测量

1）根据工程现场实际条件，各竖向位移点高程亦可采用电子全站仪进行三角高程测量。工作基点（固定观测墩）高程采用水准测量或采用自由设站法进行复核，可减小仪器高度的测量误差；竖向位移点采用激光反射片或小棱镜，可减小架设棱镜产生的目标高度测量误差；并定期采用电子水准仪进行复核测量加以校正，可进一步减小其累计误差。

2）每次距离测量时，前后视应各测 2 个测回，每回应照准目标 1 次、读数 4 次。各项观测要求见表 10-6 和表 10-7。

三角高程观测距离观测要求（单位：mm）　　　　　　　　表 10-6

全站仪测距标称精度	一测回读数间较差限差	测回间较差限差
1mm＋1ppm	3	4.0
2mm＋2ppm	5	7.0

三角高程观测垂直角观测要求　　　　表 10-7

全站仪测角标称精度	测回数		两次照准目标读数差限差(″)	垂直角测回差限差(″)	指标差较差限差(″)
	三等	四等			
0.5″	2	1	1.5	3	3
1″	4	2	4	5	5
2″	—	4	6	7	7

6. 数据处理

（1）按水准路线测量时，计算每千米水准测量高差偶然中误差，绝对值不应超过相应等级每千米高差全中误差 1/2。

（2）水准测量后，计算每千米水准测量高差全中误差，绝对值不应超过相应等级的规定。

7. 数据图表

（1）监测点布设图；

（2）监测成果表；

（3）竖向位移曲线图。

第四节　深层水平位移监测

深层水平位移采用在围护结构内或土地中埋设测斜管，通过测斜仪测量不同深度处水平位移。

1. 仪器设备

（1）可采用移动式或固定式测斜仪测量深层水平位移。

（2）测斜仪的系统精度不宜低于 0.25mm/m，分辨率不宜低于 0.02mm/500mm，电缆长度应大于测斜孔深度。

（3）测斜管采用聚氯乙烯（PVC）或铝合金等材料制成的专用测斜管，内径宜大于 45mm，内管壁应有呈十字形分布的四条凹形导槽，导槽深度不宜小于 2.0mm。

2. 布设原则

围护墙或土体深层水平位移监测点宜布置在基坑周边的中部、阳角处及有代表性的部位。监测点水平间距宜为 20~60m。每侧边监测点数目不应少于 1 个。

3. 测点布设方法

（1）深层水平位移监测点原则上与同监测面的水平位移监测点相邻，以便相互比对。围护结构深层水平位移采用预埋测斜管的形式。测斜管预埋深度与钢筋笼同深，并在浇筑混凝土之前稳固地安装在钢筋笼上且与竖向钢筋保持一致；若预埋测斜管被破坏则在紧靠支护桩的土体中钻孔埋设，并确保测斜管底部嵌入到稳固的土体中。

（2）测斜管埋设至少应在基坑开挖前 1 周内完成。当测斜管埋设在支护桩（墙）中时，测斜管深度不宜小于支护桩（墙）的入土深度；当测斜管埋设在土体中时，测斜管深度不宜小于基坑深度的 1.5 倍，并应大于支护桩（墙）的深度。

（3）测斜管埋设时应保持竖直，连接时应保证上、下段的导槽相互对准顺畅，防止发生断裂、扭转；测斜管底部应用底塞将管底封牢。

（4）测斜管可采用绑扎法、钻孔法埋设。当采用绑扎法埋设时，测斜管应与桩（墙）内的钢筋笼绑扎牢固，并使一对导槽的方向与围护结构变形方向一致；当采用钻孔法埋设时，钻孔直径不应小于 100mm，测斜管安装后，管内应充满水，并使一对导槽的方向应与围护结构或土体变形方向一致，测斜管与钻孔之间的孔隙应填充密实。

（5）测斜管埋设后应在管口设置有效的保护设施，测斜管孔口应盖上保护管盖，并做好防损标志。

4. 监测方法

（1）监测操作要求

1）探头、电缆和显示器之间的连接要严密。

2）探头首先插入顺坡向的那对导槽，探头轮子定向于"A+"轴。

3）下放探头时要匀速缓慢，避免撞击探头。

4）要等待 5～10min，使探头温度和地下温度平衡后，再提升探头进行测读"A+"值。探头在测斜管内的提升速度宜保持稳定，避免急拉急停。

5）每次测量深度要尽可能准确，要等读数稳定后再进行记录。

6）当探头回到地表时，把探头从套管中拿出，转 180°后再将探头重新插入同一对导槽中进行测读"A—"值。若两组数据存在明显差异时，应检查仪器是否正常，并重新进行观测。

7）初次观测要在填砂 24h 以后，可将连续两次观测无明显差异读数的平均值作为初始值。

（2）测量原理

当土体发生位移时，测斜管也随之变形并发生倾斜变化。将探头在测斜管内自下而上以一定间距逐段滑动量测，就可获得每测段的倾斜角及水平位移增量，通过计算就可得到任意深度的水平位移。测斜仪工作原理示意如图 10-4 所示。

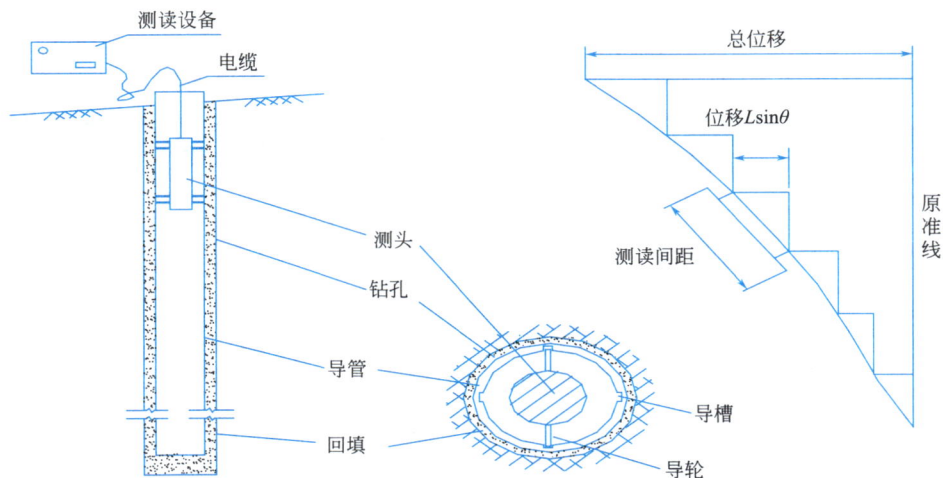

图 10-4　测斜仪工作原理示意

（3）某深度累计位移计算方法

$A_{当前值} = (A_{0当前值} - A_{180当前值})/2$，$A_{原始值} = (A_{0原始值} - A_{180原始值})/2$，$d_n = 500\text{mm} \times$

$\dfrac{A_{当前值} - A_{原始值}}{25000}$，各深度位移为：$s_n = \sum\limits_{i=1}^{n} d_i$。

测斜计算原理示意如图 10-5 所示。

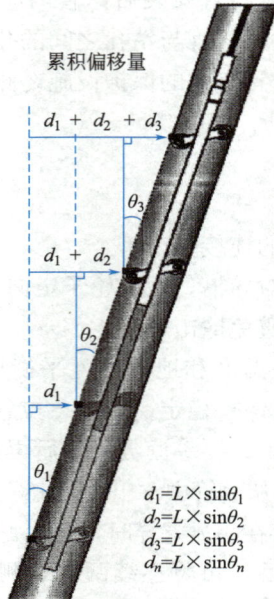

$$d_1 = L \times \sin\theta_1$$
$$d_2 = L \times \sin\theta_2$$
$$d_3 = L \times \sin\theta_3$$
$$d_n = L \times \sin\theta_n$$

图 10-5　测斜计算原理示意

5. 数据图表

（1）监测孔位布设图；

（2）监测成果表；

（3）测斜孔变形曲线图。

第五节　支撑轴力监测

1. 基坑内支撑的轴力监测

（1）支撑内力监测可采用在支撑内部或表面安装应变计、应力计、光纤传感器等；对于钢构件可采用轴力计或应变力计进行量测的方法。对于混凝土构件可采用钢筋应力计、混凝土应变计、光纤传感器等；对于钢构件可采用轴力计或应变计等。

（2）专用测力计、应力计和应变计的量测精度不宜低于 0.5%F·S，分辨率不宜低于 0.2%F·S，量程为承载力最大设计值的 1.5 倍。

（3）数据采集所用频率仪的分辨率应小于 0.1Hz。

2. 传感器的安装埋设

（1）传感器宜在基坑开挖前一周或在构件制作时预埋，并进行编号。

（2）混凝土支撑轴力监测传感器可采用混凝土应变计、钢筋应力计。安装时，应保证传感器与支撑受力方向在同一轴线上。每个截面上下、左右表面中间各布设 1 个应变计或应力计；钢支撑轴力监测传感器采用安装在固定端的轴力计或在支撑表面对称安装的表面应变计。

（3）钢筋应力计宜采用螺纹连接。当采用对焊、坡口焊或熔槽焊等焊接时，应避免高温损坏应力计，对于直径大于 28mm 的钢筋，不宜采用对焊焊接。

（4）采用轴力计测量钢支撑的内力时，轴力计与钢构件中心轴线对齐，保证各接触面平整，结构受力通过传感器正常传递。宜在支撑固定端钢板上焊接专用托架固定轴力计。

（5）传感器安装完毕后，应做好元器件和导线的保护。

3. 混凝土测点具体方法

支撑轴力监测点设置在支撑内力较大或整个支撑系统起控制作用的杆件上。钢支撑的监测截面宜选取在两支点的 1/3 部位或支撑的端头；混凝土支撑的监测截面宜选取在两支点的 1/3 部位，并避开节点位置。每层支撑的内力监测点不应少于 3 个，各层支撑的监测点位置在竖向上宜保持一致。钢支撑轴力监测传感器采用在钢支撑表面安装表面应变计或在端头安装轴力计；混凝土支撑轴力监测传感器采用混凝土应变计/钢筋计，应变计在浇筑混凝土前绑扎（如是钢筋计则为焊接）在主钢筋上，并保证应变计与受力方向在同一轴线上。每个截面四个角点或上下表面中间各布设 1 个应变计/钢筋计（图 10-6、图 10-7）。

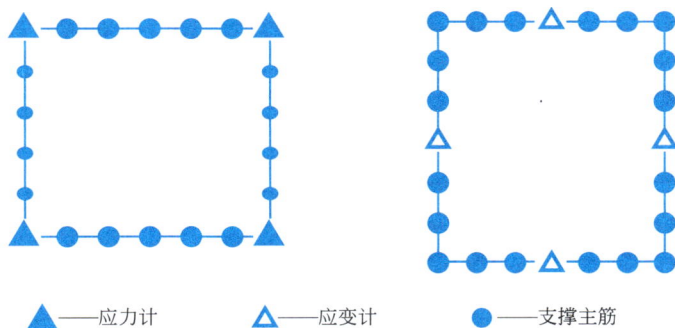

▲——应力计　　△——应变计　　●——支撑主筋

图 10-6　支撑轴力测点布置示意

4. 钢支撑测点埋设具体方法

对于钢结构支撑杆件，目前较普遍的是采用轴力计（也称反力计）。轴力计可直接监测支撑轴力。

应变计的导线要足够长，引出地面的导线应挖小沟掩埋，并走 S 形，防止受拉拽力而断裂。各导线应做好编号，引到同一地点方便读数。

5. 现场测量

（1）取基坑土方开挖前连续 2d 以上量测的稳定值的平均值作为内力监测的初始值。

（2）围护结构内力监测应考虑温度变化等因素的影响，钢筋混凝土结构还应考虑混凝

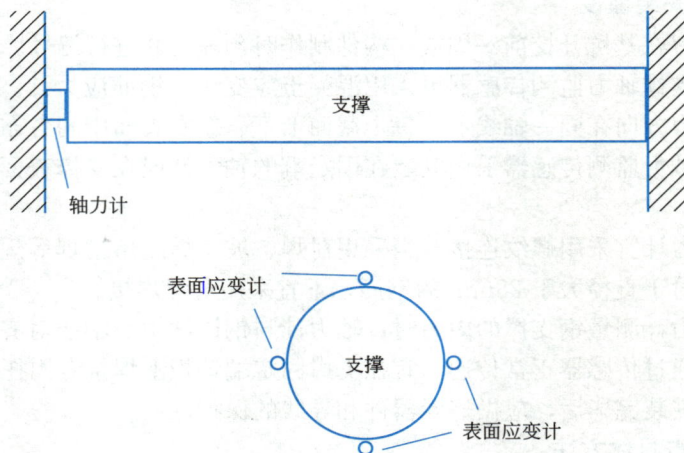

图 10-7　钢支撑轴力测点布置示意

土收缩、徐变以及裂缝的影响。

（3）除采用应变计或应力计测量支撑轴力外，还可在支撑两端布设变形测点，通过测量支撑长度变化的方式反算轴力。这种方法也可作为支撑轴力监测的校核措施。

6. 数据处理

监测结果应按传感器说明书所给出的计算公式进行计算，同一监测截面有多个传感器时，取其平均值作为监测值。

（1）钢筋应力计测量支护结构轴力计算：

$$N_C = \sigma_t \left(\frac{Ec}{Es} Ac + As \right) \tag{10-3}$$

式中，Nc——支护结构轴力（kN）；

Ec、Es——混凝土和钢筋的弹性模量（kN/mm²）；

Ac、As——混凝土截面面积（mm²），$Ac + As = A$；

A——支护结构截面面积（mm²），地下连续墙为每延米计；

σ_t——应力计平均应力（kN/mm²）。

（2）轴力计测量钢支撑轴力计算：

$$Nc = k_j (f_i^2 - f_0^2) \tag{10-4}$$

式中，Nc——支撑轴力（kN）；

k_j——钢弦式轴力计常数（kN/Hz²）；

f_i——轴力计测量自振频率（Hz）；

f_0——轴力计测量初始自振频率（Hz）。

7. 数据图表

（1）监测点位布设图；

（2）监测成果表；

（3）支撑轴力时间过程曲线图。

第六节　锚索（杆）内力测试

1. 仪器设备

（1）锚杆（索）拉力宜采用专用测力计进行监测。专用测力计的量程不宜小于设计拉力值的 1.5 倍。量测精度不宜低于 0.5% F·S，分辨率不宜低于 0.2% F·S，并应满足温度、水密性和稳定性要求。条件许可时，可采用附带温度传感器的专用测力计。专用测力计应采用相匹配的二次读数设备进行数据采集。

（2）锚杆内力监测点选择在受力较大且有代表性的位置，每层锚杆的内力监测点应为该层锚杆总数的 1%～3%，且不少于 3 个。

2. 测点仪器埋设

锚索的内力监测点应选择在受力较大且有代表性的位置，基坑每边中部、阳角处和地质条件复杂的区段宜布设监测点。每层锚杆的内力监测点数量应为该层锚杆总数的 1%～3%，并不应少于 3 根。各层监测点的位置在竖向上宜保持一致。每根杆体上的测试点设置在锚头附近和受力有代表性的位置。

锚杆（索）施工时，监测锚索应在对其有影响的周围其他锚杆（索）张拉之前进行张拉加荷。当承压垫座混凝土与锚索的锚固段混凝土的承载强度达到设计要求后，依次将内垫板、锚杆（索）测力计、外垫板与锚板安装在承压垫座的孔口锚垫板上，进行预拉，此时，应将频率计和传感器连接监测锚杆（索）拉力监测传感器，在锚索锁定后对锚索应力进行监测。

（1）专用测力计与承压构件混凝土受力面间应有足够的刚度，应待承压构件混凝土与锚杆（索）的锚固段混凝土的强度达到设计要求后，方可进行锚杆（索）安装、张拉和锁定。

（2）专用测力计的安装：

1）测力计安装前应读取基准值；

2）安装表面应垂直锚杆（索）轴线，专用测力计受力方向应与锚杆（索）轴线重合；

3）专用测力计应安装在工作锚和垫板之间；

4）专用测力计、电缆和集线箱应设置保护装置。

3. 测量方法

（1）专用测力计的引出电缆均应可靠接地，并应编号。条件许可时，相邻多个监测元件可接入同一集线箱，连接到自动化系统进行测试。

（2）采用专用测力计监测锚杆（索）拉力时，应在锚秤（索）锁定后连续进行三次测读，当三次测试的差值小于 1% F·S 时取平均值作为锚杆（索）锁定初始值。

（3）锚杆（索）拉力监测现场测量步骤：

1）了解与锚杆（索）拉力监测有关的资料并填写相应记录；

2）对二次读数设备进行日常检查测试；

3）检查现场引出电缆保护装置的完好性；

4）打开电缆保护装置，按照监测元件说明书要求连接引出电缆和二次读数设备，依次测读各传感器读数并填写记录；

5）对监测数据进行初步分析，发现异常数据及时处理，必要时应进行复测；

6）恢复电缆保护装置。

4. 复测

当现场监测出现如下情况应进行复测：

（1）本次测试读数据和前次测试数据不稳定，无法取得可靠测试值时；

（2）监测元件传感器测试数据不稳定，无法取得可靠测试值时；

（3）同一监测元件多个传感器中部分未取得数据时。

5. 计算方法

$$P = k(f_i^2 - f_0^2)$$ (10-5)

式中，P——内力（kN）；

k——钢弦式钢筋计常数（kN/Hz^2）；

f_i——钢筋计测量自振频率（Hz）；

f_0——钢筋计测量自振频率（Hz）。

6. 数据图表

（1）监测点位布设图；

（2）监测成果表；

（3）锚杆（索）拉力时间过程曲线图。

第七节　地下水位监测

1. 仪器设备

地下水位监测可采用钢尺水位计、（压力式）电子水位计或渗压计。仪器的量测精度不宜低于 10mm。

2. 水位井布设

（1）水位井应在基坑开挖前埋设完成，采用钻孔埋设水位管的方式布设。

（2）水位管位于含水层的管段应预制成花管状（打孔），外缠滤布，管底端封闭。为避免滤布堵塞，钻孔施工宜采用清水钻进，成孔后将水位管送入孔中预定位置。

（3）水位管直径宜为 50～70mm，滤管段长度应满足量测要求，与钻孔孔壁间应灌砾砂或石米填实，水位管管口应加盖保护。被测含水层与其他含水层间应采取有效的隔水措施，含水层以上部分应用膨润土球或注浆封孔。

（4）水位管管底的埋置深度应满足设计要求，当设计无要求时，应超过基坑底不少于 3m。

3. 现场测量

（1）水位井施工完毕一周后，宜逐日连续观测水位并取得稳定初始值。

（2）在水位井安装完成后，地下水位测量前，宜对水位井逐个进行抽水或灌水试验，以判断其工作状态的可靠性。监测期间若发现数据异常，也可对异常井进行校验。

（3）地下水位监测应测量管口高程，用以修正水位高程。

（4）每次水位量测应至少进行 3 次读数，并取其平均值作为监测值。

4. 压力式计算方法

$$H_w = (F_i - F_0) \times k - H \tag{10-6}$$

式中，H_w——测量水位（mm）；

$\quad\quad H$——仪器测量点深度（mm）；

$\quad\quad k$——标定常数；

$\quad\quad F_i$——测试模数（$Hz^2 \times 10^{-3}$）；

$\quad\quad F_0$——测试模数（$Hz^2 \times 10^{-3}$）。

则两次观测地下水位标高之差 $\Delta H_w = H_{wi} - H_{wi-1}$，即水位的升降数值。

5. 需注意事项

（1）水位管的管口要高出地表并做好防护墩台，加盖保护，以防雨水、地表水和杂物进入管内，水位管处应有醒目标志，避免施工损坏；

（2）在监测了一段时间后，应对水位孔逐个进行抽水或灌水试验，看其恢复至原来水位所需的时间，以判断其工作的可靠性；

（3）坑内水位管要注意做好保护措施，防止施工破坏。

6. 数据图表

（1）监测点布设图；

（2）监测成果表；

（3）地下水位时间过程曲线图。

第八节 裂缝监测

1. 仪器设备

裂缝的量测可采用比例尺、游标卡尺、坐标格网板、裂缝仪及裂缝计等工具进行。裂缝的宽度量测精度不宜低于 0.1mm，长度量测精度不宜低于 1.0mm。

2. 裂缝监测点的布设

为了观测裂缝的发展情况，要在裂缝处设置观测标志。对设置标志的基本要求是：当裂缝开展时标志就能相应地开裂或变化，并能正确地反映建筑物裂缝发展情况。

3. 现场测量

（1）在基坑施工前应对其影响范围内的建（构）筑物、道路进行裂缝勘察，记录已有裂缝的分布位置和数量，测定其走向、长度及宽度，并选取有代表性的裂缝做好监测标志。标志安装完成后，应拍摄裂缝观测初期的照片。

（2）对需要监测的裂缝应统一进行编号，每条裂缝布设的监测标志至少应设三组，一组应在裂缝的最宽处，另两组布设在裂缝的两个末端。裂缝监测标志应具有可供测量明晰的端面或中心，且应跨裂缝安装。

裂缝监测标志宜采用镶嵌或埋入金属标志、油漆平行线标志或在测量部位粘贴石膏饼标志等；当需要测出裂缝纵横向变化时，可采用坐标方格网板标志。使用专用仪器设备观测的标志，应按具体要求另行布设。

（3）裂缝宽度监测可根据标志形式的不同分别采用比例尺、小钢尺或游标卡尺等工具量出标志间距离求得裂缝变化值，或用方格网板读取坐标差计算裂缝变化值。

（4）裂缝长度监测可用钢尺或游标卡尺等工具直接量测。若裂缝呈单一方向发展，可直接量测裂缝的两端直线距离作为裂缝长度发展参照值，判断裂缝发展速度；若裂缝发展不规则，则可将裂缝划分若干个单一方向段，再进行长度的量测，必要时采用坐标网格量取裂缝长度。

（5）当原有裂缝错位发育时，宜采用划平行线的方法量测裂缝的上下错位量。

（6）基坑结构、周边道路和建（构）筑物出现新裂缝时，应及时选取有代表性的裂缝，增设监测点。

（7）每次裂缝监测皆应绘出裂缝的位置、形态和尺寸，注明日期，并拍摄裂缝照片。

4. 数据图表

（1）裂缝位置分布示意图；

（2）裂缝监测成果表。

第九节　巡视检查

人工巡视检查也是不可或缺而且非常重要的监测项目，通过巡视检查，有助于及时了解现场的施工工况、围护结构有无裂缝，周边是否积水或堆载，监测设施是否保存完好等情况，有助于针对性地展开监测和分析，及时地发现安全威胁。

为保证工程项目的安全，施工单位安排有丰富工程实践经验的专门技术人员负责对基坑工程进行巡视检查。巡视检查主要以目测为主，配以简单的工器具，及时弥补仪器监测的不足。

（1）巡查的内容主要包括：围护结构、施工状况、周边环境、监测设施等。

（2）巡视路线及人员。

（3）检查方法：主要依靠目测，可辅以锤、钎、量尺、放大镜等工器具进行。

每次巡视检查应对自然环境（雨水、气温、洪水的变化等）、基坑工程检查情况进行详细记录。如发现异常，应及时通知建设单位、基坑工程设计单位、监理单位、监测单位相关人员。

第十节　数据处理及信息反馈

监测成果有现场监测资料、计算分析资料、图表、曲线、监测报告等。

现场监测资料包括外业观测记录、巡视检查记录、记事项目以及视频和仪器电子数据资料等。

监测项目的数据分析应结合施工工况、地质条件、环境条件以及相关监测项目监测数据的变化进行，并对其发展趋势做出预测。

1. 监测数据处理

（1）每期观测结束后，应及时整理、分析监测数据；

（2）监测数据宜在现场进行核查，当发现数据异常时，监测人员应及时分析原因并进行复测；

（3）监测成果数据可靠、正确判断、准确表达，及时报送。

2. 监测数据评价

（1）结合其他相关监测项目的数据、自然环境、施工工况等，对监测结果进行综合分析；

（2）反映基坑施工各阶段的变化；

（3）反映基坑空间（平面和深度）上的变化；

（4）监测点变形分析还可以对二等和三等及部分一等变形测量，相邻两期监测点的变形分析可通过比较监测点的变形量与测量极限误差来进行。当变形量小于测量极限误差时，可认为该监测点在这两期之间没有变形或变形不显著。

对于多期变形观测成果，应综合分析多期的累积变形特征。当监测点相邻变形量小、但多期间变形量呈现明显变化趋势时，应认为其有变形。

技术成果应包括当日报表、阶段性分析报告和总结性报告，应按时报送。

1）当日报表

① 当日的天气情况和施工工况；

② 仪器监测项目各监测点的本次测试值、单次变化值、变化速率以及累计值等，必要时绘制有关曲线图；

③ 对监测项目应有正常或异常、危险的判断性结论；

④ 对达到或超过监测报警值的监测点应有报警标示，并有原因分析及建议；

⑤ 对巡视检查发现的异常情况应有详细描述，危险情况应有报警标示，并有原因分析及建议；

⑥ 日报表应标明工程名称、监测单位、监测项目、监测日期与时间、报表编号等。

2）阶段性报告

① 该监测期相应的工程、气象及周边环境概况；

② 该监测期的监测项目及测点的布置图；

③ 各项监测数据的整理、统计及监测成果的过程曲线；

④ 各监测项目监测值的变化分析及预测；

⑤ 相关的设计和施工建议；

⑥ 阶段性监测报告应标明工程名称、监测单位、该阶段的起止日期和报告编号。

3）总结报告

① 工程概况；

② 监测依据；

③ 监测项目；

④ 测点布置；

⑤ 监测设备和监测方法；

⑥ 监测频率；

⑦ 监测报警值；

⑧ 各监测项目全过程的发展变化分析及整体评述；

⑨ 监测工作结论与建议；

⑩ 总结报告应标明工程名称、监测单位、该项目的监测起止日期和报告编号。

第十一节 自动化基坑监测

14.
自动化基坑
监测

第十二节 基坑监测常见问题及注意事项

1. 由基坑围挡及地形、地质（深厚软土）影响，基准测站点（工作基点）布设在基坑影响范围内，或不稳定的区域，易受基坑变形、施工作业以及观测体本身可能发生的不均匀沉降的影响，应定期对基准点和工作基点复核及对稳定性进行校验。

2. 使用全站仪监测时未考虑基坑项目周边环境温度、气压和旁折光等因素影响，未设置观测墩以减少对中误差的影响。使用全站仪测量高程时，观测精度超过规范规定的三、四等的要求。

3. 水准测量作业受黄昏或天气变化较大影响，数据波动过大，从而影响测量数据的准确性及稳定性。

4. 路面监测布点时，监测点未打穿路面结构层钻入土层。

5. 测斜孔底深度不够或未到达稳定岩土体位置，支护结构底部或孔底发生位移，基准点数据发生变化，应选择管口作业监测基准点，并监测管口水位位移作为修正数据的依据。

6. 测斜作业时，测斜探头放进孔底后，应待温度接近管内温度后再进行测量。

7. 测斜孔十字槽未垂直基坑边，未计算修正，监测数据偏小不准确。

8. 未测量水位孔孔口标高，孔口损坏未修正数据造成数据错误。

9. 钢筋计安装时，电焊温度过高未采取降温措施，造成监测点损坏。

10. 基坑监测作业应安排在同一时段、同一环境条件下监测，固定监测人员、采用相同的观测路线和方法、固定仪器等措施减少误差。

11. 在受温度影响在较大的支撑内力等监测时应采用带测温功能的传感器，分析数据受温度影响变化过大的原因。

12. 基坑监测周期长，监测点易损坏，造成数据偏差、不连续或无法监测，达不到保护基坑安全施工的目的，现场监测点应采取有效的保护措施。

13. 巡查应对基坑支护结构、施工状况、基坑边加载、降水、周边环境等情况进行描述，结合仪器监测的数据进行分析，有利于分析判断基坑围护结构的安全状态和对周边环境的影响，可以更有针对性地测量和采取施工措施保证基坑及周边环境的安全。

14. 在初始值采集应取连续观测 3 次以上的稳定值的平均值作业监测项目初始值，观测数据存在较大误差时，应分析误差产生的原因和采取处理措施再进行观测。

15. 采用自动化监测或新技术、新方法进行基坑监测的同时，应以常规监测方法进行验证，保证有足够的可靠性。

16. 基坑监测受到气候、天气和施工损坏监测点的影响，监测结果也会因为监测仪器设备和传感器等问题出现偏差。应对现场数据进行复核并与上次监测数据进行比对，发现监测数据变化较大时，应分析是监测对象实际变化还是监测点和仪器的问题所造成的。难以确定原因时，应进行复测。

监测结果异常应进行复测的常见情况有以下几种：

（1）变形监测结果达到或超过设计规定的报警值；

（2）本次变化突然变大或变形曲线出现明显拐点；

（3）变形趋势与现场施工工况不一致；

（4）同一区域只是个别参数或测点变形较大，其他参数或测点无明显变形或变形相反；

（5）经巡视发现基准点或测点松动或存在被碰撞的痕迹；

（6）监测人员观测过程出现人为的错误；

（7）仪器长期未检定、未做期间核查或存在影响监测结果的故障；

（8）监测单位或参建各方认为异常的其他情况；

17. 在拆除支撑梁期间，应加密监测并安排专业人员进行基坑巡查。

18. 基坑周边建（构）物、管线、道路出现异常报警时，应同时加强对周边地下水位监测，并巡查基坑及基坑边渗、漏水情况。

19. 基坑出现以下情况时，应立即进行报警，通知参建各方对基坑支护结构和周边环境保护对象采取有效的措施。

（1）基坑支护结构的位移值突然明显增大或基坑出现流砂、管涌、隆起、陷落等。

（2）基坑支护结构的支撑或锚杆体系出现过大变形、压屈、断裂、松弛或拔出的迹象；

（3）基坑周边建筑的结构部分出现危害结构的变形裂缝；

（4）基坑周边地面出现较严重的突发裂缝或地下空洞、地面下陷；

（5）基坑周边管线变形突然明显增长或出现裂缝、泄漏等；

（6）冻土基坑经受冻融循环时，基坑周边土体温度显著上升，发生明显的冻融变形；

（7）出现基坑工程设计方提出的其他危险报警情况，或根据当地工程经验判断，出现其他必须进行危险报警的情况。

思考题 🔍

1. 基坑监测方案编制内容及要点有哪些？

2. 基坑监测测点布置方法及要求有哪些？

3. 如何进行基坑监测基准网稳定性分析与处理？

4. 如何进行监测数据处理与分析，异常数据处理的可靠性如何判断，如何对各监测项目全过程的发展变化进行分析与整体评述？

5. 自动化监测传感器如何选用、标定，系统建设整合？

6. 自动化监测比对测量方法有哪些？

第十一章

高支模实时监测技术

知识目标

1. 了解高支模实时监测的目的；

2. 理解高支模实时监测点的布置原理；

3. 理解高支模实时监测点各监测参数的监测方法；

4. 掌握高支模实时监测各监测参数监测数据，分析高支模支撑系统的稳定情况。

能力目标

1. 具备运用高支模实时监测理论知识的能力；

2. 具备高支模实时监测点安装的能力；

3. 具备高支模现场实时监测的能力；

4. 具备对高支模实时监测数据进行分析、预判及出具成果性分析报告的能力。

素质目标

安全风险意识、科学严谨、认真细致、数据说话。

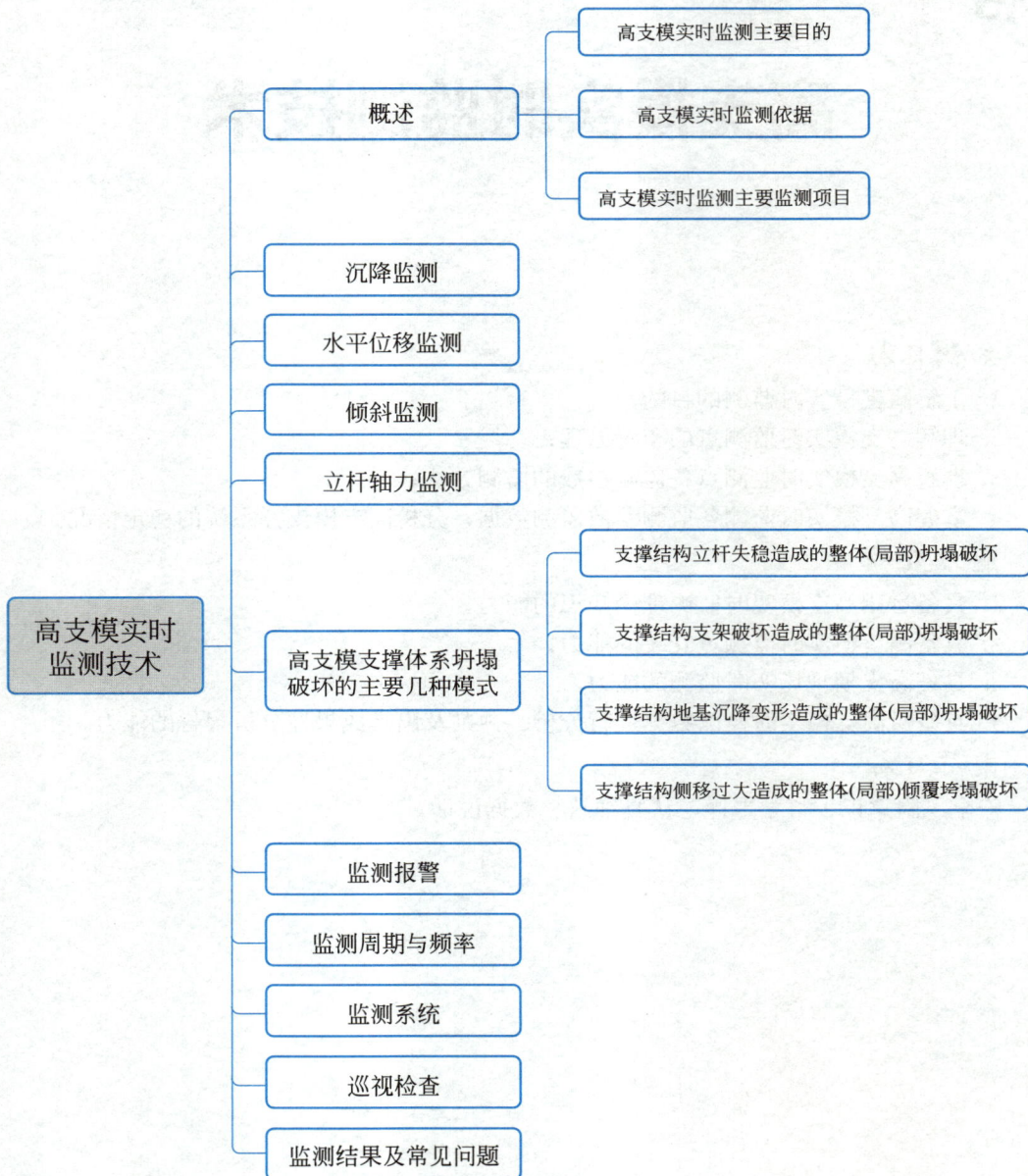

思维导图

```
                                    ┌─────────────────────────┐
                          ┌─────────┤ 高支模实时监测主要目的      │
                          │         └─────────────────────────┘
              ┌────────┐  │         ┌─────────────────────────┐
              │  概述   ├──┼─────────┤ 高支模实时监测依据         │
              └────────┘  │         └─────────────────────────┘
                          │         ┌─────────────────────────┐
                          └─────────┤ 高支模实时监测主要监测项目   │
                                    └─────────────────────────┘

              ┌────────┐
              │ 沉降监测 │
              └────────┘

              ┌──────────┐
              │ 水平位移监测 │
              └──────────┘

              ┌────────┐
              │ 倾斜监测 │
              └────────┘

              ┌──────────┐
              │ 立杆轴力监测 │
              └──────────┘
                                    ┌──────────────────────────────────┐
                          ┌─────────┤ 支撑结构立杆失稳造成的整体(局部)坍塌破坏    │
                          │         └──────────────────────────────────┘
 ┌─────────┐              │         ┌──────────────────────────────────┐
 │ 高支模实时 │  ┌──────────────┐  ├─────────┤ 支撑结构支架破坏造成的整体(局部)坍塌破坏    │
 │ 监测技术  ├──┤ 高支模支撑体系坍塌 ├──┤         └──────────────────────────────────┘
 └─────────┘  │ 破坏的主要几种模式 │  │         ┌──────────────────────────────────┐
              └──────────────┘  ├─────────┤ 支撑结构地基沉降变形造成的整体(局部)坍塌破坏 │
                                    │         └──────────────────────────────────┘
                                    │         ┌──────────────────────────────────┐
                                    └─────────┤ 支撑结构侧移过大造成的整体(局部)倾覆垮塌破坏 │
                                              └──────────────────────────────────┘

              ┌────────┐
              │ 监测报警 │
              └────────┘

              ┌──────────┐
              │ 监测周期与频率 │
              └──────────┘

              ┌────────┐
              │ 监测系统 │
              └────────┘

              ┌────────┐
              │ 巡视检查 │
              └────────┘

              ┌────────────┐
              │ 监测结果及常见问题 │
              └────────────┘
```

第一节　概述

　　随着经济社会的持续快速发展，建筑科学技术的日益进步，建筑工程的规模、空间和体量呈逐步增长趋势，建筑物的平面布局、结构类型也更加复杂多样，大跨度、大截面梁及高空间的建筑物对高支模施工安全管理提出了更高的要求。

当前，高支模的应用越来越普遍，支模体系越来越高大、复杂，安全风险也越来越高，高支模坍塌事故时有发生。高支模安全事故发生时间普遍很短，从出现危险征兆到事故发生通常只有数分钟，具有突然性。加上高支模本身具有的高空间、大跨度等特点，导致高支模安全事故一旦发生，往往造成重大人员伤亡和巨大的经济损失。如今，建设主管部门和建筑施工企业的安全管理工作已将模板坍塌作为重大危险源进行识别和控制。

高支模是指危险性较大的分部分项工程中混凝土模板支撑工程，搭设高度 5m 及以上，或搭设跨度 10m 及以上，或施工总荷载 $10kN/m^2$ 及以上，或集中线荷载 15kN/m 及以上，或高度大于支撑水平投影宽度且相对独立无联系构件的混凝土模板支撑工程。

高大支模是指超过一定规模的危险性较大的分部分项工程中混凝土模板支撑工程，搭设高度 8m 及以上，或搭设跨度 18m 及以上，或施工总荷载 $15kN/m^2$ 及以上，或集中线荷载 $20kN/m^2$ 及以上。

1. 高支模实时监测主要目的

通过监测，对可能发生的危及高支模体系稳定性的异常变形，提供及时、准确的预报，让有关各方有时间作出反应，避免事故的发生，确保高支模体系及施工作业人员的安全。

在混凝土浇筑过程中，采用科学的方法，通过实时监测高支模关键部位或薄弱部位的水平位移、沉降、轴力和倾斜等参数，监控高支模系统的工作状态，可协助现场施工人员及时发现高支模系统的异常变化，及时分析和采取加固等补救措施，预防和杜绝支架坍塌事故的发生。同时，当高支模实时监测参数超过预设限值时，可及时预警，通知现场作业人员停止作业、迅速撤离现场，避免重大安全事故的发生。

通过监测，为优化设计及今后的类似工程积累经验，提供参考依据。

2. 高支模实时监测依据

（1）《建筑变形测量规范》JGJ 8—2016；

（2）《高大模板支撑系统实时安全监测技术规范》DBJ/T 15—197；

（3）《模板工程安全自动监测技术规程》T/CECS 542—2018；

（4）《建筑施工临时支撑结构技术规范》JGJ 300—2013；

（5）《钢管满堂支架预压技术规程》JGJ/T 194—2009；

（6）《建筑工程施工过程结构分析与监测技术规范》JGJ/T 302—2013；

（7）《建筑施工扣件式钢管脚手架安全技术规范》JGJ 130—2013；

（8）《建筑施工模板安全技术规范》JGJ 162—2008。

3. 高支模实时监测主要监测项目

高支模实时监测主要监测项目有：沉降、水平位移、倾斜、轴力。

模板支撑系统类别、监测项目别称及监测对象、监测项目监测要求可参考表 11-1～表 11-3。

模板支撑系统类别　　　　　　　　　　　表 11-1

类别	分类标准
一类	搭设高度 8m 及以上； 搭设跨度 18m 及以上； 施工总荷载 15kN/m² 及以上； 集中线荷载 20kN/m² 及以上
二类	一类、三类之外； 高度大于支撑水平投影宽度且相对独立无联系构件的模板工程
三类	搭设高度 5m 以下； 搭设跨度 10m 以下； 施工总荷载 10kN/m² 以下； 集中线荷载 15kN/m²

监测项目别称及监测对象　　　　　　　　表 11-2

监测项目	别称	监测对象	备注
沉降	面板变形、模板沉降、基础沉降、支架沉降	支撑体系模板、模板枕木、横杆、面板、立杆基础	
水平位移	支架水平位移、立杆水平位移	立杆顶部、立杆中部	
倾斜	立杆倾斜、立杆倾角、倾角	立杆顶部、立杆中部	
轴力	立杆轴力	立杆顶部、顶托	

监测项目监测要求　　　　　　　　　　表 11-3

类别	沉降	水平位移	倾斜	轴力
一类	应测	应测	应测	应测
二类	应测	应测	应测	宜测
三类	应测	可测	应测	可测

第二节　沉降监测

1. 一般规定

在混凝土浇筑过程中，模板受上方混凝土与现浇混凝土浇筑机械设备荷载越来越大，在模板下方布置沉降监测点，及时掌握模板沉降情况。

当支架底座支承面承载力不足时，在荷载的作用下，支承面将发生沉降，当这种沉降不均匀时，在沉降较大区域的立杆将在面板上的荷载的作用下产生向下的位移，拉动相连的水平杆发生偏转或弯曲，在荷载的作用下面板也随之产生倾斜或弯曲，产生向下的位移量；当荷载过大或立杆强度不足时，在面板上的荷载的作用下，立杆失稳屈曲，失稳立杆上方的面板由于失去了支撑，在荷载和自重的作用下产生向下的位移；当连接立杆和水平杆、剪刀撑的扣件失效时，立杆失去了水平约束，使得立杆在稳定性计算中的计算长度增加，临界承载力大幅度降低，在荷载作用下立杆极易发生失稳，导致面板失去支撑发生沉降。面板发生沉降后，面板上方的现浇混凝土在重力作用下将向面板沉降区域流动，增加面板沉降区域的荷载，进一步加剧面板的沉降。

上述几种模板支撑系统的破坏方式都导致了面板的沉降，因此，面板的竖向位移是模板支撑系统稳定性最直观的反映，是模板工程自动化监测中重要的监测参数。

2. 监测原理

在混凝土浇筑过程中，模板枕木下沉通过下方拉绳触动传感器引线伸缩装置将传感器引线缩回至传感器内，通过传感器引线缩回长度计算模板的沉降量。

3. 布点原则

（1）沉降监测点应根据工程现场情况和可反映模板支持系统工作状态的原则进行布置；

（2）沉降监测点应具有代表性，对模板支撑系统的重要部位应进行重点监测，监测点应布置在受力和变形最大位置；

（3）监测点应稳固、明显且应采取保护措施。

沉降监测点布置见表 11-4。

沉降监测点布置　　　　　　　　　　　　　　　　　表 11-4

结构	构件种类	一类	二类	三类
肋梁楼盖	主梁	不少于 2 个测点，测点间距不大于 10m	不少于 1 个测点测点间距不大于 10m	不少于 1 个测点
	次梁	不少于 1 个测点	按需布置	按需布置
	板	板中央布置 1 个测点	板中央布置 1 个测点	按需布置
无梁楼盖	板	每个柱网格内不少于 5 个测点，相邻测点间距不大于 10m	每个柱网格内不少于 4 个测点，相邻测点间距不大于 10m	每个柱网格内不少于 1 个测点
桥	梁	顺桥向不少于 3 个监测剖面，每剖面不少于 3 个测点	顺桥向不少于 2 个监测剖面，每剖面不少于 3 个测点	顺桥向不少于 1 个监测剖面，每剖面不少于 3 个测点

4. 仪器设备要求

沉降监测点传感器应符合如下要求：

（1）材质应为不锈钢或合金材质且具备防水、防尘等功能；

（2）传感器应具备无线传输功能或可通过传输电缆连接至无线发射装置；

（3）传感器应具备连续工作不低于 48h；

（4）量程宜为控制值的 3～6 倍；

（5）监测精度不低于 1.0mm。

5. 安装方法

模板沉降监测点安装方法：监测点应采用无线位移传感器，按高支模实时监测方案的要求及结合现场模板支撑体系搭设情况布置监测点，具体安装步骤如下：

（1）在选定位置的模板枕木上钉入一根钉子，将细绳（可忽略其弹性变形的轻质拉

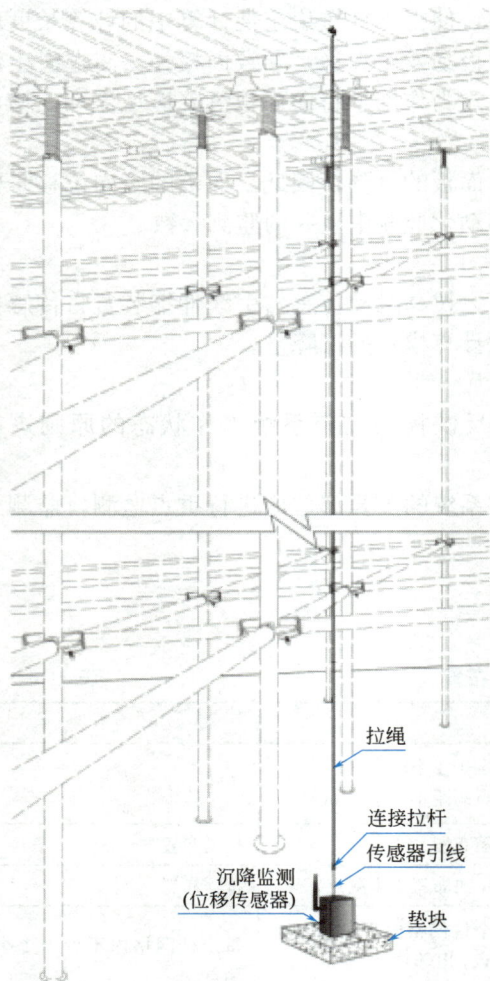

图 11-1　沉降传感器安装示意

绳，可采用 $\phi 0.38mm$ 的软钢丝线）一端绑在钉子上，将拉绳垂下，在拉绳正下方清理出一块平整地面用以放置无线位移传感器，为避免下方积水淹没传感器，必要时可以垫上一块平整木板或砖头垫高；

（2）将拉绳穿过无线位移传感器连接拉杆，缓慢拉长传感器引线，保证引线拉出长度大于控制值，将拉绳下端固定在无线位移传感器连接拉杆上，最后移动无线位移传感器使拉绳处于垂直状态；

（3）无线位移传感器安装完成后，与无线采集终端连接，记录终端编号，在主机中检查该编号是否有位移读数，一般有初始读数；如无读数，可拉动线头端或复位再拉出，直至有读数；

（4）安装调试完成后，在传感器上方约 1m 处，传感器四周立杆上用警示带围绕 1 周，悬挂监测点标识牌，并记入传感器安装位置；

（5）安装完成后用明显颜色的塑料袋套住传感器，避免因模板浇筑时漏下来的混凝土滴落在传感器上。

沉降传感器安装示意如图 11-1 所示。

6. 计算方法
沉降监测的计算方法如下：

$$\Delta S = S_0 - S_1 \tag{11-1}$$

$$\Delta H = \Delta S \tag{11-2}$$

式中，S_0——传感器初始引线拉伸长度；

S_1——传感器当前引线拉伸长度；

ΔS——传感器引线拉伸长度变化量；

ΔH——模板沉降量。

第三节　水平位移监测

1. 一般规定
水平位移监测主要用于掌握支架整体水平变形情况，防止支架整体失稳。

满堂支架有两种可能失稳形式：整体失稳和局部失稳。

当满堂支架以相等步距、立杆间距搭设，在均布荷载作用下，满堂支架破坏形式为整体失稳，当满堂支架以不等步距、立杆间距搭设，或立杆负荷不均匀时，两种形式的失稳破坏均有可能。一般情况下，整体失稳是满堂支架的主要破坏形式。整体失稳破坏时，满堂支架纵横立杆与纵横水平杆组成的空间框架，呈现出沿刚度较弱方向大波鼓曲现象，因此，支架整体失稳监测可选择支架整体水平位移作为监测参数。

无剪刀撑支架，支架达到整体失稳临界荷载时，整架大波鼓曲，故应监测立杆顶部沿支架刚度较小方向的水平位移，有剪刀撑支架，支架达到临界荷载时，以上下竖向剪刀撑交点（或剪刀撑与水平杆有较多交点）水平面为分界面，上部发生大波鼓曲，下部变形小于上部变形，因此可监测单元框架上部沿支架刚度较小方向的水平位移。

2. 监测原理

在混凝土浇筑过程中，模板支撑体系立杆产生变形，通过水平方向的拉绳长度的变化传递至传感器引线伸缩装置将传感器引线伸长或收缩，通过传感器引线伸长或缩回长度计算模板的正负方向位移量。

3. 布点原则

（1）无剪刀撑的支架，对支架顶部沿支架刚度较小方向的水平位移进行监测；

（2）有剪刀撑的支架，对单元框架上部沿支架刚度较小方向的水平位移进行监测；

（3）无剪刀撑的支架，设置在支架顶层；

（4）有剪刀撑的支架，设置在单元框架上部高度处；

（5）支架整体失稳水平位移监测点宜布置在支架外侧，相邻测点水平间距不应大于10m；

（6）水平位移监测点应在高支模的不同高度设置监测点，监测点竖向间距宜根据水平剪刀撑高度布置，但不宜大于6m。

4. 仪器设备要求

水平位移监测点可采用拉线式位移传感器或倾斜传感器：

（1）拉线式位移材质应为不锈钢或合金材质且具备防水功能；

（2）拉线式位移传感器应具备无线传输功能或可通过传输电缆连接至无线发射装置；

（3）拉线式位移传感器应具备连续工作不低于48h；

（4）拉线式位移量程宜为控制值的3～6倍；

（5）拉线式位移监测精度不低于1.0mm；

（6）倾斜传感器应具备双轴测量功能。

5. 安装方法

立杆水平位移监测点安装方法：监测点应采用无线位移传感器，按高支模实时监测方案的要求及结合现场模板支撑体系搭设情况布置监测点，具体安装步骤如下：

（1）水平位移监测点应采用无线位移传感器，在无线位移传感器上安装一扣环，使用扣环将无线位移传感器固定在被测钢管上，将拉绳（忽略其弹性变形的轻质拉绳，可采用 $\phi 0.38mm$ 的软钢丝线）一端固定于参照物上，可选取已浇筑完成的柱，在柱子上寻找合适位置，钉入水泥长钉，将拉绳绑在钉子上。

（2）拉绳另一端穿过无线位移传感器连接拉杆，缓慢拉长传感器引线，保证引线拉出长度满足水平位移变形控制值正负方向量程余量的要求，建议拉出长度为2倍控制值。

（3）无线位移传感器安装完成后，与无线采集终端连接，记录终端编号，在主机中检查该编号是否有位移读数，一般有初始读数，如无读数，可拉动线头端或复位再拉出，直至有读数。

（4）安装调试完成后，在传感器与被测立杆处四周立杆上用警示带围绕1周，悬挂监测点标识牌，并记入传感器安装位置。

（5）安装完成后用明显颜色的塑料袋套住传感器，避免因模板浇筑时漏下来的混凝土滴落在传感器上（图11-2）。

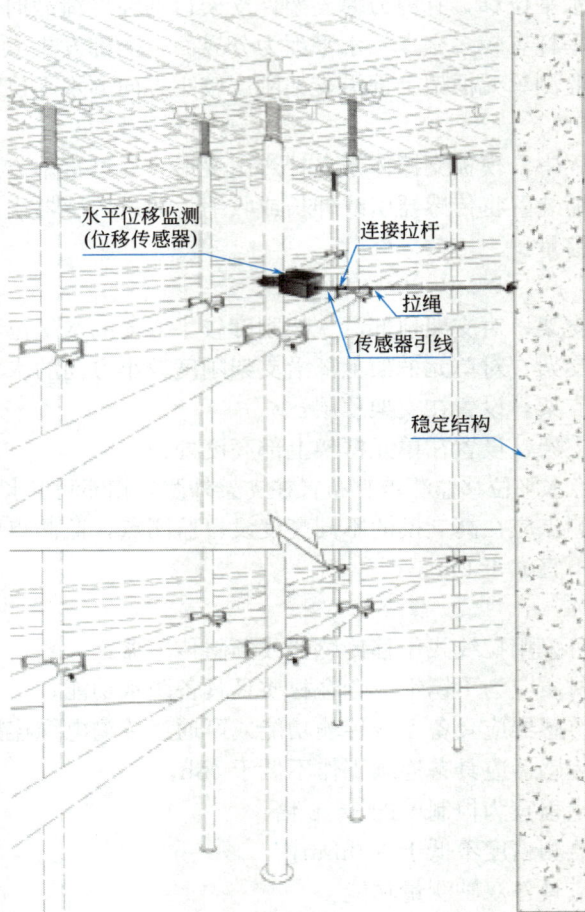

图11-2 水平位移传感器按照示意图

（6）计算原理

水平位移监测的计算方法如下：

$$\Delta S = S_0 - S_1 \tag{11-3}$$

$$\Delta L = \Delta S \tag{11-4}$$

式中，S_0——传感器初始引线拉伸长度；

S_1——传感器当前引线拉伸长度；

ΔS——传感器引线拉伸长度变化量；

ΔL——支架水平位移量。

第四节　倾斜监测

1. 一般规定

倾斜监测主要用于掌握支架立杆的变形情况，支架立杆主要为局部失稳和整体失稳。支架局部失稳破坏时，支架局部失稳破坏时，立杆在步距之间发生小波鼓曲，波长与步距相近，变形方向与支架整体变形方向可能一致，也可能不一致。

支架发生局部失稳时，立杆顶部和中部均有可能发生变形，但由于立杆顶部为自由端，临界承载力较低，同时顶部立杆包含可调托撑，刚度较小，因此是局部失稳的薄弱部位，支架顶部局部失稳时，立杆顶端为自由端，变形后水平位移最大，因此可以通过监测立杆顶端的倾斜度反映支架顶部的局部变形大小。

由于立杆变形较小时仍可近似认为是直杆，因此可以通过监测顶部立杆的倾斜角度，通过三角函数近似计算出立杆顶端的水平位移，倾角传感器可安装在可调托撑调节螺母下方。

鉴于支架高度较大，为准确反映支架变形，可在支架竖向线性布置监测点，竖向间距点间距不宜大于6m，高支模工程在浇筑过程中平面具有2个方向（X、Y）变形，建议对支架平面采用双向变形测量。

2. 监测原理

在混凝土浇筑过程中，模板上方混凝土自重或其他原因产生的荷载传递至下方立杆，立杆发生变形，通过测量立杆变形的角度计算立杆的倾斜度。

3. 布点原则

倾斜传感器的设置应符合以下规定：

（1）单元框架角部及四边中部立杆应布设监测点。

（2）单元框架中受力大的立杆应布设监测点。

（3）倾斜监测应监测支架立杆同一平面上两个垂直方向的变形。

（4）在立杆顶部与中部安装倾斜传感器时应安装在同一立杆上，且上下对应。

（5）倾斜传感器倾斜测量方向宜与水平杆设置方向一致。

（6）倾斜监测点应在高支模的不同高度设置监测点，监测点竖向间距宜根据水平剪刀撑高度布置，但不宜大于6m。

（7）倾斜传感器初始安装位移值应根据支架倾斜控制值及位移方向综合确定，量程余量应满足监测要求。

4. 仪器设备要求

倾斜监测点可采用倾斜传感器，具体要求如下：

（1）材质应为不锈钢或合金材质，且具备防水、耐压功能。

（2）应具备无线传输功能或可通过传输电缆连接至无线发射装置。

（3）应具备连续工作不低于48h。

（4）倾斜传感器量程不宜小于变形控制值的3～6倍，观测精度不宜低于0.001°。

297

（5）应具备双轴测量功能。

5. 安装方法

倾斜监测点安装方法：监测点应采用无线倾斜传感器，按高支模实时监测方案的要求及结合现场模板支撑体系搭设情况布置监测点，具体安装步骤如下：

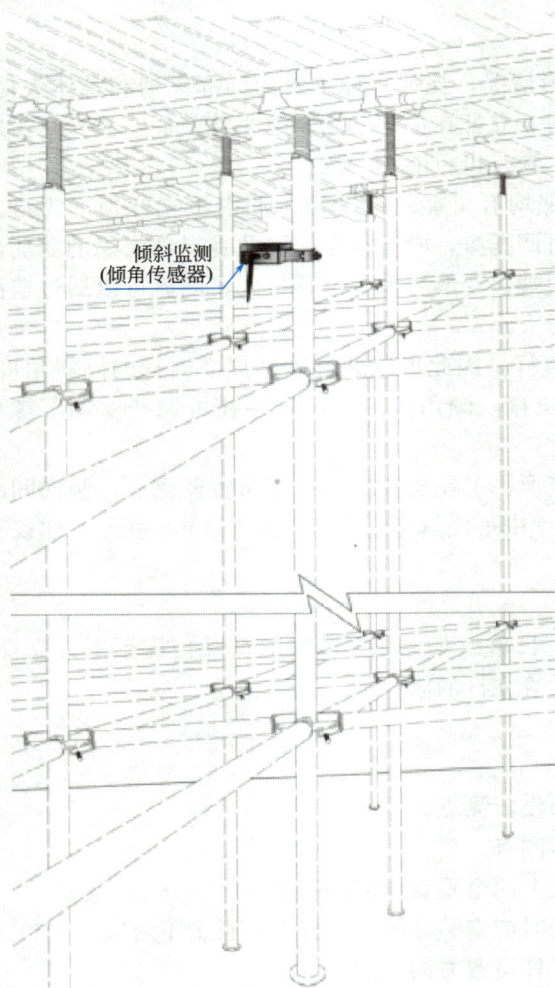

倾斜监测
（倾角传感器）

图 11-3　倾斜传感器安装示意

来的混凝土滴落在传感器上（图 11-3）。

（1）无线倾角传感器安装前，先根据监测方案要求确定仪器的安装位置和测量倾斜角的方向，打磨被测立杆其表面尽量平整。

（2）检查无线倾角传感器完好后，将无线倾角传感器的安装支架固定在立杆的打磨部位，随后调整安装支架的定位螺钉，若安装不稳固可增加垫片。

（3）安装传感器时，使无线倾角传感器的轴线尽量垂直，之后无线倾角传感器连接读数仪将初始测值调整接近零点。也可根据设计需要自定无线倾角传感器的初始倾斜角度，使无线倾角传感器的正负变化范围适应实际的测量需要。如安装在施工复杂部位及高大被测物的顶端部位，应设置测点保护设施和防雷保护措施。

（4）无线倾斜传感器安装完成后，与无线采集终端连接，记录终端编号，在主机中检查该编号是否有倾角值，一般应有初始倾角值，如无倾角值，需调整安装角度，直至有数值显示。

（5）安装调试完成后，在被测立杆处四周立杆上用警示带围绕 1 周，悬挂监测点标识牌，并记入传感器安装位置。

（6）安装完成后用明显颜色的塑料袋套住传感器，避免因模板浇筑时漏下

6. 计算原理

倾斜监测的计算方法如下：

$$\theta = \theta_1 - \theta_0 \tag{11-5}$$

式中，θ——倾斜度；

θ_1——倾斜传感器值；

θ_0——倾斜传感器初始值。

第五节　立杆轴力监测

1. 一般规定

一般情况下，经强度和稳定性验算的立杆能满足上部材料和施工作业设计荷载的要求。但在实际施工中，往往会发生混凝土超量堆载，造成局部立杆失效，造成不良连锁反应。对荷载较大的重点区域的立杆轴力进行监测是防止局部区域超载，保证支架正常工作的措施。

立杆轴力监测点的压力传感器宜布置在立杆顶部与面板之间的可调托撑上，监测面板直接施加在立杆上的外力。安装压力传感器时应通过调节可调托撑对压力传感器施加一定压力，以固定压力传感器，接触面应平整以保证接触均匀。

2. 监测原理

在混凝土浇筑过程中，模板上方混凝土自重或其他原因产生的荷载传递至下方立杆，在模板与立杆之间布置的压力传感器测量此立杆受力值。

3. 布点原则

立杆轴力监测点宜布设在荷载较大、自由边中部或其他具有代表性的部位，对于长宽、荷载较大、计算变形较大和内力变化显著的部位，应增加监测点。当有连墙件与稳定的既有结构可靠连接时，可适当减少监测点，立杆轴力监测点布置见表 11-5。

立杆轴力监测点布置 表 11-5

结构	构件种类	一类	二类	三类
肋梁楼盖	主梁	不少于 2 个测点，测点间距不大于 10m	不少于 1 个测点，测点间距不大于 10m	按需布置
	次梁	按需布置	按需布置	按需布置
	板	按需布置	按需布置	按需布置
无梁楼盖	板	每个柱网格内不少于 1 个测点，相邻测点间距不大于 10m	每个柱网格内不少于 1 个测点，相邻测点间距不大于 10m	按需布置
桥	梁	顺桥向不少于 3 个监测剖面，每剖面不少于 3 个测点	顺桥向不少于 2 个监测剖面，每剖面不少于 3 个测点	按需布置

4. 仪器设备要求

立杆轴力监测点可采用压力传感器，具体要求如下：

（1）材质应为不锈钢或合金材质且具备防水、耐压功能；

（2）应具备无线传输功能或可通过传输电缆连接至无线发射装置；

（3）应具备连续工作不低于 48h；

（4）量程应大于荷载设计计算值的 2～3 倍；

（5）精度不宜低于 0.5%F·S，分辨率不宜低于 0.2%F·S。

5. 安装方法

立杆轴力监测点安装方法：监测点应采用压力传感器，按高支模实时监测方案的要求及结合现场模板支撑体系搭设情况布置监测点，应在支撑体系顶部布设，选择受力较为集中部位等有代表性的位置（图11-4），具体安装步骤如下：

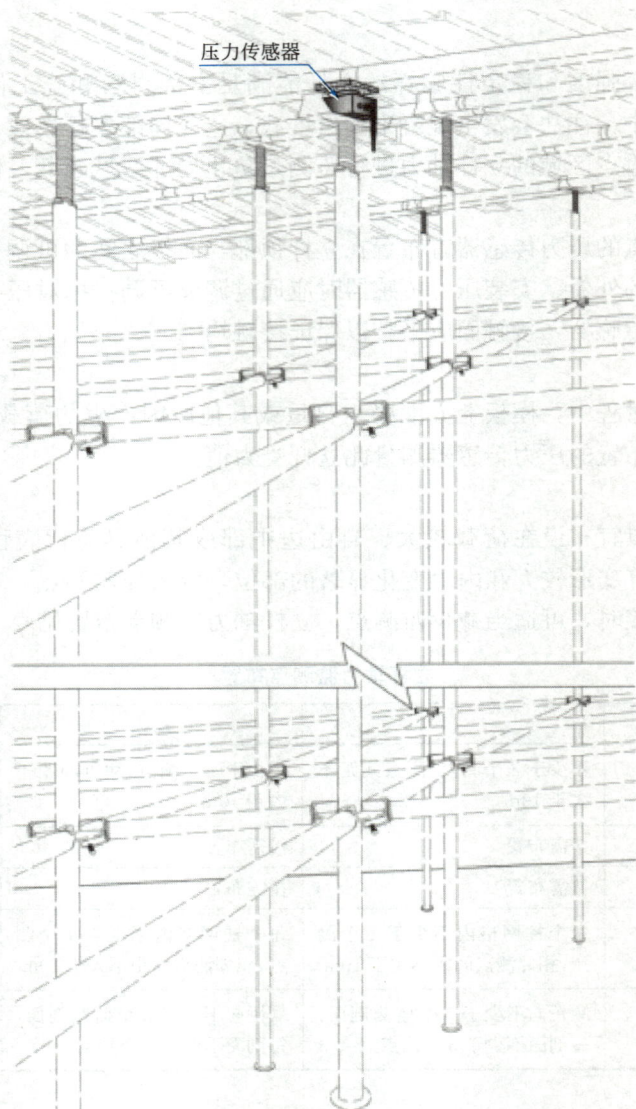

压力传感器

图11-4　轴力传感器安装示意

（1）把选定的立杆顶部的旋转可调顶托的调位螺母，将托撑降下15cm左右，将压力传感器安装在可调顶托上，并在压力传感器上放置钢垫板或木方垫块，确保与模板底部密切连接。

（2）旋转可调顶托的调位螺母将顶托拧紧，立杆顶托、垫块与模板底梁需平整，使压力传感器与立杆、模板受力在同一垂线上，共同受力，确保压力传感器平衡受力。

（3）无线压力传感器安装完成后，与无线采集终端连接，记录终端编号，在主机中检查该编号是否有压力，一般应有初始压力值，如无压力，需检查立杆顶托与模板梁底是否紧贴。

（4）安装调试完成后，在被测立杆上悬挂监测点标识牌，并记入传感器安装位置。

6. 计算原理

立杆轴力监测的计算方法如下：

$$F = F_1 - F_0 \tag{11-6}$$

式中，F——立杆轴力；

　　F_1——压力传感器力值；

　　F_0——压力传感器初始力值。

第六节　高支模支撑体系坍塌破坏的主要几种模式

通过文献调研和工程实例分析发现高支模工程坍塌表现形式分为两种：整体坍塌倾覆和局部坍塌、倾覆。

工程事故中往往也存在两种混合破坏形式。原因大致可以分为如下四类：

1. 支撑结构立杆失稳造成的整体（局部）坍塌破坏

立杆的失稳破坏是由于立杆的抗侧刚度以及支撑结构的整体稳定性较差造成的，包括立杆顶部失稳、立杆底部失稳和立杆轴向失稳三种类型。通常情况下这种坍塌破坏形式的发生比较突然，在整体或局部坍塌破坏前没有征兆，破坏性很大（图11-5～图11-7）。

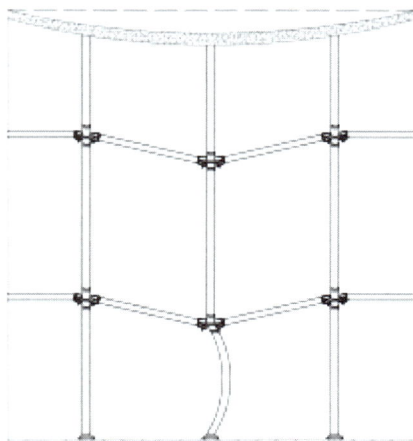

图 11-5　立杆底部失稳示意

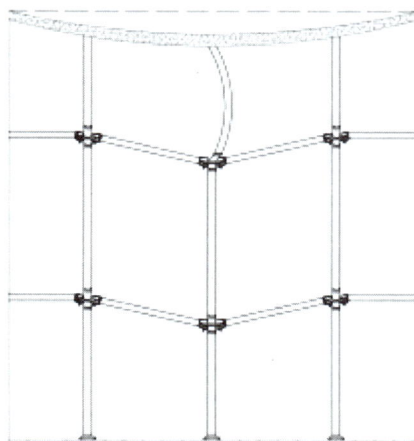

图 11-6　立杆顶部失稳示意

2. 支撑结构支架破坏造成的整体（局部）坍塌破坏

支撑结构的架体破坏主要是由钢管的连接处发生破坏造成的，局部的破坏会导致局部承载能力不足，从而引发支撑结构大范围局部坍塌或者整体坍塌（图11-8）。

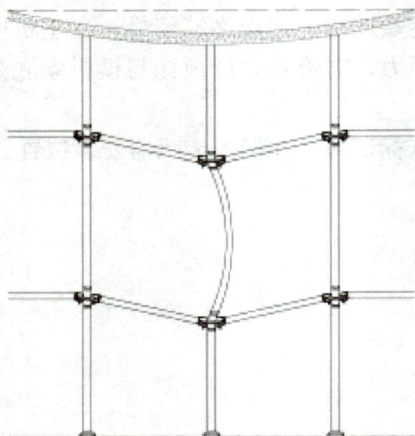

图 11-7　立杆轴向失稳示意

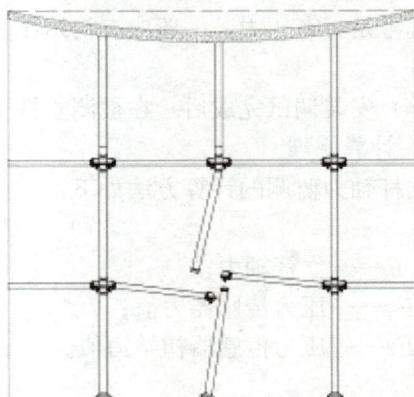

图 11-8　支撑结构破坏示意

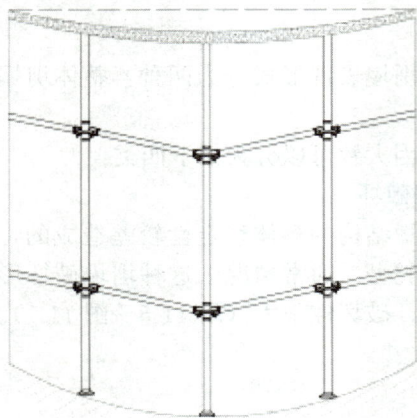

图 11-9　地基沉降破坏示意

3. 支撑结构地基沉降变形造成的整体（局部）坍塌破坏

由于地基的承载力不足，发生不均匀沉降或者局部沉降过大，导致支撑结构失稳而发生坍塌（图 11-9）。

4. 支撑结构侧移过大造成的整体（局部）倾覆垮塌破坏

支撑结构发生侧移通常是在风荷载、施工活荷载等水平荷载作用下产生的。在侧向约束体系设置不够的情况下，支撑结构的抗侧刚度不足，引发坍塌破坏（图 11-10 ～图 11-12）。

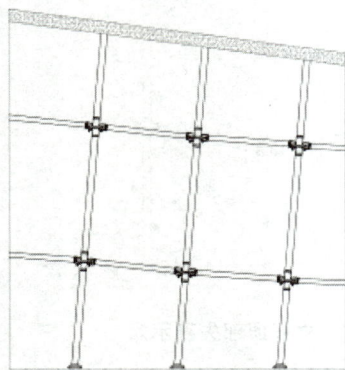

图 11-10　整体侧倾破坏示意

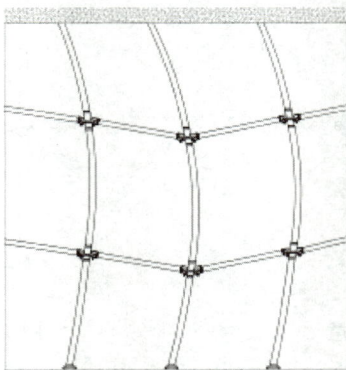

图 11-11　整体弯曲变形破坏示意

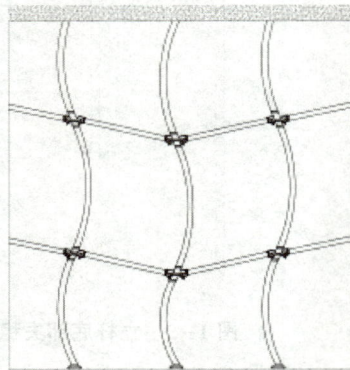

图 11-12　局部弯曲变形破坏示意

第七节　监测报警

高支模施工的过程当中监测预警值和报警值对预防浇筑过程发生安全事故，保证作业工人安全有着重要作用。高支模实时监测开始前应明确预警值和报警值，且需满足安全控制要求。监测报警值应符合《建筑施工模板安全技术规范》JGJ 162—2005 的有关规定。

水平位移的监测报警值可根据《建筑施工临时支撑结构技术规范》JGJ 300—2013 第8.0.9 条的规定，取传感器安装高度的 1/300。

沉降的监测报警值可取模板构件竖向变形容许值的 80%。表面外露的模板取其容许值为跨度的 1/400；表面隐蔽的模板取其容许值为跨度的 1/250。

倾斜的监测报警值可根据水平位移监测报警值与被监测立杆长度计算：

$$\theta = \frac{180}{\pi} \frac{d}{l} \tag{11-7}$$

式中，θ——倾斜监测报警值（°）；

$\quad\quad d$——水平位移监测报警值（mm）；

$\quad\quad l$——立杆长度（mm）。

轴力的监测报警值可取单根立杆施工方案最大允许荷载的 80%，单根立杆最大允许荷载为立杆允许承载力扣除可变荷载后的承载力。

注：（1）预警值一般为报警值的 80%；

（2）根据项目具体情况，可适当调整监测报警值，调整系数为 0.8～1.5；

（3）当使用梁板作为立杆基础时，应综合考虑梁板的挠度变形。

第八节　监测周期与频率

高支模工程施工工期短，荷载加载快，支撑结构复杂，在浇筑过程中监测数据需保证监测数据实时、连续，并覆盖整个浇筑高危过程，为了能连续及时监测支撑体系的各阶段的阐述变化，目前传感器数据采集频率普遍高达 1 次/s。

高支模的监测周期需同时符合以下两种工况：

（1）混凝土浇筑施工完成，无新增荷载且作业面施工人员清场。混凝土浇筑完成后，支架固定荷载施加完成，支架顶部荷载达到最大，但混凝土结构尚未具备强度，支架变形接近峰值，整个高支模系统处于危险阶段。施工人员清场一方面是避免人员作业对支模系统增加其他可能引起支架突变的因素，另一方面是避免即使在支架坍塌过程中的人员伤亡。

（2）监测数据无持续增长趋势。支架变形、立杆基础沉降及立杆轴力在浇筑施工完成后变化曲线一般趋向于平缓，本条要求监测数据需无持续增大趋势或趋向于稳定时，才能结束现场监测工作，避免因其他因素如降雨、大风等导致的支架坍塌事故。

目前普遍采用自动化测量传感器进行各参数数据采集，为达到监测数据连续的目的，建议自动化测量设备监测频率不低于 2 次/min；同时，对于因场地受限导致部分自动化设备无法使用的，采用智能型全站仪等设备进行补充量测的，该项目测量频率建议不低于 1 次/10min，该项目测量只是特殊条件下的增补措施，不能完全替代其他监测项目采用自动化测量。

第九节　监测系统

1. 系统功能

（1）具有可视化用户界面，可方便地修改系统设置、设备参数及运行方式，可根据实测数据反映的状态修改监测的频次和选择监测点等；

（2）具有自动触发声光报警器报警功能；

（3）具有运行日志功能。

2. 数据采集和管理软件

应具有以下基本功能：

（1）基于通用的操作环境，具有可视化、图文并茂的用户界面，可方便地修改系统设置、设备参数及运行方式；

（2）能显示监测主体的总体布置、监测各测点时程曲线、报警状态以及显示窗口等；

（3）具有报表制作及编辑功能；

（4）远程管理软件具有在线监测、离线数据分析、数据库管理、数据备份、图形报表制作和信息查询、系统管理、安全保密、运行日志等功能。

3. 系统要求

（1）监测设备应选择安全、干燥、开阔场地放置，与模板距离不宜小于 1 倍支架高度。监测设备应有可靠的防水及防晒措施，并设置短路和漏电保护装置。

（2）当施工现场存在大型变压器、发电机组等强磁干扰源时，将对监测设备的无线通信产生干扰，监测过程中应采取相应措施。

（3）当采用有线方式传输数据时，现场线路布置不得影响现场施工正常进行。当采用无线传输方式传输数据时，应避免现场强电磁场对无线通信的干扰。

第十节　巡视检查

现场监测应采用仪器监测与巡视检查相结合的方法，多种观测方法互为补充、相互验证。仪器监测可以取得定量的数据，进行定量分析；以目测为主的巡视检查更加及时，可以起到定性、补充作用，从而避免片面地分析和处理问题。出于经济考虑，测点不能完全覆盖整个高支模区域，通过巡视检查，可以对监测相对薄弱区域，进行补充。

在高支模工程监测实施过程中，应由有经验的监测人员对高支模工程进行监测巡查，建议根据巡查重点不同分为首次巡查和定期巡查。

1. 首次巡查

通过在测点安装时，巡视检查支撑结构的搭设是否存在明显缺陷或不足，及时反馈支撑结构的实际情况。首次巡查宜重点关注以下内容：

（1）顶托自由端长度；

（2）立杆间距、水平杆间距、扫地杆；

（3）基础形式及立杆垫块；

（4）剪刀撑、斜撑的设置。

2. 定期巡查

在监测过程中，监测人员以监测设施及施工工况为主要巡查内容，其中宜包括：

（1）施工工况

混凝土浇筑进度及路径；骨料堆积情况；立杆基础情况；模板支撑结构整体情况。

（2）监测设施情况

监测设备、预警设备运行状况；基准点、参考点、监测点完好状况；测点保护措施、标识完好情况；是否有影响监测工作的障碍。

巡视检查当发现有异常情况，宜采用摄像、摄影等方式及时记录，有必要时，可通过图片、影像的方式向参建各方反馈异常信息。

高支模实时监测巡视检查表详见表11-6。

高支模实时监测巡视检查表　　　　　　　　　　　表 11-6

工程名称：

监测部位：　　　　　　　　　　　　　　　　　　　　天气：　　　日期：

分类	巡视检查内容	巡视检查记录	巡查时间	备注
支撑结构	整体外观是否有倾斜			
	是否有松扣、扭曲现象			
	形式、规格是否符合专项施工方案要求			
	其他			
立杆基础	有无裂缝、下陷情况			
	有无积水			
	其他			
施工工况	浇筑方量			
	浇筑部位			
	堆载情况			
	其他			

续表

分类	巡视检查内容	巡视检查记录	巡查时间	备注
监测设施	基准点、参考点是否完好			
	传感器是否完好			
	保护标准及措施是否完好			
	远程干扰信号情况			
	数据是否异常			
	其他			

巡查人（签名）：

第十一节 监测结果及常见问题

1. 监测结果

工程结束时应提交完整的监测报告，监测报告是监测工作的回顾和总结，监测报告主要包括如下几部分内容：

（1）工程概况；

（2）监测依据；

（3）监测精度和警戒值；

（4）监测项目和各测点的平面和立面布置图；

（5）所采用的仪器设备型号、标定资料和监测方法；

（6）数据采集的分析处理；

（7）监测数据处理和分析（包括监测资料的分析处理，监测数据处理方法和监测结果汇总表和有关汇总和分析曲线等）；

（8）对监测结果的评价和建议。

2. 常见问题

（1）监测点在监测过程中出现信号异常该如何处理

在监测过程中常常能遇见通信信号弱、无信号的情况，通常我们采取以下几种方法：

1）调整监测仪的位置；

2）监测仪使用信号延长线；

3）在监测仪与传感器之间增加中继器的方式增强信号。

（2）监测点预警或报警时该如何处理

当监测参数超过预警值时，应立即通知现场项目负责人和监理人员，以便及时排除影响安全的不利因素，当监测值达到报警值而触发报警时，立即通知现场作业人员停止施工并迅速撤离，同时通知施工单位现场负责人，监理单位现场负责人，待险情排除后，经施工单位负责人、监理单位负责人、建设单位负责人和监督员确认后，方可继续施工。

思考题 🔍

1. 高支模实时监测轴力监测报警值应如何设置？
2. 模板支撑体系搭设高度为 10m 属于几类？
3. 高支模实时监测结束监测需要满足什么条件？
4. 沉降传感器引线应该预先拉长多少？
5. 简述高支模实时监测技术的基本原理及方法。

参考文献

[1] 交通运输部安全与质量监督管理司，交通运输部职业资格中心．公路水运工程试验检测专业技术人员职业资格考试用书．公共基础：2022 年版［M］．北京：人民交通出版社．2022.

[2] 张俊平．土木工程试验与检测技术［M］．北京：中国建筑工业出版社．2013.

[3] 吴佳晔．土木工程检测与测试（第 2 版）［M］．北京：高等教育出版社．2021.

[4] 中国认证认可监督管理委员会．检验检测机构资质认定能力评价检验检测机构通用要求：RB/T 214—2017［S］．北京：中国标准出版社．2017.

[5] 广东省建筑科学研究院集团股份有限公司．广东省建筑地基基础检测技术规范：DBJ/T 15—60—2019［S］．北京：中国城市出版社．2019.

[6] 中华人民共和国住房和城乡建设部．建筑基桩检测技术规范：JGJ 106—2014［S］．北京：中国建筑工业出版社．2014.

[7] 陈凡等．基桩质量检测技术（第二版）［M］．北京：中国建筑工业出版社．2014.

[8] 中华人民共和国交通运输部．公路桥梁承载能力检测评定规程：JTG/T J21—2011［S］．北京：人民交通出版社．2011.

[9] 交通运输部安全与质量监督管理司交通运输部职业资格中心．桥梁隧道工程（公路水运工程试验检测专业技术人员职业资格考试用书）［M］．北京：人民交通出版社有限公司．2021.

[10] 中华人民共和国住房和城乡建设部．建筑结构检测技术标准：GB/T 50344—2019［S］．北京：中国建筑工业出版社．2019.

[11] 赵北龙．建筑工程检测技术［M］．北京：中国建材工业出版社．2014.

[12] 徐奋强．建筑工程结构试验与检测（第二版）［M］．北京：中国建筑工业出版社．2023.

[13] 屠耀元．超声检测技术［M］．北京：机械工业出版社．2018.

[14] 中华人民共和国住房和城乡建设部．钢结构现场检测技术标准：GB/T 50621—2010［S］．北京：中国建筑工业出版社．2010.

[15] 田斌守．建筑节能检测技术（第 2 版）［M］．北京：中国建筑工业出版社．2010.

[16] 李继业．建筑节能工程检测［M］．北京：化学工业出版社．2012.

[17] 江苏省建设工程质量监督总站．建筑节能与环境检测［M］．北京：中国建筑工业出版社．2010.

[18] 中华人民共和国住房和城乡建设部．公共建筑节能检测标准：JGJ/T 177—2009［S］．中国建筑工业出版社．2010.

[19] 广东省建筑科学研究院集团股份有限公司．广东省绿色建筑检测标准：DBJ/T 15—234—2021［S］．北京：中国城市出版社．2021.

[20] 中华人民共和国住房和城乡建设部．建筑基坑工程监测技术标准：GB 50497—2019［S］．中国计划出版社．2019.

[21] 中华人民共和国住房和城乡建设部．建筑变形测量规范：JGJ 8—2016［S］．北京：中国建筑工业出版社．2010.